数据库技术实用教程

（第2版）

徐洁磐　编　著

东南大学出版社
SOUTHEAST UNIVERSITY PRESS
·南京·

内 容 提 要

本书是一本面向计算机应用型专业的"数据库"课程教材，它全面介绍数据库的理论、操作、开发与应用，重点突出数据库的操作与应用以及理论与实际相结合，同时具有先进性、实用性以及适合教学需要等特点。

本书共四篇15章。第一篇 基础篇：此篇主要介绍数据库的基本概念与基础理论。第二篇 产品篇：此篇主要介绍数据库管理系统 SQL Server 2008 的操作。第三篇 开发篇：此篇主要介绍以 SQL Server 2008 为工具开发数据库应用系统的方法。第四篇 应用篇：此篇介绍数据库最新应用，主要是"互联网＋"中应用（如电子商务等）及大数据分析应用。

本次再版保留了原版本的结构框架、体系以及概念、理论的内容，所修改的是那些为适应信息技术新发展的操作、开发与应用。

本书可作为高等院校计算机应用专业及应用类相关专业的本科"数据库课程"教材，也可作为高职高专及相关培训教材以及数据库开发应用人员参考材料。

图书在版编目(CIP)数据

数据库技术实用教程/徐洁磐编著. —2版. —南京：东南大学出版社，2020.8

ISBN 978-7-5641-9094-1

Ⅰ. ①数… Ⅱ. ①徐… Ⅲ. ①数据库系统—高等学校—教材 Ⅳ. ①TP311.13

中国版本图书馆 CIP 数据核字(2020)第158940号

东南大学出版社出版发行

（南京四牌楼2号 邮编 210096）

出版人：江建中

江苏省新华书店经销 江苏凤凰数码印务有限公司印刷

开本：787mm×1092mm 1/16 印张：21.5 字数：537千字

2020年9月第2版 2020年9月第4次印刷

ISBN 978-7-5641-9094-1

定价：59.00元

再版前言

本教材自2008年首版问世以来已经历有十余年了，深受广大读者青睐，多次重印，但由于信息技术发展迅速，数据库学科也随之飞速发展，老的版本已无法适应目前新的需求，经近一年的酝酿与编写，本教材的第2版终于完成了。

在这个新的版本中，我们基本上保留了原有的框架体系，即四篇15章；保留了原有的理论体系与内容，而对产品篇、开发篇及应用篇的内容则做了重大的修改。全书的修改量超过50%以上。

在这个新的版本中修改量之所以如此之大的主要原因是：

(1) 由于"互联网＋"的普及，大数据、云计算等新技术以及人工智能应用发展等众多因素造成了数据库的基础平台及应用需求产生了重大的变化。

(2) 在此影响之下，数据库管理系统自身、应用系统开发及应用也随着变化与发展。数据库管理系统新的版本不断出现，如微软的 SQL Server 2000 已发展到 SQL Server 2008，并且近期还在继续有新版本出现。它的开发手段也有了进步，其应用也由传统的联机事务处理与联机分析处理而进化到现代的互联网＋与大数据分析。

所有这一切都说明了，本教材中的产品篇、开发篇及应用篇的内容均须作重大的变动，以适应新一代技术的需要。

在本次新版本四篇内容的修改中主要有：

第一篇　基础篇：此篇内容的理论部分基本保留，仅对部分内容做适当修改。

第二篇　产品篇：此篇内容由 SQL Server 2008 替代 SQL Server 2000，因此大部分操作均需更新。

第三篇　开发篇：此篇内容是数据库及应用系统设计理论与 SQL Server 2008 操作的结合。其中数据库设计理论部分基本不变，数据库应用系统设计理论与相应操作则大部分需更新。

第四篇　应用篇：此篇内容仅保留数据仓库与数据挖掘等部分内容，而大部分内容则由互联网＋与大数据分析取代。其中"互联网＋"中应用重点突出电子商务的新应用以及物流、金融中的应用。

经过修订后，本教材仍保留原有特色，具有如下特点：①实用性；②先进性；③理论与实际相结合;④适合教学。

本次再版,突出数据库的操作与应用,可作为高等院校计算机应用专业及应用类相关专业的本科“数据库课程”教材,也可作为高职高专及相关培训教材以及数据库开发应用人员参考材料。

作者水平有限、书中错误、缺点在所难免,恳切希望读者批评指正。

编著者

南京大学计算机软件新技术国家重点实验室

南京大学计算机科学与技术系

2020 年 1 月于南京

目　　录

第一篇　基础篇

第三篇　开发篇

第四篇 应用篇

第一篇　基础篇

——数据理论及数据库基础知识

数据库技术是计算机学科中的一门独立技术，其主要内容包括基础理论、基本产品操作、系统开发及应用等 4 个部分。

数据库技术的基础理论（也可简称基础）是此门学科的基石，它给出了该学科的抽象、全局的内容并对整门学科起指导性作用。

在本篇中我们给出数据库技术的一般性基础知识以及关系数据库管理系统中的基础知识，其具体内容如下：

1）数据库技术中的一般性基础理论

在本篇中数据库技术的一般性基础理论由两章组成，它们是第 1 章与第 2 章。其中第 1 章介绍数据库技术中数据、数据管理及数据处理等三个基本部分的概念、内容及相互间关系。第 2 章介绍数据管理中的核心内容——数据模型。

2）关系数据库管理系统的基础知识

数据库管理系统中目前最流行的是关系数据库管理系统，因此本篇的第二部分介绍关系数据库管理系统的基础知识，它由第 3 章和第 4 章两章组成，其中第 3 章介绍关系数据模型基本理论——关系代数，第 4 章介绍关系数据库管理系统基本内容组成、标准语言及其 ISO SQL 的功能。

上述内容可用图 1 表示之。

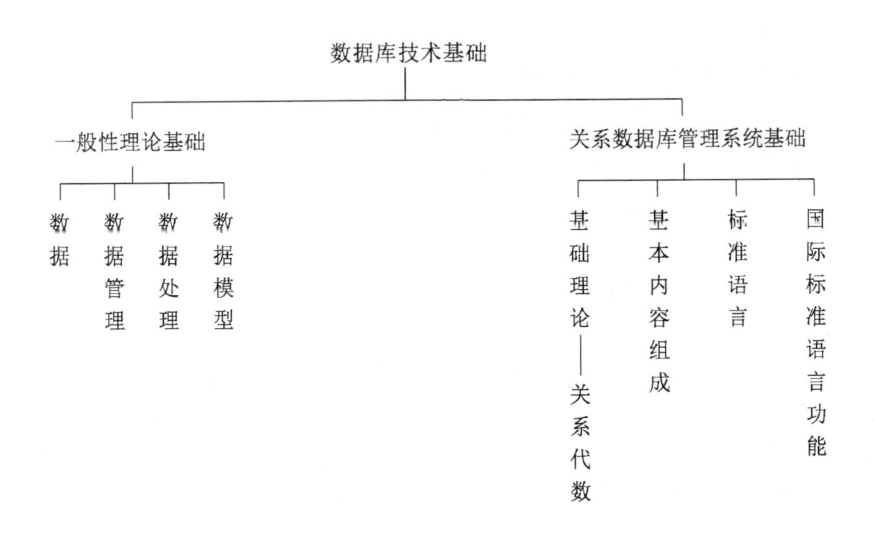

图 1　数据技术基础内容分类图

1 基本概念

本章介绍数据库技术研究与探讨的对象、内容与应用以及相关的基本概念。本章是全书的总纲,学习后使读者对数据库技术有一个全面、完整的认识。

1.1 数据库技术概述

本书是介绍数据库技术原理与应用的一本基础性教材,因此首先须对数据库技术有一个基本的了解与认识。

关于数据库技术可用下面的三句话概括之。

- 数据库技术的研究对象是数据;
- 数据库技术的研究内容是数据管理;
- 数据库技术的应用领域是数据处理。

下面我们将以这三个内容为主轴对数据库技术作介绍。

1) 数据

当今社会“数据”这个名词非常流行,使用频率极高,如“数据中心”“信息港”“数字化城市”“数据链”“数字电视”“数码相机”等,它们都是数据的不同表示形式。如下面所示的都是数据:

- 数值:某企业采购钢材 4 吨,计人民币 206 万元中数值:“4”“206”均为数据。
- 文字:李白的诗句——“床前明月光,疑是地上霜,举头望明月,低头思故乡”是数据。文字不仅包括中文还包括西文,如“I am a boy”是数据。
- 数学公式:如公式“$y=ax+b$”为数据。
- 图像:如中央电视台天气预报中之“云图”为数据。
- 图形:如 “动漫”“电脑游戏”中之“图”为数据。
- 音频:如电脑中所播放贝多芬的《英雄交响曲》、柴可夫斯基的《天鹅湖》均是数据。
- 视频:如电影院播放的数字电影是数据。
- 规则:人工智能中的推理规则,如假言推理规则、反证推理规则等均是数据。

定义:数据(data)是客观世界中的事物在计算机中的抽象表示。

对此定义作解释:

(1) 事物:所谓“事物”指的是客观世界(包括自然界与人类社会)中所存在的客体。

(2) 抽象:数据来源于事物,但数据不相等于事物,它是事物的一种抽象。数据剥取了事物中的物理外衣与语义内涵,抽象成按一定规范所组成的有限个符号的形式。它有两个部分,其一是数据实体部分,称数据的值(data value),它可表示为有限个数的符号形式;其二是数据的组成规则,称数据的结构(data structure),它表示数据的组成都是有规范的,不是混乱与无序的,而这种结构则是客观世界事物内部及相互间的语义关联性的一种抽象,它也可以表示为有限个数的符号形式。

(3) 计算机：事物经抽象后成为一些符号，它们可用计算机所熟悉的形式表示。目前有两种表示方法，一种称逻辑表示，另一种称物理表示。

经过解释后我们就知道了，数据实际上是事物经抽象后用计算机中的形式表示。

例 1.1 某高校学生是事物，它可抽象成表 1.1 所示的形式表示。

表 1.1 学生数据

学号	姓名	性别	年龄	系别
630016	张晓帆	男	21	计算机

在该表示中，可分解成两个部分，其一是值的部分为：630016，张晓帆，男，21 及计算机，而它的结构部分则是表 1.1 中所示的表框架，它可用表 1.2 表示。

表 1.2 学生表框架

学号	姓名	性别	年龄	系别

这个表框架可以符号化为：T(学号，姓名，性别，年龄，系别)，这是一种逻辑形式数据结构，它建立了学生五个属性间的组合关联，亦即是说五个属性组合成一个学生整体面貌，这是一种组合结构，这种结构称元组(tuple)，它具有一般的符号表示形式：

$$T(a_1, a_2, \cdots, a_n) \tag{1-1}$$

这种元组称为 n 元元组。而表 1.1 所示的学生可以用数据形式表示为：

$$T(630016,张晓帆,男,21,计算机) \tag{1-2}$$

这表示了一个学生事物在计算机中的抽象表示，它即是一个数据的逻辑表示。

在当今社会中，数据的作用越来越重要。这主要是由于数据有很多的优点：

(1) 数据是一种重要的信息资源。

当今社会人们拥有巨大的物质资源与财富，此外，人们还可拥有大量的数据，它们构成了巨大的信息资源与财富，它们可以为人类社会与国民经济建议服务。

(2) 数据可以创造财富、创造文明。

利用物质资源可以创造财富、创造文明。同样，利用信息资源也可以创造财富、创造文明。大量的数据可以通过归纳、整理与分析而获得创造性的规则，从而可以为人类服务，创造财富与创造文明。

2) 数据管理

人类社会有着巨大的数据资源，为将它们有效地使用，必须对它们进行集中、统一的管理，这种管理称为数据管理(data management)。目前，数据管理方式有四种，它们是：

- 文件管理：是一种较为原始、初级的管理，它一般属操作系统范畴。
- 数据库管理：是一种严格、规范的管理，是一门独立的技术。
- Web 数据管理：是在 Web 环境下的一种数据管理方式，是一种相对开放、自由的管理方式。
- 大数据管理：在当前是互联网数据流行的时代，在互联网中有着巨量的数据需要管理。

在本书中我们主要讨论目前最为常用的数据库管理方式。在下面讨论中，如不特别指明数据管理即意指数据库管理。

数据管理是数据库技术研究的核心，它的内容有如下几个方面：

(1) 数据组织：为便于数据管理必须对数据进行有序与规范的组织，使其能存储在一个统一的组织结构下，这是数据管理的首要工作。

(2) 数据定位与查找：在浩如烟海的数据中如何查找到所需的数据是数据管理的重要任务。这种查找的难度可形容为"大海捞针"，而查找的关键是数据的定位，亦即是找到数据的位置。只有定位后数据查找才成为可能。因此数据定位与查找是数据管理的一项艰巨任务。此外，它还包括对数据定位后的修改、删除与增添等工作。

(3) 数据的保护：数据是一种资源，其中大量的是不可再生资源，因此须对它作保护以防止丢失与破坏。数据保护一般包括以下几个部分：

① 数据语法与语义正确性保护：数据是受一定语法、语义约束的，如职工年龄一般在18～60岁之间，职工工资一般在1 000～8 000元之间等。又如职工的工资与其工龄、职务均有一定语义关联。任何违反约束的数据必为不正确数据。因此，必须保护其语法、语义的正确性。

② 数据访问正确性保护：数据是共享的，而共享是受限的。过分的共享会产生安全上的弊病，如职工工资，职工自身只有读权限而无写与改权限。因此数据访问权限是受限的，而正确访问权限是受到保护的。

③ 数据动态正确性保护：在多个数据访问并发执行时相互间会产生干扰从而造成数据的不正确，因此要防止此种现象产生，这称为数据动态正确性保护。

④ 最后，是数据动态正确性保护的另一种现象，即在执行数据操作时受外界破坏而产生的防止故障的保护。

(4) 数据交换：为方便使用数据，必须为不同应用环境的用户提供不同使用数据的方式，这种环境包括传统的人机交互环境、单机环境、网络环境、互联网环境等。为实现数据交换，对不同的环境需设置不同的接口。

(5) 数据服务与元数据：为方便使用数据，在数据管理中还提供大量的服务功能称数据服务(data service)。数据服务是目前计算机领域中的一大潮流，其目的是为用户提供更多的方便与个性化需求。数据服务一般包括两种，它们分别是操作服务与信息服务，其中操作服务主要为用户提供多种操作上的方便，而信息服务则为用户使用数据库提供信息，特别是数据结构信息、数据控制信息。这种信息是有关数据的数据，因此又称元数据(metadata)。元数据是一种特殊的数据服务，由于它的重要性在本书中将单独命名与单独介绍。

(6) 数据扩展：在数据交换中所建立的接口扩展了数据管理功能。这种功能可以方便数据处理使用数据，同时也为数据处理开拓应用提供支撑。

上述六种管理功能前五种为基本的管理功能而后一种则是扩展的管理功能。而在基本管理功能中前三个则是数据管理的核心功能，它们构成如图1.1所示的结构图。

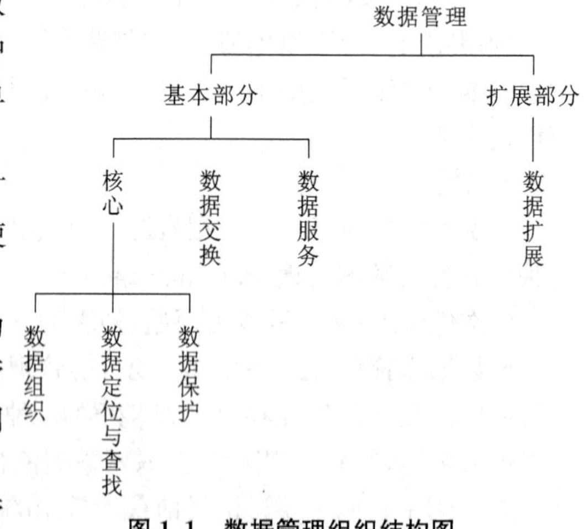

图1.1　数据管理组织结构图

这六种数据管理功能可分两个层次进行管理，其中一个层次是低层次管理，它负责数据管理中简单、常规的管理，它由系统软件——数据库管理系统进行管理；另一个层次是高层次管理，它由人——数据库管理员进行管理，它负责数据管理中复杂、智能性管理。

数据管理是数据库技术的主要研究内容。

3) 数据处理

将客观世界中的事物抽象成计算机中的数据后，我们对客观世界事物的研究即可转化为对计算机中数据的处理，它可称为“数据处理”(data process)。

数据处理是一种计算机的应用，它以批量数据多种方式处理为其特色，主要从事数据的加工、转换、分类、统计、计算、存取、传递、采集、发布等工作。

数据处理是一种新的处理问题的方法，它可以将对客观世界的研究借助于计算机中的数据处理而实现。正因为如此，目前世界上多门学科和多种应用均可以以数据处理为其基本方法与工具，其处理流程如图1.2所示。

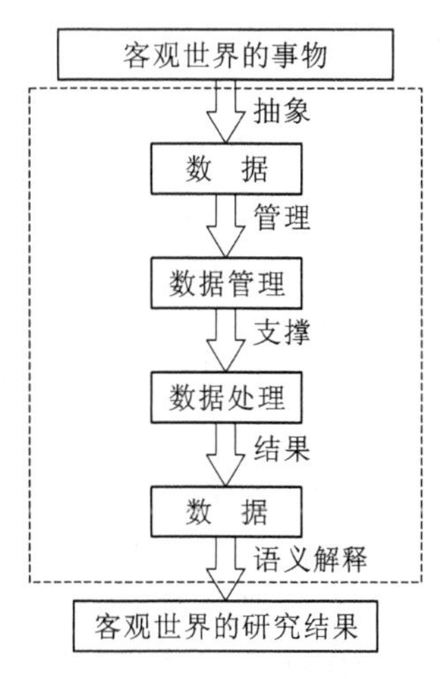

图1.2 数据处理流程示意图

在图中数据处理流程分成为四个阶段，它们分别是：

(1) 第一阶段——数据形成阶段。

此阶段的工作是将客观世界的事物抽象成计算机中的数据。这是数据处理的首要关键的一步，一般而言，客观世界中某领域的事物若能抽象成数据，此时对该领域的研究即可转化成为计算机中的数据处理，并正式进入数据处理流程。

(2) 第二阶段——数据管理阶段。

此阶段的工作是将所形成的数据按一定结构形式组织，对其作保护，并提供访问该数据的多种方式与接口，它为数据处理使用数据提供便利。

(3) 第三阶段——数据处理阶段。

此阶段的工作是数据处理，对数据作加工、转换等处理工作，在处理结束后以数据形式给出处理结果。因此我们说，数据处理是由数据到数据的一种转换工作。

数据处理一般由程序完成。

(4) 第四阶段——语义解释阶段。

此阶段的工作是将数据处理结果所形成的数据还原成客观世界中的事物，从而结束整个处理流程。

整个流程看来，从客观世界中某领域的事物出发，经计算机中的数据处理最终获得客观世界中的一些新的结果(包括新的事物)。这就是数据处理作为工具参与解决客观世界各领域、学科的研究过程中的作用与方法。

1.2 有关数据的基本概念介绍

1.2.1 数据的基本性质

前面已经讲到，数据是计算机中的基本概念，它是计算机中处理、加工的对象与目标，其具体表示为存储于计算机内的二进符号串。数据一般有下面几个性质：

1）数据的抽象性

从形式看，数据是一种抽象的符号串，一般来讲它不含有语义，如数据："15"可以是"15岁""15元钱"，也可以是"15公斤""15本"等等。因此在必要时须对它作出语义解释，此时它才有真实的意义。

2）数据的可构造性

从结构看，数据分为结构化数据（structured data）、半结构化数据（semi-structred data）与非结构化数据（non-structured data）。所谓非结构化数据即表示符号串是不规范结构形式；所谓半结构化数据即表示符号串呈半规范结构形式，如文件中的流式文件、文本文件属于非结构化形式，互联网中的Web结构属于半结构化形式。而在软件中的数据大多是有结构的，它们称结构化数据。首先，结构化数据有型（type）与值（value）之分，数据的型给出了数据表示的类型如整型、实型、字符型等，而数据的值给出了符合给定型的数值。随着应用需求的扩大，数据的型有了进一步的扩大，它包括了将多种相关数据以一定结构方式组合构成特定的数据框架，称为数据结构（data structure），具有统一结构形式和特性的具体描述可称为数据模式（data schema）。

3）数据的持久性

从存储时间看，数据一般分为两部分，其中一部分与程序仅有短时间的交互关系，随着程序的结束而消亡，它们称为临时性数据或挥发性（transient）数据。这类数据一般存放于计算机内存中；而另一部分数据则对系统起着持久的作用，它们称为持久性（persistent）数据，这类数据一般存放于计算机中的次级存储器内（如磁盘）。

4）数据的共享性

从其使用对象看，数据可分为私有性与共享性两种。为特定应用（程序）服务的数据称私有（private）数据，而为多个应用（程序）服务的数据则称为共享（share）数据。

5）数据的海量性

从其存储数量看，数据可分为小量、大量及海量三种。数据的量是衡量与区别数据的重要标志，这主要是由于数据"量"的变化可能会引起数据"质"的变化。数据量由小变大后，数据就需要进行管理，需要保护与控制。目前数据以海量数据为多见，因此一般数据均需管理、保护与控制。

随着技术的进步与应用的扩大，数据的特性都在发生变化，这些变化主要表现为：

① 数据的量由小规模到大规模进而到超大规模、海量再到目前的巨量。

② 数据的组织由非结构化到结构化。

③ 数据的服务范围由私有到共享。

④ 数据的存储周期由挥发到持久。

数据的这些变化使得现代数据具有海量的、结构化的、持久的和共享的特点，本书如不作特别说明，所提数据均具此四种特性。

1.2.2 数据在计算机中的位置与作用

我们知道，计算机是由硬件与软件两部分组成，其中软件是运行实体而硬件则是运行平台。软件好像是一台运作的机器，将原料送入机器进行加工后变成成品。软件由程序与数据两部分组成，其中程序给出了运行的加工过程而数据则给出了运行的原料与成品。它们的关系可见图 1.3,而数据在计算机中的位置,则可见图 1.4。

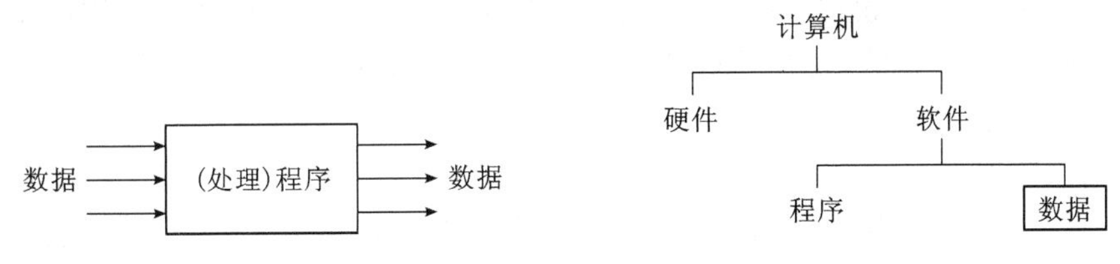

图 1.3　数据处理结构原理图　　**图 1.4　数据在计算机中位置示意图**

在软件中数据(主要指其结构)是其最稳定部分,而程序则是可变部分,因此数据称为软件中的不动点(fixed point),它在软件中起着基础性的作用。

软件发展至今,程序与数据间的不同关系形成了目前流行的两种结构方式:

(1) 以程序为中心的结构:在此种软件结构中以程序为中心以数据为辅助,即每个程序有若干个数据为其支撑,它们构成了如图 1.5(a)所示结构。

(2) 以数据为中心的结构:在此种软件结构中以数据为中心以程序为辅助,即以一个数据集合为中心,围绕它有若干个程序对数据作处理,它们构成了如图 1.5(b)所示结构。

在目前,大多数软件结构采用以数据为中心的结构。

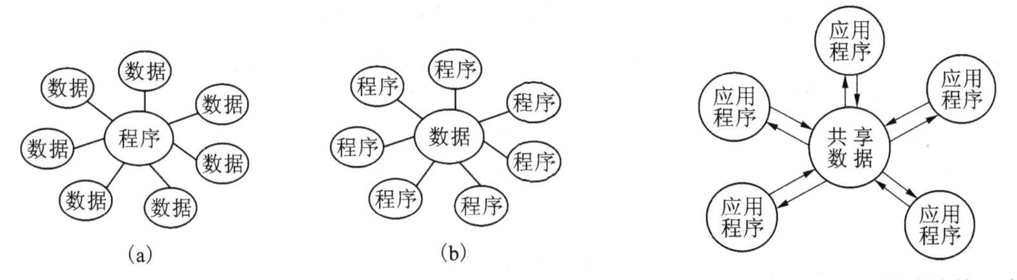

图 1.5　软件的两种结构图　　**图 1.6　以数据为主体的软件系统**

在过去,软件是以程序为中心,而数据则以私有形式从属于程序。在此种系统中,数据是分散的,它造成了数据管理的混乱,如数据冗余大、一致性差、结构复杂等多种弊病,但经过若干年的发展,数据在软件中的地位和作用发生了本质的变化。在软件中它已占主体地位,而程序则已退居附属地位,它们构成了以数据为中心的结构。在此种结构中,需要对数据作集中、统一的管理,并使其为多个应用程序共享,它们构成了如图 1.6 所示的结构图,这种结构方式为数据库系统的产生与发展奠定了基础。

1.3　有关数据管理的内容与概念介绍

数据管理是数据库技术探讨与研究的主要内容。在本节中主要介绍数据管理中的基本内容与基本概念。

1.3.1　数据管理的变迁

数据管理是数据库技术的核心,在数据库发展的 50 余年历史中,它经历了多个不同时段与阶段,它们是:

1）人工管理阶段

20 世纪 40 年代自计算机出现至 50 年代这段时间中，由于当时计算机结构简单，应用面狭窄且存储单元少，对计算机内的数据管理非常简单，它们由应用程序编制人员各自管理自身的数据，此阶段称人工管理阶段。

2）文件管理阶段

文件系统是数据库管理系统发展的初级阶段，它出现于 20 世纪 50 年代，此时计算机中已出现有磁鼓、磁盘等大规模存储设备，计算机应用也逐步拓宽，此时计算机内的数据已开始有专门的软件管理，这就是文件系统（file system）。

文件系统能对数据进行初步的组织，并能对数据作简单查找及更新操作，但是文件是以程序为中心的产物，属私有性数据，因此数据的保护能力差、接口能力有限且并无独立组织的实际的需求，因此它一般附属于操作系统中，目前仅将其看成是数据库系统的雏形，而不是真正的数据库管理系统。

3）数据库管理阶段

自 20 世纪 60 年代起，数据管理进入了数据库管理系统阶段。由于计算机规模日渐庞大，应用日趋广泛，计算机存储设备已出现有大容量磁盘与磁盘组，且数据量已跃至海量，以数据为中心的需求出现，数据共享性的时代已到来，文件系统已无法满足新的数据管理要求，因此数据管理职能由附属于操作系统的文件系统而脱离成独立的数据管理机构，它即是数据库管理系统。

在数据库管理系统阶段，因不同的数据结构组织而分成为三个时代，它们是：

（1）第一代数据库管理——层次与网状数据库管理时代。

20 世纪 60 年代以后所出现的数据库管理系统是层次数据库与网状数据库，它们具有真正的数据库管理系统特色，但是它们脱胎于文件系统，受文件的物理影响大，因此给数据库使用带来诸多不便。

（2）第二代数据库管理——关系数据库管理时代。

关系数据库管理系统出现于 20 世纪 70 年代，在 20 世纪 80 年代得到了蓬勃的发展并逐步取代前两种系统。关系数据库管理系统结构简单、使用方便、逻辑性强、物理性少，因此 20 世纪 80 年代以后一直占据数据库领域的主导地位。关系数据库管理系统起源于商业应用，它适合于数据处理领域并在该领域内发挥主要作用。

（3）第三代数据库管理——后关系数据库管理时代。

在 20 世纪 90 年代以后数据库逐步扩充至非数据处理领域与数据分析领域以及大数据应用领域。此外，网络与互联网的出现也使传统关系数据库应用受到影响，此时需对关系数据库管理系统作必要的改造与扩充，它包括：

① 扩充数据交换能力以适应数据库在网络及互联网环境中的应用。

② 引入联机分析处理概念建立数据仓库以适应数据分析处理领域的应用。

③ 在 Web 环境中引入 Web 数据库以适应互联网+领域的应用。

④ 引入大数据概念建立 NoSQL 数据库以适应大数据处理领域的应用。

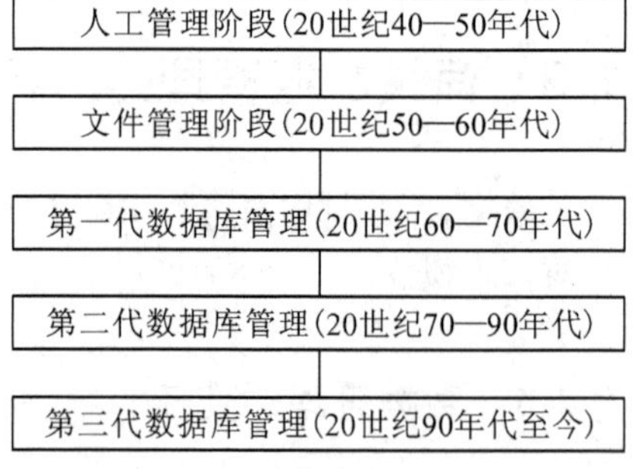

图 1.7　数据管理变迁示意图

这 4 种扩充功能目前已成为关系数据库系统发展主流。

有关数据管理变迁的全貌，可用图1.7表示之。

在本书中主要介绍数据库管理而重点介绍关系数据库管理，同时对关系数据库扩充部分也给予适当的关注并作一定的介绍。

1.3.2 数据管理中的几个基本概念

在数据管理中有几个常用的基本概念，它们是：

1) 数据库(database, DB)

数据库是数据的集合，它具有统一的结构形式，存放于统一的存贮介质内，并由统一机构管理，它由多种应用数据集成，并可被应用所共享。

数据库存放数据，数据按所提供的数据模式存放，它能构造复杂的数据结构以建立数据间内在联系与复杂关系，从而构成数据的全局结构模式。

数据库中的数据具有"集成""共享""持久"及"海量"的特点，亦即是数据库集中了各种应用的海量数据，并对其进行统一的构造与长期存储，而数据可为不同应用服务与使用。

2) 数据库管理系统(databasc management system, DBMS)

数据库管理系统是统一管理数据库的一种软件(属系统软件)，它负责：

(1) 数据模式定义：数据库管理系统负责为数据库构作统一数据框架，这种框架称为数据模式。而这种功能称为数据组织。

(2) 数据操纵：数据库管理系统为用户定位与查找数据提供方便，它一般提供数据查询、插入、修改以及删除的功能。此外，它自身还具有一定的运算、转换及统计的能力。它还可以有一定的过程调用能力。

(3) 数据控制：数据库管理系统负责数据语法、语义的正确性保护，称数据完整性控制。数据库管理系统还负责数据访问正确性保护，称安全性控制。此外，数据库管理系统还负责数据动态正确性保护，它们分别称为并发控制与故障恢复。

(4) 数据交换：数据库管理系统为不同环境用户使用数据提供接口，称数据交换。

(5) 数据的扩展功能：为使数据管理更好地为数据处理服务，在数据管理中增加一些接口功能，从而扩展了对数据处理的延伸服务，这就是数据的扩展功能。它包括人机交互扩展功能、嵌入式扩展功能、自含式扩展功能，调用层接口以及Web数据库、XML数据库等扩展功能。

(6) 数据服务，数据库管理系统提供对数据库中数据的多种服务功能称为数据服务(data service)。

(7) 数据字典：数据字典(data dictionary)是一组特殊的数据服务，它是信息服务的一种。它是一组关于数据的数据又称元数据(metadata)，它存放数据库管理系统中的数据模式结构、数据完整性规则、安全性要求等数据。

为完成以上七个功能，数据库管理系统一般提供统一的数据语言(data language)。目前常用的语言是SQL语言，它原来是一种非过程性的第四代语言，经过不断的发展它已扩展成为一种具有多种形式的语言。

SQL语言是一种国际的标准语言，目前几乎所有数据库管理系统产品都采用此种语言，在数据库领域中它具有绝对的影响与地位。

3) 数据库管理员(Database Administrator, DBA)

由于数据库的共享性，因此对数据库的规划、设计、维护、监视需要有专人管理，他们称为数据库管理员，其主要工作如下：

(1) 数据库的建立与调整：DBA 的主要任务之一是在数据库设计基础上进行数据模式的建立，同时进行数据加载，此外在数据库运行过程中还需对数据库进行调整、重组及重构以保证其运行的效率。

(2) 数据库维护：DBA 必须对数据库中数据的安全性、完整性、并发控制及系统恢复进行实施与维护。

(3) 改善系统性能，提高系统效率：DBA 必须随时监视数据库运行状态，不断调整内部结构，使系统保持最佳状态与最高效率。

此外，DBA 还负责与使用数据库有关的规章制度制定、检查与落实以及人员培训、咨询等工作。

DBA 反映了对数据库高层次管理的需求。

4) 数据库系统(database system, DBS)

数据库系统是一种使用数据管理的计算机系统，它是一个实际可运行的、向应用提供支撑的系统。

数据库系统由五个部分组成：

① 数据库(数据)。

② 数据库管理系统(软件)。

③ 数据库管理员(人员)。

④ 系统平台之一——硬件平台(硬件)。

⑤ 系统平台之二——软件平台(软件)。

这五个部分包括数据、软件、硬件及人员等，它们构成了一个以数据库为核心的完整的运行实体，称为数据库系统，为简便起见有时也可称为数据库。

1.3.3 数据管理中数据库内部结构体系

数据库在构作时其内部具有三级模式及二级映射，它们分别是概念模式、内模式与外模式，其映射则分别是从概念到内模式的映射以及外模式到概念模式的映射。这种三级模式与二级映射构成了数据库内部的抽象结构体系，如图 1.8 所示。

1.3.3.1 数据库三级模式

1) 数据模式(data schema)

数据模式是数据库中数据的全局、统一结构形式的具体表示与描述，它反映了数据库的基本结构特性。一般而言，一个数据库都有一个与之对应的数据模式，而该数据库中的数据则按数据模式要求组织存放。

2) 数据库三级模式介绍

在数据库中数据模式具有不同层次与结构方式，它一般有三层称数据库

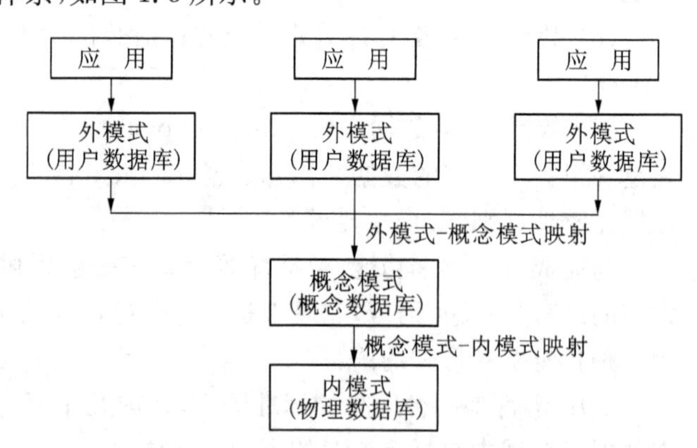

图 1.8　三级模式两种映射关系图

三级模式。这三级模式最早是在 1971 年由 DBTG 给出，1975 年列入美国 ANSI/X3/SPARC 标准，它是一种数据库内部抽象结构体系并具有对构作系统的理论指导价值，这三级模式结构如下：

(1) 概念模式(conceptual schema)：概念模式是数据库中全局数据逻辑结构的描述，是全体用户(应用)公共数据视图，此种描述是一种抽象的描述，它不涉及具体的硬件环境与平台，也与具体的软件环境无关。

概念模式主要描述数据的概念记录类型以及它们间的关系，它还包括一些数据间的语义约束。

(2) 外模式(external schema)：外模式也称子模式(subschema)或称用户模式(user's schema)，它是用户的数据视图，亦即是用户所见到的模式的一个部分，它由概念模式推导而出，概念模式给出了系统全局的数据描述而外模式则给出每个用户的局部描述。一个概念模式可以有若干个外模式，每个用户只关心与它有关的模式，这样可以屏蔽大量无关信息且有利于数据保护，因此对用户极为有利。

(3) 内模式(internal schema)：内模式又称物理模式(physical schema)，它给出了数据库物理存储结构与物理存取方法，如数据存储的文件结构、索引、集簇及 hash 等存取方式与存取路径。内模式的物理性主要体现在操作系统及文件级上，它还不深入到设备级上(如磁盘及磁盘操作)，但近年来有向设备级发展的趋势(如原始磁盘、磁盘分块技术等)。

数据模式给出了数据库的数据框架结构，而数据库中的数据才是真正的实体，但这些数据必须按框架描述的结构组织，以概念模式为框架组成的数据库叫概念数据库(conceptual database)，以外模式为框架所组成的数据库叫用户数据库(user's database)，以内模式为框架组成的数据库叫物理数据库(physical database)，这三种数据库中只有物理数据库是真实存在于计算机外存中，其他两种数据库并不真正存在于计算机中，而是通过两种映射由物理数据库映射而成。

模式的三个级别层次反映了模式的三个不同环境以及它们的不同要求，其中内模式处于最低层，它反映了数据在计算机物理结构中的实际存储形式；概念模式处于中层，它反映了设计者的数据全局逻辑要求；而外模式处于最外层，它反映了用户对数据的要求。

1.3.3.2 数据库两级映射

数据库三级模式是对数据的三个级别抽象，它把数据的具体物理实现留给物理模式，使用户与全局设计者能不必关心数据库的具体实现与物理背景，同时，它通过两级映射建立三级模式间的联系与转换，使得概念模式与外模式虽然并不具物理存在，但是也能通过映射而获得其存在的实体，同时两级映射也保证了数据库系统中数据的独立性，亦即数据的物理组织改变与逻辑概念级改变，并不影响用户外模式的改变，它只要调整映射方式而不必改变用户模式。

1) 从概念模式到内模式的映射

该映射给出了概念模式中数据的全局逻辑结构到数据的物理存储结构间的对应关系，此种映射一般由 DBMS 实现。

2) 从外模式到概念模式的映射

概念模式是一个全局模式，而外模式则是用户的局部模式。一个概念模式中可以定义多个外模式，而每个外模式是概念模式的一个基本视图。外模式到概念模式的映射给出了外模式与概念模式的对应关系，这种映射一般由 DBMS 实现。

1.3.4 数据管理特点

数据管理有很多特点，下面就几个基本特点作介绍。

1）数据的集成性

数据管理的数据集成性主要表现在如下几个方面：

（1）在数据库系统中采用统一的数据结构方式，如在关系数据库中采用二维表统一结构方式。

（2）在数据库系统中按照多个应用的需要组织全局的统一的数据结构，称为数据模式。数据模式不仅可以建立整体全局的数据结构，还可以建立数据间的完整语义联系，亦即是说，数据模式不仅描述数据自身，还描述数据间联系。

（3）数据库系统中的数据模式是多个应用共同的、全局的数据结构，而每个应用的数据则是全局结构中的一部分，称为局部结构，这种全局与局部的结构模式构成了数据库系统数据集成性的主要特征。

2）数据的高共享性与低冗余性

由于数据的集成性使得数据可为多个应用所共享，而数据的共享又可极大地减少数据的冗余性，它不仅可以减少不必要的存储空间，更为重要的是可以避免数据的不一致性。

所谓数据的一致性即是在系统中同一数据的不同出现应保持相同的值；而数据的不一致性指的是同一数据在系统的不同拷贝处有不同的值。数据的不一致性会造成系统的混乱，因此，减少冗余性避免数据的不同出现是保证系统一致性的基础。

数据的共享不仅可以为多个应用服务，还可以为不断出现的新的应用提供服务，特别是在网络发达的今天，数据库与网络的结合扩大了数据关系的范围，使数据信息这种财富可以发挥更大的作用。

3）数据独立性

数据独立性即是数据库中数据独立于应用程序而不依赖于应用程序，也就是说数据的逻辑结构、存储结构与存取方式的改变不影响应用程序。

数据独立性一般分为物理独立性与逻辑独立性两级。

（1）物理独立性是指数据的物理结构（包括存储结构、存取方式等）的改变，如存储设备的更换、物理存储的更换、存取方式的改变等都不影响数据库的逻辑结构，从而不致引起应用程序的变化。

（2）逻辑独立性是指数据库总体逻辑结构的改变，如修改数据模式、增加新的数据类型、改变数据间联系等，不需要修改相应应用程序，这就是数据的逻辑独立性。遗憾的是到目前为止数据逻辑独立性还无法做到完全的实现。

总之，数据独立性即是数据与程序间的互不依赖性。一个具有数据独立性的系统可称为以数据为中心的系统或称为面向数据的系统。

4）数据统一管理与控制

数据管理不仅为数据提供高度集成环境，同时还为数据提供统一管理与控制的手段，这主要表现为：

（1）为数据定义包括模式定义、表定义、视图定义及建立索引提供服务。

（2）为数据查询及增、删、改提供统一的服务。

(3) 数据的完整性检查:对数据库中数据的正确性作检查以保证数据的正确。

(4) 数据的安全性保护:对数据库访问者作检查以防止非法访问。

(5) 并发控制:对多个应用并发访问所产生的相互干扰作控制以保证其正确性。

(6) 数据库故障恢复:使遭受破坏的数据具有恢复能力,使数据库具有抗破坏性。

(7) 为数据交换与扩展提供统一服务。

(8) 此外还提供多种的操作服务与信息服务,其中包括数据字典等信息服务。

1.3.5 数据管理工具

当前数据管理的主流产品属关系数据库模型,按其规模大致可分为大型、中小型及桌面式等3种,下面介绍这3种数据库管理的代表性的产品

1) 大型数据库产品

大型数据库的代表性产品是ORACLE与DB2。

(1) ORACLE:ORACLE数据库管理系统属大型数据库产品,在此类型中目前在全球销售量最好,它除具有关系数据库的基本功能外,还具有一定的面向对象功能,它支持Web功能,能存储大对象数据(如图像、语音、视频及音频等数据),在它的扩充部分中还有数据仓库的功能,该产品在我国主要用于公安、金融以及大型企业中。

有关此产品的详细介绍可参阅ORACLE公司网站:http://www.oracle.com。

(2) DB2:DB2是IBM公司的产品,它的前身是关系数据库管理系统的第一代产品SYSTEM-R。

它是一种关系模型产品,主要适用于IBM的大型机中,具有通用性强并有较好的并行存储与并行计算能力,该产品在我国主要用于金融、气象等大型企、事业部门。

有关此产品的详细介绍可参阅IBM公司网站:http://www.ibm.com。

2) 中小型数据库产品

中小型数据库产品的代表是微软公司的SQL Server与Oracle公司的MySQL。

(1) SQL Server:微软公司的SQL Server是中、小型数据库产品的代表。目前流行的是SQL Server 2008、SQL Server 2014等。该产品是关系模型产品,该产品适合于微机型环境并与微软公司的软件环境协调一致(如Windows操作系统、NET中间件、ODBC、OLEDB接口及ASP、C#等开发工具),该产品在我国使用广泛,主要用于中、小型企业及教育机构中。

有关此产品的详细介绍可参阅微软公司网站:http://www.microsoft.com。

(2) MySQL:MySQL是一个关系型数据库管理系统,由瑞典MySQL AB公司开发,目前属于Oracle公司。MySQL是开源的,所以不需要支付费用,并且是可以定制的,通过使用GPL协议,用户可以修改源码来开发自己的MySQL系统。

MySQL是一个中型的数据库,对PHP有很好的支持,PHP是目前最流行的Web开发语言。MySQL特别适用于互联网上的Web应用以及云计算中的应用。

MySQL使用标准的SQL数据语言形式。可以运行于多个操作系统上,并且支持多种编程语言,包括C、C++、Python、Java、Perl、PHP、Eiffel、Ruby和TCL等。该产品在我国使用广泛,适用于网络的应用,特别是互联网中的应用。

有关此产品的详细介绍可参阅IBM公司网站:http://www.ibm.com。

3) 桌面式数据库产品

桌面式数据库产品的代表是微软公司的 Access，该产品是关系模型产品，但能适应 Web 环境，该产品是以数据库为核心，并有多种开发工具相配套的产品，它是微软公司 Office 系列中的一个产品，该产品适用于微型机环境并与微软公司软件环境协调一致，该产品也在我国使用广泛，主要用于小型企、事业单位中的简单应用。

有关此产品的详细介绍可参阅微软公司网站：http://www.microsoft.com。

1.4 有关数据处理的内容与概念介绍

数据处理是数据库技术的主要应用领域，数据库为数据处理提供数据支撑。在本书中数据处理主要指的是数据库中的数据应用，在这节里主要介绍数据处理的基本概念与内容以及数据库与数据处理的关系。特别要注意的是，数据处理本身内容并不属数据库范畴，但由于它是数据库技术应用的主要领域因此有必要对它有所了解，而它与数据库的关系与接口则是数据库技术的重要内容，必须了解之。

1.4.1 数据库应用系统

在数据处理中以数据库作为其支撑的系统称为数据库应用系统 DBAS(Database Applied System)，数据库应用系统是数据处理与数据库的结合产物。在本书中我们所说的数据处理具体地说指的是数据库应用系统。

数据库应用系统是一种以数据库系统及相关开发工具为支撑所开发出来的一种系统。它属应用软件范围。

数据库应用系统是需要开发的，其开发内容包括：

① DBA 构作该系统的数据模式并由数据录入员录入、加载数据从而构成数据库。

② DBA 设置完整性、安全性等控制、约束条件。

③ DBA 设置系统的运行参数以及索引。

④ 系统开发人员编制应用程序、接口及界面。

经过开发后所生成的系统即是数据库应用系统。

数据库应用系统由数据库系统及应用程序、应用界面等组成，它们是：

① 数据库。

② 数据库管理系统。

③ 数据库管理员。

④ 系统平台之一——硬件平台。

⑤ 系统平台之二——软件平台。

⑥ 应用程序。

⑦ 应用界面。

这七个部分构成了数据库应用系统。具体结构可见图 1.9。

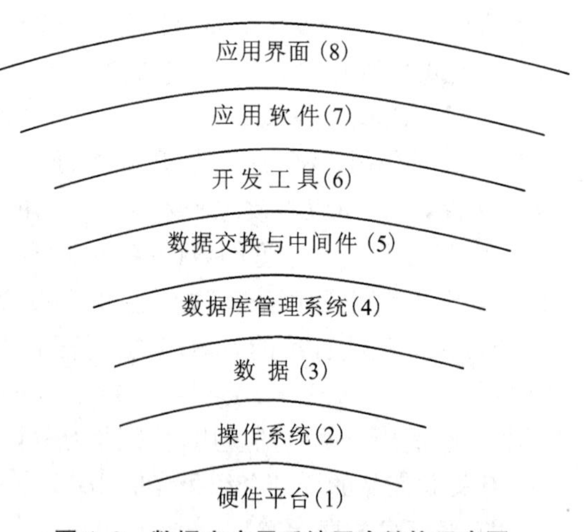

图 1.9 数据库应用系统层次结构示意图

目前大量的流行的应用系统即属此种系统，它一般也可称信息系统(Information System)。其典型例如管理信息系统(MIS)、企业资源规划

(ERP)、办公自动化系统(OA)、情报检索系统(IRS)、客户关系管理(CRM)、财务信息系统(FIS)等系统。

1.4.2 数据处理环境

在数据处理中,数据存放于数据库中,用户使用数据是通过访问数据库中的数据而实现的。而这种访问是在一定环境下进行的,随着计算机技术的发展,数据应用环境也不断发生变化,迄今为止一共有四种不同的环境,它们是:

1) 人机直接交互式环境

这种环境即是用户为操作员,由操作员直接访问数据库中的数据,这是一种最为原始与简单的访问方式,在数据库发展的初期就采用此种方式,并一直延续至今。

2) 单机集中式环境

这种环境即是用户为应用程序,应用程序在机器内(单机)访问数据库中数据,这种访问方式在 20 世纪 70~80 年代较为流行,目前仍有使用。这也是一种较简单的访问方式。

3) 网络分布式环境

在计算机网络出现后,数据访问方式出现了新的变化,在此种环境中数据与用户(应用程序)可分处网络不同节点,用户使用数据以接口调用的方式,这种方式广泛应用于 20 世纪 90 年代,目前仍有使用。

4) 互联网环境

在当前互联网时代,用户是以互联网中的 HTML、XML 为代表,而数据访问方式则是 XML 与数据库间的调用方式。这种方式是目前广泛应用的方式。

目前,这四种数据应用环境及访问方式都普遍存在,它为数据应用提供了多种应用手段。

1.4.3 数据处理应用开发

数据处理的应用是需要开发的,数据处理应用开发可分为两部分,它们是:

1) 数据设计

数据应用开发的首先任务是做数据设计方案,特别是设计一个适合应用需要的数据结构用以存储数据供应用使用,这种数据结构就是数据模式。

2) 数据库应用系统的开发

为了运行数据处理应用必须开发一个系统,该系统是在一定应用环境下,采用一种合理的数据结构,并且与一定的硬件平台、基础软件平台及数据管理软件相结合,具有大量结构化数据与应用程序,并且有一个友好的可视化界面。这种系统即是数据库应用系统,它可为特定的数据应用提供全面的服务。

在数据库应用系统形式中其主要工作是编制应用程序,这种有数据库支撑的应用程序编制称数据库编程。

1.4.4 数据处理应用领域

数据处理应用领域范围很广,但是一般集中在下面几个方面,它们是:

1）传统的事务处理

传统事务处理是数据应用的主要领域，它以数据处理为主并以数据结构简单、短事务、数据操作类型少为其特点，目前主要用于电子商务、客户关系管理、企业资源规划(即 ERP)以及管理信息系统等应用中。这种应用主要以关系数据库为支撑。

2）分析应用

分析应用是近几年发展起来的数据库应用领域，它主要用于对数据作分析，从数据中提取知识与规则。这是一种新的应用领域，它与前面两种领域应用有重要的区别。前两种领域应用均是局限于原有数据的积累与应用，而分析应用则是将数据由量的积累而达到质的转变，它使得数据成为规则与知识财富。

分析应用主要在决策支持系统、联机分析处理、数据挖掘、大数据分析以及人工智能等领域，它主要由数据仓库及大数据管理作基本数据支撑。

习　题　1

1.1　试解释下列名词：

(1) 数据库

(2) 数据库管理系统

(3) 数据库管理员

(4) 数据库系统

(5) 数据库应用系统

(6) 数据模式

1.2　试给出数据库技术的研究对象、研究内容及应用方向。

1.3　什么叫数据？请给出解释，并给出其特性。

1.4　什么叫数据管理？请给出说明，并给出其主要内容。

1.5　试给出数据管理发展的五个阶段，并作出说明。

1.6　试给出内模式、外模式及概念模式等三个概念以及两个映射的概念，并构造数据库的内部体系结构。

1.7　什么叫数据处理？请说明之。

1.8　请给出数据处理的四种环境，并作出说明。

1.9　数据处理的应用开发有哪些内容？请说明之。

1.10　数据处理有哪些应用领域？请说明之。

1.11　请说明数据、数据管理与数据处理间的关系。

【复习指导】

本章对数据库技术的基本内容与相关的概念作全面、完整介绍。

1. 数据库技术的概念

- 数据库技术的研究对象——数据
- 数据库技术的研究内容——数据管理
- 数据库技术的应用领域——数据处理

2. 数据概念

数据表现为计算机中的二进符号串，是计算机处理与加工对象。数据来源于客观世界，是客观世界现象与事物的抽象。

3. 数据管理概念

对数据作集中、统一的管理以便于数据处理使用称数据管理。

数据管理包括如下内容：

(1) 基本部分

- 核心
  - 数据组织
  - 数据定位与查找
  - 数据保护
- 数据交换
- 数据服务

(2) 扩展部分——数据扩展

4. 数据处理概念

数据是数据处理的基本支撑。数据的应用领域是数据处理。数据处理是计算机的一种应用，它以批量数据多种方式处理为其特色。

5. 数据的进一步讨论

- 数据抽象性
- 数据可构造性
- 数据持久性
- 数据共享性
- 数据海量性

数据库技术中所讨论的数据具有以上的五个特性。

6. 数据管理的进一步讨论

(1) 数据管理变迁

数据管理变迁经过五个阶段：

- 人工管理
- 文件管理
- 第一代数据库管理——层次与网状数据管理
- 第二代数据库管理——关系数据管理
- 第三代数据库管理——后关系数据管理

(2) 数据管理中基本术语

- 数据库
- 数据库管理系统
- 数据库管理员

(3) 数据库内部结构体系——三种模式及两种映射

- 三种模式——外模式、概念模式与内模式
- 两种映射

(4) 数据管理特点

- 数据集成性
- 数据高共享性与低冗余性

- 数据独立性
- 数据统一管理与控制

(5) 数据管理工具介绍

7. 数据处理的进一步讨论

(1) 数据库应用系统

(2) 数据处理环境

- 人机交互环境
- 单机、集中式环境
- 网络分布式环境
- 互联网环境

(3) 数据处理应用开发

- 数据库设计
- 数据库应用系统开发
- 数据库编程

(4) 数据处理应用领域

- 事务处理领域
- 分析事务处理领域

8. 本章重点内容

- 数据的基本概念
- 数据管理

2 数据模型

数据模型是数据管理的基本特征抽象，它是数据库的核心，也是了解与认识数据库管理的基础，本章介绍数据模型的基本内容，为下面进一步介绍数据管理奠定基础。

2.1 数据模型的基本概念

数据库技术的主要内容是数据管理，而数据管理所要讨论的问题很多、内容丰富，为简化表示、方便研究，有必要将数据管理的基本特征抽取而构成数据模型，为讨论数据管理提供方便，为了解数据管理提供手段。因此我们说，数据模型(data model)是数据管理基本特征的抽象，它是数据库的核心与基础。数据模型描述数据的结构、定义在结构上的操作以及约束条件。它从抽象层次上描述了系统的静态特征、动态行为和约束条件，为数据库管理的表示和操作提供一个框架。

数据模型按不同的应用层次分成三种类型，它们是概念数据模型(conceptual data model)、逻辑数据模型(logic data model)及物理数据模型(physical data model)。

概念数据模型又称概念模型，它是一种面向客观世界、面向用户的模型，它与具体的数据库管理系统无关，与具体的计算机平台无关。概念模型着重于对客观世界复杂事物的结构描述及它们间的内在联系的刻画，而将与DBMS、计算机有关的物理的、细节的描述留给其他种类的模型。因此，概念模型是整个数据模型的基础。目前，较为有名的概念模型有E-R模型、扩充的E-R模型、面向对象模型及谓词模型等。

逻辑数据模型又称逻辑模型，它是一种面向数据库系统的模型，该模型着重于在数据库系统一级的实现。它是客观世界到计算机间的中介模型，具有承上启下的功能。概念模型只有在转换成逻辑模型后才能在数据库中得以表示。目前，逻辑模型很多，较为成熟并被人们大量使用的有：层次模型、网状模型、关系模型、面向对象模型、谓词模型以及对象关系模型等。

物理数据模型又称物理模型，它是一种面向计算机物理表示的模型，此模型给出了数据模型在计算机上物理结构的表示。

数据模型所描述的内容有三个部分，它们是数据结构、数据操纵与数据约束。

1) 数据结构

数据模型中的数据结构主要描述基础数据的类型、性质以及数据间的关联，且在数据库系统中具有统一的结构形式，它也称数据模式。数据结构是数据模型的基础，数据操作与约束均建立在数据结构上。不同数据结构有不同的操作与约束。因此，一般数据模型均依据数据结构的不同而分类。

2) 数据操纵

数据模型中的数据操纵主要描述在相应数据结构上的操作类型与操作方式。

3) 数据约束

数据模型中的数据约束主要描述数据结构内数据间的语法、语义联系,它们间的制约与依存关系,以及数据动态变化的规则以保证数据的正确、有效与相容。

2.2 数据模型的四个世界

数据库中的数据模型可以将复杂的现实世界要求反映到计算机数据库中的物理世界,这种反映是一个逐步转化的过程,它分为四个阶段,被称为四个世界。由现实世界开始,经历概念世界、信息世界而至计算机世界,从而完成整个转化。由现实世界开始每到达一个新的世界都是一次新的飞跃和提高。

1) 现实世界(real world)

用户为了某种需要,需将现实世界中的部分需求用数据库实现。此时,它设定了需求及边界条件,这为整个转换提供了客观基础和初始启动环境。此时,人们所见到的是客观世界中划定边界的一个部分环境,它称为现实世界。

2) 概念世界(conceptual world)

以现实世界为基础作进一步的抽象形成概念模型,这是一次新的飞跃与提高。它将现实世界中错综复杂的关系作分析,去粗取精,去伪存真,最后形成一些基本概念与基本关系。它们可以用概念模型提供的术语和方法统一表示,从而构成了一个新的世界——概念世界。在概念世界中所表示的模型都是较为抽象的,它们与具体数据库、具体计算机平台无关,这样做的目的是为了集中精力构造数据间的关联及数据的框架而不是拘泥于细节性的修饰。

3) 信息世界(information world)

在概念世界的基础上进一步着重于在数据库级上的刻画,而构成的逻辑模型叫信息世界。信息世界与数据库的具体模型有关,如层次、网状、关系模型等。

4) 计算机世界(computer world)

在信息世界的基础上致力于在计算机物理结构上的实现,从而形成的物理模型叫计算机世界。现实世界的要求只有在计算机世界中才得到真正的物理实现,而这种实现是通过概念世界、信息世界逐步转化得到的。

上面所述的四个世界中,现实世界是客观存在,而其他三个世界则是人们加工而得到的,这种加工转化的过程是一种逐步精化的层次过程,如图 2.1 所示。它符合人类认识客观事物的规律。

下面分三节对概念世界、信息世界与计算机世界作较为详细的介绍。

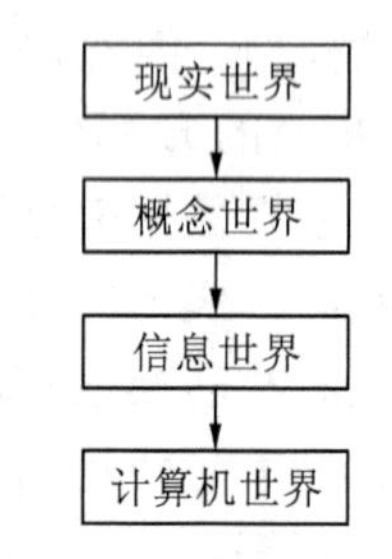

图 2.1 四个世界的转化示图

2.3 概念世界与概念模型

概念世界是一个较为抽象、概念化的世界,它给出了数据的概念化结构。概念世界一般用概念模型表示。概念模型目前常用的有 E-R 模型、扩充 E-R 模型、面向对象模型和谓词模型等四种,本书选用其中最简单、最实用的 E-R 模型作介绍。

E-R 模型(Entity-Relationship model)又称实体联系模型,它于 1976 年由 Peter Chen 首先提出,这是一种概念化的模型,它将现实世界的要求转化成实体、联系、属性等几个基本概念以及它们间的两种基本关系,并且用一种较为简单的图表示叫 E-R 图(Entity-Relationship diagram)，该图简单明了，易于使用，因此很受欢迎，长期以来作为一种主要的概念模型被广泛应用。

1) E-R模型的基本概念

E-R模型有如下三个基本概念。

(1) 实体(entity)：现实世界中的事物可以抽象成为实体，实体是概念世界中的基本单位，它们是客观存在的且又能相互区别的事物。凡是有共性的实体可组成一个集合称为实体集(entity set)。如学生张三、李四是实体，而他们又均是学生，从而组成一个实体集。

(2) 属性(attribute)：现实世界中事物均有一些特性，这些特性可以用属性这个概念表示。属性刻画了实体的特征。属性一般由属性名、属性型和属性值组成。其中属性名是属性标识，而属性的型与值则给出了属性的类型与取值，属性取值有一定范围称属性域(domain)。一个实体往往可以有若干个属性，如实体张三的属性可以有姓名、性别、年龄等。

(3) 联系(relationship)：现实世界中事物间的关联称为联系。在概念世界中联系反映了实体集间的一定关系，如医生与病人这两个实体集间的治疗关系，官、兵间的上下级管理关系，旅客与列车间的乘坐关系。

实体集间的联系，就实体集的个数而言可分为以下几种。

(1) 两个实体集间的联系：两个实体集间联系是一种最为常见的联系，前面举的例子均属两个实体集间的联系。

(2) 多个实体集间的联系：这种联系包括三个以及三个以上实体集间的联系。如工厂、产品、用户这三个实体集间存在着工厂提供产品为用户服务的联系。

(3) 一个实体集内部的联系：一个实体集内有若干个实体，它们间的联系称实体集内部联系。如某单位职工这个实体集内部可以有上下级联系。往往某人(如科长)既可以是一些人的下级(如处长)，也可以是另一些人的上级(如本科内科员)。

实体集间联系的个数可以是单个也可以是多个。如官、兵之间既有上下级联系，也有同志间联系，还可以有兴趣爱好的联系等。

两个实体集间的联系实际上是实体集间的函数关系，这种函数关系可以有下面几种。

(1) 一一对应(one to one)的函数关系：这种函数关系是常见的函数关系之一，它可以记为 $1:1$。如学校与校长间的联系，一个学校与一个校长间相互一一对应。

(2) 一多对应(one to many)或多一对应(many to one)函数关系：这两种函数关系实际上是同一种类型，它们可以记为 $1:m$ 或 $m:1$。如学生与其宿舍房间的联系是多一对应函数关系(反之，则为一多对应函数关系，即多个学生对应一个房间)。

(3) 多多对应(many to many)函数关系：这是一种较为复杂的函数关系，可记为 $m:n$。如教师与学生这两个实体集间的教与学的联系是多多对应函数关系。因为一个教师可以教授多个学生，而一个学生又可以受教于多个教师。

以上四种函数关系可用图2.2表示。

2) E-R模型三个基本概念之间的连接关系

E-R模型由以上三个基本概念组成。这三个基本概念之间的关系如下：

(1) 实体集(联系)与属性间的连接关系：实体是概念世界中的基本单位，属性附属于实体，它本身并不构成独立单位。一个实体可以有若干个属性，实体以及它的所有属性构成了实体的一个完整描述。因此实体与属性间有一定连接关系。如在人事档案中每个人(实体)可以有编号、姓名、性别、年龄、籍贯、政治面貌等若干属性，它们组成了一个有关人(实体)的完整

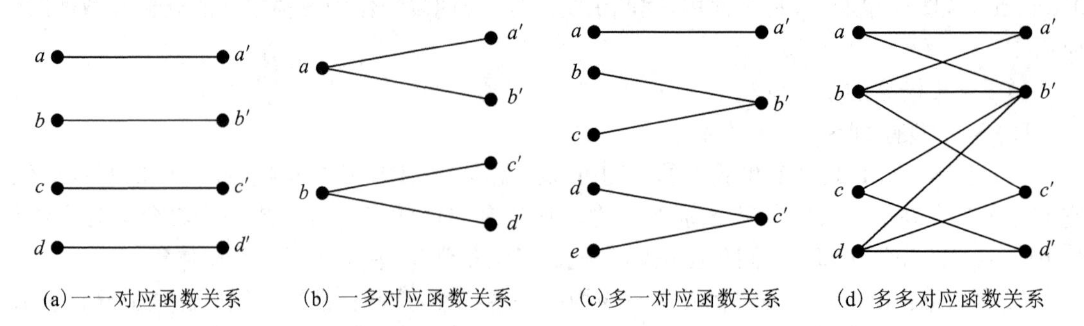

(a)一一对应函数关系　(b)一多对应函数关系　(c)多一对应函数关系　(d)多多对应函数关系

图 2.2　四种函数关系表示图

描述。

实体有型与值之别，一个实体的所有属性构成了这个实体的型(如表 2.1 中人事档案中的实体，它的型是编号、姓名、性别、年龄、籍贯、政治面貌等)，而实体中属性值的集合(如表 2.1 中 138，徐英健，女，18，浙江，团员)则构成了这个实体的值。

相同型的实体构成了实体集。实体集由实体集名、实体型和实体值三部分组成。一般讲，一个实体集名可有一个实体型与多个实体值。如表 2.1 是一个实体集，它有一个实体集名：人事档案简表，它并有一个实体型为：(编号、姓名、性别、年龄、籍贯及政治面貌)，它有五个实体分别是表中的五行。

表 2.1　人事档案简表

编　号	姓　名	性　别	年　龄	籍　贯	政治面貌
138	徐英健	女	18	浙江	团员
139	赵文虎	男	23	江苏	党员
140	沈亦奇	男	20	上海	群众
141	王　宾	男	21	江苏	群众
142	李红梅	女	19	安徽	团员

联系也可以附有属性，联系和它的所有属性构成了联系的一个完整描述，因此，联系与属性间也有连接关系。如教师与学生两实体集间的教与学的联系还可附有属性教室号。

(2) 实体集与联系间的连接关系：实体集间可通过联系建立连接关系，一般而言，实体集间无法建立直接关系，它只能通过联系才能建立起连接关系。如教师与学生之间无法直接建立关系，只有通过“教与学”的联系才能在相互之间建立关系。

上面所述的两个连接关系建立了实体(集)、属性、联系三者的关系，用表 2.2 表示。

表 2.2　实体(集)、属性、联系三者的连接关系表

	实　体(集)	属　性	联　系
实体(集)	×	单向	双向
属　性	单向	×	单向
联　系	双向	单向	×

3) E－R模型的图示法

E－R模型的一个很大的优点是它可以用一种非常直观的图的形式表示，这种图称为E－R图。在E－R图中我们分别用不同的几何图形表示E－R模型中的三个概念与两个连接关系。

(1) 实体集表示法：在E－R图中用矩形表示实体集，在矩形内写上该实体集之名。如实体集学生(student)、课程(course)可用图2.3表示。

图2.3 实体集表示法

(2) 属性表示法：在E－R图中用椭圆形表示属性，在椭圆形内写上该属性名。如学生有属性学号(sno)、姓名(sn)及年龄(sa)，可以用图2.4表示。

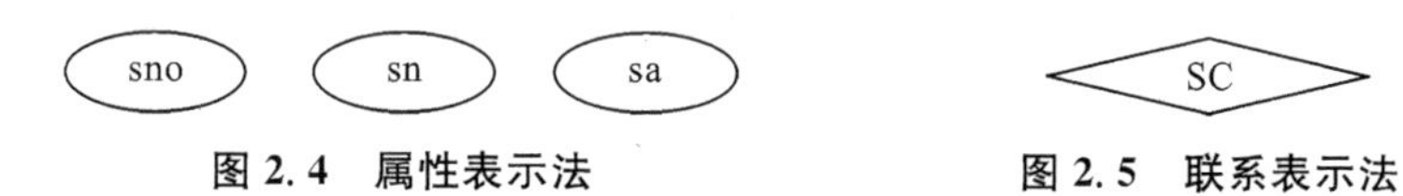

图2.4 属性表示法　　　　图2.5 联系表示法

(3) 联系表示法：在E－R图中用菱形表示联系，在菱形内写上该联系名。如学生与课程间联系"修读"SC，用图2.5表示。

三个基本概念分别用三种几何图形表示，它们间的连接关系也可用图形表示。

(4) 实体集(联系)与属性间的连接关系：属性依附于实体集，因此，它们之间有连接关系。在E－R图中这种关系可用连接这两个图形间的无向线段表示(一般情况下可用直线)。如实体集student有属性sno(学号)、sn(学生姓名)及sa(学生年龄)；实体集course有属性cno(课程号)、cn(课程名)及pno(预修课号)，此时它们可用图2.6连接。

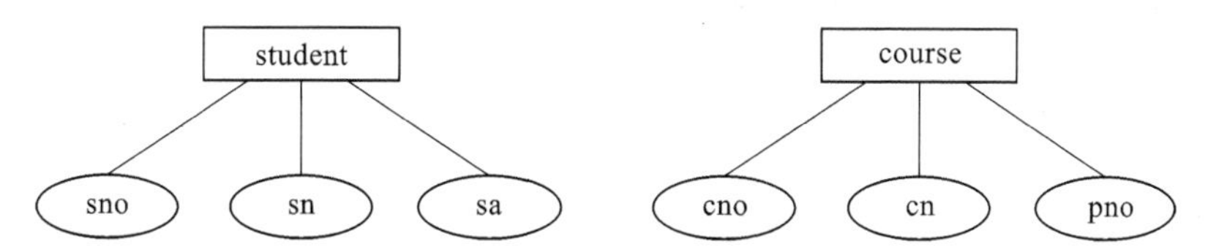

图2.6 实体集的属性间的连接

属性也依附于联系，它们间也有连接关系，因此也可用无向线段表示。如联系SC可与学生的课程成绩属性g建立连接，用图2.7表示。

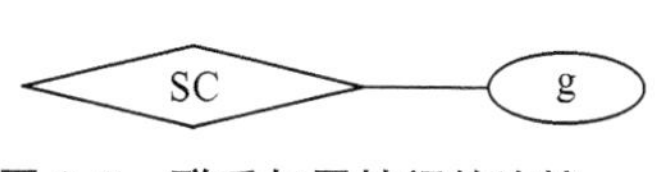

图2.7 联系与属性间的连接

(5) 实体集与联系间的连接关系：在E－R图中实体集与联系间的连接关系可用连接这两个图形间的无向线段表示。如实体集student与联系SC间有连接关系，实体集course与联系SC间也有连接关系，因此它们间可用无向线段相连，如图2.8所示。

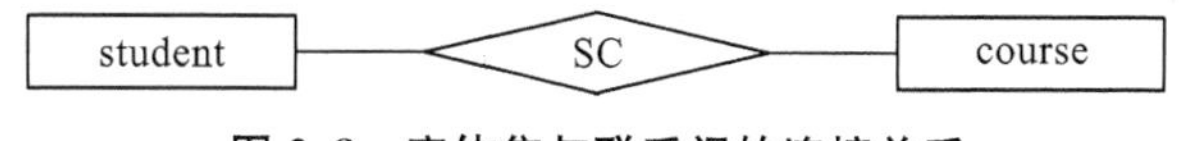

图2.8 实体集与联系间的连接关系

有时为了进一步刻画实体间的函数关系，还可在线段边上注明其对应的函数关系，如1∶1，1∶n，n∶m等。如student与course间有多多函数对应关系，此时可以用图2.9表示。

图2.9 实体集间的函数关系表示图

实体集与联系间的连接可以有多种，上面所举例子均是两个实体集间联系叫二元联系。

也可以是多个实体集间联系，叫多元联系。如工厂、产品与用户间的联系 FPU 是一种三元联系，可用图 2.10 表示。

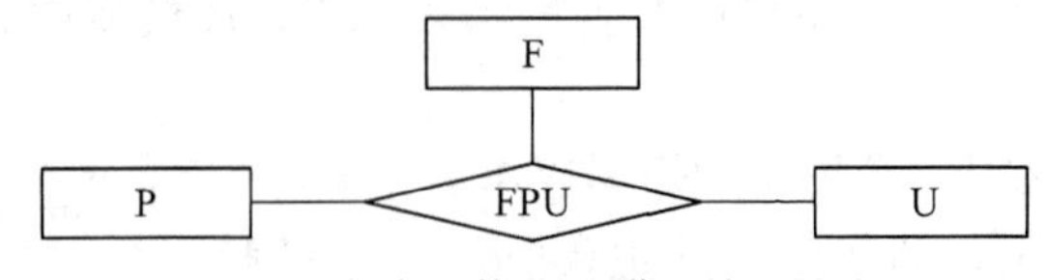

图 2.10　多个实体集间联系的连接方法

一个实体集内部可以有联系。如某公司职工(employee)与上下级管理(manage)间的联系，可用图 2.11(a)表示。

实体集间可有多种联系。如教师(T)与学生(S)之间可以有教学(E)联系也可有同志(C)间的联系，可用图 2.11(b)表示。

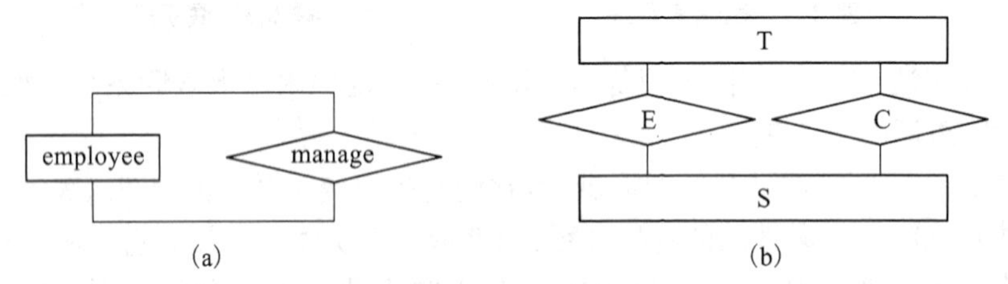

图 2.11　实体集间多种联系

矩形、椭圆形、菱形以及按一定要求相互间相连接的线段构成了一个完整的 E－R 图。

例 2.1　由前面所述的实体集 student、course 及附属于它们的属性和它们间联系 SC 以及附属于 SC 的属性 g，构成了一个有关学生、课程以及他们的成绩和他们间的联系的概念模型。用 E－R 图表示如图 2.12 所示。

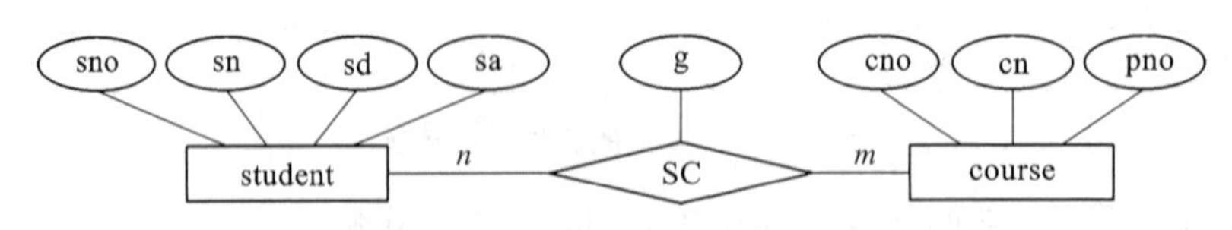

图 2.12　E－R 图的一个实例

例 2.2　图 2.13 给出了一个工厂的物资管理 E－R 图，它由职工(employee)、仓库(warehouse)、项目(project)、零件(part)、供应商(supplier)等五个实体集以及供应、库存、领导、工作等四个联系所组成。

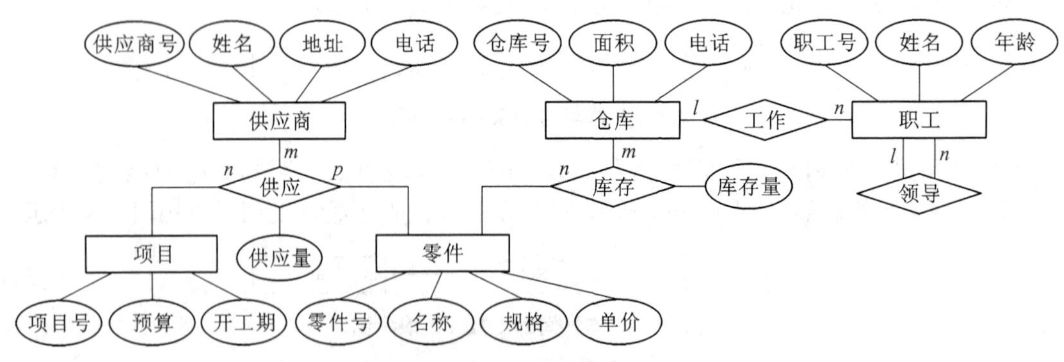

图 2.13　某工厂物资管理 E－R 图

E－R模型中有三个基本概念以及它们间的两种基本关系。它们将现实世界中错综复杂的现象抽象成简单明了的几个概念及关系，具有极强的概括性，因此，E－R模型目前已成为表示概念世界的有力工具。

2.4 信息世界与逻辑模型

2.4.1 概述

信息世界是数据库的世界，该世界着重于数据库系统的构造与操作。信息世界由逻辑模型描述。

由于数据库系统不同的实现手段与方法，因此逻辑模型的种类很多，目前常用的有层次模型、网状模型、关系模型、面向对象模型及谓词模型等。其中层次模型发展最早并盛行于20世纪的60～70年代。网状模型稍后且具有比层次模型更为优越的性能，它盛行于20世纪70～80年代。关系模型的概念出现于1970年，但由于实现上的困难，直到70年代后期才出现实用性系统，并在80年代开始流行。面向对象模型出现于20世纪80年代，在20世纪90年代开始流行。谓词逻辑模型出现于70年代末期，它表示力强，表示形式简单，目前它是演绎数据库及知识库的主要模型。面向对象模型与谓词逻辑模型既是概念模型又可作为逻辑模型。对象关系模型是一种关系模型的面向对象扩充，它的概念模型是扩充的E－R模型，它也可以认为是面向对象逻辑模型的特例。五种逻辑模型分别与四种概念模型相对应，它们的对应关系见表2.3。

表2.3 逻辑模型与概念模型的对应关系

概念模型	E－R模型			面向对象模型	谓词模型	扩充E－R模型
逻辑模型	层次模型	网状模型	关系模型	面向对象模型	谓词模型	对象关系模型

逻辑模型是构造数据库系统一级的模型，因此它在模型中的地位特别重要，用它构作的数据库管理系统均以该模型命名，如层次模型数据库管理系统、关系模型数据库管理系统等。本章介绍目前最为常用的关系模型。

2.4.2 关系模型

2.4.2.1 关系模型概述

关系模型(relational model)的基本数据结构是二维表，简称表(table)。大家知道，表格方式在日常生活中应用很广，在商业系统中，如金融、财务处理中无不以表格形式表示数据框架，这给了我们一个启发，用表格作为一种数据结构有着广泛的应用基础，关系模型即是以此思想为基础建立起来的。

关系模型中的操纵与约束也是建立在二维表上的，它包括对一张表及多张表的查询、删除、插入及修改操作，以及相应于表的约束。

关系模型的思想是IBM公司的E. F. Codd于1970年在一篇论文中提出的，他在该年6月的ACM中所发表的论文《大型共享数据库的关系模型》(a relational model for large shared data banks)中提出了关系模型与关系模型数据库的概念与理论，并用数学理论作为该模型的基础支撑。由于关系模型有很多诱人的优点，因此，从那时起就有很多人转向此方面的研究，并在算法与实现技术上取得了突破。在1976年以后出现了商用的关系模型数据库管理系统，如IBM公司在IBM-370机上的system-R系统，美国加州大学在DEC的PDP-11机上基于UNIX的Ingres系统，Codd也因他所提出的关系模型与关系理论的开创性工作而荣获了1981年计算机领域的最高奖——图灵(Turing)奖。

关系模型数据库由于其结构简单、使用方便、理论成熟而引来了众多的用户，20世纪80年代以后已成为数据库系统中的主流模型，很多著名的系统纷纷出现并占领了数据库应用的主要市场。目前，主要产品有Oracle、SQL Server、DB2、Sybase等。关系模型数据库管理系统的数据库语言也由多种形式而逐渐统一成一种标准化形式，即是SQL语言。

我国数据库应用起始于20世纪80年代，当时大多采用dBASE-Ⅱ、dBASE-Ⅲ等初级形式的RDBMS，90年代初逐步进入关系模型数据库时代，Oracle、SQL Server等数据库管理系统已逐渐替代低级系统，标准的SQL语言已取代非标准语言。

2.4.2.2 关系模型介绍

关系是一种数学理论，在研究逻辑数据模型中运用了关系理论所得到的一种模型称关系模型。

关系模型由关系、关系操作及关系中的数据约束三部分组成。

1) 关系

(1) 表：关系模型统一采用二维表形式，它也可简称表。二维表由表框架(frame)及表元组(tuple)组成。表框架由 n 个命名的属性(attribute)组成，n 称为属性元数(arity)，每个属性有一个取值范围称为值域(domain)。

在表框架中按行可以存放数据，每行数据称为元组(tuple)，或称表的实例(instance)。实际上，一个元组是由 n 个元组分量所组成，每个元组分量是表框架中每个属性的投影值。一个表框架可以存放 m 个元组，m 称为表的基数(cardinality)。

一个 n 元表框架及框架内 m 个元组构成了一个完整的二维表，表2.4给出了二维表的一个例子。这是一个有关学生(S)的二维表。

表 2.4 二维表的一个实例

sno	sn	sd	sa
98001	张曼英	CS	18
98002	丁一明	CS	20
98003	王爱国	CS	18
98004	李　强	CS	21

二维表一般满足下面七个性质：

① 二维表中元组个数是有限的——元组个数有限性。

② 二维表中元组均不相同——元组的唯一性。

③ 二维表中元组的次序可以任意交换——元组的次序无关性。

④ 二维表中元组的分量是不可分割的基本数据项——元组分量的原子性。

⑤ 二维表中属性名各不相同——属性名唯一性。

⑥ 二维表中属性与次序无关——属性的次序无关性(但属性次序一经确定则不能更改)。

⑦ 二维表中属性列中分量具有与该属性相同值域——分量值域的同一性。

(2) 关系(relation)与表:关系是二维表的一种抽象表示,也可以说,二维表是关系在数据库中的具体体现,一般情况下可视关系与表为同一概念。但在模型中一般称关系较多而在系统中称表为常见。

关系是关系模型的基本数据单位,具有 n 个属性的关系称 n 元关系,$n=0$ 时称空关系。每个关系有一个名称为关系名,关系名及关系中的属性构成了关系框架。设关系的名为 R,其属性为 $a_1, a_2, \cdots, a_n$,则该关系的框架是:

$$R(a_1, a_2, \cdots, a_n)$$

如表 2.4 所示的关系框架可以表示成:

S(sno, sn, sd, sa)

每个关系有 m 个元组(也称有序组),设关系的框架为 $R(a_1, a_2, \cdots, a_n)$,则其元组必具下面的形式:

$$(a_{11}, a_{12}, \cdots, a_{1n})$$
$$(a_{21}, a_{22}, \cdots, a_{2n})$$
$$\vdots$$
$$(a_{m1}, a_{m2}, \cdots, a_{mn})$$

其中 $a_{ij}(i \in \{1,2,\cdots, n\}, j \in \{1,2,\cdots, m\})$为元组分量。

关系框架与关系元组构成了一个关系。一个语义相关的关系集合构成一个关系数据库(relational database)。而语义相关的关系框架集合则构成了关系数据库模式(relational database schema),简称关系模式(relational schema)。

关系模式支持子模式,关系子模式是关系数据库模式中用户所见到的那部分数据描述,关系子模式也是二维表结构,关系子模式对应用户数据库称视图(view)。

(3) 键:键是关系模型中的一个重要概念,它具有标识元组、建立元组间联系等重要作用。

① 键(key):在关系中凡能唯一最小标识元组的属性集称为该表的键。

② 候选键(candidate key):关系中可能有若干个键,它们称为该表的候选键。

③ 主键(primary key):从关系的所有候选键中选取一个作为用户使用的键称为主键。一般主键也简称键。

④ 外键(foreign key):关系 A 中的某属性集是某关系 B 的键则称该属性集为 A 的外键。

关系中一定有键,因为如果关系中所有属性子集均不是键则至少关系中属性全集必为键,因此也一定有主键。

(4) 关系与 E-R 模型:关系的结构简单,但它的表示范围广,E-R 模型中的属性、实体(集)及联系均可用它表示,表 2.5 给出了 E-R 模型与关系间的比较。

关系在关系模型中既能表示实体集又能表示联系。表 2.6 给出了某公司职工间上下级联系的关系表示。

2) 关系操纵

关系模型的数据操纵即是建立在关系上的一些操作,一般有查询、删除、插入及修改等四种操作。

(1) 数据查询:用户可以查询关系数据库中的数据,它包括一个关系内的查询以及多个关系间的查询。

表 2.5　E-R模型与关系间的比较表

E-R模型	关　系
属　性	属　性
实　体	元　组
实体集	关　系
联　系	关　系

表 2.6　上下级联系的关系表示

上　级	下　级
王　雷	杨光明
杨光明	吴爱珍
杨光明	徐　晴
吴爱珍	钱　华
吴爱珍	李光西

① 对一个关系内查询的基本单位是元组分量，其基本过程是先定位后操作，所谓定位包括纵向定位与横向定位，纵向定位即是指定关系中的一些属性(称列指定)，横向定位即是选择满足某些逻辑条件的元组(称行选择)。通过纵向与横向定位后一个关系中的元组分量即可确定了。在定位后即可进行查询操作，即将定位的数据从关系数据库中取出并放入至指定内存。

② 对多个关系间的数据查询则可分为 3 步进行，第 1 步将多个关系合并成一个关系，第 2 步为对合并后的一个关系作定位，最后第 3 步为查询操作。其中第 2 步与第 3 步为对一个关系的查询，所以我们只介绍第一步。对多个关系的合并可分解成两个关系的逐步合并，如有 3 个关系 R_1、R_2 与 R_3，它合并过程是先将 R_1 与 R_2 合并成 R_4，然后再将 R_4 与 R_3 合并成最终结果 R_5。

因此，对关系数据库的查询可以分解成三个基本定位操作与一个查询操作：

- 一个关系内的属性指定。
- 一个关系内的元组选择。
- 两个关系的合并。
- 查询操作。

(2) 数据删除：数据删除的基本单位是元组，它的功能是将指定关系内的指定元组删除。它也分为定位与操作两部分，其中定位部分只需要横向定位而无需纵向定位，定位后即是执行删除操作。因此数据删除可以分解为两个基本操作：一个关系内的元组选择；关系中元组删除操作。

(3) 数据插入：数据插入仅对一个关系而言，在指定关系中插入一个或多个元组，在数据插入中不需定位，仅需作关系中元组插入操作。因此数据插入只有一个基本操作：关系中元组插入操作。

(4) 数据修改：数据修改是在一个关系中修改指定的元组与属性值。

数据修改不是一个基本操作，它可以分解为两个基本的操作：先删除需修改的元组，然后插入修改后的元组。

(5) 关系操作小结：以上 4 种操作的对象都是关系，而操作结果也是关系，因此都是建立在关系上的操作。其次这 4 种操作可以分解成 6 种基本操作，这样，关系模型的数据操作可以总结如下：

① 关系模型数据操作的对象是关系，而操作结果也是关系。

② 关系模型基本操作有如下 6 种(其中 3 种为定位操作，3 种为查询、插入及删除操作)：

- 关系的属性指定；
- 关系的元组选择；

● 两个关系合并；
● 一个关系的查询操作；
● 关系中元组的插入操作；
● 关系中元组的删除操作。

(6) 空值处理：在关系元组的分量中允许出现空值(null value)以表示信息的空缺，空值的含义如下：

● 未知的值；
● 不可能出现的值。

在出现空值的元组分量中一般可用 NULL 表示。目前一般关系数据库系统中都支持空值，但是它们都具有如下两个限制：

① 关系的主键中不允许出现空值：关系中主键不能为空值，这是因为主键是关系元组的标识，如主键为空值则失去了其标识的作用。

② 需要定义空值的运算：在算术运算中如出现有空值则其结果为空值，在比较运算中如出现有空值则其结果为 F(假)，此外在作统计时，如 SUM、AVG、MAX、MIN 中有空值输入时其结果也为空值，而在作 COUNT 时如有空值输入则其值为 0。

3) 关系中的数据约束

关系模型允许定义三类数据约束，它们是实体完整性约束、参照完整性约束以及用户定义的完整性约束，其中前两种完整性约束由系统自动支持，而用户定义的完整性约束则是用系统提供的完整性约束语言，由用户给出约束条件(它一般包括属性约束、关系约束以及关系间约束三种)，并由系统自动检验。此外，有关关系的安全性约束与多用户的并发控制实际上也是一种数据约束。

关系中数据约束的具体说明可见第 4 章。

2.5 计算机世界与物理模型

计算机世界是计算机系统与相应的操作系统的总称。在概念世界与信息世界所表示的概念、方法、数据结构及数据操作、控制等最终均用计算机世界所提供的手段和方法实现。计算机世界一般用物理模型表示。物理模型主要是指，计算机系统的物理存储介质(特别是磁盘组织)，操作系统的文件级以及在它们之上的数据库中的数据组织三个层次。图2.14给出了数据库物理模型的三个层次。

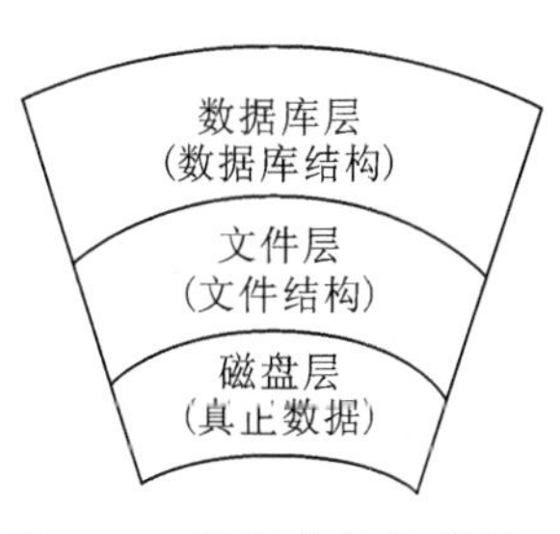

图 2.14 数据库物理模型的三个层次

2.5.1 数据库的物理存储介质

与数据库有关的物理存储介质以磁盘存储器为主，共有以下三类：

1) 主存储器(main memory)

主存储器又称内存或主存，它是计算机机器指令执行操作的地方。由于其存储量较小，成本高、存储时间短，因此它在数据库中仅是数据存储的辅助实体，如作为工作区(work area)(数据加工区)、缓冲区(buffer area)(磁盘与主存的交换区)等。

2）磁盘存储器(magnetic-disk storage)

磁盘存储器又称二级存储器或次级存储器。由于它存储量较大，能长期保存又有一定的存取速度且价格合理，因此成为目前数据库真正存放数据的物理实体。

3）磁带存储器(tape storage)

磁带是一种顺序存取存储器，它具有极大的存储容量，价格便宜可以脱机存放，因此可以用于存储磁盘或主存中的拷贝数据。它是一种辅助存储设备，也称为三级存储器。

磁盘能存储数据，但不能对它的数据直接“操作”，只有将其数据通过缓冲区进入内存才能对数据作操作(在工作区内)，因此磁盘与内存的有效配合构成了数据库物理结构的主要内容，再加上磁带存储的辅助性配合从而构成了一个数据库物理存储的完整实体，图 2.15 给出了其示意图。

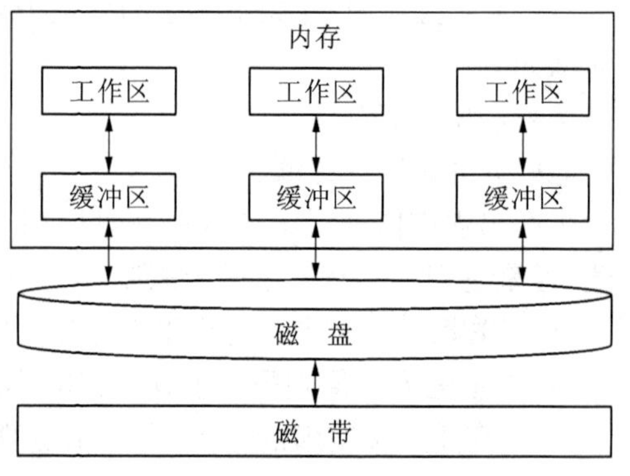

图 2.15　磁带、磁盘与内存的有效结合

2.5.2　磁盘存储器及其操作

1）磁盘存储器结构

由于磁盘是数据库数据的主要物理存储实体，因此本节主要介绍磁盘及其结构。

磁盘存储器是一种大容量、直接存取的外部存储设备。所谓大容量指的是其存储容量极大，大约在 GB(10 亿字节)到 TB(万亿字节)之间，所谓直接存取指的是可以随机到达磁盘上任何一个部位存取数据。磁盘存储器是由盘片所组成的盘片组与磁盘驱动器两部分所组成的。其中盘片组以轴为核心做不间断的旋转，速度为每秒 60 转、90 转、120 转或 150 转不等。

2）磁盘存储器的结构与操作

在现在的数据库管理系统中，往往采用原始磁盘(raw disk)方法，即数据库管理系统可以直接管理磁盘，磁盘的数据存/取单位如下：

(1) 块(block)：内/外存交换数据的基本单位，它又称物理块或磁盘块，它的大小有512 字节、1024 字节、2048 字节等。

(2) 卷(volume)：磁盘设备的一个盘组称一个卷。

在计算机所提供的磁盘设备基础上，经操作系统包装可以提供若干原语与语句供用户操作使用，如对磁盘的 Get(取)、Put(存)操作。这是一种简单的存取操作，其中“取”操作的功能是将磁盘中的数据以块为单位取出后放入指定的内存缓冲区，而“存”操作功能则相反。

2.5.3　文件系统

1）文件系统的组成

文件系统是实现数据库系统的直接物理支持，文件系统的基本结构由项、记录、文件及文件集等四个层次组成。

(1) 项(item)：项是文件系统中最小基本单位，项内符号是不能继续分割的，否则，就没有任何逻辑含义了。如城市名南京、上海均是项，我们无法将上海进一步分割成“上”与“海”，因为这样将失去完整的逻辑含义。

（2）记录(record)：记录由若干项组成，记录内的各项间是有内在语义联系的，如一张电影票内的所有有关项构成了一个有关电影票的完整记录信息，任何单独或部分项均无法得到关于电影票的完整语义，它只是一些不得要领的知识。

记录有型与值的区别，如电影票这一记录，其型是影院名称、映出日期、时间、座位号，而其值则是解放电影院、2007 年 5 月 20 日 21 时 30 分、楼下第 13 排第 3 号，可以用表 2.7 表示。

表 2.7　记录的型与值

影院名称	映出日期			时　间		座位号		
解　放	年	月	日	时	分	楼上/下	排号	位号
	2007	5	20	21	30	下	13	3

（3）文件(file)：文件是记录的集合。一般讲，一个文件所包含的记录都是同型的。每个文件都有文件名。

（4）文件集(file set)：若干个文件构成了文件集。

2）文件的操作

文件有若干操作，一般的操作有如下五种：

① 打开文件。

② 关闭文件。

③ 读记录。

④ 写记录。

⑤ 删除记录。

2.5.4　数据库物理结构

1）数据库中数据分类

存储于数据库中的数据除了数据主体外还需要很多相应的辅助信息，它们的整体构成了完整的数据库数据的全体。

（1）数据主体(main data)：数据库中数据主体分数据体自身及辅助数据，其中数据体自身即是存储数据的本身，如关系数据库中的数据元组，而辅助数据即是相应的控制信息如数据长度、相应物理地址等。

（2）数据字典(data dictionary)：有关数据的描述作为系统信息存储于数据字典内，数据字典一般存放数据模式结构信息、视图信息以及有关物理模式结构信息，此外，还存放有关完整性、数据安全的信息。数据字典信息量小但使用频率高，是一种特殊的信息。

（3）数据间联系的信息：数据主体内部存在着数据间的联系，需要用一定的“数据”表示，用链接或邻接方法实现，如用指针方法或 MSAM 层次顺序方法等，而在关系数据库中数据主体内在联系也用关系表示并且融入主体中。

（4）数据存取路径信息：在关系数据库中数据存取路径都是在有数据查询要求时临时动态建立，它们通过索引及散列实现，而索引与散列的有关数据，如索引目录及散列的桶信息均需存储并在数据操作时调用。

(5) 与数据主体有关的其他信息：① 日志信息：日志用于记录对数据库作“更新”操作的有关信息，以应付数据库遭受破坏时恢复之用。

② 用户信息：有关数据库用户登录信息以及相应的用户权限信息。

③ 审计信息：用于跟踪用户是否正确使用数据库的审计信息。

2) 数据库存储空间组织

在数据库中数据存储空间组织统一由 DBMS 管理，它包括系统区和数据区，其中系统区有数据字典、日志、用户信息及审计信息等，而数据区则由数据主体及相应信息组成。

数据库的存储空间组织在逻辑上一般由若干分区组成。其中系统区有若干个分区：如数据字典分区、用户信息分区等，数据区也有若干个分区，每个分区包括一至多个数据库基表，它们只属于有关分区，不能跨分区存放。在数据分区中又自动分为数据段与索引段，其中数据段存放数据元组及相应控制信息，而索引段则存放相应索引信息。图 2.16 给出了数据库存储空间组织的逻辑结构。

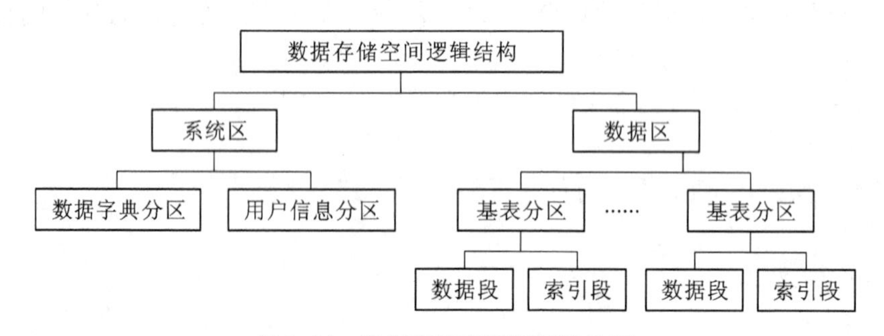

图 2.16 数据存储空间逻辑结构图

习 题 2

2.1 什么叫数据模型，它分哪几种类型？

2.2 试区别数据模型与数据模式。

2.3 试述数据模型四个世界的基本内容。

2.4 试介绍 E-R 模型，并举例说明。

2.5 试说明关系模型的基本结构与操作。

2.6 目前流行的关系型数据库管理系统(RDBMS)有哪些你比较熟悉，试介绍其特点。

2.7 请你画出某图书馆阅览部门的书刊、读者及借阅三者间的 E-R 模型。其中书刊属性为书刊号、书刊名、出版单位，而读者属性为读者名及读者姓名。其中一读者可借阅多种书刊而一种书刊可以被多个读者借阅。

2.8 设有一图书出版销售系统，其中的数据有：图书的书号、书名及作者姓名；出版社名称、地址及电话；书店名称、地址及其经销图书的销售数量。其中图书、出版社及书店间满足如下条件：

每种图书只能由一家出版社出版；

每种图书可由多家书店销售；

每家书店可以经销多种图书。

(1)请画出该数据库的 E-R 图。

(2)在该 E－R 图中必须标明联系间的函数关系。

2.9 设有一车辆管理系统，其中的数据有：

车辆号码、名称、型号；

驾驶员身份证号、姓名、地址、电话；

驾驶证号、发证单位。

其中车辆、驾驶员及驾驶证间满足如下条件：

一辆车可以由多个驾驶员驾驶；

每个驾驶员可以驾驶多辆车；

每个驾驶员可以有多个驾驶证；

每个驾驶证只能供一个驾驶员使用。

请设计该数据库的 E－R 图，并给出联系间的函数关系。

2.10 试说明数据库中有哪几种物理存储介质以及它们之间的关系。

2.11 试给出文件系统的组成结构以及它的操作。

2.12 数据库中有哪些数据分类？请说明之。

2.13 在数据库的物理模型中有哪几个层次，它们间关系如何？请说明之。

2.14 试说明数据模型的四个世界间的转化关系。

【复习指导】

本章讨论数据模型，它是数据管理的核心，读者学习后对数据管理的本质内容应有所了解。

1. 数据模型基本概念

● 数据模型是数据管理特征的抽象。

● 数据模型描述数据结构、定义其上操作及约束条件。

● 数据模型分三个层次：概念模型、逻辑模型与物理模型。

● 数据模型的结构图。

数据模型	数据结构	操　纵	约　束
概念层	概念层数据结构	概念层操纵	概念层约束
逻辑层	逻辑层数据结构	逻辑层操纵	逻辑层约束
物理层	物理层数据结构	物理层操纵	物理层约束

2. 概念模型

● E－R 模型

3. 逻辑模型

● 关系模型

4. 物理模型

三个组织层次

● 物理存储介质及磁盘层

● 文件层

● 数据库结构层

5. 概念模型、逻辑模型与数据库管理系统

● E-R 模型——关系模型——关系数据库管理系统。

6. 本章的重点内容

● 模型基本概念

● E-R 方法与 E-R 图

● 关系模型

3 关系模型的数学理论——关系代数

关系模型是建立在数学理论基础上的，它称为关系理论。E. F. Codd 在提出关系模型时是以“关系理论”形式出现的，经若干年探索后才出现关系数据库管理系统产品。因此一般认为，关系数据库管理系统是以“理论”引导“产品”为其特色。

关系理论的分支很多，但其主要分支是关系代数(relational algebra)，在本书中我们主要介绍关系代数的内容。

3.1 关系、代数与关系代数

为了解关系代数，首先必须知道数学中的一些基本概念，它们即是关系、代数及关系代数这三个概念。它们都是数学中的概念。

3.1.1 关系

关系(relation)是一种数学概念，为了解关系代数必须先了解关系。

为了解关系首先要介绍有序偶与 n 元有序组两个概念，在此基础上再介绍关系。

1) 有序偶

为表示客观世界中的客体，有时需用有序的、相关的两个元素组合表示，它称为有序偶。设两个元素分别为 a 和 b，则一个有序偶可用 (a,b) 表示。如平面直角坐标系中的点由 X 轴与 Y 轴的两个数字 x 及 y 表示，可记为 (x,y)。如汉族人中的姓名由有序、相关的姓与名组成。

2) n 元有序组

将有序偶的概念推广到 n 个时，即建立了 n 个有序、相关元素的组合称 n 元有序组，简称有序组。设 n 个元素分别为 $a_1,a_2,\cdots,a_n$，则 n 元有序组可表示为：$(a_1,a_2,\cdots,a_n)$。如表示日期的年(用 y 表示)、月(用 m 表示)及日(用 d 表示)可用 (y,m,d)。又如三维空间坐标系中的点可用 (x,y,z) 表示。

3) 关系

客观世界客体间都是有关联的。如人与人之间有友情关系，亲戚间有亲情关系，医患间有医疗关系，数字间有大小关系，程序间有调用关系等。一般而言，两个客体间的关系可用有序偶或有序偶集合表示，而多个客体间的关系则可用 n 元有序组或它们的集合表示。

下面我们用数学方法对关系下一个定义。

定义 3.1：二元关系：设有集合 $X=\{x_1,x_2,\cdots,x_n\}$ 与 $Y=\{y_1,y_2\cdots,y_n\}$，则二元关系 R 是由 X 中一些元素与 Y 中的一些元素所组成的有序偶集合。即 $R=\{(x,y)\mid x\in X、y\in Y\}$。

进一步可以定义 n 元关系如下：

定义 3.2：n 元关系：设有集合 $X_1=\{x_{1,1},\ x_{1,2},\cdots,x_{1,m_1}\}$，$X_2=(x_{2,1},x_{2,2},\cdots,x_{2,m_2})$，$\cdots X_n$

$=\{x_{n,1},x_{n,2},\cdots,x_{n,m_n}\}$，则 n 元关系 R 是由 $X_1,X_2,\cdots,X_n$ 中的一些元素所组成的 n 元有序组集合。即：$R=\{(x_1,x_2,\cdots,x_n)\mid x_1\in X_1,x_2\in X_2,\cdots,x_n\in X_n\}$。

称 n 元关系简称关系。而集合中 n 元有序组个数称关系的基数，x_i 称为关系的第 i 个分量，X_i 称为关系的第 i 个的域（$i=1,2,\cdots,n$）。为了强调关系与其域的关联时，可表示成：$R(X_1,X_2,\cdots,X_n)$。

3.1.2 代数

代数又称代数系统，亦称抽象代数，它是数学中的一个分支。一个代数系统一般由下面几个部分组成：

(1) 代数系统的研究对象

代数系统的研究对象可用一个集合 S 表示。

(2) 代数系统的研究手段

在代数系统中主要用运算作为研究手段，运算有一元、二元与多元之分。

(3) 代数系统的约束条件

代数系统中运算的对象是 S 中的元素而运算结果对象也在 S 中，这称为代数系统的封闭性，一个代数系统一般要满足封闭性的要求。

下面我们对代数系统作一个定义：

定义 3.3：代数系统：凡满足下面三个条件的系统称代数系统，简称代数：

(1) 一个非空集合 S。

(2) 一些建立在 S 上的运算。

(3) 这些运算在集合 S 上是封闭的。

下面所列的一些例子均为代数系统

例 3.1 建立在自然数集合 N 上的加(+)、乘(×)运算构成一个代数系统称为自然数系统，它可用(R、+、×)表示之。

例 3.2 在整数集 I 上的加(+)、乘(×)及减(−)运算构成一个代数系统称为整数系统，它可用(I、+、×、−)表示之。

例 3.3 在实数集 R 上的加(+)、减(−)、乘(×)及除(÷)运算构成一个代数系统为实数系统，它可用(R、+、−、×，÷)表示之。

一般而言一个代数系统构成了一个完整的研究领域的框架。

3.1.3 关系代数

在了解了关系与代数这两个概念后，我们即可讨论关系代数的概念。从数学观念看，关系代数即是建立在关系所组成的集合之上，并有一些关系运算，它们满足封闭性要求，因此构成一个代数系统，称关系代数系统，简称为关系代数。下面给出其一般性的定义。

定义 3.4：关系代数：凡满足下面三个条件的系统称关系代数系统，简称关系代数。

(1) 一个关系集合 R。

(2) 有一些建立在 R 上的运算（称关系运算）。

(3) 这些运算在 R 上是封闭的。

关系代数的概念是具有一般性概念。在数据模型中的关系代数是一种特定的关系代数系统。

3.2 关系模型中的关系代数

在本节中我们介绍用关系代数表示关系模型，主要是用关系表示二维表。用关系运算表示二维表操作。

3.2.1 关系与二维表

在关系模型中，一个 n 元关系可以表示一个 n 元二维表。如表 3.1 所示的四元学生表可用一个四元关系 S 表示如下：

例 3.4 表 3.1 所示关系 S 可用 5 个四元有序组所组成的集合表示，它是一个四元关系。S={(13761,王诚,MA,21),(13762,徐一飞,CS,22),(13763,李峰,CS,20),(13764,赵建平,CS,18),(13765,申桂花,MA,21)}

表 3.1 关系 S

sno	sn	sd	sa
13761	王 诚	MA	21
13762	徐一飞	CS	22
13763	李 峰	CS	20
13764	赵建平	CS	18
13765	申桂花	MA	21

在该关系中每个 n 元有序组即相当于一个表的元组。

进一步，一般认为关系数据库是一个关系的集合。

3.2.2 关系运算与表的操作

前面已经介绍过，表的操作有四种，它可以分解成六种基本操作：

(1) 表的属性指定。

(2) 表元组选择。

(3) 两个表的合并。

(4) 表的查询。

(5) 表中元组的插入。

(6) 表中元组的删除。

分析这些基本操作后可以发现：这些操作的基本对象都是一个或两个关系，它们经操作后所得的结果仍是关系。因此可以将这些操作看成是对关系的运算，而且满足封闭性。而关系是 n 元有序组的集合，因此，可以将关系操作看成是集合的运算。

下面讨论这些基本操作的运算。

(1) 插入：设有关系 R 插入若干有序组，这些有序组组成关系 R'，由传统集合论可知，可用集合并运算表示，即可写为：

$$R \cup R'$$

(2) 删除：设有关系 R 删除一些有序组，这些有序组组成关系 R'，由传统集合论可知，可用集合差运算表示，即可写为：

$$R - R'$$

(3) 修改：修改关系 R 内的有序组内容可用下面方法实现。

设需修改的有序组构成关系 R'，则先作删除，得：

$$R - R'$$

设需修改后的有序组构成关系 R''，此时我们将其插入，从而得到结果：

$$(R - R') \cup R''$$

(4) 查询：无法用传统的集合论方法去表示用于查询的三个操作，从而要引入一些新的运算。

① 投影(projection)运算：对于关系内的属性指定可引入新的运算，称为投影运算。投影运算是一个一元运算，一个关系通过投影运算(并由该运算给出所指定的属性)后仍为一个关系 R'。R'是这样一个关系，它是 R 中投影运算所指出的那些域的分量所组成的关系。设 R 有 n 个域：$A_1, A_2, \cdots, A_n$，则在 R 上对域 $A_{i1}, A_{i2}, \cdots, A_{im}$ $(A_{ij} \in \{A_1, A_2, \cdots, A_n,\})$ 的投影可表示成为下面的一元运算：

$$\Pi_{Ai1,\ Ai2, \cdots, Aim}(R)$$

例 3.5 如表 3.1 所示的关系 S 有：

$\Pi_{sn,sa}(S)$={(王诚,21),(徐一飞,22),(李峰,20),(赵建平,18),(申桂花,21)}

$\Pi_{sn}(S)$={(王诚),(徐一飞),(李峰),(赵建平),(申桂花)}

② 选择(selection)运算：对关系内元组的选择可引入另一新的运算——选择运算。选择运算也是一个一元运算，关系 R 通过选择运算(并由该运算给出所选择的逻辑条件)后仍为一个关系。这个关系是由 R 中那些满足逻辑条件的有序组所组成。设关系的逻辑条件为 F，则 R 满足 F 的选择运算可写成为：

$$\sigma_F(R)$$

逻辑条件 F 是一个逻辑表达式，它可以具有 $\alpha\theta\beta$ 的形式，其中 α,β 是域变量或常量，但 α,β 又不能同为常量，θ 是比较运算符，它可以是 $<, >, \leqslant, \geqslant, =$ 或 $\neq$。$\alpha\theta\beta$ 叫基本逻辑条件，也可由若干个基本逻辑条件经逻辑运算 $\wedge$(并且)和 $\vee$(或者)构成，称为复合逻辑条件。

例 3.6 表 3.1 所示的关系 S 中找出年龄大于 20 岁的所有有序组，可以写成为：

$\sigma_{(sa>20)}(S)$={(13761,王诚,MA,21),(13762,徐一飞,CS, 22),(13765,申桂花,MA,21)}

例 3.7 在表 S 中找出年龄大于 20 岁且在数学系(MA)学习的学生，可以写成为：

$\sigma_{(sa>20)\wedge(sd=MA)}(S)$={(13761,王诚,MA,21),(13765,申桂花,MA,21)}

有了上述两个运算后，对一个关系内的任意行、列的数据都可以方便地找到，下面举例如下：

例 3.8 在表 S 中查出所有年龄大于 20 岁的学生姓名，它可以表示如下：

$\Pi_{sn,\sigma_{sa>20}}(S)$={(王诚),(徐一飞),(申桂花)}

③ 笛卡儿乘积(cartesian product)运算：对于两个关系的合并操作可以用笛卡儿乘积表

示。设有关系 R,S,它们分别为 n, m 元关系,并分别有 p, q 个有序组。此时,关系 R 与 S 经笛卡儿乘积所得的关系 T 是一个 $n+m$ 元关系,它的有序组个数是 $p\times q$,T 的有序组是由 R 与 S 的有序组组合而成。关系 R 与 S 的笛卡儿乘积可写为:

$$R\times S$$

设有如表 3.2 所示的两个关系 R,S,则 R 与 S 的笛卡儿乘积 $T=R\times S$ 可用表 3.3 表示。

表 3.2 关系 R,S

R:

R_1	R_2	R_3
a	b	c
d	e	f
g	h	i

S:

S_1	S_2	S_3
j	k	l
m	n	o
p	q	r

表 3.3 $T=R\times S$

R_1	R_2	R_3	S_1	S_2	S_3
a	b	c	j	k	l
a	b	c	m	n	o
a	b	c	p	q	r
d	e	f	j	k	l
d	e	f	m	n	o
d	e	f	p	q	r
g	h	i	j	k	l
g	h	i	m	n	o
g	h	i	p	q	r

关系代数中上述五个运算是最基本的运算,但为操作方便,还需增添一些运算,特别是用于查询的运算,它们均可由基本运算导出。常用的有连接及自然连接等两种查询运算,现分别介绍如下:

④ 连接(join)运算:用笛卡儿乘积可以建立两个关系间的连接,但此种方法并不是一种好的方法,因为这样所建立的关系是一个较为庞大的关系,而且也并不符合实际操作的需要。在实际应用中一般两个相互连接的关系往往须满足一些条件,所得到的结果也较为简单。因此,对笛卡儿乘积作适当的限制,以适应实际应用的需要。这样就引入了连接运算与自然连接运算。

连接运算又可称为 θ 连接运算,这是一种二元运算,通过它可以将两个关系合并成一个关系。设有关系 R,S 以及比较式 $i\theta j$,其中 i 为 R 中域,j 为 S 中域,θ 为比较符。此时可以将 R, S 在域 i,j 上的 θ 连接记为:

$$R\underset{i\theta j}{\bowtie}S$$

它的含义可用下式定义:

$$R\underset{i\theta j}{\bowtie}S=\sigma_{i\theta j}(R\times S)$$

亦即是说,R 与 S 的 θ 连接是 R 与 S 的笛卡儿乘积再加上限制 $i\theta j$ 而成。显然,$R\underset{i\theta j}{\bowtie}S$ 的有序组数远远少于 $R\times S$ 的有序组数。

所要注意的是，在 θ 连接中，i 与 j 需具有相同域，否则无法做比较。

θ 连接中如 θ 为"="，此时称为等值连接，否则称为不等值连接。如 θ 为"<"时称为小于连接，如 θ 为">"时称为大于连接。

例 3.9 设有关系 R 和 S 分别如表 3.4(a)、(b)所示，则 $T = R \underset{D>E}{\bowtie} S$ 为表 3.4(c)所示的关系，而 $T' = R \underset{D=E}{\bowtie} S$ 为如表 3.4(d)所示的关系.

表 3.4 R 与 S 的 θ 连接实例

R：

A	B	C	D
1	2	3	4
3	2	1	8
7	3	2	1

(a)

S：

E	F
1	8
7	9
5	2

(b)

A	B	C	D	E	F
1	2	3	4	1	8
3	2	1	8	1	8
3	2	1	8	7	9
3	2	1	8	5	2

(c)

A	B	C	D	E	F
7	3	2	1	1	8

(d)

⑤ 自然连接(natural join)运算：在实际应用中最为常用的连接是 θ 连接的一个特例叫自然连接，这主要是因为常用的两关系间连接大都满足条件：

- 两关系间有公共域。
- 通过公共域的相等值进行连接。

根据这两个条件我们建立自然连接运算。

设有关系 R、S，R 有域 $A_1, A_2, \cdots, A_n$，S 有域 $B_1, B_2, \cdots, B_m$，它们间 $A_{i1}, A_{i2}, \cdots, A_{ij}$ 与 $B_1, B_2, \cdots, B_j$，分别为相同域，此时它们自然连接可记为：

$$R \bowtie S$$

自然连接的含义可用下公式表示：

$$T = R \bowtie S = \Pi_{A1, A2\cdots, An, Bj+1, \cdots, Bm}(\sigma_{Ai1=B1 \wedge Ai2=B2 \wedge \cdots Aij=Bj}(R \times S))$$

在此公式中可以看出，自然连接是一种等值连接，其结果关系 T 的域是由 R 与 S 的域所组成，但公共域只出现一次。

例 3.10 设关系 R 和 S 如表 3.5(a)，(b)所示，此时 $T = R \bowtie S$ 则为如表 3.5(c)所示。

表 3.5 R 与 S 的自然连接实例

R：

A	B	C	D
1	2	3	4
1	5	8	3
2	4	2	6
1	1	4	7

(a)

S：

D	E
5	1
6	4
7	3
6	8

(b)

T：

A	B	C	D	E
2	4	2	6	4
2	4	2	6	8
1	1	4	7	3

(c)

至此，引入了五种基本运算与两种扩充运算，一共七种。在这七种最常用的是五种，它们是投影运算、选择运算、自然连接运算、并运算、差运算。一般讲有这五种运算就够了。

到此为止，已经知道关系是一个 n 元有序组的集合，而关系操作则是集合上的一些运算，其中常用的是五种，它们是：

(1) 投影：一元运算，可用$\Pi_{A1, A2, \cdots, Am}(R)$表示。

(2) 选择：一元运算，可用$\sigma_F(R)$表示。

(3) 自然连接：二元运算，可用$R \bowtie S$表示

(4) 并：二元运算，可用$R \cup S$表示。

(5) 差：二元运算，可用$R - S$表示。

这样在关系所组成的集合A上的两个一元运算及三个二元运算，它们满足封闭性条件，其所构成的系统：

$(A, \Pi, \sigma, \bowtie, \cup, -)$

它是个代数系统称之为关系代数。

3.3 关系代数在关系模型中的应用

用关系代数可以表示数据库中数据结构及其操作包括查询、插入、删除及修改等操作。下面用几个例子来说明。首先建立一个关系数据库，称为学生数据库，它由三个关系组成。它们是：

S(sno, sn, sd, sa)；

C(cno, cn, pno)；

SC(sno, cno, g)。

其中 sno, cno, sn, sd, sa, cn, pno, g，分别表示学号、课程号、学生姓名、学生系别、学生年龄、课程名、预修课程号、成绩，而 S、C、SC 则为关系，分别表示学生、课程、学生与课程联系。下面用关系代数表达式表示在该数据库上的操作。

例 3.11 检索学生所有情况：

$$S$$

例 3.12 检索学生年龄大于等于 20 岁的学生姓名：

$$\Pi_{sn}(\sigma_{sa \geqslant 20}(S))$$

例 3.13 检索预修课号为 c_2 的课程号：

$$\Pi_{cno}(\sigma_{pno=c_2}(C))$$

例 3.14 检索预修课程号为 c，且成绩为 A 的所有学生姓名：

$$\Pi_{sn}(\sigma_{cno=c \wedge g=A}(S \bowtie SC))$$

注意：这是一个涉及两个关系的检索，此时需用连接运算。

例 3.15 检索 s_1 所修读的所有课程名及其预修课号：

$$\Pi_{cn, pno}(\sigma_{sno=s_1}(C \bowtie SC))$$

例 3.16 检索年龄为 23 岁的学生所修读的课程名：

$$\Pi_{cn}(\sigma_{sa=23}(S \bowtie SC \bowtie C))$$

注意：这是涉及三个关系的检索。

例 3.17 检索至少修读了 s_5 所修读的一门课的学生姓名。

这个例子比较复杂，需作一些分析，将问题分 3 步解决：

第 1 步，取得 s_5 修读的课程号，它可以表示为：

$$R = \Pi_{cno}(\sigma_{sno=s_5}(SC))$$

第 2 步，取得至少修读为 s_5 修读的一门课的学号：

$$W=\prod_{sno}(SC\bowtie R)$$

第 3 步,最后得到结果为:

$$\prod_{sn}(S\bowtie W)$$

分别将 R,W 代入后即得检索要求的表达式:R　S

$$\prod_{sn}(S\bowtie(\prod_{sno}(SC\bowtie(\prod_{cno}(\sigma_{sno=s_5}(SC))))))$$

例 3.18　检索不修读任何课程的学生学号:

$$\prod_{sno}(S)-\prod_{sno}(SC)$$

例 3.19　在关系 C 中增添一门新课程:

$$(C_{13},ML,C_3)$$

令此新课程元组所构成的关系为 R,即有:

$$R=\{(C_{13},ML,C_3)$$

此时有结果:

$$C\cup R$$

例 3.20　学号为 S_{17} 的学生因故退学,请在 S 及 SC 中将其除名:

$$S-(\sigma_{sno=s_{17}}(S))$$

$$SC-(\sigma_{sno=s_{17}}(SC))$$

例 3.21　将关系 S 中学生 S_6 的年龄改为 22 岁:

$$(S-\sigma_{sno=s_6}(S))\cup W$$

W 为修改后的学生有序组所组成的关系。

例 3.22　将关系 S 中的年龄均增加 1 岁:

$$S(\text{sno},\text{sn},\text{sd},\text{sa}+1)$$

习　题　3

3.1　请给出如下几个数学概念的定义:

(1) 有序偶

(2) n 元有序组

(3) 关系

(4) 代数系统

(5) 关系代数

3.2　请给出如下几个概念间的关联:

(1) 关系与二维表

(2) 关系运算与表操作

(3) 关系代数与关系模型

3.3　试举一个关系代数的例子。

3.4　什么叫关系代数?请给出关系的表示以及关系运算的内容。

3.5　今有如下商品供应关系数据库:

供应商:S(SNO,SNAME,STATUS,CITY)

零件:P(PNO,PNAME,COLOR,WEIGHT)

工程:J(JNO,JNAME,CITY)

供应关系：SPJ(SNO，PNO，JNO，QTY)(注：QTY 表示供应数量)

试用关系代数写出下面的查询公式：

(1) 求供应工程 J1 零件单位号码。

(2) 求没有使用天津单位生产的红色零件的工程号。

(3) 求供应工程 J1 零件 P1 的供应商号码。

(4) 求供应工程 J1 零件为红色的单位号码。

(5) 求至少用了单位 S1 所供应的全部零件的工程号。

(6) 求供应商与工程在同一城市能供应的零件数量。

3.6 设有一课程设置数据库，其数据模式如下：

课程 C(课程号 cno，课程名 cname，学分数 score，系别 dept)

学生 S(学号 cno，姓名 name，年龄 age，系别 dept)

课程设置 SEC(编号 secid，课程编号 cno，年 year，学期 sem)

成绩 GRADE(编号 secid，学号 sno，成绩 g)

其中成绩 g 采用五级记分法，即分为 1，2，3，4，5 五级。

请用关系代数表示下列查询：

(1) 查询"计算机"系的所有课程的课程名和学分数。

(2) 查询学号为"993701"的学生在 2002 年所修课程的课程名和成绩。

3.7 试述关系代数对 SQL 哪些方面起指导作用。

3.8 一个计算机可视为一个代数系统，请给出说明。

【复习指导】

本章介绍关系代数的主要内容以及它与关系模型关系。

1. 关系代数——关系模型的基本理论

2. 几个相关的数学概念

- n 元有序组
- 关系
- 代数
- 关系代数

3. 关系表示——n 元有序组的集合

4. 关系操作　　7 种关系运算(打★者为常用运算)

投影运算　★

选择运算　★

笛卡儿乘积运算

连接运算

自然连接运算　★

并运算　★

差运算　★

5. 关系代数

在关系(集合)R 上的关系运算所构成的封闭系统称关系代数

4 关系模型数据库管理系统

关系模型数据库管理系统简称关系数据库管理系统 RDBMS(Relational Database Management System),是目前最为流行的一种数据管理机构。它是一种系统软件,负责对数据库作管理。在本章中我们介绍关系数据库管理系统基本内容及其标准语言 SQL。

4.1 关系数据库管理系统概述

关系数据库管理系统是由 E. F. Codd 于 1970 年提出,1976 年以后相继出现了实验性及商品化系统如 System－R、Ingres、QBE 等。70 年代末以后问世的数据库产品大多为关系模型,并逐渐替代网状、层次模型而成为主流数据库管理系统。关系数据库管理系统的崛起并迅速占领市场与它明显的优越性有关。一般认为,关系数据库管理系统具有以下优点:

(1) 数据结构简单。关系数据库管理系统中采用统一的二维表作为数据结构,不存在复杂的内部连接关系,具有高度的简洁性与方便性。

(2) 用户使用方便。关系数据库管理系统数据结构简单,它的使用不涉及系统内部物理结构,用户不必了解,更不需干预系统内部组织,所用数据语言均为非过程性语言,因此操作、使用均很方便。

(3) 功能强。关系数据库管理系统能直接构造复杂的数据结构,特别是多种联系间的构模能力。它可以一次获取一组元组,可以修改数据间联系,同时也可以有一定程度修改数据模式的能力。此外,路径选择的灵活性,存储结构的简单性都是它的优点。

(4) 数据独立性高。关系数据库管理系统的组织、使用不涉及物理存贮因素,不涉及过程性因素,因此数据的物理独立性很高,数据的逻辑独立性也有一定的改善。

(5) 理论基础深。Codd 在提出关系模型时即以“关系理论”形式出现,在经过若干年理论探索后才出现产品。目前的关系数据库管理系统一般建立在代数与逻辑基础上,由于有理论工具的支撑使得对关系数据库管理系统的进一步研究有了可靠的保证。

4.2 关系数据库管理系统基本内容组成

目前 RDBMS 由基本部分与扩展部分等两部分所组成,其中基本部分主要负责系统的基本功能,它包括数据定义、数据操纵、数据控制、数据交换、数据服务等(其中前三部分是其核心),而扩展部分主要负责数据库与外界的交流,主要有人机交互方式,自含式方式、调用层接口方式和 Web 方式等,其组成结构可见图 4.1。

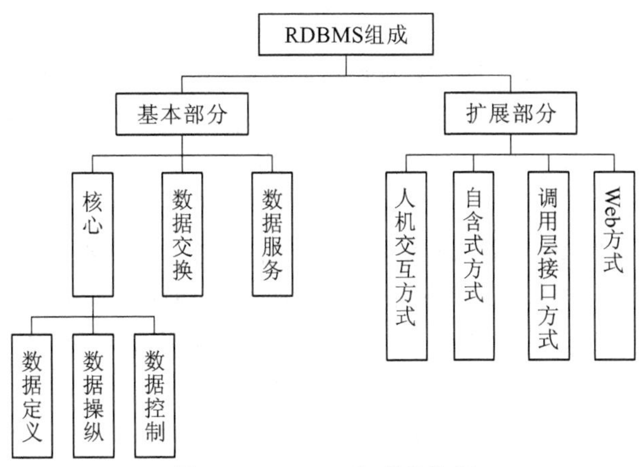

图 4.1　RDBMS 组成结构图

4.2.1　数据定义功能

关系数据库管理系统可以定义关系数据库中的数据结构称数据定义(data definition)功能。它包括构作关系数据库以及基表、视图与物理数据库的结构等,下面我们分别介绍之。

4.2.1.1　关系数据库

关系数据库(relational database)是关系数据库系统中的一个数据共享单位,它与一组相同范围的应用对应,在该组中的任一个应用均能访问此关系数据库。亦即是说,该关系数据库可以被组内所有应用共享。在一个系统平台上一般可以构作多个关系数据库。

一个关系数据库一般是按一定的关系模式结构所组成的数据集合。

在关系数据库管理系统 RDBMS 的 SQL 中一般提供数据模式定义语句,为用户构筑模式提供方便,而有关数据体提供将由外界的加载程序实现。

按照数据库的内部体系结构,一个关系数据库一般由基表、视图及物理数据库等三部分组成。

4.2.1.2　基表

关系数据库中的表又称基表(base table),它是关系数据库中的基本数据单位,基表由表结构与表元组组成,在表结构中,一个基表一般由表名,若干个列(即属性)名及其数据类型所组成,此外它还包括主键及外键等内容,而表元组则是实际存在的逻辑数据。它按表结构形式组织,在 RDBMS 的 SQL 中一般提供基表定义、删除及修改等语句,为用户构筑基表提供方便。此外,还提供数据添加语句为数据加载提供方便,同时,在 SQL 中,还提供若干种固定的数据类型供用户定义基表中列类型使用。

基表结构构成了关系数据库中的全局结构并组成全局数据库,在基表构成中其相互间是关联的,因此一般基表分为三类:

(1) 实体表:此种表内存放数据实体。

(2) 联系表:此种表内存放表间的关联数据(即通过外键建立表间关联)。

(3) 实体—联系表:此种表内既存储数据实体,也存放表间关联数据。

由这三类基表可以组成一个全局的数据库。

基表是面向全局用户并为它们所使用的一种数据体。

4.2.1.3 视图

关系数据库管理系统中的视图(view)由基表组成,它是由同一数据库中若干基表改造而成,而其元组数据则是由基表中的数据经操作语句而构成的,它也称为导出表(drived table)。这种表本身并不实际存在于数据库内,而仅保留其构造,只有在实际操作时,才将它与操作语句结合转化成对基表的操作,因此这种表也称为虚表(virtual table)。

视图一般可作查询操作,而更新操作则受一定的限制。这主要是因为视图仅是一种虚构的表,而并非实际存在于数据库中,而做更新操作时必然会涉及数据库中数据的实际变动,因此就出现了困难,故对视图做更新操作一般不能进行,只在下面特殊情况才可以进行:

(1) 视图的每一行必须对应基表的唯一一行。

(2) 视图的每一列必须对应基表的唯一一列。

有了视图后,数据独立性大为提高,不管基表扩充还是分解均不影响对概念数据库的认识。只需重新定义视图内容,而不改变面向用户的视图形式,从而保持了关系数据库逻辑上的独立性。同时视图也简化了用户观点,即用户不必了解整个模式,仅需将注意力集中于它所关注的领域,大大方便了使用。

视图是直接面向用户并为用户所使用的一种数据体。在 RDBMS 的 SQL 中一般提供视图定义与删除语句,为用户构作视图提供方便。

4.2.1.4 物理数据库

物理数据库(physical database)是建立在物理磁盘或文件之上的数据存储体,它一般在定义基表时由系统自动构作完成,一般用户不必过问,但为提高查询等操作速度,RDBMS 的 SQL 中提供索引定义与删除等语句为改善效率提供服务。同时还提供分区功能及物理参数配置等功能,为提高数据库效率服务。物理数据库一般不直接面向用户,它仅是基表与视图的物理支撑。

图 4.2 给出了数据定义的示意图。

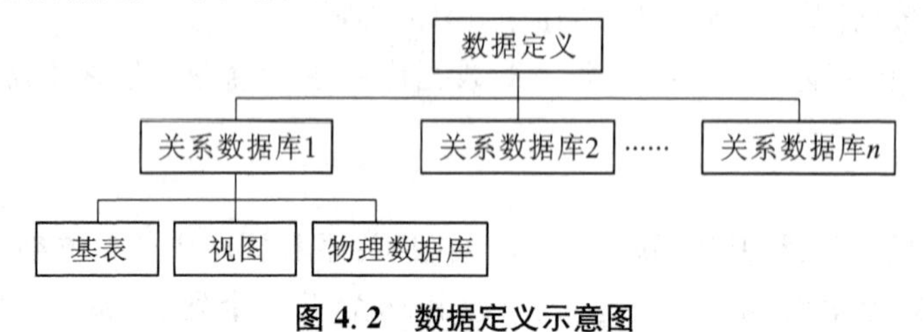

图 4.2 数据定义示意图

4.2.2 数据操纵功能

关系数据库管理系统的数据操纵(data manipulation)功能具有数据查询、删除、插入及修改的功能,此外还有一些其他功能。

1) 查询功能

关系数据库管理系统查询的最小粒度是元组分量,查询是数据操纵中的最主要操作,它一般应具有如下的功能:

(1) 单表的查询功能。根据指定表中指定的列及行条件可查询到表中元组分量的值。

(2) 多表查询功能。由指定表的已知条件通过表间关联查到另一些表的元组或列。表间关联一般是通过外键连接的。多表查询建立了关系数据库中表间的导航关系并给出了全局性查询环境,打破了数据库内的信息孤岛。

(3) 单表自关联查询。通过单表内某些列的关联作单表内的嵌套查询。

2) 增、删、改功能

关系数据库管理系统的删、改功能的最小粒度是表中元组，而增加操作最小粒度则为表，其功能可分为两步：

(1) 定位：根据需求首先需对操作定位，其定位要求是：

① 增加操作——定位为：表。

② 删除操作——定位为：表、元组。

③ 修改操作——定位为：表、元组。

(2) 操作：根据增、删、改的不同要求作操作，在操作时须给出不同的数据。

① 增加操作——给出所增加的元组以及实施该操作。

② 删除操作——无需给出数据，仅实施该操作。

③ 修改操作——给出对数据的修改要求，并实施该操作。

3) 其他功能

(1) 赋值功能：在数据操纵过程中所产生的一些中间结果以及需做永久保留的结果，必须以新的表形式存储于数据库内，因此对这些新表须予以命名并赋值，经赋值后的表今后在数据库中即可供用户使用。

(2) 计算功能：在数据操纵中还需一些计算功能：

① 简单的四则运算。它包括在查询过程中可以出现有加、减、乘、除等简单计算。

② 统计功能。由于数据库在统计中有极大的应用，因此提供常用的统计功能，它们为求和、求平均值、求总数、求最大值、求最小值等。

③ 分类功能。由于数据库在分类中有很大应用，因此提供常用的分类功能，如 Group by、Having 等分类功能。

(3) 输入/输出功能：关系数据库管理系统一般提供标准的数据输入与输出功能。

在关系数据库管理系统中的 SQL 一般都提供对关系数据库的查询、增、删改及其他功能等语句。

4.2.3 数据控制功能

从数据模型角度看数据约束是 RDBMS 的基本内容之一，具体说来它包括数据约束条件的设置、检查及处理，它也称数据控制(data control)。

关系数据库管理系统的控制分静态控制与动态控制两种，其中静态控制是对数据模式的语义控制，包括安全控制与完整性控制；动态控制则是对数据操纵的控制，即是在多个进程(或线程)作并行数据操纵时所出现的控制，称并发控制。此外动态控制还包括在执行数据操纵时所出现的数据库故障的控制，它称为数据库的故障恢复。

在静态控制中首先要建立数据模式的语义关联，我们知道，任一个数据模式都是基于应用需求的，它们都含有丰富的语义关联，特别是数据间的语义约束关联。如模式中任一个基本数据项均有一定取值范围约束，如数据项间有一定函数依赖约束、有一定的因果约束等，这种约束叫完整性约束或叫完整性控制。而有一种与安全有关的特殊语义关联我们称为安全性约束或称安全性控制，这种约束是用户与数据体间的访问语义约束。如学生用户可以读他自己的成绩，但他不能修改自己的成绩等。

在动态控制中主要是并发控制与数据库故障恢复。为讨论这两种控制必须首先引出数据操纵中的基本动态操纵单位,它就是事务。因为动态控制均是以事务为单位进行控制的。

数据库管理系统的数据控制包括完整性控制、安全性控制、事务、故障恢复及并发控制等五个部分,同时 RDBMS 中也有相应的 SQL 语句以完成此部分的功能。

在本书中,我们介绍数据控制前面的四部分内容,而最后的一部分内容即并发控制内容大多由系统自动完成而并不与用户直接关联,因此就不作讨论了。

4.2.3.1 安全性控制

所谓数据库安全性控制(security control)即是保证对数据库的正确访问与防止对数据库的非法访问。数据库中的数据是共享资源,必须在数据库管理系统中建立一套完整的使用规则。使用者凡按照规则访问数据库必能获得访问权限并可访问数据库,而不按规则访问数据库者必无法获得访问权限,而最终无法访问数据库。

在安全性控制中其控制对象分为主体与客体两种,其中主体(subject)即是数据访问者,它包括一般的用户程序、进程及线程等,而客体(object)即数据体,它包括表、视图及存储过程等。而数据库的安全控制即是主体访问客体时所设置的控制。

目前常用的安全性控制有如下几种手段,它们是:

1) 身份标识与鉴别(identification and authentication)

在数据库安全中每个主体必须有一个标志自己身份的标识符,用以区别不同的主体,此称为身份标识。当主体访问客体时 RDBMS 中的安全控制部分鉴别其身份并阻止非法访问,此称为身份鉴别。

目前常用的标识与鉴别的方法有用户名、口令等,也可用计算过程与函数,最新的也可用密码学中的身份鉴别技术等手段。

身份标识与鉴别是主体访问客体的最简单也是最基本的安全控制方式。

2) 自主访问控制(discretionary access control)

自主访问控制是主体访问客体的一种常用的安全控制方式,它是一种基于存取矩阵的模型,此模型由三种元素组成,它们是主体、客体与存/取操作,它们构成了一个矩阵,矩阵的列表示主体,矩阵的行则表示客体,而矩阵中的元素则是存/取操作(如读、写、删、改等),在这个模型中,指定主体(行)与客体(列)后可根据矩阵得到指定的操作,其示意如表 4.1 所示。

表 4.1 存/取矩阵模型示意表

	主体 1	主体 2	主体 3	…	主体 n
客体 1	Read	Write	Write	…	Read
客体 2	Delete	Read/Write	Read	…	Read/Write
…	…	…	…	…	…
客体 m	Read	Updata	Read/Write	…	Read/Write

在自主访问控制中主体按存取矩阵模型要求访问客体,凡不符合存取矩阵要求的访问均属非法访问。

在自主访问控制中存取矩阵的元素是可以经常改变的,主体可以通过授权的形式变更某些操作权限。

3) 审计(audit)

在数据库安全中除了采取有效手段对主体访问客体做检查外,还采用辅助的跟踪、审计手段，随时记录主体对客体访问的轨迹，并做出分析供参考。同时在一旦发生非法访问后能即时提供初始记录供进一步处理，这就是数据库安全中的审计。

审计的主要功能是对主体访问客体做即时的记录，记录内容包括：访问时间、访问类型、访问客体名、是否成功等。为提高审计效能，还可设置审计事件发生积累机制，当超过一定阈值时能发出报警，以提示采取措施。

目前一般关系数据库管理系统中均有身份标识及鉴别功能以及自主访问控制功能，而部分系统中还具有审计功能。而在 SQL 中也有相应语句以实现这些功能。

4.2.3.2 完整性控制

完整性控制(intigrity control)指的是数据库中数据正确性的维护，任何数据库都会由于某些自然或人为因素而受到局部或全局的破坏。因此如何及时发现并采取措施防止错误扩散并及时恢复，这是完整性控制的主要目的。

1) 关系数据库完整性控制的功能

在关系数据库中为实现完整性控制须有三个基本功能，它们是：

(1) 设置功能：需设置完整性约束条件(又称完整性规则)，这是一种语义约束条件，它由系统或用户设置，它给出了系统及用户对数据库完整性的基本要求。

(2) 检查功能：关系数据库完整性控制必须有能力检查数据库中数据是否有违反约束条件的现象出现。

(3) 处理功能：在出现有违反约束条件的现象时须有即时处理的能力。

2) 完整性规则的三个内容

关系数据库完整性规则由如下三部分内容组成：

(1) 实体完整性规则(entity integrity rule)：这条规则要求基表上的主键中属性值不能为空值，这是数据库完整性的最基本要求，因为主键是唯一决定元组的，如为空值则其唯一性就成为不可能的了。

(2) 参照完整性规则(reference integrity rule)：这条规则也是完整性中的基本规则，它不允许引用不存在的元组。亦即是说在基表中的外键要么为空值，要么其关联表中必存在相应的元组。如在基表 S(sno, sn, sd, sa)与 SC(sno, cno, g)中，SC 的主键为(sno, cno)，S 的主键为 sno，而 SC 的外键为 sno，SC 与 S 通过 sno 相关联，而参照完整性规则要求 SC 中的 sno 的值必在 S 中有相应元组值，如有 SC(S_{13}, C_8, 70)则必在 S 中存在 S(S_{13}, …, …, …)。

这条规则给出了表之间相关联的基本要求。

上述两种规则是关系数据库所必需遵守的规则，因此任何一个 DBMS 必须支持。

(3) 用户定义的完整性规则(userdefined integrity rule)：这是针对具体数据环境与应用环境由用户具体设置的规则，它反映了具体应用中数据的语义要求。

在 RDBMS 中一般都提供数据库完整性控制上述三个内容的功能，其中前两个内容由系统自动给出，而用户定义的完整性规则则由用户通过 SQL 语句定义并由系统完成。

3) 用户定义的完整性约束的设置、检查与处理

由于用户定义的完整性规则由用户给出，因此本节就介绍用户定义的有关情况以及系统处理情况。

(1) 可对用户定义的完整性规则作约束条件设置，它包括域约束，表约束及断言。其中域约束即可约束数据库中数据域的范围与条件，表约束可以约束与定义表中的主键、候选键及外键，同时还可以对表内属性间建立约束，最后断言即是建立表间属性的约束。

(2) 在完整性条件设置后在 DBMS 中有专门软件对其做检查以保证所设置条件能得以监督与实施，这即为完整性约束条件的检查。

(3) 在 RDBMS 中同样有专门的软件对完整性约束条件的检查结果作处理，特别是一旦出现违反完整性约束条件的现象便作出响应、报警或报错，在复杂情况下可调用相应的处理过程。

4.2.3.3 事务处理

事务处理是数据库动态控制中的一个基本单位。数据库是一个共享的数据实体，多个用户可以在其中做多种操作(包括读操作与写操作)，为了保持数据库中数据的一致性，每个用户对数据库的操作必须具有一定操作连贯性。为说明此问题我们从一例说起，设某银行有 A，B 两个账户，它们分别存有 20 000 元与 10 000 元人民币，现有一笔转账业务须从 A 账户转5 000 元至 B 账户，此应用的操作可描述如下：

应用 T1：

```
Read(A)
A:= A－5 000
Write(A)
Read(B)
B:= B＋5 000
Write(B)
```

在执行 T1 前 A＝20 000，B＝10 000，其银行总存款为 A＋B＝20 000＋10 000＝30 000 元，在此六个步骤完成后，A 与 B 分别为：A＝15 000，B＝15 000，其银行的总存款数为 A＋B＝15 000＋15 000＝30 000，此时仍保持其总款数不变，亦即是说，在数据库中从原有的一致性在经过操作 T1 后保持了新的一致性。但是在此六个步骤操作必须作为整体一次完成，其中间是不应允许被其他应用所打断的，否则其一致性就受到破坏。如在第三步结束后中间被另一个应用 T2 打断，此时 T2 所面对的数据库是一个不一致的数据库，即原有银行总存款数为 A＋B＝30 000，但是在此时 T1 执行并没有完成，呈现在 T2 面前的总存款数为 A＋B＝15 000＋10 000＝25 000，此时出现了不一致性，而 T2 在此不一致性的数据库面前是无法正确执行操作的。为解决此问题，必须保证 T1 执行操作的连贯性，即 T1 整个六步操作必须连贯完成，其中间不允许被其他应用所打断，这就引出了事务的概念。

事务(transaction)是数据库应用程序的基本逻辑工作单位，在事务中集中了若干个数据库操作，它们构成了一个操作序列，它们要么全做，要么全不做，是一个不可分割的基本工作单位。

一般而言，一个数据库应用程序是由若干个事务组成，每个事务构成数据库的一个状态，它形成了某种一致性，而整个应用程序的操作过程则是通过不同事务使数据库由某种一致性不断转换到新的一致性的过程。

1) 事务的性质

事务具有四个特性，它们是事务的原子性(atomicity)、一致性(consistency)、隔离性(isolation)以及持久性(durability)，简称为事务的 ACID 性质。

(1) 原子性：事务中所有的数据库操作是一个不可分割的操作序列，这些操作要么全执行，要么全不执行。

(2) 一致性：事务执行的结果将使数据库由一种一致性到达了另一种新的一致性。

(3) 隔离性：在多个事务并发执行时，事务不必关心其他事务的执行，如同在单用户环境下执行一样。

(4) 持久性：一个事务一旦完成其全部操作后，它对数据库的所有更新永久地反映在数据库中，即使以后发生故障也应保留这个事务执行的结果。

事务及其 ACID 性质保证了并发控制与故障恢复的顺利执行，因此在下面的讨论中均以事务为基本执行单位。

2) 事务活动

事务活动一般由三个事务语句控制，它们是置事务语句(SET TRANSACTION)，提交语句(COMMIT)及回滚语句(ROLLBACK)。

一个事务一般由 SET TRANSACTION 开始至 COMMIT 或 ROLLBACK 结束。在事务开始执行后，它不断做 Read 或 Write 操作。但是，此时所做的 Write 操作，仅将数据写入磁盘缓冲区，而并非真正写入磁盘内。在事务执行过程中可能会产生两种状况：其一是顺利执行——此时事务继续正常执行；其二是产生故障等原因而中止执行，对此种情况称事务夭折(abort)，此时根据原子性性质，事务需返回开始处重新执行，此时称事务回滚(rollback)。在一般情况下，事务正常执行直至全部操作执行完成，以后再执行事务提交(commit)后整个事务结束，所谓提交即是将所有在事务执行过程中写在磁盘缓冲区的数据，真正、物理地写入磁盘内，从而完成整个事务。因此，事务的整个活动过程可以用图 4.3 表示。

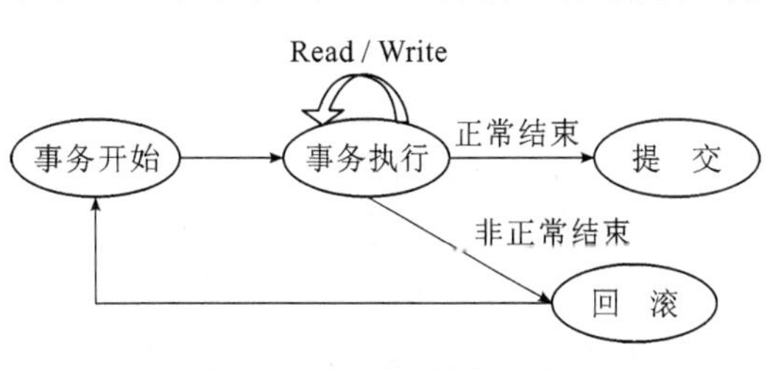

图 4.3　事务活动过程图

在 RDBMS 的 SQL 中一般都提供有关事务活动语句。

4.2.3.4　故障恢复

1) 概述

尽管对数据库采取多种严格的防护措施，但是数据库遭受破坏仍是不可避免的，因此，一个关系数据库管理系统除了要有较好的完整性、安全性保护措施以及并发控制能力外，还需要有数据库故障恢复的能力。数据库故障恢复技术是一种被动的方法，而数据库完整性、安全性保护及并发控制技术则是主动的保护方法，这两种方法的有机结合可以使数据库得到有效的保护。

数据库故障恢复技术所采用的主要手段是冗余与事务。所谓数据冗余即是采取数据备用复本和日志，所谓事务即是利用事务作为操作单位进行恢复。

2) 数据库故障分类

为讨论数据库恢复，我们首先须对数据库故障作分类，数据库故障大致可以分为小型故障、中型故障与大型故障等三种类型，并可细分为共六个部分。

(1) 小型故障：是指事务内部故障。此类故障是事务内部执行时所产生的逻辑错误与系统错误，如数据输入错误、数据溢出、资源不足(以上属逻辑错误)以及死锁、事务执行失败(以上属系统错误)等，此类故障属小型故障，其故障影响范围在一个事务之内。

(2) 中型故障

① 系统故障：此类故障是由于系统硬件(如 CPU)故障、操作系统、DBMS 以及应用程序代码错误所造成的故障，此类故障可以造成整个系统停止工作，内存破坏，正在工作的事务全部非正常中止，但是磁盘数据不受影响，数据库不遭破坏，此类故障属中型故障。

② 外部影响：此类故障主要是由于外部原因(如停电等)所引起的，它也造成系统停止工

作，内存破坏，正在工作的事务全部非正常中止，但数据库不受破坏，此类故障属中型故障。

中型故障的影响范围是事务级的，即某些事务要重做，某些事务要撤销，但是它不需要对整个数据库做全面修复。

（3）大型故障

① 磁盘故障：此类故障包括磁盘表面受损，磁头损坏等，此时整个磁盘受到破坏，数据库严重受影响。

② 计算机病毒：计算机病毒是目前破坏数据库系统的主要根源之一，它不但对计算机主机产生破坏（包括内存）也对磁盘文件产生破坏。

③ 黑客入侵：黑客入侵可以造成主机、内存及磁盘数据的严重破坏。

以上三种故障造成内存、磁盘及主机严重破坏，同时也使整个数据库受到破坏，因此此类故障属系统级故障。

3）数据库故障恢复三大技术

为恢复数据库中的数据一般采用下面三大技术。

（1）数据转储：所谓数据转储即是定期将数据库中的内容复制到另一个存储设备中去，这些存储的拷贝称为后援复本或备份。

转储可分为静态转储与动态转储。静态转储指的是转储过程中不允许对数据库有任何操作（包括存取与修改操作），即转储事务与应用事务不可并发执行。动态转储指的是转储过程中允许对数据库操作，即转储事务与应用事务可并发执行。

静态转储执行比较简单，但转储事务必须等到应用事务全部结束后才能进行，因此带来一些麻烦。动态转储可随时进行，但是转储事务与应用事务并发执行，容易带来动态过程中的数据不一致性，因此技术上要求较高。

数据转储还可以分为海量转储与增量转储，海量转储指的是每次转储数据库的全部数据，而增量转储则是每次只转储数据库中自上次转储以来所产生变化的那些数据。由于海量转储数据量大，不易进行，因此增量转储往往是一种有效的办法。

（2）日志（logging）：所谓日志即是系统建立的一个文件，该文件用于系统记录数据库中更改型操作的数据更改情况，其内容有：

① 事务开始标记。

② 事务结束标记。

③ 事务的所有更新操作。

具体的内容有：事务标志、操作时间、操作类型（增、删、或改操作）、操作目标数据、更改前数据旧值、更改后数据新值。

日志以事务为单位按执行的时间次序，且遵循先写日志后修改数据库的原则进行。

（3）事务撤销与重做：数据库故障恢复的基本单位是事务，因此在数据恢复时主要使用事务撤销与事务重做两种操作。

① 事务撤销操作：在一事务执行中产生故障，为进行恢复，首先必须撤销该事务，使事务恢复到开始处，其具体过程如下：

● 反向扫描日志文件，查找应该撤销的事务。

● 找到该事务更新的操作。

● 对更新操作做逆操作，即如是插入操作则做删除操作，如是删除操作则用更改前数据旧值作插入，如是修改操作则用修改前值替代修改后值。

● 如此反向扫描一直反复做更新操作的逆操作，直到事务开始标志出现为止，此时事务撤销结束。

② 事务重做操作：当一事务已执行完成，它的更改数据也已写入数据库，但是由于数据库遭受破坏，为恢复数据需要重做，所谓事务重做实际上是仅对其更改操作重做，重做的过程如下。

● 正向扫描日志文件，查找重做事务。

● 找到该查找事务的更新操作。

● 对更新操作重做，如是插入操作则将更改后新值插入至数据库，如是删除操作，则将更改前旧值删除，如是修改操作则将更改前旧值修改成更新后新值。

● 如此正向扫描反复做更新操作，直到事务结束标志出现为止，此时事务重做操作结束。

4）恢复策略

利用后备副本（或称复本）、日志以及事务的撤销与重做可以对不同的数据库进行恢复，其具体恢复策略如下。

（1）小型故障的恢复：小型故障属事务内部故障，其恢复方法是利用事务的撤销操作，将事务在非正常中止时利用撤销恢复到事务起点。

（2）中型故障的恢复：中型故障所需要恢复的事务有两种：

① 事务非正常中止。

② 已完成提交的事务，但其更新操作还留在内存缓冲区尚未来得及写入，由于故障使内存缓冲区数据丢失。

对第一种事务采用撤销操作，使其恢复至事务起点，对第二种事务用重做操作进行重做。

（3）大型故障的恢复：大型故障是那些整个磁盘、内存及系统都遭受破坏的故障，因此对它的恢复就较为复杂，它大致分为下列步骤：

① 将后备复本拷贝至磁盘。

② 做事务恢复第一步——检查日志文件，将拷贝后所有执行完成的事务做重做。

③ 做事务恢复第二步——检查日志文件，将未执行完成（即事务非正常中止）的事务做撤销。

经过这三步处理后可以较好完成数据库中数据的恢复。数据库中恢复一般由 DBA 执行。数据库恢复功能是数据库的重要功能，每个数据库管理系统都有此种功能。

在 SQL 中一般均向用户提供多种有关故障恢复的语句与操作。

4.2.4 数据交换功能

数据交换（data exchange）是数据库与数据处理间的数据交互，数据交换是需要管理的。管理的内容是对数据交换方式、操作流程及操作规范的控制与监督。

4.2.4.1 概述

从数据库诞生起即有数据交换存在，但由于其交换方式与交换管理都很简单，因此并未出现有数据交换的概念。真正出现数据交换并对其做规范化管理的是 SQL92，而在 SQL99 中则对其作了进一步规范，并明确划分了数据交换的四种方式。在最近公布的 SQL03 中将原有四种交换方式扩充到八种，此外在 20 余年来众多机构与相关单位也纷纷推出多种数据交换的规范与产品，有的已成为业内的事实标准。目前常用的有四种交换方式，再加上直接交互方式即人机交互方式共有五种方式，它们构成了关系数据库管理系统的一种必不可少的功能，它为用户使用数据库提供了基本共享保证。

4.2.4.2 数据交换模型

数据交换是数据主体与数据客体间数据的交互过程。所谓数据客体即是数据库，它是数据提供者，而数据主体是数据的使用者，也是数据接收者，它可以是操作员(人)、应用程序，也可以是另一种数据体。数据交换过程分两个途径，一是数据操作同步：即是首先由使用者通过 SQL 语言向数据库提出数据请求，接下来数据库响应此项请求进行数据操作并返回执行结果代码(它给出了执行结果正确与否，出错信息以及其他辅助性质)；二是数据传输，即是在查询时数据由客体至主体，而在增删除时数据由主体至客体。它可用图 4.4 所示的数据交换模型表示之。

图 4.4 数据交换模型图

4.2.4.3 数据交换四个阶段

1) 数据交换发展简介

随着数据库的发展以及数据库的应用环境的不断变化数据交换方式也随着发生变化，它一共经历四个阶段，共五种交换方式，它们是：

(1) 人机交互阶段。在数据库发展初期(20 世纪 60 至 70 年代)其应用环境为单机方式，交换主体是人。它体现了人与数据库间的直接交互方式。在现代的互联网时代中，由于这种方式的简单与方便，因此它依然非常流行。

在此阶段中其交换方式是人与数据库间的直接交互方式。

(2) 单机集中式阶段。在数据库作为应用开发工具时(20 世纪 80 年代)，其应用环境为单机集中式，交换主体是应用程序。

在此阶段中其交换方式可细分为嵌入式与自含式两种。它体现了同一机器内应用程序与数据库间的数据交换。

(3) 网络阶段。在数据库作为网络应用开发工具时(20 世纪 90 年代)，在网络、多机分布式应用环境中的 C/S 结构方式，交换主体是应用程序。它体现了网络上应用节点(客户端 C)与数据节点(数据服务器 S)间的数据交换。其交换方式称为调用层接口方式。

(4) 互联网阶段。在数据库作为 Web 应用开发工具时(20 世纪初)，在互联网、多机分布式应用环境中，B/S 结构方式，交换主体为 HTML/XML。它体现了互联网上应用节点(浏览器端 B)与数据节点(数据服务器 S)间的数据交换，亦即是互联网上 HTML/XML 与数据库间的数据交换，其交换方式称为 Web 方式。

2) 数据交换的接口

为了实现数据交换，必须建立相应的接口。上述四个阶段的数据交换接口共有七种：

(1) 直接式的人机交互接口。此接口主要为操作人员友好、顺利访问数据库所设置的接口。它主要用于人机交互阶段。

(2) 标量与集合量间的接口。在两种语言系统中，程序设计语言的变量一般是标量而数据库中输出则是集合量，它们间需要有一种接口以建立集合量到标量转换。即是将数据库中的集合量输出至程序中的变量的接口，此种接口主要用于单机集中式阶段中的自含式方式。

(3) 变量与参数间的接口。在两种语言系统中，程序设计语言中的变量与 SQL 中的参数间需要有一种接口以建立从变量到参数的连接。此种接口主要用于单机集中式阶段中的嵌入式方式，此外还包括网络阶段中的接口以及互联网阶段中的接口。

(4) 应用节点与数据节点间的接口。应用节点与数据节点是网络中两个不同的节点，它们间进行数据交换是需要建立物理与逻辑连接(与断开)。这种接口主要用于网络阶段与互联网阶段。

(5) 半结构化数据与结构化数据间的接口。在互联网中同时存在有结构化形式的数据库数据以及半结构化形式的 HTML/XML 数据,它们间需要有一种接口以建立其间的联系。此种接口主要用于互联网阶段中。

(6) 环境接口。在远程网络中涉及不同节点间的不同环境如不同文字、不同时区、不同设置方式等。为建立两节点间的联系必须首先建立它们间的统一环境与平台,这就是环境接口。此接口往往建立在特定的互联网中。

(7) 主体与客体间的同步接口。在数据交换中主体与客体间在进行数据交换同时还必须对交换的状况及时监控以利于交换的进行。为此必须建立一种专门的接口,用于数据交换中的操作同步,此种接口主要用于商标量/集合量间接口的匹配。

3) 数据交换管理

为实现数据交换,必须要建立接口,而建立接口的方法与手段即是数据交换的管理。目前一共有七种数据交换管理手段,它们分别是:

(1) 会话管理。会话管理主要用于网络中数据交换节点间统一环境与平台。在会话管理中提供相关的语句,为统一环境服务。

(2) 连接管理。连接管理主要用于网络中数据交换的应用节点与数据节点间接口的连接,它提供相关的语句,为建立两节点间连接服务。

(3) 游标管理。游标管理主要用于变量中标量与集合量间的接口,它提供相关的语句,为建立由集合量到标量的转换服务。

(4) 动态 SQL。动态 SQL 主要用于程序设计语言变量与 SQL 中参数间的接口,它提供相关的语句,为建立由变量到参数的连接服务。

(5) 诊断管理。诊断管理主要用于主体与客体间建立同步接口,它提供相关的语句,为建立客体与主体间的操作同步服务。

(6) Web 数据管理。Web 数据管理主要用于互联网中半结构化数据 HTML/XML 与结构化的数据库数据间的接口,它提供相关的手段为建立两种结构数据间的连接提供服务。

(7) 操作服务。操作服务主要用于人机交互中,为操作人员有效、方便访问数据库提供直接接口。它提供相关手段为建立人机间直接对话服务。

4) 数据交换、数据接口与数据交换管理

在数据交换发展的四个阶段中,出现了五种方式与七种数据接口,为实现这些接口需要有相应的七种数据交换管理,表 4.2 给出了数据交换四个阶段中与相关的接口、管理间的关系。

表 4.2 四个阶段特点表

阶段名	人机交互阶段	单机集中式阶段		网络阶段	互联网阶段
交换方式	人机交互方式	嵌入式	自含式	调用层接口方式	Web 方式
时 期	20 世纪 60 至 70 年代	20 世纪 80 年代	20 世纪 80 年代	20 世纪 90 年代	20 世纪初
应用环境	单机方式	单机集中式	单机集中式	多机分布式(C/S)	多机分布式(B/S)
交换主体	人(操作员)	应用程序	应用程序	应用程序	HTML/XML

（续表）

阶段名	人机交互阶段	单机集中式阶段		网络阶段	互联网阶段
接口特点	操作人员 与数据库	集合量与标量 变量与参数 主体与客体	集合量与标量 主体与客体	应用节点与数据 节点 集合量与标 量变量 主体与客体	HTML/XML与数据 库环境接口 应用节点与数据节点 集合量与标量 变量与参数 主体与客体
数据交换 管理	操作服务	游标管理 动态SQL 诊断管理	游标管理 诊断管理	游标管理 连接管理 动态SQL 诊断管理	会话管理 Web数据管理 游标管理 连接管理 动态SQL 诊断管理

4.2.4.4 数据交换的管理

数据交换的关键是管理，特别是在应用环境日益复杂的今天，数据交换管理尤为重要。

数据交换管理一般由下面几部分内容所组成：

① 会话管理。

② 连接管理。

③ 游标管理。

④ 诊断管理。

⑤ 动态SQL。

⑥ Web管理。

其中人机交互中的管理在后面将有专门论述，在此处就不做介绍了。

1）会话管理

数据交换是两个数据体之间的会话过程，而会话是需要在相同的平台与环境下进行的。在当今的应用中，会话环境是极为复杂的，特别是在网络与互联网发达的今天，会话双方具有相同的平台与环境更为重要。因此在进行数据交换时，首先需要建立会话环境，这就是数据交换中的会话管理。

在会话管理中，对一般的应用，其会话环境是固定的，它的设定由系统统一、自动地完成，一般不需由用户操作。因此在下面我们不对他做特别的介绍。

2）连接管理

在通过会话管理设定了会话环境后，数据交换即进入了实质性阶段。在此阶段中首先是要建立交换主、客体间的物理连接(以及断开物理连接)。只有建立物理连接后，主、客体间的数据交换才能真正进行。

物理连接参数包括连接两个端点的物理地址(用户名与数据模式名)、相应的内存区域分配以及连接的数据访问权限等。最后对物理连接须赋予一个连接名。

在SQL中设有有关连接的相关语句，以供建立连接与断开连接之用。

连接管理一般用于C/S及B/S等网络环境下的调用层接口方式及Web方式中。

连接管理最早出现于SQL 99，由于连接管理涉及众多外界物理环境，因此国际标准SQL中的连接语句往往被各种企业标准所取代，如微软的ODBC标准、ADO标准及SUN公司的

JDBC 标准等，而它们目前已成为国际上的事实标准。

3）游标管理

游标(cursor)是一种方法，它用于在数据库查询后将数据客体中的集合量逐一转换成数据主体(应用程序)中的标量。

游标方法的主要操作是这样的：

(1) 定义一个游标。首先将需实施转换的集合量(以查询语句方式定义)上定义一个游标。其方法是将该集合中的每个元素(即每一记录)按顺序排列，然后设置一个箭头，它指向集合中某个元素，该箭头是活动的，称为游标。

(2) 使用游标。在游标定义后即可使用它，使用分为三个步骤。

① 打开游标。在使用游标时必须打开游标，此时游标处于激活状态并指向集合中第一个记录。

② 推进游标。在游标打开后即可使用游标，使用的具体方法是通过推进游标将游标定位于集合中指定的元素，然后取出该元素并送至应用程序的程序变量中。在接收到标量数据后，应用程序对数据做处理并形成循环不断的使用游标与处理数据。

③ 关闭游标。当游标使用结束后必须关闭游标，使其处理休止状态。

在 SQL 中提供游标的相关语句。游标管理在数据交换中应用广泛，除人机交互方式外在其他四种方式中均有采用。但是在不同方式中的游标语句形式表示均会有所不同。

游标管理在 SQL 中出现很早，在 SQL 89 中已有出现，游标功能经 SQL 92、SQL 99 到 SQL 03 已发展成为一种很成熟的技术。

4）诊断管理

在进行数据交换时数据主体发出数据交换请求后，数据客体返回两种信息，一种返回所请求的数据值，另一种是返回执行的状态值。而这种状态值称为诊断值，而生成、获取诊断值的管理称诊断管理。

诊断管理由两部分组成，它们是诊断区域及诊断操作。

(1) 诊断区域。诊断区域是存放诊断值的内存区域，它包括执行完成信息以及异常条件信息。诊断区域由两部分组成，它们是标题字段与状态字段。其中标题字段给出诊断的类型(如 NUMBER 表执行结果的数值表示)，而状态字段则给出该诊断类型执行结果的编码，它们表示语句执行是否成功(成功为 0，不成功为非 1 整数)。

(2) 诊断操作。诊断操作有两种：

① RDBMS 在执行 SQL 语句后将执行状态自动存放于诊断区域内。

② 使用者用获取诊断语句以取得语句执行的状态，该语句的执行结果是将诊断区域指定标题的状态信息取出。有的系统为操作方便将诊断区域的值自动放入一个全局变量中(如 sqlca)，此后可直接在程序中使用全局变量而不必使用“获取诊断语句”。

诊断管理与游标管理相匹配，目前广泛应用于除人机交互方式外的所有其他四种方式中。

5）动态 SQL

在一般的程序设计中往往是先编程再执行，这是一个普遍的规律，但是在 SQL 编程中有时会出现一些特殊的情况，即 SQL 语句不能预先确定(包括某些参数、某些子句甚至整个 SQL 语句)，而需根据应用程序运行时动态指定，这就是所谓 SQL 的动态编程亦称动态 SQL。动态 SQL 起源于嵌入式方式，并在网络阶段与互联网阶段继续发挥作用，但其具体操作方式与嵌入式方式有所不同。

为实现动态 SQL,在应用程序编写中往往将 SQL 语句中的未确定部分用一些变量临时替代,它们起着占位的作用。其次,需要在应用程序与动态 SQL 语句间建立一个信息交互区,以便应用程序在运行时能随时将动态参数送入该区域,这个区域称为描述符区(discriptor area),而描述的数据称描述符(discriptor)。最后,动态 SQL 的执行与一般的语句的执行也有所不同。在动态 SQL 语句执行前必须预先将描述符区的确定参数值与动态 SQL 中的动态参数间建立联系,亦即是说建立它们间的赋值关系。在经过这一步骤后,一个动态 SQL 语句才成为确定 SQL 语句,此后就可以执行 SQL 语句了,图 4.5 给出了由动态 SQL 变为确定 SQL 的过程。

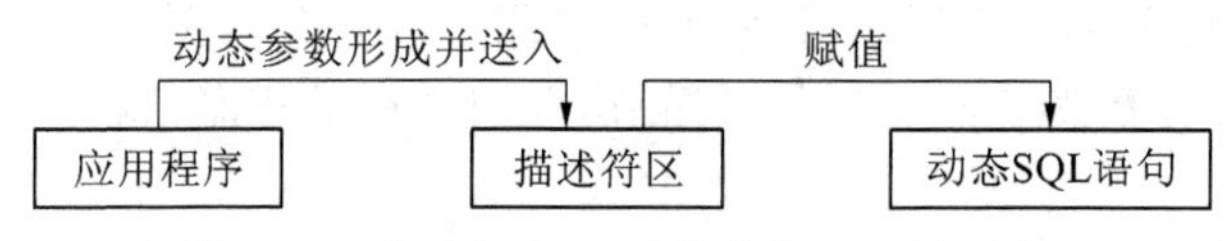

图 4.5　由动态 SQL 形成确定 SQL 的过程

由上面解释可以看出,一个动态 SQL 处理的全部过程可用图 4.6 表示。

6) Web 管理

Web 管理主要完成 Web 页面与数据库间的接口管理。HTML 主要用于书写网页,但它不是程序设计语言,因此在编写时当需要与数据库交互时缺乏必要接口手段,此时须借助一种中间工具,这种工具能嵌入 HTML 中,通过它使用调用层接口以实现与数据库连接。

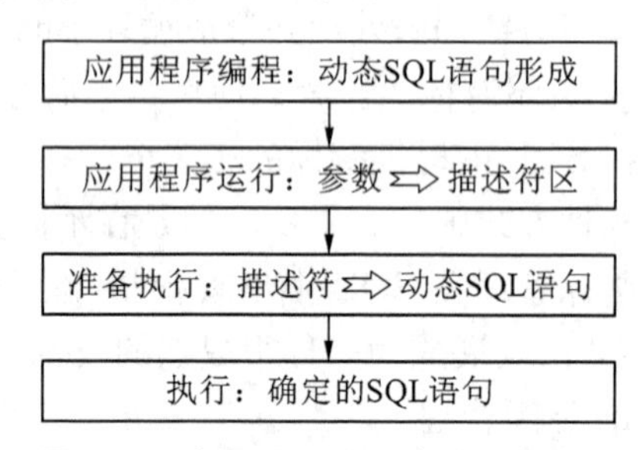

图 4.6　动态 SQL 处理全过程流程图

Web 管理目前无标准规范,这种工具的形式也很多,常用的有 ASP、JSP 及 PHP 等。

4.2.4.5　数据交换的流程

数据交换是一个按一定步骤进行的过程,利用数据交换管理可以实现数据交换过程,其全部流程如下:

1) 数据交换准备

使用会话管理设置数据交换的各项环境参数,它一般由系统统一、自动地完成。

会话环境设置是面向固定应用的,它一经设定后一般不会改变,因此它是某个应用的数据交换前提。

2) 数据连接

在设置环境参数后,接下来的重要步骤是建立两个数据体间的物理连接,包括连接通路的建立,内存区域的分配等,数据连接一般建立在两个数据体处于网络不同节点的情况下。

3) 数据交换

在经过数据连接后数据交换即可进行。在数据交换中一般分两个步骤,首先由数据主体应用 SQL 语句或动态 SQL 语句发出数据访问要求;其次,数据库接到要求后进行操作并取得数据,然后返回数据并同时返回执行的状态信息,此时最关键的是需要不断使用游标语句与诊断语句。

4) 断开连接

在数据交换结束后即可以断开两个数据体间的连接,包括断开连接的通路以及取回所分配的内存区域。

在一个数据交换结束后可进入下一轮数据交换(即第 2、第 3、第 4 三个阶段),如此不断循环而构成数据交换的完整过程。图 4.7 给出数据交换的流程图。

数据交换的五种方式基本上均按上述流程图进行数据交换,但是其流程的严格性有所不同。

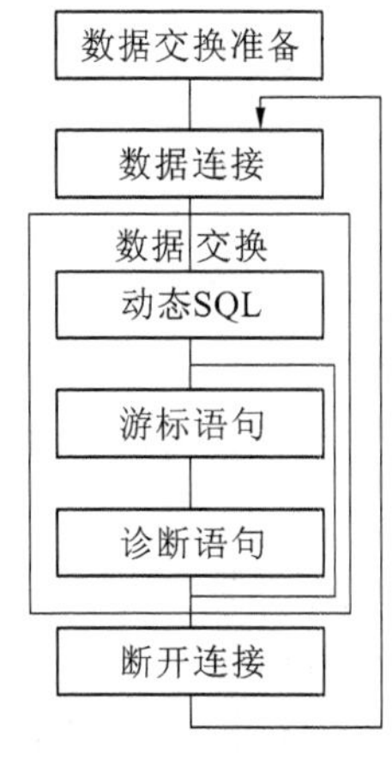

图 4.7 数据交换过程的流程图

4.2.5 数据服务

1) 数据服务概述

近年来在计算机领域中"服务"(service)概念已成为热门,所谓服务意指系统为客户操作使用提供方便之意。由于服务一词范围广泛、内容众多,它可因系统功能的不同、制造厂商理念不同以及客户群体的需求不同而有所不同,因此有关服务的内容是没有统一规范的。对数据库管理系统也是如此。在 RDBMS 中存在着多个方面与多个层次的服务功能,但就目前而言,这些服务大致与管理相关联,因此这种服务称为管理性服务,并将它归属于"管理"之列。

在数据库管理系统中的服务称为数据服务。这种服务在数据库管理系统刚出现时就有,但并不受到关注,但当系统的发展以及用户数量的增多后,对服务的要求日益增高,于是就出现了专门的服务性功能。这种服务的特点是:

(1) 它是一种管理性服务,即为方便数据管理的服务。

(2) 服务内容可因系统而不同。

(3) 服务不同于管理,管理有一定的强制性,因此必须符合一定的规范与标准,而服务则不然,它有一定的自由度与弹性,因此它一般没有标准,但近来已出现有标准化的趋势。

目前,在 RDBMS 中为用户提供有多种数据服务功能,它包括操作性服务、信息服务以及工具性服务(操作性服务的扩充)等三种。

2) 操作性服务

关系数据库管理系统一般均提供有多种操作服务,它们可以以函数、过程、组件及命令行等多种形式出现,它们包括有如下的一些内容:

(1) 数学操作。它包括常用的数学中的操作,如算术运算、三角运算及代数运算等初等数学函数类操作。

(2) 转换操作。它包括各种数制转换、度量衡转换、日期/时间转换等操作。

(3) 输入/出操作。它包括各种不同形式的输入/输出操作。

(4) 多媒体操作。它包括多种媒体(如文本、图像、声音、音频、视频等)的处理操作。

3) 工具性服务

操作性服务是一些单一性的简单服务,而当服务成为综合性与复杂性之后就需要用工具、工具包及工具集实现,这种服务称为工具性服务。这种服务目前已成为发展的主流。它包含如下的一些内容:

(1) 为 DBA 服务的工具。它包括复制、转储、重组等服务以及性能监测、分析等服务工具。

(2) 为数据库设计服务的工具。它包括数据库概念设计、逻辑设计及物理设计等工具。

(3) 界面服务工具。如可视化交互界面、图示/图表输出界面等。

(4) 配制服务工具。为系统网络配置、客户端配置以及程序属性配置服务。

(5) 注册与连接服务工具。为用户使用数据库的注册与连接服务。

(6) 启动与关闭服务工具。为用户启动与关闭数据库服务。

(7) 性能监测服务工具。对数据库中数据性能作分析服务。

(8) 外围服务工具。对数据库的外部环境设置,如网络环境、网页发布环境设置以及数据导入与导出环境设置等。

有关工具性服务还可以有很多,随着数据库的发展,这种服务也越来越丰富,据不完全统计,目前它在 RDBMS 中所占的比例已超过 30%。如在 SQL Server 2008 中,它的工具性服务有数据库引擎、集成服务、分析服务、复制服务、报表服务、通知服务、服务代理、全文搜索、开发工具以及管理工具集等多种。

工具性服务一般由数据库开发厂商提供,近年来出现有第三方厂家开发与提供的现象,其品种与规模越来越大,这反映了工具性服务已成为数据服务发展的一种主流。

4) 信息服务

信息服务是为客户提供有关信息的服务,它包括数据字典、日志、常用参数、系统帮助以及示例数据库等内容。下面简单介绍之。

(1) 数据字典:数据字典是一种特殊的信息服务,它提供有关数据库系统内部的元数据服务。

在数据库系统中每个数据库均有一些有关数据结构、数据操纵、数据控制及数据交换等元信息,它们给出了数据库的基本面貌与特性,这些信息对用户了解数据库、使用数据库极为重要,因此在关系数据库管理系统中均保存此类信息,它们是数据库的数据,称元数据(metadata)。而保留这种元数据的系统区域称数据字典。用户可用查询语言对数据字典作查询,但是一般用户不能对其作增、删、改等操作。

数据字典中的数据一般在 RDBMS 作相关操作时自动生成,其内容包括如下一些数据:

① 数据结构数据。有关数据模式、基表、视图、列、域及数据类型等信息以及有关索引、集簇等信息。

② 数据控制数据。有关数据安全性、完整性控制等信息以及事务执行信息,故障信息等。

③ 数据交换数据。有关数据应用平台的信息。如字符定义、字符转换等信息,接口信息等。

④ 数据操纵数据。有关表间、列间引用信息等。

在 RDBMS 产品中一般有数据字典,而在 SQL 中对数据字典均有标准的规定。

(2) 日志信息:日志信息是一种重要的信息服务,它包括:

① 事务性日志。即以事务为单位记录事务中所出现的“更改型”操作,供故障恢复时使用。

② 审计性日志。记录用户的所有操作供审计时使用。

③ 服务器日志。记录服务器操作的日志。

(3) 常用参数:数据库中提供一些用户常用的参数,如时间参数、定位参数、度量衡参数等数据。

(4) 系统帮助:为用户操作使用数据库提供信息帮助。

(5) 示例数据库:通过若干个示范性数据库为帮助用户建造数据库提供样本。

从目前看来,一个完整的 RDBMS 不仅需要有强大的管理功能还需要有与之匹配的服务功能,两者完美的结合才能达到理想的效果。

4.2.6 关系数据库管理系统的扩展功能

在关系数据库管理系统中出现了数据交换接口以后，其功能已逐步延伸，它实际上包含了数据与数据处理的接口以及数据处理的部分内容。其范围已超出了传统关系数据库管理系统的内容，因此称为“扩展功能”。

下面分别介绍目前常用的五种扩展方式。

1）人机友好界面方式

此种方式是人(操作员)与数据的直接交互，它们间的接口是人机友好界面。在最初阶段它以单机集中方式出现，交互界面简单，现阶段在 C/S 与 B/S 结构中也可使用此种方式，且由于可视化技术的进展使得交互形式与操作方式变得丰富、简单，因此此种方式目前仍普遍使用。

人机友好界面一般由 RDBMS 中的操作服务实现，由于涉及多种个性化因素，因此在 SQL 标准中无此种交换方式。

人机友好界面方式扩展了传统数据管理功能，将数据管理与部分数据处理相结合使人机交互更为方便与友好。为简便，人机友好界面方式也称人机交互方式。

2）嵌入式方式

嵌入式方式是出现最早的应用程序与数据库间的数据交换方式，在 SQL′89 中即列入其中，而与其捆绑的语言也由原先的三种而增至八种，它们是：C，PASCAL，FORTRAN，COBOL，ADA，PL/1，MUMPS，JAVA 等，此种方式在 SQL′99 中称为 SQL/BD。嵌入式方式将 SQL 与多种外界程序设计语言捆绑在一起，构成一种新的应用开发方式，从而扩展了传统数据库管理功能。在嵌入式方式中需使用游标管理、诊断管理及动态 SQL。在使用过程中，它存在多种不足，目前使用者已极为寥寥，但它在数据交换历史上则发挥过重要作用，而由它所开创的数据交换技术也为此后的多种数据交换方式提供了基础。

在 SQL 标准的 SQL′03 中已取消了通用的 SQL/BD 而仅保留基于 JAVA 的嵌入式方式。

由于使用不多，在本书的后面我们将不再介绍此种方式。

3）自含式方式

随着数据库管理系统的成熟以及数据库厂商势力的增强，从而出现了由数据库管理系统自身包含程序设计语言的主要语句成分，因而将 SQL 与程序设计语言统一于 DBMS 之内，这就称为自含式(contains self)方式。此种方式扩展了 SQL 功能，使 SQL 自身不仅有数据管理功能还有数据处理能力，因此形成了数据库的扩展功能。

自含式方式的出现改变了嵌入式方式的诸多不便，使用极为方便，自此以后自含式方式已逐步取代嵌入式方式。在自含式方式中需使用游标管理与诊断管理。

自含式方式出现于单机集中式时代，在网络环境中，它存在于数据服务器中。在目前商用数据库产品中，自含式方式的 SQL 有 Oracle 中的 PL/SQL 以及微软 SQL Server 中的 T-SQL。在 SQL 标准中自 SQL′92 起就有此类方式出现，称 SQL/PSM，即 SQL 的持久存储模块，它一般用于存储过程、函数及后台应用程序编制中。

4）调用层接口(call level interface)方式

自数据库应用进入网络时代后，数据库结构出现了 C/S 结构方式。

在集中式数据库应用系统中整个系统捆绑于一起，而实际上一个完整的应用程序有下面三个部分：

(1) 存储逻辑。此部分包括 DBMS 及相应的数据存储。

(2) 应用逻辑。此部分包括由算法语言所编写的数据处理业务流程。

(3) 表示逻辑。此部分用于与用户交互，可用可视化编程实现，它包括图形用户界面(GUI)等。

在 C/S 结构中，由一个服务器 S(server)与多个客户机 C(client)所组成，它们间由网络相联并通过接口进行交互。

在 C/S 结构模式中服务器完成存储逻辑功能，而客户机则完成应用逻辑与表示逻辑功能，它们按两种不同功能分别分布于服务器与客户机中，构成了"功能分布"式的模型。

在此结构中，应用程序与数据库间的数据交换变成客户端应用程序通过调用函数方式以实现从服务器调用数据的数据交换方式，其具体方法是对网络中不同数据源设置一组统一的数据交换函数以实现数据交换，而客户端对数据库中数据请求的 SQL 语句以某些函数的参数出现，连同函数本身一起传递至服务器执行。此种方式称为调用层接口(call level interface)方式。

C/S 方式是目前数据库应用环境中的常用方式，调用层接口方式已被广泛采用作为数据交换的主要方式之一。

使用调用层接口后将网络中客户端与服务端的应用与数据库结合于一起，构成一种新的应用开发方式，从而扩展了数据库管理功能。在此方式中需使用连接管理、动态 SQL、游标管理及诊断管理等四种管理。

此种方法目前也可以应用于 B/S 结构模型中，由于目前数据库应用环境多采用 C/S 方式与 B/S 方式，因此调用层接口方式已被广泛采用。在 SQL 标准中 SQL′97 中开始出现调用接口层的接口方式 SQL/CLI，在企业中也出现有微软的 ODBC、ADO 标准与 SUN 公司的 JDBC 标准，而由于根据后两者所开发的产品使用广泛，目前它们已成为事实上的标准。

5) Web 方式

在 20 世纪初互联网的普及应用及 Web 的发展伴随出现了 B/S 结构、HTML/XML 语言及脚本语言。在 Web 数据库中一般使用典型的三层结构 B/S 方式，在这个结构中由浏览器、应用服务器及数据库服务器三部分组成。

在互联网中数据库系统的应用环境是多机分布式并呈 B/S 结构形式，在此种环境中数据交换的特点是 HTML/XML 与传统数据库间的数据交换方式。由于传统数据库是一种严格的格式化数据，而 HTML/XML 则是一种松散的半格式化数据，两者数据结构形式有着严重差异，因此需进行数据交换，此种方式称 Web 数据交换方式，它在 Web 环境下应用广泛。此时数据交换的主体为 HTML/XML。在此种交换方式中目前所常用的有两种，其中第一种方式是首先将 HTML 与一种脚本语言捆绑，然后再通过连接与会话管理将脚本语言与数据库相沟通，从而构成了一个交换接口，一般称为 Web 数据库。第二种方式是将 XML 与传统数据库紧密结合于一起，即将 XML 作为一种新的数据类型加入传统数据库中，从而构成一种新的数据库称 XML 数据库。使用这两种数据库后将传统数据库融入 Web 应用与 Web 数据处理中，从而扩展了传统数据库的功能。目前，一般以使用 Web 数据库为多见。

此种方式需使用会话管理、Web 数据管理；此外还需使用连接管理、动态 SQL、游标管理及诊断管理等多种管理。

在 SQL 标准的 SQL'03 中出现有此种方式称 SQL/XML，此外，微软与 SUN 公司中也有此类方式的产品出现。

上面所介绍的五种方式反映了数据库应用发展过程中不同阶段、不同环境的数据交换需求，它们在数据库系统中构成如图 4.8 所示的结构。

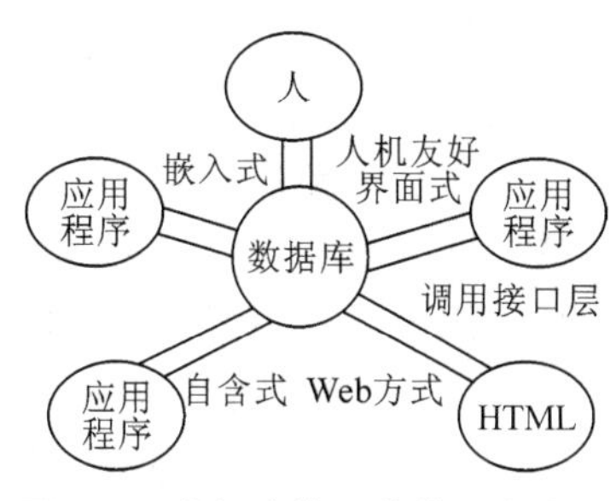

图 4.8 数据交换五种扩展方式

在五种方式中目前最为常用的是：

(1) 人机友好界面方式。

(2) 在服务器中的自含方式。

(3) 在 C/S 结构中的调用接口层方式。

(4) 在 Web 环境中的 Web 方式。

我们将在第二篇的第 9 章中详细介绍这四种方式的操作。

4.3 关系数据库管理系统标准语言 SQL

4.3.1 SQL 概貌

关系数据库系统的数据语言有多种，但在经过 10 余年的使用、竞争、淘汰与更新后，SQL 语言以其独特风格，独树一帜，成为国际标准化组织所确认的关系数据库系统标准语言。目前，SQL 语言已成为关系数据库系统所使用的唯一数据语言，一般而言，用该语言所书写的程序大致可以在任何关系数据库系统上运行。

SQL 语言又称结构化查询语言(structured query language)，是 1974 年由 Boyce 和 Chamberlin 提出的，IBM 公司 San Jose 研究实验室所在其研制的关系数据库管理系统 System R 上实现了这种语言，最初称为 SEQUEL，接着 IBM 公司又实现了商用系统 SQL/DS 与 DB2，其中 SQL/DS 是在 IBM 公司中型机环境下实现的，而 DB2 则主要用于大型机环境。

SQL 语言在 1986 年被美国国家标准化组织 ANSI 批准为国家标准，1987 年又被国际标准化组织 ISO 批准为国际标准，并经修改后于 1989 年正式公布，称为 SQL'89。此标准也于 1993 年被我国批准为中国国家标准。此后 ISO 陆续发布了 SQL'92、SQL'99 及 SQL'03 等版本。其中 SQL'92 又称 SQL-2，而 SQL'99 又称 SQL-3。目前，国际上所有关系数据库管理系统均采用 SQL 语言，它包括 DB2 以及 Oracle、SQL Servers、Sybase、Ingres、Informix 等关系数据库管理系统。

SQL 称为结构化查询语言，但是它实际上包括查询在内的多种功能，它包括数据定义、数据操作(包括查询)和数据控制等三个方面，近年来还包括数据交换功能以及数据服务及数据扩展功能。

SQL 是一种特色很强的语言，它具有：

(1) SQL 是一种非过程性语言，它开创了第四代语言应用的先例。

(2) SQL 是一种统一的语言，它将 DDL、DML、DCL 以及数据交换等以一种统一形式表示，改变了以前多种语言分割的现象。

(3) SQL 是以关系代数为基础具有一定理论支撑的语言，因此其结构简洁、表达力强、内容丰富。

SQL 语言经历了 30 余年漫长的发展过程，迄今为止仍处于不断发展之中，其经历大致可分为下面几个阶段。

(1) 第一阶段：1974—1989 年，这是 SQL 发展的初期阶段，在此阶段中奠定了 SQL 的关系数据模型的基础，展现了数据定义与数据操作的基本功能与面貌，初步形成 SQL 的非过程性的第四代语言风格，其标志性成果是 SQL′89。

(2) 第二阶段：1990—1992 年，这是 SQL 发展的关键性阶段，其标志性成果是 SQL′92，在此阶段中完成了关系数据模型的完整功能，包括数据定义、数据操作及数据控制，我们现在所指的关系数据库语言 SQL 即指的是 SQL′92，它包含了现有关系数据库系统的所有核心功能，目前几乎所有商用数据库产品均采用 SQL′92，其符合率达 90%以上。

(3) 第三阶段：1993—1999 年，这是 SQL 发展的突破性阶段，其标志性成果是 SQL′99(即 SQL - 3)，在此阶段中 SQL 发生了重大的变化，主要表现在如下几方面：

① SQL′99 保留了 SQL′92 的全部关系数据模型的功能。

② SQL′99 中首次引入了面向对象的方法与功能。

③ SQL′99 中首次引入了数据交换的思想与功能。

④ SQL′99 的文本体例发生了重大变化，它将整个 SQL 文本划分成五大部分：

P1：框架部分——它给出了 SQL 的整体构架；

P2：基础部分——它给出了 SQL 的基本功能，包括数据定义、数据操作、数据控制及数据交换；

P3：嵌入式方式——简称 SQL/BD，是一种嵌入式的交换方式；

P4：持久存贮模块方式——简称 SQL/PSM，是一种自含式的交换方式；

P5：调用层接口方式——简称 SQL/CLI，是一种接口式的交换方式。

从结构体例的变化中可以看，数据交换及数据扩展已成为 SQL′99 的主要目标。

(4) 第四阶段：2000 年—至今，这是 SQL 适应 Web 发展的阶段，其标志性成果是 SQL′03，在此阶段中主要增加了与 Web 相关的功能，主要表现为：

① SQL′03 保留了 SQL′99 的全部功能。

② SQL′03 保留了 SQL′99 的三种扩展方式，并增加了三种扩展方式，形成六种扩展方式，其中新增加的三种扩展方式均与 Web 中的数据交换有关，如与 XML 的交换，与 JAVA 的交换等。

③ SQL′03 将信息模式单独作为一个部分列出。

④ 在 SQL′03 的文本结构中由五个部分增加到九个部分，它们是：

P1：框架部分；

P2：基础部分；

P3～P8：数据扩展部分——共六种数据扩展；

P9：信息模式。

从上面发展的四个阶段可以看出：

① 从 SQL′89 到 SQL′92 是关系数据库语言的形成阶段，而 SQL′92 是该阶段的发展标志。

② SQL′99 是一种变革性的语言，从 SQL′99 到 SQL′03 它已经形成为对象—关系数据库语言，同时数据交换与数据扩展已成为 SQL 的主要关注目标。数据服务也已正式列入其文本内容。

4.3.2 SQL 三种层次标准

SQL 一般有三种不同层次的标准，其第一层次的标准即是上面所介绍的 SQL，它是国际标准，即 ISO 的 SQL 标准，它是所有其他层次 SQL 标准的基础。继而，第二层次的标准即是各国的国家标准，如美国的 ANSI SQL 标准等。最后，是第三层次的标准，即是企业标准，如 ORACLE 的 SQL、微软 SQL Server 的 SQL 标准等，它们都是可直接操作的标准。所有这些第二层次、第三层次的 SQL 均以 ISO SQL 为依据。在本书中我们以介绍 SQL Server 2008 的 SQL 为主。ISO SQL 是一种标准版本，是所有可直接操作版本的基础，但它不能在其上直接操作。故我们对 ISO SQL 仅作简单的功能性介绍，选用能做直接操作的 SQL Server 2008 的 SQL 作为主要介绍的版本。从 SQL Server 2008 中既能了解 ISO SQL 又能实施具体操作。

4.3.3 ISO SQL 的功能

目前 ISO SQL 关系数据库系统中主要语言为 SQL′92 并适当扩充 SQL′99 与 SQL′03 中的数据交换功能。这种 ISO SQL 功能大致如下：

1) SQL 的数据定义功能

SQL 的数据定义主要有如下几种功能：

(1) 模式的定义与取消。

(2) 基表的定义与取消。

(3) 视图的定义与取消。

(4) 索引、集簇的建立与删除。

2) SQL 的数据操纵功能

SQL 的数据操纵主要有如下几种功能：

(1) 数据查询功能。

(2) 数据删除功能。

(3) 数据插入功能。

(4) 数据修改功能。

(5) 数据的简单计算及统计功能。

3) SQL 的数据控制功能

SQL 的数据控制主要有如下几种功能：

(1) 数据的完整性约束功能。

(2) 数据的安全性及存取授权功能。

(3) 数据的并发控制功能及故障恢复功能。

4) SQL 的数据交换功能

SQL 的数据交换主要有如下几种功能：

(1) 会话功能。

(2) 连接功能。

(3) 游标功能。

(4) 诊断功能。

(5) 动态 SQL 功能。

5) 数据服务功能

(1) 操作服务。

(2) 数据字典——信息模式管理。

6) SQL 的扩展功能

SQL 的扩展功能包括四种对外交换方式:

(1) SQL/BD——嵌入式方式。

(2) SQL/PSM——持久存贮模块方式(又称自含式方式)。

(3) SQL/CLI——调用层接口方式。

(4) SQL/XML——Web 方式。

4.3.4 ISO SQL 的操作介绍

下面对 ISO SQL 的核心部分做简单的操作介绍。在这里所介绍的实例都是基于学生数据库 STUDENT,它是建立在例 2.1 所示的三个关系上的。它们是:

S(sno, sn, sa, sd)

SC(sno, cno, g)

C(cno, cn, pcno)

1) SQL 数据定义语句

SQL 中的数据定义语句包括数据库模式定义语句、表定义语句、索引定义语句以及视图定义语句等。在这里,我们主要介绍前面两个语句。

(1) SQL 的模式定义语句:模式是数据库的结构的总称,它一般由 SQL 语句中的创建模式及删除模式表示。

① 创建模式:模式定义由创建模式 CREATE SCHEMA 表示,其语法形式为:

CREATE SCHEMA<模式名>AUTHORIZATION<用户名>

该语句共有两个参数,它们是模式名及用户名,它们给出了模式的标识,而其真正结构则由模式后所定义的基表给出。

例 4.1 学生数据库的模式可定义如下:

CREATE SCHEMA student AUTHORIZATION lin

② 删除模式:删除模式可由 DROP SCHEMA 表示,其语法形式为:

DROP SCHEMA <模式名>,<删除方式>

参数“删除方式”共有两种,一是连锁式或称级联式:cascade,表示删除与模式所关联的模式元素。另一是受限式:restrict,表示只有在模式中无任何关联模式元素时才能删除。

例 4.2 学生数据库模式可删除如下:

DROP SCHEMA student cascade

该语句执行后则删除模式及与其关联的所有基表。

(2) SQL 的表定义语句:SQL 的表定义包括:“创建表”“更改表”及“删除表”等三个 SQL 语句。

① 创建表:可以通过创建表语句 CREATE TABLE 以定义一个表的框架,其语法为:

CREATE TABLE<表名>(<列定义>[<列定义>]…)[其他参数]

其中列定义有如下形式：

＜列名＞＜数据类型＞

其中任选项：[其他参数]是与物理存储有关的参数，它随具体系统而有所不同。

例 4.3 学生数据库的三张表可定义如下：

```
CREATE TABLE  S(sno CHAR(6),
                sn VARCHAR(20),
                sd CHAR(2),
                sa SMALLINT)
CREATE TABLE  C(cno CHAR(4),
                cn VARCHAR(30),
                pcno CHAR(4))
CREATE TABLE  SC(sno CHAR(6),
                cno CHAR(4),
                g SMALLINT )
```

② 表的更改：可以通过更改表语句 ALTER TABLE 以扩充或删除基表的列，从而构成一个新的表框架，其中增加列的形式为：

ALTER TABLE＜表名＞ADD＜列名＞＜数据类型＞

例 4.4 在 S 中添加一个新的列 sex，并可用如下形式表示：

ALTER TABLE S ADD sex SMALLINT

表中删除列的形式为：

ALTER TABLE ＜表名＞DROP＜列名＞＜数据类型＞

例 4.5 在 S 中删除列 sa，可用如下形式表示：

ALTER TABLE S ROPD sa SMALLINT

③ 表的删除：通过删除表语句 DROP TABLE 以删除一个表，包括表的结构和该表的数据、索引以及由该基表所导出的视图并释放相应空间。删除表的语法为：

DROP TABLE＜表名＞

2) SQL 的数据操纵语句

SQL 中的数据操纵语句包括查询语句、更新语句以及其他辅助语句等。

SQL 的数据操纵能力基本上体现在查询上，SQL 的一个基本语句是一个完整的查询语句，它给出了如下三个内容：

- 查询的目标列：r_1，r_2，…，r_m。
- 查询所涉及的表：R_1，R_2，…，R_n。
- 查询的逻辑条件：F。

它们可以用 SQL 中的基本语句——SELECT 语句表示。SELECT 语句由 SELECT、FROM 及 WHERE 等三个子句组成。

- SELECT 子句又称目标子句，它给出查询的目标列。亦即有：SELECT r_1，r_2，…，r_m。
- FROM 子句又称范围子句，它给出查询所涉及的表。亦即有：FROM R_1，R_2，…，R_n。
- WHERE 子句又称条件子句，它给出查询的逻辑条件。亦即有：WHERE F。其中条件 F 是一个逻辑值，它具有 T(真)或 F(假)之别。

在 SQL 中 SELECT 语句可以用下面形式表示：

- SELECT<列名>[,<列名>]
- FROM<表名>[,<表名>]
- WHERE<逻辑条件>

这种 SELECT 语句在数据查询中表达力很强，它主要表现在 WHERE 子句中，该子句具有更多的表示能力：

① WHERE 子句中具有嵌套能力。

② WHERE 子句中的逻辑条件具有复杂的表达能力。

(1) SQL 的单表查询：是指查询对象仅为一张表。这种查询须给出三个条件，它们是：

- 所需查询的表名：由 FROM 子句给出。
- 已知条件——给出满足条件的行：由 WHERE 子句给出。
- 目标列名：由 SELECT 子句给出。

例 4.6 查询所有年龄大于 20 岁的学生学号与姓名：

```
SELECT sno,sn
FROM S
WHERE sa>20
```

在选择表中行的查询中需使用比较符θ，它包括如下一些：

=,<,>,>=,<=,<>,!=,!<,!>。

它们构成 AθB 之形式，其中 A,B 为列名或列值。AθB 称比较谓词，它是一个仅具 T/F 值的谓词。

除比较谓词外，SELECT 语句中还有若干谓词，谓词可以增强语句表达能力。它的值仅是 T/F，在这里我们介绍几个常见的谓词，它们是：

- DISTINCT
- BETWEEN
- LIKE
- NULL

一般的谓词常用于 WHERE 子句中，但是 DISTINCT 则用于 SELECT 子句中。

例 4.7 查询所有选修了课程的学生学号：

```
SELECT DISTINCT sno
FROM SC
```

SELECT 后的 DISTINCT 表示在结果中去掉重复 sno。

例 4.8 查询年龄在 18～21 岁(包括 18 与 21 岁)的学生姓名与年龄：

```
SELECT sn, sa
FROM S
WHERE sa BETWEEN 18 AND 21
```

此例给出了 WHERE 子句中 BETWEEN 的使用方法。

例 4.9 查询姓名以 A 打头的学生姓名与所在系：

```
SELECT sn, sd
FROM S
WHERE sn LIKE 'A%'
```

此例给出了 WHERE 中 LIKE 的使用方法，LIKE 的一般形式是：

＜列名＞ ［NOT］LIKE＜字符串常量＞

其中列名类型必须为字符串，字符串常量的设置方式是：

字符％表示可以与任意长的字符相配，字符__（下横线）表示可以与任意单个字符相配；其他字符代表其本身。

例 4.10 查询姓名以 A 打头，且第三个字符必为 P 的学生姓名与系别：

```
SELECT sn, sd
FROM S
WHERE sn LIKE 'A__P%'
```

例 4.11 查询无课程分数的学号与课程号：

```
SELECT sno, cno
FROM SC
WHERE g IS NULL
```

此例给出了 NULL 的使用方法，NULL 是用以测试列值是否为空的谓词。NULL 的一般形式是：

＜列名＞IS［NOT］NULL

在 WHERE 子句中近经常需要使用逻辑表达式，它一般由比较谓词通过 NOT、AND 与 OR 三个联结词构成，称为布尔表达式。布尔表达式组成了 WHERE 子句中的逻辑条件。下面举两个例子。

例 4.12 查询计算机系年龄小于等于 20 岁的学生姓名：

```
SELECT sn
FROM S
WHERE sd='cs'AND sa<=20
```

在三个联结词中结合强度依次为 NOT、AND 及 OR，在表达式中若同时出现有若干个联结词且有时不按结合强度要求则需加括号。

(2) SQL 的多表查询：是指查询对象为多张表。这种查询除了须给出三个条件外还须给出表间关联。它们可由一些表元组查到另一些表元组。表间关联一般是通过外键连接的。在 SQL 中有多种方法以实现表间关联。

① 简单连接：简单连接是多表查询中最常用的一种表间关联方式，它是通过表间等值连接方式实现的。在 WHERE 子句中设置两表不同列间的相等关系，而这些列往往用的是表的外键。因此，在多表查询中须给出四个条件，它们是：

- 目标列名：由 SELECT 子句给出；
- 所涉及的表名：由 FROM 子句给出，它有多个；
- 已知条件：由 WHERE 子句给出；
- 表间关联：由 WHERE 子句给出。

下面用两个例子以说明之。

例 4.13 查询修读课程号为 C101 的所有学生的姓名。

这是一个涉及两张表的查询，它可以写为：

```
SELECT S·sn
FROM S , SC
WHERE SC·sno = S·sno AND SC·cno='C101'
```

S・sn,S・sno 及 SC・sno,SC・cno 分别表示表 S 中的列 sn,sno 以及表 SC 中的列 sno,cno。一般而言,在涉及多张表查询时须在列前标明该列所属的表,但是凡查询中能区分的列则其前面的表名可省略。

例 4.14 查询修读课程名为 DATABASE 的所有学生姓名。

这是一个涉及三张表的查询,它可以写为:

SELECT S・sn

FROM S,SC,C

WHERE S・sno = SC・sno AND SC・cno=C・cno AND C・cn ='DATABASE'

② 自连接:有时在查询中需要对相同的表进行联结,为区别两张相同的表,须对一表用两个别名,然后再按照简单连接方法实现之。现以一例说明。

例 4.15 查询至少修读 S_5 所修读的一门课的学生学号。

SELECT FRIST・sno

FROM SC FRIST,SC SECOND

WHERE FIRST・cno=SECOND・cno AND

SECOND・sno='s_5'

它可以用图 4.9 表示。

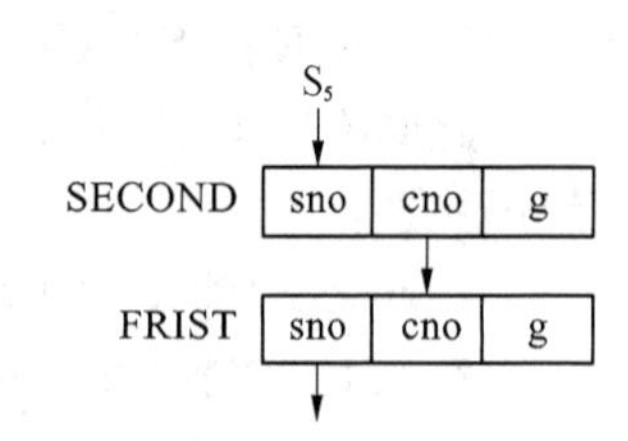

图 4.9 连接图

③ JOIN 连接:可以通过 JOIN 作两表间的关联。

例 4.16 例 4.13 可用 JOIN 连接如下:

SELECT S・sn

FROM S JOIN SC (S・sno =SC・ sno)

WHERE SC・cno ='C101'

在此连接中一般 JOIN 大都放置于 FROM 子句中,在 JOIN 前、后分别是连接的两个表名,而在后面的括号处则为连接条件。

④ 分层结构查询之一——IN 嵌套:SQL 是分层结构的,即在 SELECT 语句的 WHERE 子句中可以嵌套使用 SELECT 语句。

目前常用的嵌套关系有两种,一种是 IN 嵌套,另一种是 ANY(ALL)嵌套,它们都反映了查询中的表间关联。它们也是多表查询中的一种常用方法。我们先介绍使用 IN 谓词作嵌套。

在集合论中,元素与集合间有隶属关系,它可表示为 $x \in S$ 之形式,其中 x 为元素,S 是集合,而它们间的隶属关系可用"∈"表示之。隶属关系是一种逻辑条件,因此在 SELECT 语句的 WHERE 子句中可以允许出现有此种关系,称"属于"关系,它可用 IN 谓词表示。在该谓词中,可用元组表示元素 x,而用 SELECT 语句表示集合 S(因为 SELECT 语句的结果为元组集合),最后,可用 IN 表示∈。这样,我们就可以得到下面的结论:

IN 谓词可以出现在 SELECT 语句的 WHERE 子句中,它的表示形式为:

(元组)IN(SELECT 语句)

IN 谓词具有嵌套形式,这是因为 SELECT 语句的 WHERE 子句中又出现有 SELECT 语句,这就形成了 SELECT 语句的嵌套使用。

下面用一例以说明之。

例 4.17 查询修读课程号为 C23 的所有学生姓名。

SELECT S・sn

FROM S

```
WHERE S·sno IN
                (SELECT SC·sno
                FROM SC
                WHERE SC·cno='C23')
```

在此例子中 WHERE 子句具有 x∈S 之形式，其中 S·sn 为元素 x，IN 为“属于”(∈)，而嵌套 SELECT 语句：

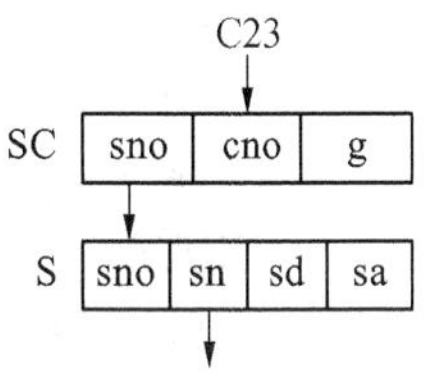

图 4.10　嵌套图

```
SELECT SC·sno
FROM SC
WHERE SC·cno='C23'
```

为集合 S，它的执行结果是一个元组集合。此嵌套 SELECT 语句称为一个子查询。

这个嵌套可以用图 4.10 表示。

⑤ 分层结构查询之二——ANY(ALL)嵌套：在元素与集合的关系中尚有更为复杂的情况，它们是元素与集合中元素的比较关系，它可用带有比较符的 ANY 与 ALL 表示。其中谓词 ANY 表示子查询结果集中某个值，而谓词 ALL 则表示子查询结果集中的所有值。这样，‘>ANY’表示大于子查询结果集中的某个值，‘>ALL’表示大于子查询结果集中的所有值。其他如‘>=ANY’、‘>=ALL’、‘=ANY’、‘=ALL’、‘<ANY’、‘<ALL’、‘<=ANY’、‘<=ALL’、‘! =ANY’、‘! =ALL’等。注意，现在经常用‘SOME’代替‘ANY’这是允许的，它们具相同效果，下面用两个例子说明之。

例 4.18　查询学生成绩大于 C487 课程号中所有学生成绩的学生学号。

```
SELECT sno
FROM SC
WHERE g>ALL
          (SELECT g
          FROM SC
          WHERE cno='C487')
```

(3) 结果排序：有时，希望查询结果能按某种顺序排列，此时需在语句后加一个排序子句 ORDER BY，该子句具有下面的形式：

ORDER BY<列名>[ASC/DESC]

其中<列名>给出了所需排序的列的列名，而 ASC/DESC 则分别给出了排序的升序与降序，有时为方便起见，ASC 可以省略。

例 4.19　查询计算机系所有学生名单并按学号顺序升序排列。

```
SELECT sno,sn
FROM S
WHERE sd='cs'
ORDER BY sno ASC
```

(4) 查询结果的赋值：在 SELECT 语句中可以增加一个赋值子句，用它可以将查询结果赋值到另一张表中，这个子句的形式是：

INTO <表名>

它一般直接放在 SELECT 子句后。

在作赋值时的表中列必须与 SELECT 子句中的列一致。

例 4.20 将学生的学号与姓名保存到表 S_1 中。

```
SELECT sno,sn
INTO S1
FROM S
```

(注意:表 S_1 的框架必须为 S_1(sno, sn))

上面介绍了查询语句,接着介绍 SQL 的更新语句。它包括删除、插入及修改等三种。

(5) SQL 的删除语句:SQL 的删除语句一般形式为:

```
DELETE
FROM<基表名>
WHERE<逻辑条件>
```

其中 DELETE 指明该语句为删除语句,FROM 与 WHERE 的含义与 SELECT 语句相同。

例 4.21 删除学生 WANG 的记录。

```
DELETE
FROM S
WHERE sn='WANG'
```

(6) SQL 的插入语句:SQL 插入语句的一般形式为:

```
INSERT
INTO<表名>[<列名>[,<列名>]…]
VALUES(<常量>[,<常量>]…)
```

该语句的含义是执行一个插入操作,将 VALUES 所给出的值插入 INTO 所指定的表中。

插入语句还可以将某个查询结果插入至指定表中,其形式为:

```
INSERT
INTO<表名>[<列名>[,<列名>]…]
    <,查询语句>
```

例 4.22 插入一个选课记录(S13207,C213,75)。

```
INSERT
INTO SC(sno,cno,g)
VALUES ('S13207','C213',75 )
```

例 4.23 将 SC 中成绩及格的记录插入到 SC1 中。

```
INSERT
INTO SC1(sno,cno,g)
(SELECT *
FROM SC
WHERE g>=60)
```

(7) SQL 的修改语句:SQL 修改语句的一般形式为:

```
UPDATE<表名>
SET<列名>=表达式[,<列名>=表达式]…
WHERE <逻辑条件>
```

该语句的含义是修改(UPDATE)指定基表中满足(WHERE)逻辑条件的元组,并按 SET 子句中的表达式修改这些元组相应列上的值。

例 4.24 将学号为 S13507 的学生系别改为 cs。

```
UPDATE S
SET sd='cs'
WHERE sno='S13507'
```

例 4.25 将数学系学生的年龄均加 1 岁。

```
UPDATE S
SET sa=sa+1
WHERE sd='ma'
```

(8) SQL 的统计、计算及分类语句:可在 SQL 的查询语句中插入计算、统计、分类的语句以增强数据操纵能力。

① 统计功能:SQL 的查询中可以插入一些常用统计子句,它们能对集合中的元素作下列计算:

- COUNT:集合元素个数统计;
- SUM:集合元素的和(仅当元素为数值型);
- AVG:集合元素平均值(仅当元素为数值型);
- MAX:集合中最大元素(仅当元素为数值型);
- MIN:集合中最小元素(仅当元素为数值型)。

以上五个函数叫总计函数(aggregate function),这种函数是以集合量为其变域以标量为其值域,可用图 4.11 表示。

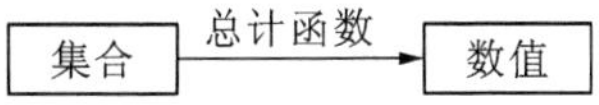

集合 —总计函数→ 数值

图 4.11 总计函数的功能

例 4.26 给出学生 S14096 修读的课程数。

```
SELECT COUNT(*)
FROM SC
WHERE sno='S14096'
```

例 4.27 给出学生 S11246 所修读课程的平均成绩。

```
SELECT AVG(g)
FROM SC
WHERE sno='S11246'
```

② 计算子句:SQL 查询中可以插入简单的算术表达式如四则运算等子句,下面举几个例子说明之。

例 4.28 给出修读课程为 C239 的所有学生的学分级(即学分数×3)。

```
SELECT sno,cno,g×3
FROM S
WHERE cno='C239'
```

例 4.29 给出计算机系下一年度学生的年龄。

```
SELECT sn,sa+1
FROM S
WHERE sd='cs'
```

③ 分类子句:SQL 语句中允许增加两个子句。

```
GROUP BY
HAVING
```

此两子句可以对 SELECT 语句所得到的元组集合分组(用 GROUP BY 子句),并还可设置逻辑条件(用 HAVING 子句)。

例 4.30 给出每个学生的平均成绩。

```
SELECT sno,AVG(g)
FROM SC
GROUP BY sno
```

例 4.31 给出每个学生修读课程的门数。

```
SELECT sno, COUNT(cno)
FROM SC
GROUP BY sno
```

例 4.32 给出所有超过五个学生所修读课程的学生数。

```
SELECT cno, COUNT(sno)
FROM SC
GROUP BY cno
HAVING COUNT(*)>5
```

例 4.33 按总平均值降序给出所有课程都及格但不包括 C220 的所有学生总平均成绩。

```
SELECT sno,AVG(g)
FROM SC
WHERE cno! ='C220'
GROUP BY sno
HAVING MIN(g)>=60
ORDER BY AVG(g) desc
```

3) SQL 数据控制语句

SQL 中的控制语句,它包括安全性控制,完整性控制、事务及故障恢复等四个部分。

(1) SQL 的数据安全性控制语句:在 SQL 中能完成基本的安全功能,它包括身份标识与鉴别以及自主访问控制(即授权)功能。

数据库安全涉及操作、数据域与用户三个部分。基于这三个部分,SQL 提供了下面的一些安全性语句:

● 授权语句:SQL 提供了授权语句,它的功能是将指定数据域的指定操作授予指定的用户,其语句形式如下:

GRANT<操作表>ON<数据域>TO<用户名表>[WITH GRANT OPTION]

其中 WITH GRANT OPTION 表示获得权限的用户还能获得传递权限,即能将获得的权限传授给其他用户。

例 4.34 GRANT SELECT,UPDATE ON S TO XU LIN WITH GRANT OPTION

表示将表 S 上的查询与修改权授予用户徐林(XU LIN),同时也表示用户徐林可以将此权限传授给其他用户。

● 回收语句:SQL 提供了回收语句,它表示用户 A 将某权限授予用户 B,则用户 A 也可以将权限从 B 中收回,收回权限的语句称为回收语句,其具体形式如下:

REVOKE<操作表>ON<数据域>FROM<用户名表>[RESTRICT/CASCADE]

语句中带有 CASCADE 表示回收权限时要引起连锁回收，而 RESTRICT 则表示不存在连锁回收时才能回收权限，否则拒绝回收。

例 4.35 REVOKE SELECT ,UPDATE ON S FROM XU LIN CASCADE

表示从用户徐林中收回表 S 上的查询与修改权，并且是连锁收回。

① 角色：自 SQL'99 以后 SQL 提供了角色(role)功能。角色是一组固定操作权限，之所以引入角色，其目的是为简化操作权限管理。角色分类有 3 种，它们是 CONNECT、RESOURCE 和 DBA，其中每个角色拥有一定的操作权限。

DBA 通过角色授权语句将相应角色授予指定用户，此语句形式如下：

GRANT<角色名>TO<用户名表>。

同样，DBA 可用 REVOKE 语句取消用户的角色，此语句形式如下：

REVOKE<角色名>FROM<用户名表>

例 4.36 GRANT CONNECT TO XU LIN

此语句表示将 CONNECT 权授予用户徐林。

例 4.37 REVOKE CONNECT FROM XU LIN

此语句表示从用户徐林处收回 CONNECT 权限。

② 身份标识与鉴别：在 ISO SQL 中不提供身份标识与鉴别功能语句，但在一般数据库产品中均有此项功能，它并不独立出现，而是依附于用户登录语句中。

(2) SQL 的数据完整性控制语句：SQL 完整性控制语句一般用于实体完整性规则设置、参照完整性规则设置、域完整性规则设置以及用户定义的完整性规则设置，它包括如下内容：

① 实体完整性规则设置：实体完整性规则设置主要用于对表的主键设置。它可用下面短句表示：

PRIMARY KEY<列名表>

② 参照完整性规则设置：参照完整性规则设置主要用于对表的外键设置。它可用下面的形式短句表示：

FOREIGN KEY<列名表>

REFERENCE<参照表><列名表>

[ON DELETE<参照动作>]

[ON UPDATE<参照动作>]

其中第一个<列名表>是外键而第二个<列名表>则是参照表中的主键，而参照动作有五个，它们是：NO ACTION(默认值)，CASCADE、RESTRICT、SET NULL 及 SET DEFAULT 分别表示无动作、动作受牵连、动作受限、置空值及置默认值等。其中动作受牵连表示在删除元组(或修改)时相应表中的相关元组一起删除(或修改)，而动作受限则表示在删除(或修改)时仅限于指定的表的元组。它们一般也定义在创建表语句的后面。

③ 域完整性规则设置：域完整性规则设置可以约束表中列的数据域范围与条件。它可有多种方法，下面我们只给出 CHECK 短句。

CHECK<约束条件>

其中约束条件为一个布尔表达式。

④ 用户定义完整性规则设置

用户定义完整性规则设置用于数据库表内及表间的语法语义约束，它有两种形式：

● 检查约束。用于对表内列间设置语义约束，所使用的短句形式如下：

CHECK＜约束条件＞

● 断言。当完整性约束涉及一个或多个表(包括一个表)时，此时可用断言(assertion)以建立多表间列的约束条件。在 SQL 中，可用创建断言与撤销断言以建立与撤销约束条件，它们是：

CREATE ASSERTION ＜断言名＞CHECK ＜约束条件＞

DROP ASSERTION ＜断言名＞

其中约束条件一般用布尔表达式表示的列间关系。

(3) SQL 事务语句：一个数据库程序由若干个事务组成，事务语句一般嵌入在其中，在 SQL 中所嵌入的事务语句有三个，它们是：

● 置事务语句 SET TRANSACTION

SET TRANSACTION [＜事务名＞]；

● 事务提交语句 COMMIT

COMMIT TRANSACTION[＜事务名＞]；

● 事务回滚语句 ROLLBACK

ROLLBACK TRANSACTION [＜事务名＞]；

(4) SQL 的数据故障恢复语句

故障恢复中的三大功能是：事务的撤销/重做、日志及备份/拷贝。这三个功能中的前两个可通过恢复操作由系统自动完成。恢复操作及备份/拷贝均为数据服务，可由 DBA 操作完成。它们在 ISO SQL 中的均无此类语句。

上面介绍了 ISO SQL 中的基本功能。而其中数据交换管理、数据交换方式及自含式语言等功能就不在这里介绍了。

习 题 4

4.1 试给出关系数据库管理系统的组成。

4.2 关系数据库由哪两部分组成，试说明之。

4.3 关系数据库管理系统中有哪些数据操纵功能？试说明之。

4.4 试述数据库管理系统中的数据控制的静态控制与动态控制包括的内容。

4.5 数据库安全控制中一般有哪些控制功能？试说明之。

4.6 什么是数据库的安全性？试说明之。

4.7 试说明完整性规则的 3 个组成内容。

4.8 什么叫实体完整性与参照完整性规则，试解释之。

4.9 什么是数据库的完整性？试说明之。

4.10 数据库的完整性约束设置分哪几类？试说明之。

4.11 什么叫事务？它有哪些性质？试说明。

4.12 什么叫日志？它在故障恢复中起什么作用？试说明之。

4.13 试解释事务与故障恢复间的关系。

4.14 试给出故障分类以及这些类中如何进行恢复的方法。

4.15 什么叫数据转储？如何实现转储？转储在恢复中的作用是什么？请说明之。

4.16 什么叫数据交换？数据交换起什么作用？试说明之。

4.17　请给出数据交换的五种方式以及相应的环境。

4.18　请给出数据交换的五种管理并作出说明。

4.19　什么叫数据扩展，请说明之，并给出五种数据扩展功能。

4.20　试区分数据扩展与数据交换差异。

4.21　请给出数据交换的流程并作出说明。

4.22　什么叫数据字典？它有什么作用？请说明之。

4.23　试述 SQL'99 中的三个数据交换。

4.24　试给出目前 SQL 的五大功能。

【复习指导】

本章主要介绍关系数据库管理系统的基本内容组成以及标准语言 SQL。读者学完此章后能对关系数据库管理系统有一个全面了解。

1. 基本概念

- 关系数据库管理系统
- 关系数据库
- 关系模式
- 关系元组
- 基表
- 视图
- 物理数据
- 数据查询
- 数据增、删、改
- 数据控制
- 安全性控制
- 完整性控制
- 事务处理
- 故障恢复
- 数据交换
- 数据扩展
- 会话管理
- 连接管理
- 游标管理
- 诊断管理
- 动态 SQL
- 数据字典
- 数据服务
- 嵌入式方式
- 自含式方式
- 调用层接口方式
- Web 方式

2. 基本组成

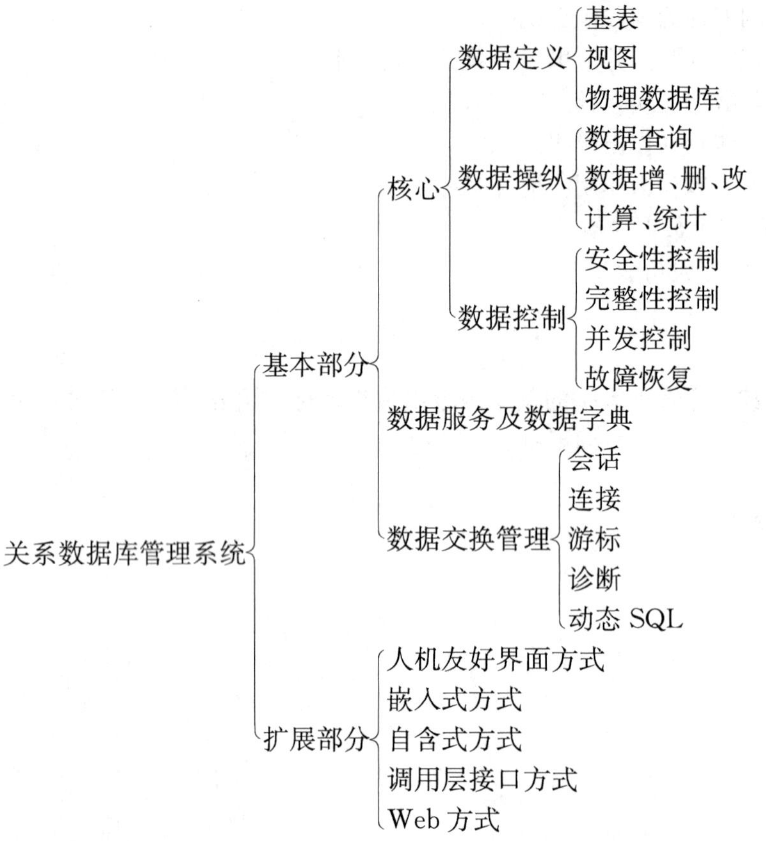

3. 标准语言 SQL

(1) SQL 历史

(2) SQL 功能数据定义功能

数据操纵功能

数据控制功能

数据交换功能

数据服务功能

SQL 扩展功能

(3) SQL 核心部分简单的操作介绍

4. 本章重点内容

关系数据库管理系统基本内容组成。

第二篇　产品篇

——SQL Server 2008 及其操作

为开发数据库应用系统，需要使用数据库管理系统产品。目前相关的产品很多，如大型产品 Oracle、DB2 等；中、小型产品 SQL Server 及 MySQL 等；桌面式产品 Access 等。在其中，SQL Server 中的 SQL Server 2008 具有典型的数据库管理系统的特征，规范的 SQL 操作方式且规模适中、应用面广，因此非常适合教学需要。在本教材中我们以它为产品代表作重点介绍。在典型性与规范性的同时，SQL Server 2008 也有其个性与差异性，因此本篇中既介绍其典型性与规范性的一面也介绍其个性与差异性的一面。

本篇共六章，从第 5～第 10 章。

第 5 章：SQL Server 2008 系统介绍。主要对 SQL Server 2008 做全面与系统性的介绍。

第 6 章：SQL Server 2008 的服务器管理。主要对 SQL Server 2008 服务器的管理做介绍。它包括服务器注册与连接、服务器中服务、配置管理及网络配置管理等内容。

第 7 章：SQL Server 2008 数据库管理。主要对 SQL Server 2008 数据库的管理做介绍。它包括创建数据库、查看数据库、使用数据库、删除数据库及数据库备份与恢复等内容。

第 8 章：SQL Server 2008 数据库对象管理。主要对 SQL Server 2008 数据库对象的管理做介绍。它包括表、视图、索引、触发器及存储过程等(其中存储过程在第 9 章中介绍)的管理。

第 9 章：SQL Server 2008 数据交换及 T-SQL 语言。主要对 SQL Server 2008 数据交换四种方式，包括人机交互方式、自含式方式(包括自含式语言)、调用层接口方式及 Web 方式做介绍。

第 10 章：SQL Server 2008 用户管理与安全性管理。主要对 SQL Server 2008 中的用户管理做介绍。由于用户管理与数据库安全性紧密相连，因此将它们捆绑一起做介绍。

在本篇的介绍中遵循下面的三个原则：

(1) 本篇是整个数据库教材的一个有机组成部分，因此对它的介绍都是以原理篇中的理论、思想、方法、体系指导下作统一的组织与构建，而并不以微软 SQL Server 2008 的传统方式介绍。其目的是使读者对数据库有一个完整、系统的了解与认识。

(2) 本篇重点以介绍 SQL Server 2008 的 SQL 操作为主。在 SQL 中，只有这种企业级 SQL 是可执行的操作。它在整个教材中与基础篇密切配合，以基础篇中思想方法做指导，以此篇操作为工具，为下面开发数据库应用系统提供基本支撑。

(3) 本篇所介绍的是企业级 SQL，它是可操作的 SQL，它遵循 ISO 的 SQL 标准。但 ISO SQL 是不可操作的，因此这两种 SQL 还是有一些差别的，所差别之处主要是体现在“可操作性”问题上。为了实现“可操作性”，企业级 SQL 必须增加一些与操作有关的功能，主要有四个方面：

① 增加与环境有关的功能。目前数据库的操作与多种的环境有关，如互联网环境，局域网环境以及单机环境等。

② 增加与操作方式有关的功能。目前数据库的操作有多种的方式，如人机交互方式、调用层接口方式等。

③ 增加与物理因素有关的功能。目前数据库的操作与多种物理因素有关，如存储容量、外设配置、并发数量、缓冲区大小、网络结构、采用的协议等。

④ 此外，还须增加与其他操作因素有关的功能。如操作方便性、灵活性以及多样性等。

因此，这种 SQL Server 2008 的 SQL 功能远比 ISO SQL 强，是 ISO SQL 的扩充。

5 SQL Server 2008 系统介绍

Microsoft SQL Server 是一个典型的关系数据库管理系统并以 SQL 作为其操作语言。它同时提供数据仓库、联机事务处理和数据分析等功能。本章主要对 SQL Server 2008 作全面与系统的介绍，包括产品的概况、平台要求、系统结构以及服务等。在阅读完本章后使读者对关系数据库管理系统有一个实际的了解，同时为后面使用 SQL Server 2008 提供基础。

5.1 SQL Server 2008 系统概述

5.1.1 SQL Server 发展介绍

SQL Server 起源于 Sybase SQL Server，这是 Sybase 公司于 1988 年推出的微机 RDBMS 版本。Microsoft 公司于 1992 年将 Sybase SQL Server 移植到了 Windows NT 平台上，称 Microsoft SQL Server 7.0，在该版本中对原有的 Sybase SQL Server 作了根本性的改造，确立了 SQL Server 在数据库管理系统中的主导地位。Microsoft 公司于 2000 年发布了 SQL Server 2000，对 SQL Server 7.0 在数据库性能、数据可靠性、易用性等做了重大改进。在 2005 年发布了 SQL Server 2005，它为用户提供完整的数据库解决方案，增强用户对外界变化的反应能力，提高用户的市场竞争力。2008 年所推出的 SQL Server 2008 是在 SQL Server 2005 基础上具备全新功能的一种版本，是一个全面的、集成的数据库管理系统，且具有多种服务功能，包括完备的数据分析功能以及集成的人机交互功能。此后的 SQL Server 2012 由于特色不明显，在 2014 年迅速被 SQL Server 2014 所替代，接着又推出若干个版本，但操作过于烦琐，结构过于庞大，不适宜于教学需求，因此本教材中以 SQL Server 2008 为主做介绍。

5.1.2 SQL Server 2008 的平台

(1) 平台结构：SQL Server 2008 可在单机上及 B/S、C/S 等三种结构上运行。

(2) 硬件环境

CPU：建议处理机的频率为 1.0～2.0 GHz。

内存：建议内存为 2 GB 以上。

硬盘：SQL Server 2008 安装自身需要占用 1GB 以上的硬盘空间，因此为确保系统运行具有较高的运行效率，建议配备足够的硬盘空间。

在并发访问用户较多的情况下，适当提高服务器的硬件配置是改善系统性能的关键。

(3) 软件环境：SQL Server 2008(32 位系列)对软件环境要求是：运行在微软的 Windows 系列上。包括 Windows Server 2003/2008 等各种版本。

5.1.3 SQL Server 2008 功能及实现

1) SQL Server 2008 功能

(1) 数据库核心功能:SQL Server 2008 是一个关系数据库管理系统,它提供关系数据库管理系统的所有基本功能及自含式语言 T-SQL。它包括的内容如下:

- 数据定义:包括数据库定义、数据表定义、视图定义、索引定义等。
- 数据操纵:包括数据查询、数据增、删、改及计算统计等。
- 数据控制:包括安全性控制、完整性控制、事务处理、并发控制及故障恢复等。
- 自含式语言:T-SQL。
- 数据交换:包括人机交互方式、自含式方式、调用层接口方式及 Web 方式等。
- 数据服务:包括与数据库核心功能有直接关系的操作性服务、信息服务以及工具性服务等。

数据库核心功能的数据操作采用 SQL 语言,它具有 SQL'92 的全部功能、SQL'99 的大部分功能以及 SQL'03 的有关 Web 功能。

(2) 数据库扩充功能:除了数据库核心功能外,SQL Server 2008 还具有如下三种数据库扩充功能:

- 分析功能。包括提供数据仓库(Data Warehouse)、联机分析处理 OLAP(Online Analytical processing)和数据挖掘(Data Mining)功能。
- 报表功能。包括创建和管理表格报表、矩阵报表、图形报表及自由式报表的功能。
- 集成功能。提供数据集成平台,负责完成有关数据(包括数据库数据、文件数据及 HTML 数据)的提取、转换和加载等操作。

(3) 数据库特色功能:此外,SQL Server 2008 还有三种自身特有的功能,称为特色功能:

- 全文搜索功能。提供全文索引,以便对数据进行快速的搜索。
- 数据浏览器服务功能。提供数据库浏览器服务。
- SQL Server 代理。提供自动执行作业任务的功能。

数据库核心功能及数据库三种扩充功能又称主体功能,再加上三种特色功能一共组成有七种功能。在 SQL Server 2008 中它们统称为"服务"并有七个专门的名词表示:

(1) 数据库引擎(Database Engine):它完成 SQL Server 2008 数据库的核心功能。

(2) 分析服务(Analysis Service):它完成 SQL Server 2008 数据库扩充中的分析功能。这是一种数据服务。

(3) 报表服务(Reporting Service):它完成 SQL Server 2008 数据库扩充中的报表功能。这是一种数据服务。

(4) 集成服务(Integration Service):它完成 SQL Server 2008 数据库扩充中的数据集成功能。这是一种数据服务。

(5) 全文搜索服务(Full-text Filter Daemon Launcher):它完成 SQL Server 2008 特色功能中的全文搜索功能。这是一种数据服务。

(6) 数据浏览器服务(SQL Server Browser):它完成 SQL Server 2008 特色功能中的数据浏览器服务功能。这是一种数据服务。

(7) SQL Server 代理服务(SQL Server Agent):它完成 SQL Server 2008 特色功能中的

SQL Server 代理功能。这是一种数据服务。

图 5.1 展示了这 7 种服务。

2) SQL Server 2008 的 7 种服务工具简介

下面对 SQL Server 2008 的 7 种服务工具作简单介绍：

(1) SQL Server：SQL Server 是 SQL Server 2008 数据库引擎的一个实例。它是 SQL Server 2008 的核心服务。启动 SQL Server 服务后，用户便可以与其建立连接并进行访问。SQL Server 可以在本地或远程作为服务启动或停止。SQL Server 若是默认实例，则被称为 SQL Server (MSSQLSERVER)。

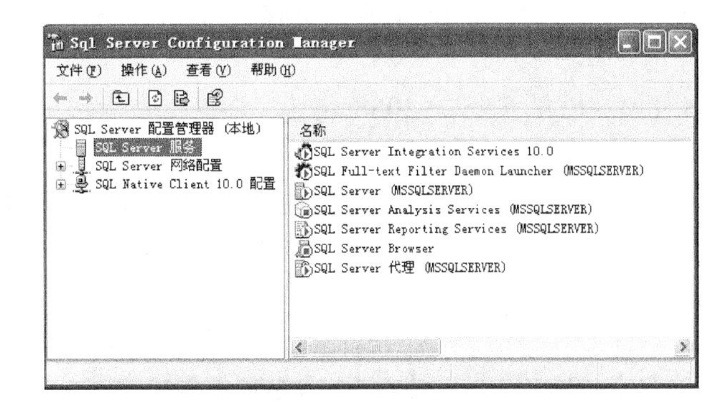

图 5.1　SQL Server 2008 提供的 7 种服务

(2) 数据分析服务工具 SSAS(SQL Server Analysis Services)：SSAS 为数据分析及业务智能应用提供数据仓库、数据集市支持以及联机分析处理 (OLAP) 和数据挖掘功能。SSAS 是 SQL Server 2008 的重要服务，并以数据服务形式出现。

(3) 数据报表服务工具 SSRS(SQL Server Reporting Services)：SSRS 提供各种可用的报表，并提供扩展和自定义报表功能的编程功能。SSRS 也是 SQL Server 2008 的主要服务，并以数据服务形式出现。

(4) 数据集成服务工具 SSIS(SQL Server Integration Services)：SSIS 是企业级数据集成和数据转换的平台工具。使用 SSIS 可复制或下载文件，发送电子邮件，更新数据仓库和挖掘数据以及管理 SQL Server 对象和数据。SSIS 还可以提取和转换来自多种数据源(如 XML 及 HTML 数据、文件和关系数据源)的数据，然后将这些数据加载到一个或多个目标中。

SSIS 是 SQL Server 2008 的一种主要服务，并以数据服务形式出现。

(5) 全文搜索服务代理工具 SFFDL(SQL Full-text Filter Daemon Launcher)：全文搜索服务代理工具，用于快速创建结构化和半结构化数据内容和属性的全文索引，以对数据进行快速的搜索。此工具是 SQL Server 2008 的特有功能，并以数据服务形式出现。

(6) 数据浏览器服务工具 SQL Server Browser：又称 SQL Browser，它为数据库提供浏览器服务，它以 Windows 服务的形式运行。SQL Server 浏览器侦听对 SQL Server 资源的传入请求，并提供计算机上安装的 SQL Server 实例的相关信息。

SQL Browser 还为数据库引擎和 SSAS 的实例提供实例名称和版本号。SQL Browser 一般随 SQL Server 一起安装，并在安装过程中进行配置，也可以使用 SQL Server 配置管理器进行配置。默认情况下，SQL Browser 服务会自动启动。此工具也是 SQL Server 2008 特色功能，并以数据服务形式出现。

(7) SQL Server 代理——SQL Server Agent：在数据库应用中根据需要可将应用组织成为“作业”，SQL Server 代理是一种自动执行作业管理任务的服务，它是一种 Windows 服务，其主要工作是代替手工执行所有 SQL 的作业任务，在执行作业的同时监视 SQL Server 的工作情况，当出现异常时触发报警，并将警报传递给操作员。此工具也是 SQL Server 2008 特色功能，并以数据服务形式出现。

由于 SQL Server 2008 功能太多，且大部是数据服务，因此很难在本篇中对它作全部介绍，只能重点介绍与数据库直接有关的数据库核心功能，亦即是数据库引擎功能。

5.1.4 SQL Server 2008 特点

SQL Server 2008 具有典型的关系数据库全部功能以及 ISO SQL 语言操作的功能。同时，它也有很多自身的特色，主要为如下几点。

1）集成性

SQL Server 2008 具有高度的集成性，主要表现为：

(1) SQL Server 2008 中有多种操作集成，包括通过 SSMS 平台将数据库核心操作集成于一起，通过 BIDS 及 SSAS 平台将数据分析操作集成于一起。

(2) 将传统数据库联机事务处理功能 OLTP(OnLine Trasaction Processing)与现代数据库联机分析处理功能 OLAP(OnLine Analytical Processing)集成于一起。

(3) 以 SQL Server 2008 为核心将多种数据库数据集成于一起包括 Oracle、DB2 等。

(4) 以数据库数据为核心将多种数据集成于一起。它包括文本数据、Excel 数据、Word 数据、HTML 数据、XML 数据、图像数据及图形数据等。

(5) 以 SQL Server 2008 为核心将多种语言集成于一起。它包括 VB、VC(VC＋＋)、C＃、VBScript、JavaScript、HTML 及 XML 等。

(6) 以 SQL Server 2008 为核心将多种工具集成于一起。它包括 EXCEL、ODBC、ADO、ASP、Office 等。

(7) 以 SQL Server 2008 为核心将多种支撑软件、平台软件集成于一起。它包括.NET、Web Service、SOA、云计算及大数据软件等。

(8) 以 SQL Server 2008 为核心将 Windows 中多种函数、组件集成于一起。它包括可视化界面、对话框、窗体、事件、菜单及多种控件等。

总之，以 SQL Server 2008 为核心可以将微软及 Windows 中的大多数软件资源以及其他软件资源集成于一起。它们组成了一个系统的大集成。

2）数据服务

传统数据库中的数据服务功能缺乏，而 SQL Server 2008 具有强大的数据服务功能，大大增强了数据库的使用方便性与使用效率，是其他 DBMS 所不能比拟的。

SQL Server 2008 的这一特色也是秉承了微软公司与 Windows 操作系统的一贯风格的结果。在数据服务中，SQL Server 2008 特别关注可视化操作与集成的操作平台。

3）安全性

数据库是数据处理系统的核心内容，在信息高度共享的现代，随之出现的是信息的滥用与破坏。为保护信息，须设置多种安全措施，而其中数据库的安全是其重要方面之一。在 SQL Server 2008 中设置有多层数据防护体系，构成了一个完整的安全系统。它分成多个层次，从 Windows 开始直到数据对象，层层设防，其复杂程度使得本教材不得不用整一章内容来做介绍。这也是 SQL Server 2008 的一大特色。

4）中、小型应用

SQL Server 2008 是微软公司的主打产品之一，它以 Windows 为操作系统，以微型计算机为平台并集成了微软的多种软件资源，组成了一个完备的体系，它具有功能强大、规模适中、协调性能好等优点，特别适用于中、小型应用中。

5.2 SQL Server 2008 系统安装

SQL Server 2008 系统安装在数据库服务器中。在完成安装后，就表示服务器上安装了一个 SQL Server 实例。SQL Server 2008 分别发行了企业版、标准版、开发版、工作组版、Web 版、移动版及精简版等多种版本。以企业版为最常用。本节以此版本为例介绍安装过程。

1)SQL Server 2008 Enterprise 版本安装软硬件环境

根据 SQL Server 2008 官方的资料，SQL Server 2008 Enterprise 版本对软硬件环境的要求进行说明，说明针对 32 位操作系统，具体要求与第 5.1.2 节中的平台要求大致相同。

2) SQL Server 2008 的安装

在完成软硬件环境设置后我们即可安装 SQL Server 2008。

安装前先确认 SQL Server 2008 的软硬件的配置要求，并卸载之前的所有旧版本。如果使用光盘进行安装，将 SQL Server 安装光盘插入光驱，然后双击根文件下的 setup.exe。也可从微软的官网上下载安装程序，单击下载的可执行安装程序即可。

5.3 SQL Server 2008 系统组成

SQL Server 2008 是一个由六个层次所组成的系统，它可见如图 5.2 所示。本节主要介绍其简要内容，它们是系统平台、服务器、数据库(及架构)、数据库对象、用户接口及用户，其中主要介绍后面五部分内容。

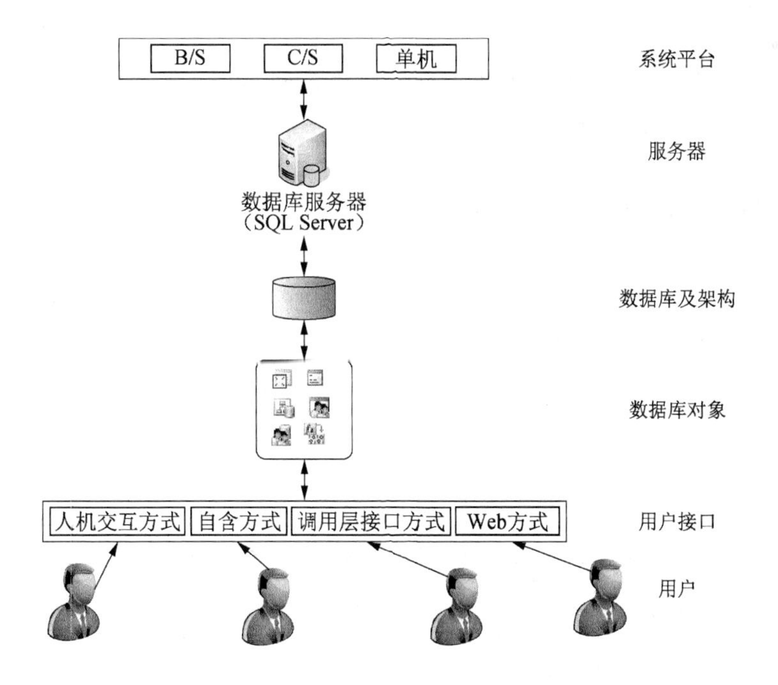

图 5.2　SQL Server 2008 系统层次结构

5.3.1 SQL Server 2008 服务器

SQL Server 2008 是运行于网络环境下数据库服务器中的数据库管理系统。一个服务器可以存储和管理多个数据库，基于同一服务器的多个数据库用户可共享服务器提供的服务。服务器是 SQL Server 2008 数据库管理系统的基地。SQL Server 2008 系统安装完成后，可使用其服务器管理(是一种数据服务)以管理服务器。

5.3.2 SQL Server 2008 数据库

数据库是 SQL Server 2008 管理和维护的核心，它可以集成应用所需的全部数据。同一数据库的不同用户依据权限共享该数据库的所有对象资源。用户通过对数据库的操作可以实现对其管理和维护。

在 SQL Server 2008 中，数据库是存放数据及其相关对象的容器。SQL Server 2008 能够支持多个数据库，每个数据库可以存储多种不同数据与程序。在安全管理中还可以将数据库分解成若干个部分，称数据库架构，这种架构有利于对数据库的安全管理。

SQL Server 2008 中的数据库分为两种，它们是系统数据库和用户数据库。

1) 系统数据库

系统数据库由系统创建和维护，用于提供系统所需数据的数据库。系统数据库在安装 SQL Server 2008 时由系统自动创建，它们提供信息服务，协助系统完成对数据库的相关管理。SQL Server 2008 的安装程序在安装时默认建立 4 个系统数据库，它们是：Master、Model、Msdb 及 Tempdb 等。

2) 用户数据库

由用户创建并为用户所使用的数据库称用户数据库。在 SQL Server 2008 中大部分为用户数据库。用户数据库由数据库对象组成。

5.3.3 SQL Server 2008 数据库对象

在 SQL Server 2008 中数据库是由数据库对象组成。那些存储的数据、对数据操作的程序以及管理数据所必需的数据都称为数据库对象。表 5.1 所示的是常用数据库对象。

表 5.1 SQL Server 2008 常用数据库对象一览表

对象名	说　明
表	表是数据库中最基本与常用的对象
索引	数据库中的索引可以使用户快速找到表中特定数据
视图	视图是从一个或多个表中导出的表(也称虚拟表)
缺省值	缺省值也称默认值是对没有指定具体值的列赋予事先设定好的值
规则	规则是数据库中数据约束的表示形式

（续表）

对象名	说　明
存储过程	是一种存储在数据库中的 T-SQL 程序
触发器	触发器是一种特殊的 SQL 程序，它用于主动完成某些完整性约束的处理
主键	表中一个或多个列的组合，可以唯一确定表中记录
外键	表中一个或多个列的组合，用于建立表间关联

5.3.4　SQL Server 2008 数据库接口

SQL Server 2008 数据库接口共有人机交互方式、自含式方式、调用层接口方式及 Web 方式等四种方式。SQL Server 2008 数据接口的特色是丰富与多样的人机交互方式。

5.3.5　SQL Server 2008 用户与安全性

用户是数据库的访问者。在 SQL Server 2008 中用户必须有标识，同时还须有访问权限，所有这些都须预先设置，在访问时必须检验，称用户管理。用户管理与数据安全有关，因此在用户的讨论中一般都与数据安全性联合在一起。而此时用户也称安全主体。

5.4　SQL Server 2008 的数据服务

5.4.1　SQL Server 2008 中的数据服务概念

数据服务是数据库中的一大重要功能，但数据服务的非规范性与灵活性使得在不同 DBMS 中有不同理解与不同内容。

SQL Server 2008 的数据服务内容丰富，这是微软公司产品的特色，也是其他数据库产品所不能比拟的。在 SQL Server 2008 的 7 个服务中除数据库引擎外其余 6 个均为数据服务，且在数据库引擎中也有部分为数据服务，由此可见数据服务在 SQL Server 2008 中的重要性。

5.4.2　SQL Server 2008 数据服务

SQL Server 2008 中的数据服务是一组在系统后台运行的程序与数据。数据服务通常以人机交互方式提供 SQL Server 2008 中的管理性服务。

SQL Server 2008 的数据服务一共有五种形式，它们是：

1）操作服务

SQL Server 2008 提供多种形式的操作服务。它包括函数、过程、组件及命令行等。

（1）内置函数：SQL Server 2008 提供大量的内置函数，它是一种系统函数，它由系统提供并供用户使用。内置函数在 SQL Server 2008 中可认为是数据库的一个部分。

（2）系统过程：SQL Server 2008 提供大量的系统过程，它主要是系统存储过程及触发器等。

① 系统存储过程：在 SQL Server 2008 中有系统存储过程，它是系统提供的存储过程，目前有近 300 个存储过程供用户使用。它包括数据库管理、数据对象管理等多种功能。

系统存储过程在 SQL Server 2008 中也可认为是数据库的一个部分。

② 触发器：触发器是一种特殊的存储过程。在 SQL Server 2008 中也有部分系统触发器，一般由 SQL 完整性语句调用。

系统触发器在 SQL Server 2008 中也可认为是数据库的一个部分。

(3) 组件：在 SQL Server 2008 中很多工具都可以分解成为组件使用，此外，Windows 与 .NET Framwork 所提供的大量组件也可供用户使用。

(4) 命令行：在 SQL Server 2008 中很多操作、系统存储过程、组件以及工具都可以命令行形式出现。它为用户使用提供了又一种方便形式。

2) 工具服务

SQL Server 2008 提供如下的一些常用工具：

(1) 系统安装工具：它是 SQL Server 2008 的安装程序，用于将 SQL Server 2008 系统安装于 SQL 服务器上。

(2) SQL Server 配置管理器(SQL Server Configuration Manager)：它为 SQL Server、服务器协议、客户端协议和客户端别名提供基本配置管理。该配置管理器在安装时即生成，可直接在 Windows 下启动使用。

(3) SQL Server 事件探查器(SQL Server Profiler)：用于数据库运行中的事件查看与监视。

(4) 数据库引擎优化顾问(Database Engine Turning Adviser)：用于提高数据库运行效率的工具。

(5) DTS(Data Trasformation Services)：数据转换服务工具。

(6) Detach db：数据库分离工具。

(7) Attach db：数据库附加工具。

(8) Data Restore：数据恢复工具。

(9) Data Backup：数据备份工具。

(10) SSAS：数据分析服务工具。

(11) SSRS：数据报表服务工具。

(12) SSIS：数据集成服务工具。

(13) SQL Full-text Filter Daemon Launcher：全文搜索服务代理工具。

(14) SQL Server Browser：数据浏览器服务工具。

(15) SQL Server Agent：SQL Server 代理服务工具。

在这 15 个工具中，(1)是为整个系统服务的；(2)～(9)为数据库核心功能服务的；(10)～(12)即为三个扩充功能服务的；(13)～(15)即为三个特色功能服务的。

3) 工具包服务

SQL Server 2008 提供如下的工具包(在这里称为平台工具)。

(1) SSMS(SQL Server Management Studio)：SQL Server 管理平台。它是数据库核心功能中的主要数据服务。所有 SQL Server 2008 中的数据库相关功能的人机交互方式都可用它操作实施。

(2) BIDS(Business Intelligence Development Studio)：SQL Server 业务智能开发平台。

它是数据库分析功能中的数据服务。

4）信息服务

SQL Server 2008 提供如下的信息服务：

（1）信息服务数据库：SQL Server 2008 提供下面的信息服务数据库：

① Master 数据库：Master 数据库记录 SQL Server 系统的所有系统级信息，包括实例范围的元数据（例如登录账户）、端点、链接服务器和系统配置设置。此外，Master 数据库还记录所有用户数据库的信息、数据库文件的位置以及 SQL Server 的初始化信息。它是一种数据字典。

② Model 数据库：存储新建数据库模板。

③ Tempdb 数据库：存储临时数据的数据库。

④ Msdb 数据库：用作调度的数据库。

⑤ Resource 数据库：存储所有系统对象的数据库，它也是一种数据字典。

⑥ Adventure Works 数据库：一种示例数据库。

⑦ Northwind 数据库：又一种示例数据库。

⑧ Pubs 数据库：也是一种示例数据库。

（2）日志：SQL Server 2008 提供两种不同的日志。

① 事务日志：记录事务的日志。

② SQL Server 日志：记录 SQL 服务器工作的日志。

（3）系统帮助：SQL Server 2008 提供系统帮助，它称为 SQL 联机丛书，为用户使用 SQL Server 2008 提供帮助。

5）第三方服务

第三方服务指的是除 SQL Server 2008 以外的服务。它包括微软其他产品所提供的服务。如 Windows 所提供的函数、Office 及. NET Framwork 所提供的组件、函数等。其中如 OLE DB、ODBC、ADO 及 ADO. NET、ASP、ASP. NET 等都是。此外，还包括微软公司以外的第三方公司所开发的服务产品，如数据分析、数据挖掘产品，如数据库运行监督产品等。

在上面这些数据服务中最重要的是下面两个工具：

（1）SQL Server 管理平台 SSMS(SQL Server Management Studio)。

（2）SQL Server 配置管理器 SSCM(SQL Server Configuration Manager)。

下面的两小节就介绍这两个工具，它们在后面将会经常使用到。在安装 SQL Server 2008 的时候，系统已经自动安装了这些工具。

5.4.3 SQL Server 2008 常用工具之一——Server Management Studio

SQL Server Management Studio 也可简写为 SSMS，它是 SQL Server 2008 主要平台工具，它是一种集成可视化管理环境，是 SQL Server 2008 中最重要的管理工具组件。它用于访问、配置和管理所有 SQL Server 组件。SQL Server Management Studio 组合了大量图形工具和丰富的脚本编辑器，方便了操作人员对 SQL Server 2008 的访问。SQL Server Management Studio 将 SQL Server 的查询编辑器和服务管理器的各种功能组合到一个单一的环境中。

SQL Server Management Studio 能够配置系统环境和管理 SQL Server，且能以层叠列表

形式显示所有的 SQL Server 对象，SQL Server 对象的建立与管理都可以通过它来完成。如管理 SQL Server 服务器；管理数据库；管理表、视图、存储过程、触发程序、角色、规则、默认值等数据库对象；备份数据库和事务日志、恢复数据库；复制数据库；设置任务调度；设置报警；提供跨服务器的控制操作；设置与管理用户账户及访问权限；管理 T-SQL 命令语句等。

单击 Windows【开始】菜单，选择【Microsoft SQL Server 2008 R2】程序组中的“SQL Server Management Studio”。在“服务器类型”“服务器名称”“身份验证”选项中分别输入或选择所需的选项(默认情况下不用选择，因为在安装时已经设置完毕)，然后单击“连接”按钮即可登录到 SQL Server Management Studio，如图 5.3 所示。

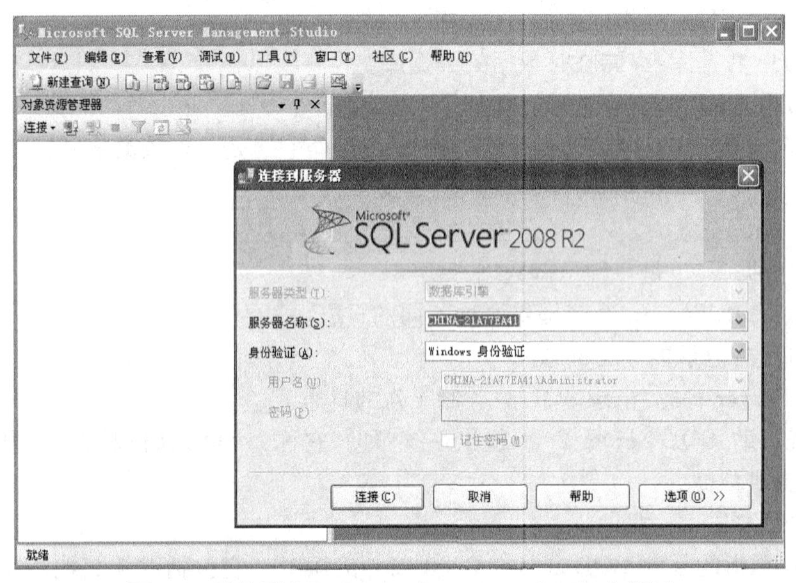

图 5.3　连接到 SQL Server Management Studio 主界面

SQL Server Management Studio 的工具组件包括：对象资源管理器、已注册的服务器、查询编辑器、解决方案资源管理器及模板资源管理器等，如图 5.4 所示。

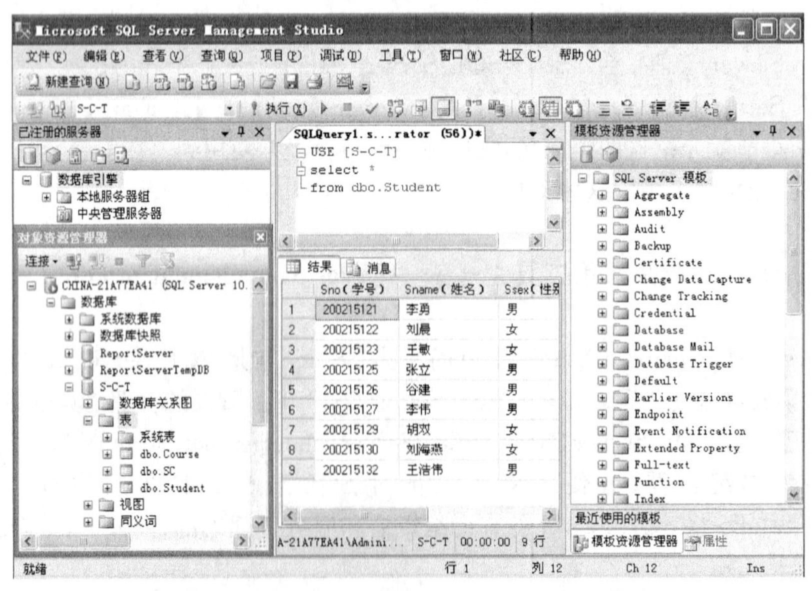

图 5.4　SQL Server Management Studio 操作界面

如果要显示图中某工具，可选择“视图”下拉菜单中相应的工具名称即可。

1）对象资源管理器

对象资源管理器是 SQL Server Management Studio 的一个组件，可连接到数据库引擎实例、Analysis Services、Integration Services 和 Reporting Services 等数据库主要服务工具。它提供了服务器中所有对象的视图，并具有可用于管理这些对象的用户界面。对象资源管理器的功能根据服务器的类型稍有不同，但一般都包括用于数据库的开发功能和用于所有服务器类型的管理功能。在对象资源管理器中，每一个服务器结点下面都包含 5 个分类：数据库、安全性、服务器对象、复制和管理。每一个分类下面还包含许多子分类和对象。右键单击某个具体的对象，则可以选择该对象相应的属性和操作命令，如图 5.5 所示。

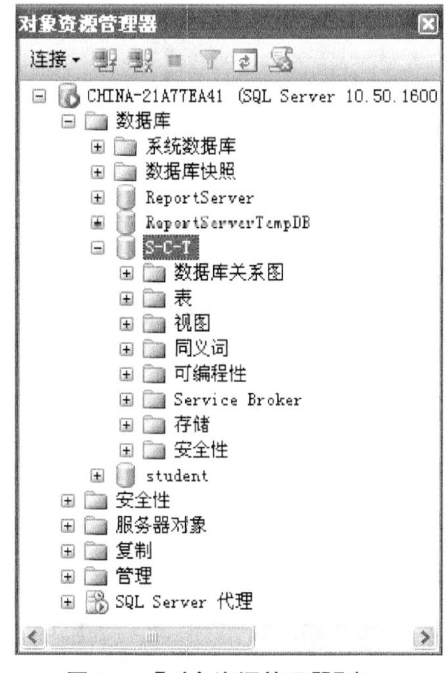

图 5.5 【对象资源管理器】窗口

图 5.6 【已注册的服务器】窗口

2）已注册的服务器

注册服务器就是为 SQL Server 客户机/服务器系统确定数据库所在的服务器名，它可为客户端的各种请求提供服务。通过 SQL Server Management Studio 中“已注册的服务器”组件可以注册服务器，保存经常访问的服务器连接信息，如图 5.6 所示。

3）查询编辑器

使用查询编辑器可以创建和运行 T-SQL 脚本。

进入 SQL Server Management Studio 后，点击菜单栏上的【新建查询】按钮即可打开查询编辑器窗口，如图 5.7 所示。

在查询编辑器窗口中创建和编辑脚本，按 F5 执行脚本，或者单击工具栏上的“执行”按钮。如图 5.8 所示。

4）解决方案资源管理器

数据库应用中往往需要开发项目，而在开发中须有项目开发的解决方案。为协助解决方案的实施，SQL Server 2008 提供了项目解决方案中的相关数据资源，此部分功能称为解决方

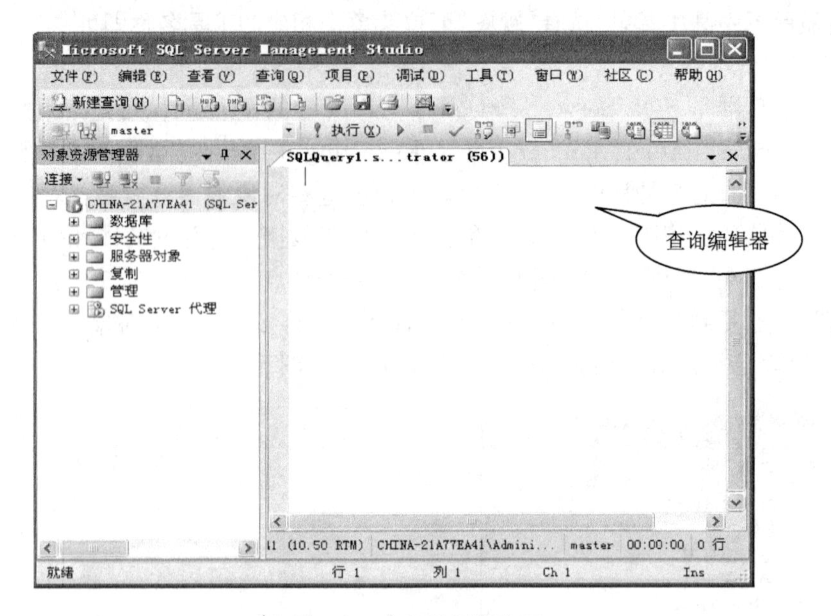

图 5.7 查询编辑器窗口

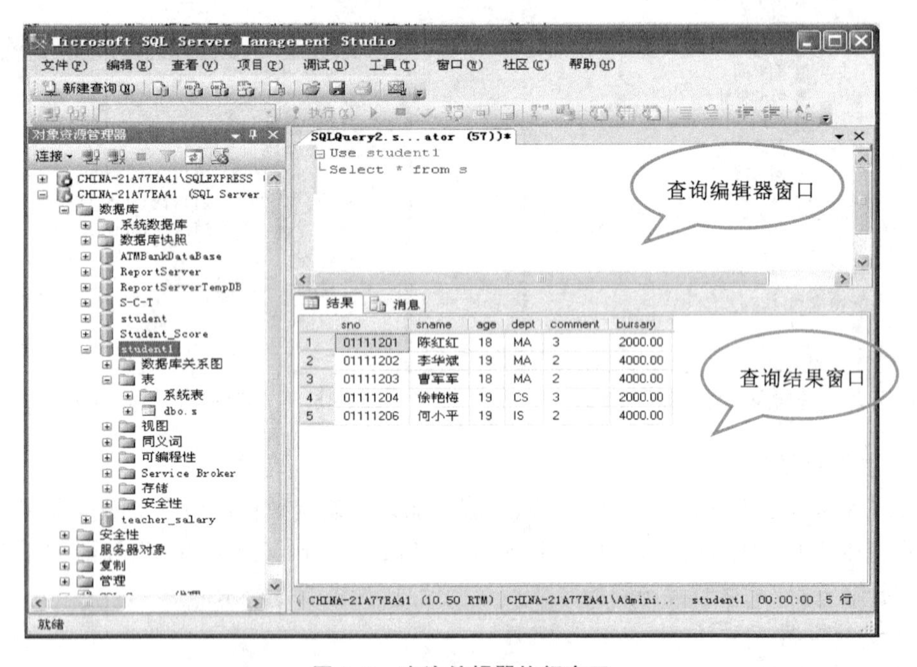

图 5.8 查询编辑器执行窗口

案资源管理器。解决方案资源管理器是 SQL Server Management Studio 的一个组件,它管理若干个项目,而项目是由多个项所组成,项的内容包括如文件夹、文件、引用及数据连接等。解决方案资源管理器用于在项目解决方案中查看和管理项以及执行项管理任务。通过该组件,可以使用 SQL Server Management Studio 编辑器对与某个项目关联的项作操作。

5) 模板资源管理器

开发人员作数据库操作时(插入、查询、更新、删除以及存储过程等)如对某些操作的 SQL

脚本命令不熟悉，可使用模板资源管理器。在模板资源管理器中，提供了大量与 SQL Server 服务相关的脚本模板。模板实际上就是保存在文件中的脚本片段，这些脚本片段可以作为编写 SQL 语句的起点，在 SQL 查询视图中打开并且进行修改脚本片段，使之适合你的编程需要。

下面给出一个使用 SSMS 的例子。

例 5.1 T-SQL 中 SQL 语句标准操作流程的例子。

T-SQL 中 SQL 语句的操作一般是在 SQL Server Management Studio 平台下进行的，称 T-SQL 方式。这种方式可有多种操作流程，在这个例子中我们给出一个标准操作流程，在本篇中所有 T-SQL 方式的例子均可用此操作流程。

Step 1 启动 SQL Server Management Studio。

Step 2 打开新建查询窗口。这里打开新建查询有两种操作方式：

(1) 在工具栏上选择【新建查询】按钮“新建查询(N)”如图 5.9 所示。

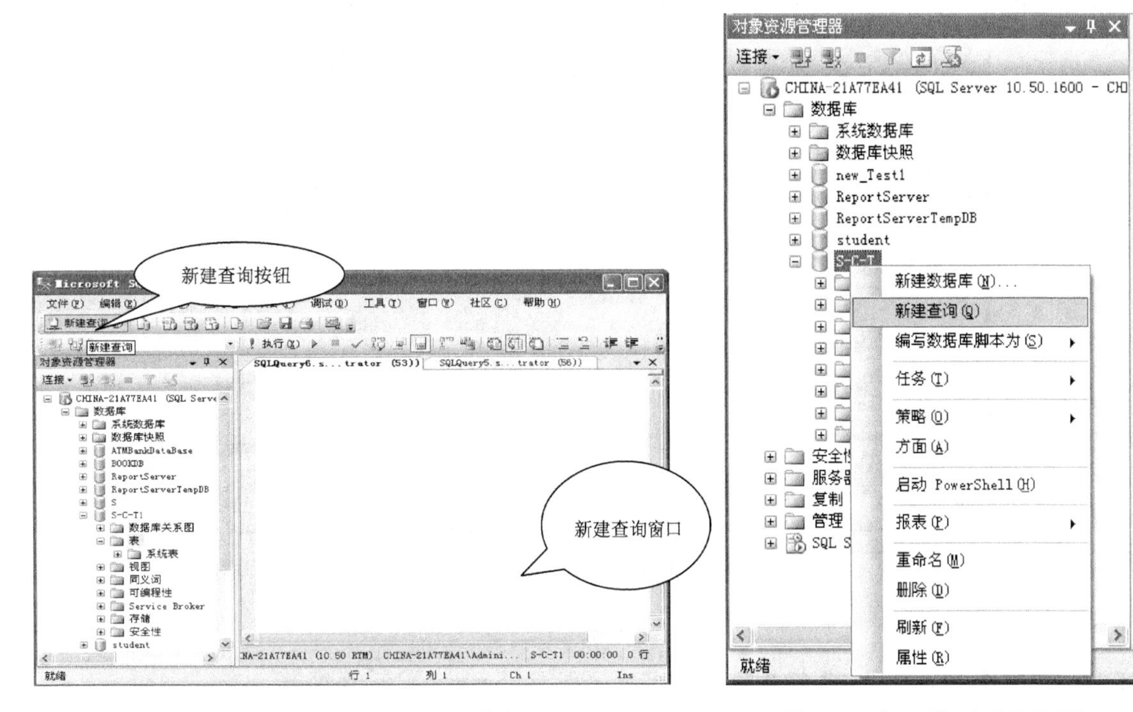

图 5.9 打开【新建查询】窗口　　图 5.10 打开【新建查询】窗口

(2) 打开【资源管理器】，在“对象资源管理器”中展开“CHINA-21A77EA41”(选择实际服务器名)服务器的结点，选中需要新建查询的资源，如数据库或表等。点击右键，选择【新建查询】命令，如图 5.10 所示。

Step 3 弹出【新建查询】窗口，在【新建查询】窗口中输入 T-SQL 语句(这里我们以创建 Student 表为例)：

```
USE [S-C-T1]
CREATE TABLE Student
        (Sno    CHAR(9) ,
        Sname   CHAR(20) ,
```

```
            Ssex     CHAR(2),
            Sage   SMALLINT,
        Sdept   CHAR(20)
    Constraint PK_Sno
    PRIMARY KEY(Sno) /* 表级完整性约束条件 */
                );
    GO
```

说明:如果采用第二种方法则打开【新建查询】窗口,则在 T-SQL 语句中可以省略使用 USE 来指定操作的对象.

Step 3　单击工具栏上的【分析】按钮“✓”和【调试】按钮“▶”,对语法进行分析和调试。

Step 4　单击【执行】按钮“! 执行(X)”或键盘上的【F5】键,执行新建查询命令,结果情况将显示在消息窗口中,同时,可在【对象资源管理器】中选择“数据库”结点,单击右键在快捷菜单中选择“刷新”按钮来查看【对象资源管理器】中的操作结果,如图 5.11 所示。

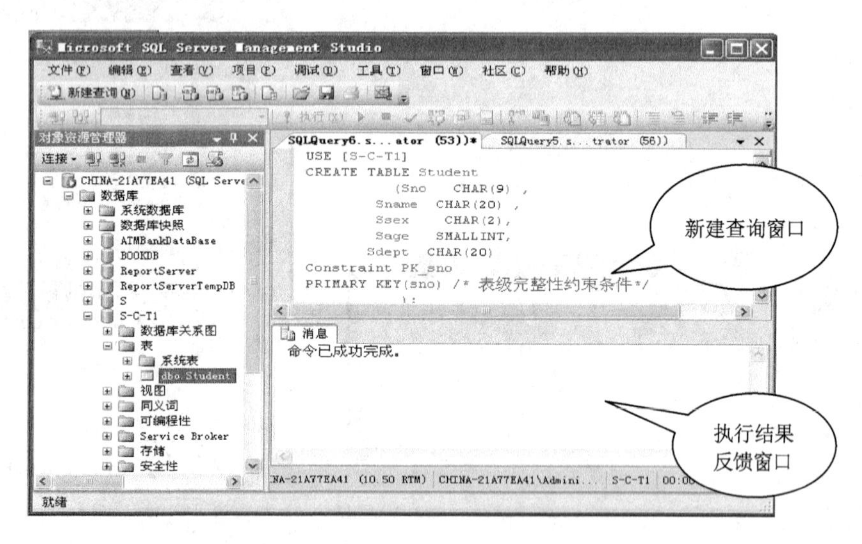

图 5.11　执行结果

5.4.4　SQL Server 2008 常用工具之二——SQL Server 配置管理器

SQL Server 配置管理器用于管理 SQL 服务器的配置。具有“服务”配置管理、网络配置管理、客户端网络协议配置和客户端远程服务器配置等配置管理功能。其操作如下:

SQL Server 2008 配置管理器通过【开始】→【所有程序】→【SQL Server 2008 R2】→【配置工具】→【SQL Server Configuration Manager】菜单启动,如图 5.12 所示。

1) 服务配置管理

SQL Server 配置管理器可以启动、停止、重新启动、继续或暂停“服务”,查看或更改服务属性等。

2) 网络配置管理

网络配置管理任务包括选择启动协议、修改协议使用的端口或管道、配置加密、在网络上

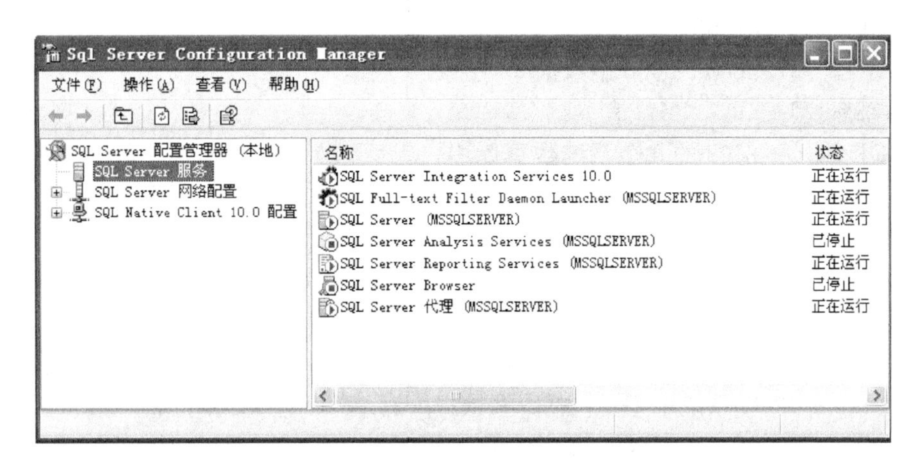

图 5.12 SQL Server 配置管理器界面

显示或隐藏数据库引擎以及注册服务器名称等。

3) SQL 客户端网络协议配置

SQL 客户端网络协议配置即 SQL Native Client 配置管理。用它可配置客户端网络协议。

4) 客户端远程服务器配置

SQL Server 2008 提供远程服务器功能,使客户端可以通过网络访问指定的 SQL Server 服务器以便在没有建立单独的连接的情况下在其他 SQL Server 实例上执行存储过程。

5.4.5 SQL Server 2008 中操作的包装

在 SQL Server 2008 中的所有操作都需要“包装”。包装就是操作在计算机中的表示形式。任何操作只有通过包装才能在计算机中运行。目前在 SQL Server 2008 中的包装都是由数据服务完成的,常用的有下面四种方式:

(1) SQL Server Management Studio 及 SQL Servrer Configuration Manager 方式:这是典型的人机交互方式,目前使用较为普遍。

(2) SQL Server Management Studio 平台下的 T-SQL 方式:例 5.1 即为此种方式标准操作流程。目前使用也较为普遍。

(3) ADO 方法中的参数方式:这是应用程序与数据库间接口的方式。

(4) 命令行方式:这也是一种人机交互方式,但是目前使用不多。

在本篇的所有数据操作中都使用这四种方式包装,而主要是前面三种方式。

习 题 5

选择题

5.1 SQL Server 2008 使用管理工具________来启动、停止与监控服务、服务器端支持的网络协议,用户用于访问 SQL Server 的网络相关设置等工作。

A. 数据库引擎优化顾问　　　　B. SQL Server 配置管理器

C. SQL ServerProfiler　　　　D. SQL Server Management Studio

5.2 下面不是 SQL Server 2008 中数据库对象的一项是________。

A. 存储过程　　B. 表　　C. 视图　　D. 服务器

5.3 在 SQL Server 2008 的几个系统数据库中，________为用户提供一套预定义的标准为模板。

A. Master　　B. Msdb　　C. Model　　D. Tempdb

问答题

5.4 简述 SQL Server 2008 的特点及功能。

5.5 SQL Server 2008 系统由哪几个部分组成?

5.6 SQL Server 2008 系统中主要包括哪些数据库对象? 简述其作用。

5.7 SQL Server 2008 的数据服务功能有哪些?

5.8 SQL Server Management Studio 为数据库用户提供了哪些功能? 请说明之。

5.9 SQL Server Configuration Manager 为数据库用户提供了哪些功能? 请说明之。

5.10 试说明 SQL Server 2008 常用的四种包装方式。

【复习指导】

本章主要对 SQL Server 2008 作全局、概要的介绍，其内容包括：

1. 系统概况：介绍 SQL Server 2008 的发展、平台、版本安装、功能、组成与特色。

(1) 功能：数据库核心功能、扩充功能及特色功能共三个内容以 7 个服务形式表示；

(2) 特色：集成性、服务、安全性及中小型应用。

2. 系统组成：分六层——平台层、服务器层、数据库(架构)层、数据对象层、数据接口层及用户层。

3. 数据服务

(1) 数据服务：4 种操作服务，15 个工具，2 个工具包，3 个信息服务及第三方服务。

(2) 常用的工具：SQL Server Management Studio 及 SQL server Configuration Manager。

(3) 四种包装方式。

4. 本章重点内容：

(1) 六层系统组成(常用为五层)。

(2) 两个常用 SQL Server 2008 的工具包。

6 SQL Server 2008 服务器管理

数据库管理系统必须有一个赖以生存与活动的环境，它就是网络中的数据库服务器，简称服务器。在 SQL Server 2008 中也可称 SQL 服务器或 SQL Server 2008 服务器。服务器在数据库中是极端重要的，它起到了数据库根据地或基地的作用。

SQL 服务器中的一个实例组成了一个共享数据单位。SQL 服务器以提供服务(Service)的形式存在。这种服务即是数据库管理服务(称数据库引擎)，此外还包括报表服务、分析服务和集成服务以及数据浏览器服务、服务器代理、全文检索等 7 种 SQL Server 2008 服务。

在数据库服务器中有多个 SQL Server，而 SQL Server 2008 服务器管理包含数据库服务器中的多个 SQL Server 以及 SQL Server 2008 其中的多个服务。它的管理功能由下面几个部分：

1) SQL Server 2008 服务器中服务的启动、暂停、停止、关闭与重新启动管理

在完成安装后，可对 SQL Server 2008 服务器中服务作启动、暂停、停止与重新启动管理。它可以完成启动、停止、暂停和重新启动 SQL 服务器中服务。

2) SQL Server 2008 服务器注册、连接管理

服务器注册、连接管理包括服务器的注册、连接与断开，它建立了数据库管理系统软件与服务器硬件间的实质性关联。

注册服务器就是为网络中的 SQL 服务器确定一个服务器实例。服务器实例只有在注册后才能被纳入 SSMS 的管理范围。首次启动 SSMS 时，将自动注册为 SQL 服务器本地实例。

用 SSMS 也可完成连接服务器以将客户端连接到注册服务器，同时也可断开与已注册服务器的连接等操作。

3) 服务器启动模式管理

SQL Server 2008 中有多种服务，有些服务默认是自动启动的，如：SQL Server 等；有些服务默认是禁用的，如 SQL Server Agent 等。所有的服务均可设置为自动、手动与已禁用等三种模式。

4) SQL Server 2008 服务器属性配置管理

SQL Server 2008 服务器属性配置管理用于确定 SQL Server 2008 中常规设置、内存、连接、安全性、服务器权限及数据库属性等选项的设置。

5) SQL Server 2008 服务器网络配置及客户端远程服务器配置管理。

在 SQL Server 2008 中服务器是处于网络环境中的，因此需要做网络配置及客户端远程服务器的配置。

对服务器的管理由数据库管理系统中的“数据服务”完成。常用的有下面几个工具：

- SQL Server 配置管理器：SQL Server Configuration Manager，这是主要的工具。
- SQL Server 管理平台：SQL Server Management Studio。
- sp_configure 系统存储过程。

从下面开始，我们按这五个功能分五节介绍之。

6.1 SQL Server 2008 服务器中服务启动、停止、暂停与重新启动

SQL Server 2008 服务器中服务的启动、停止、暂停和重新启动的操作可用 SSCM 完成，其步骤如下：

Step 1 打开 SSCM，如图 6.1 所示，显示本地所有的七个 SQL 服务器服务。

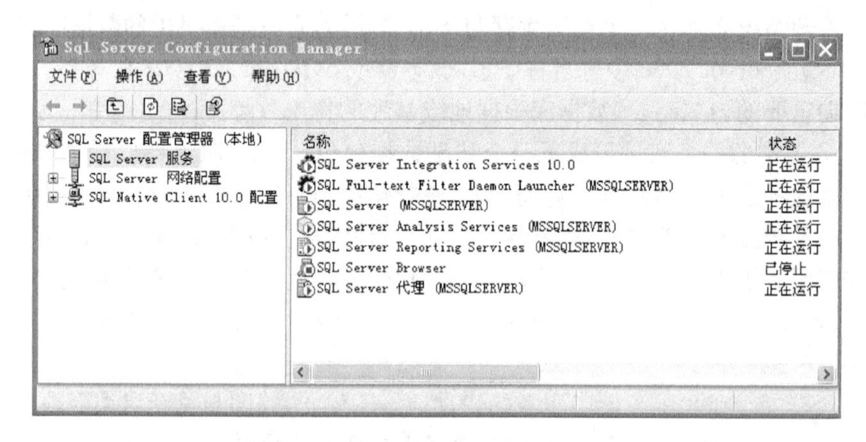

图 6.1 【SQL Server 配置管理器】窗口

Step 2 在右侧的窗口中可以看到这七个服务。右击服务名称，在弹出的快捷菜单中选择【启动】、【停止】、【暂停】或【重新启动】，可以完成相应 SQL 服务器服务的启动、停止、暂停或重新启动，如图 6.2 所示。

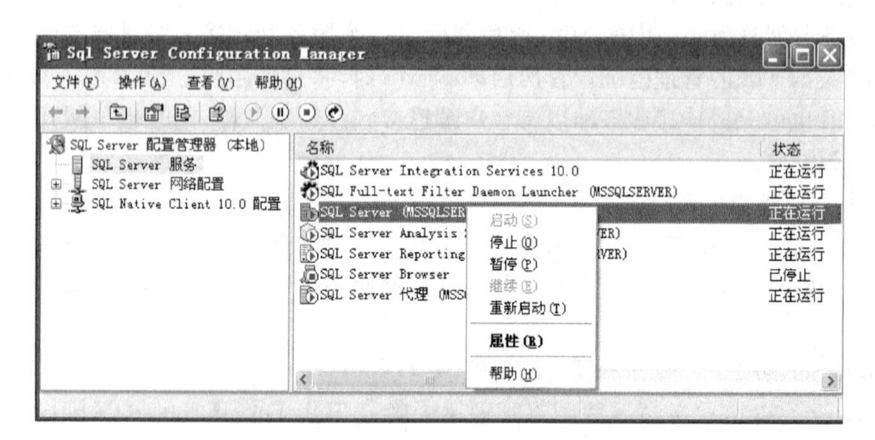

图 6.2 【服务管理】窗口

6.2 SQL Server 2008 服务器注册与连接

SQL Server 2008 服务器中可以使用。SSMS 注册服务器。注册所使用的参数是：服务器名(即实例名)及身份验证方式。具体操作方式如下：

1) 注册服务器

可以用 SSMS 注册步骤如下：

Step 1　在 SSMS 中选择【查看】菜单上单击【已注册的服务器】选项，打开【已注册的服务器】窗口，如图 6.3 所示。

Step 2　在【已注册的服务器】工具栏上打开【数据库引擎】节点，右键单击【本地服务器组】选项，在弹出的快捷菜单中选择【新建服务器注册】命令，打开【新建服务器注册】窗口，如图 6.4 所示。

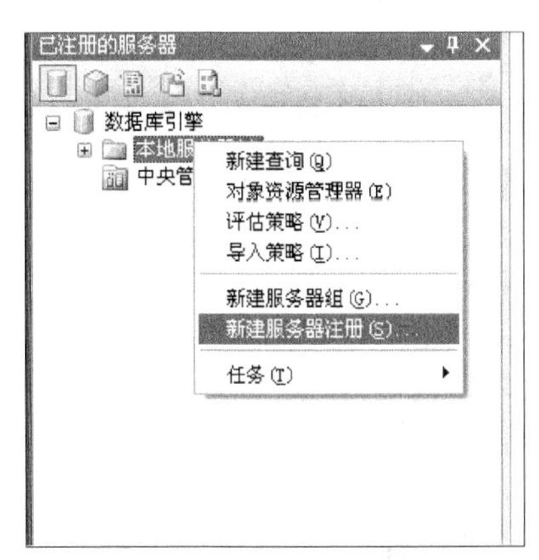

图 6.3　【已注册的服务器】窗口

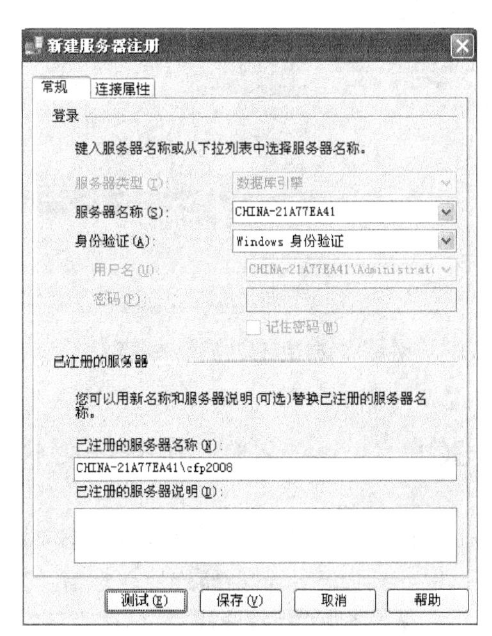

图 6.4　【新建服务器注册】窗口

Step 3　在【新建服务器注册】窗口的【服务器名称】下拉表框中选择【CHINA-21A77EA41】选项，再在【身份验证】下拉列表框选择【Windows 身份验证】选项。【已注册的服务器名称】文本框将用“服务器名称”框中的名称自动填充，在【已注册的服务器名称】文本框中输入“CHINA-21A77EA41\cfp2008”（可由用户设置）。单击【连接属性】标签，打开【连接属性】选项卡，可以设置连接到的数据库、网络以及其他连接属性。如图 6.4 所示。

2）连接和断开注册服务器

注册完成后，用户可以通过 SSMS 以连接和断开注册服务器。以“CHINA-21A77EA41\cfp2008”为例，其操作为：

在【已注册的服务器】窗口中，右击服务器【CHINA-21A77EA41\cfp2008】，在打开的右键菜单中单击【服务控制】，点击【启动】即完成注册服务器的连接操作，如图 6.5 所示。同样，通过单击【服务控制】可以实现注册服务器的停止（断开）、暂停和重新启动。

6.3　SQL Server 2008 服务器启动模式管理

SQL Server 2008 服务器启动模式可用 SSCM 设置。

在 SSCM 中选择需设置的服务，如 CHINA-21A77EA41，右单击，选择“属性”打开【SQL Server 属性】窗口，在窗口中选择“服务”属性页，可以完成启动模式的设置，如图 6.6 所示。

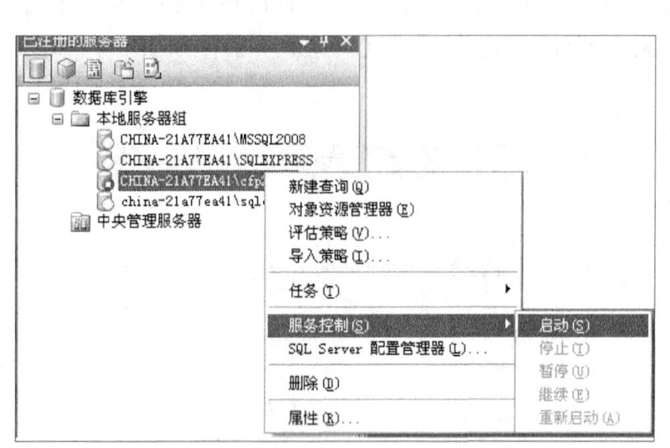

图 6.5　启动【已注册服务器】

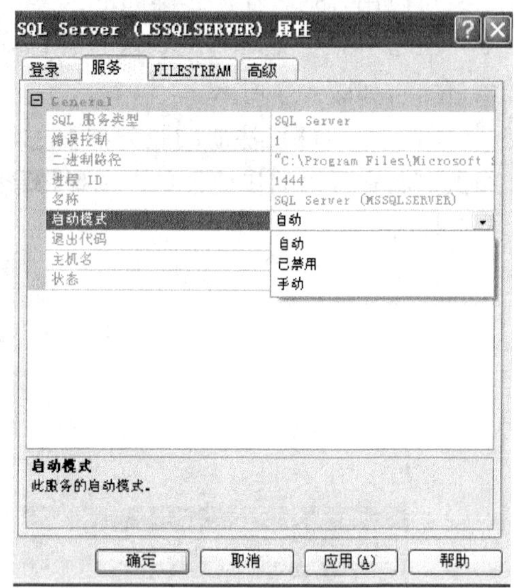

图 6.6　【SQL Server 属性】窗口

6.4　SQL Server 2008 服务器属性配置

SQL Server 2008 服务器属性配置用 SSMS 完成。其步骤如下：

Step 1　启动 SSMS，打开【连接属性窗口】，如图 6.7 所示。

Step 2　【服务器类型】选择“数据库引擎”，【服务器名称】输入本地计算机名称“CHINA-21A77EA41”，【身份验证】选择“Windows 身份验证”方式。如果选择 SQL Server 验证方式，还需输入登录名和密码。

图 6.7　【连接到服务器】窗口

Step 3　单击【连接】按钮，连接服务器成功后，右击【对象资源管理器】，弹出菜单中选择【属性】命令，打开【服务器属性】窗口，如图 6.8 所示。选择有常规、内存、连接、安全性、权限及数据库设置等选项页进行设置。

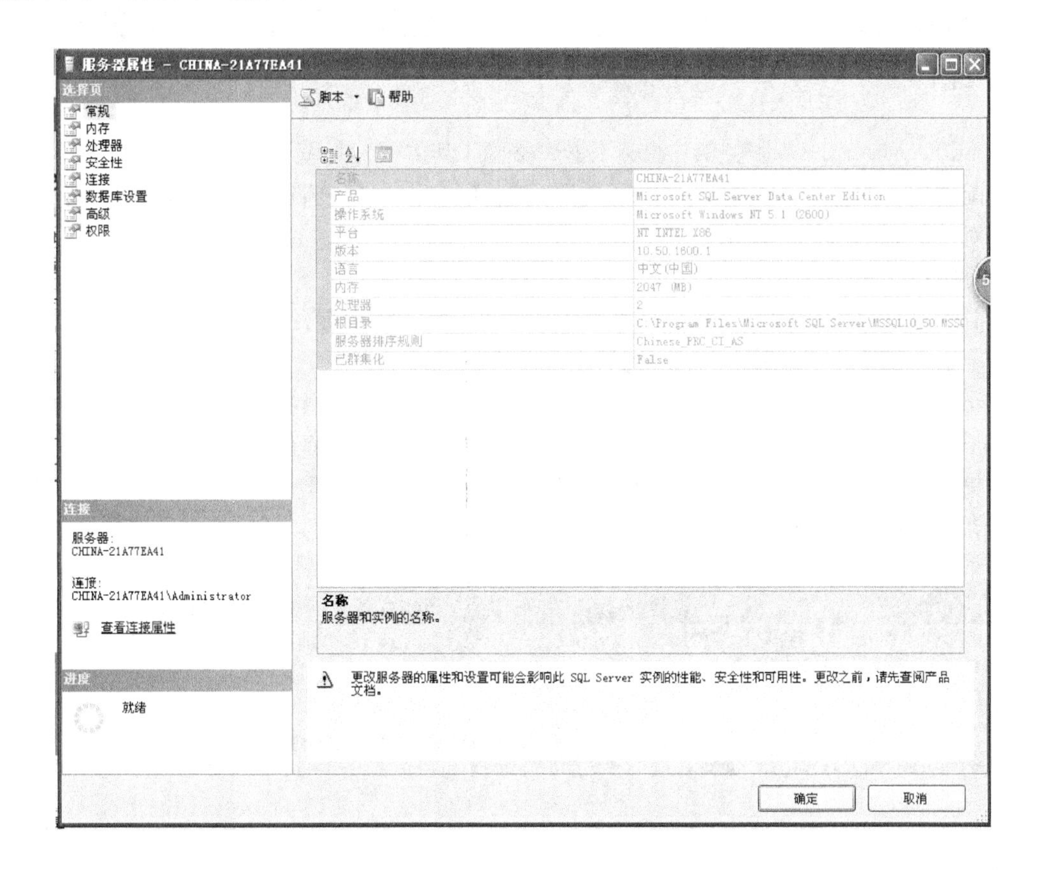

图 6.8 【服务器属性】窗口

【常规】 该选项页列出了当前服务器的产品名称、操作系统名称、平台名称、版本号、使用的语言、当前服务器的最大内存数量、当前服务器的处理器数量、当前 SQL Server 安装的根目录、服务器使用的排序规则以及群集化情况等。

【内存】 该选项页中，“使用 AWE 分配内存”复选框表示在当前服务器上使用地址空间扩展技术执行超大物理内存。通过“最大服务器内存(MB)”和“最小服务器内存(MB)”设置服务器可以使用的内存范围。“最大工作线程数”选项用于设置 SQL Server 进程工作的线程数。该值为 0 时，表示系统动态分配线程。

【连接】 该选项页中，数值框用于设置当前服务器允许的最大并发连接数。它是同时访问的客户端数量。当该选项设置为 0 时表示不对并发连接数作限制，理论上允许有无数多的客户端同时访问服务器。SQL Server 允许最多 32 767 个用户连接，这是这个参数的最大值。

【安全性】 选项页中，可以设置服务器身份验证模式、登录审核等安全性相关选项。通过设置登录审核功能，可以将用户的登录结果记录在日志中。

【权限】 选项页中可设置和查看当前 SQL Server 实例中用户登录名及角色权限。

【数据库设置】 选项页中，可以查看或修改所选数据库的选项，包括如默认索引、数据库的备份的保持天数、恢复间隔(分钟)以及日志、配置值与运行值等参数。

6.5 SQL Server 2008 服务器网络配置及客户端远程服务器配置操作

在 SQL Server 2008 服务器中必须作网络配置，其主要包括服务器端的网络配置、客户端的网络配置以及服务器端与客户端之间的远程连接（它称为客户端远程服务器配置）等三部分内容。对它的操作选用 SSCM。

1) 服务器端网络配置管理

服务器端网络配置管理任务包括选择启动协议、修改协议使用的端口或管道、配置加密、在网络上显示或隐藏数据库引擎等。其操作步骤如下：

Step 1　对 SSCM 窗口，选左侧的“SQL Server 服务”，确保右侧的“SQL Server”以及 SQL Server Browser 正常运行。打开左侧“SQL Server 网络配置”，打开“数据库实例名的协议”（这里选择 MSSQLSERVER 的协议），查看右侧的 TCP/IP 默认是“已禁用”，将其修改为“已启用”，如图 6.9 所示。

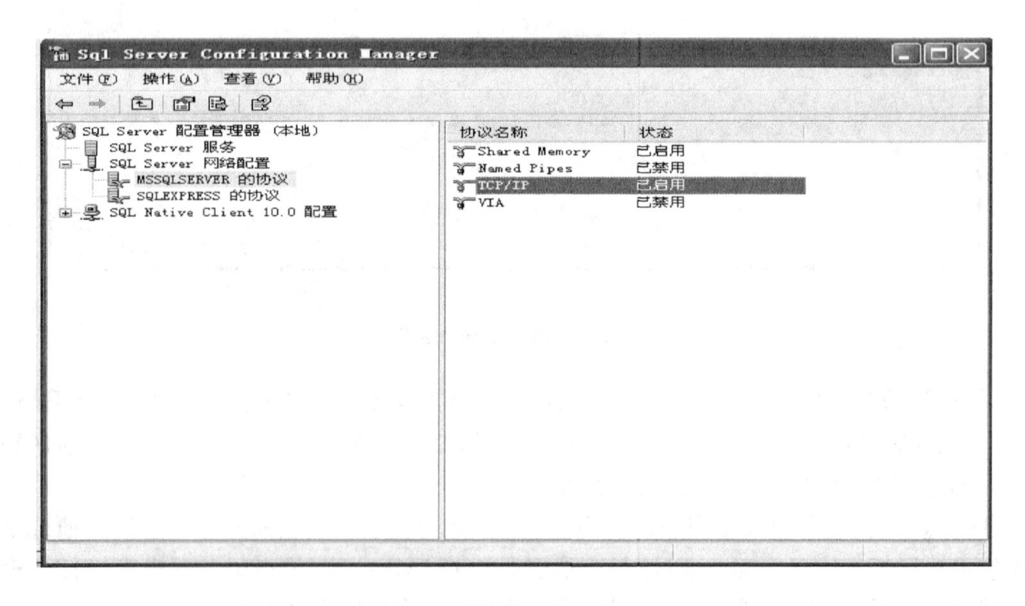

图 6.9　设置 TCP/IP 为已启用

Step 2　双击打开“TCP/IP”，查看“TCP/IP 属性”下“协议”选项卡中的“全部侦听”和“已启用”项，均设置为“是”，如图 6.10 所示。

Step 3　选择“IP 地址”选项页，设置 TCP 端口为“1433”，TCP 动态端口为空，已启用为“是”，活动状态为“是”，如图 6.11 所示。

2) SQL 客户端网络配置

SQL 客户端网络配置即 SQL Native Client 配置管理，它主要包括客户端协议配置及别名创建等两部分内容。SQL Native Client 中的设置将在运行客户端程序的计算机上使用。

(1) 客户端协议启用和禁用

Step 1　在 SQL Server Configuration Manager 左侧窗口中展开“SQL Native Client 10.0

图 6.10　设置“TCP/IP 属性”协议

配置”结点，选中“客户端协议”选项，将“客户端协议”的“TCP/IP”也修改为“已启用”，如图6.12所示。

Step 2　双击右侧“TCP/IP”，打开“TCP/IP 属性”，将默认端口设为“1433”，已启用为“是”，如图 6.13 所示。配置完成，重新启动 SQL Server 2008。

(2) 创建别名：别名是可用于进行连接的设备名称。别名封装了连接字符串所必需的元素，并使用户按所选择的名称显示这些元素。

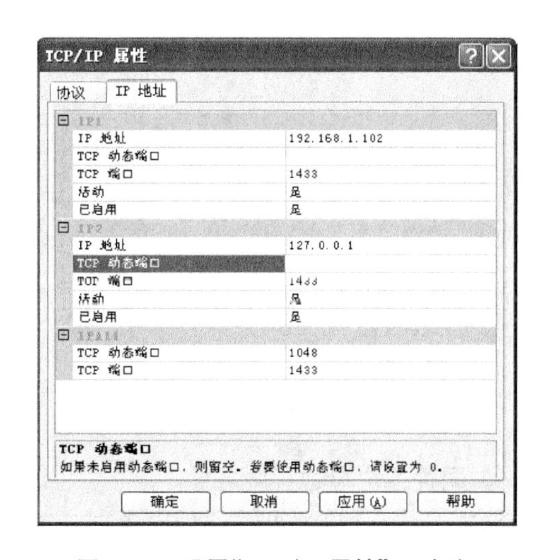

图 6.11　设置“TCP/IP 属性”IP 地址

在 SSCM 左侧窗口中展开“SQL Native Client 10.0 配置”节点，选中“别名”选项，右击，在快捷菜单中选择“新建别名”命令，打开图6.14中的“别名-新建”对话框，即可对别名进行设置。其中“别名”是指用于引用此连接的设备名称，“服务器”是指与别名所关联的 SQL Server 实例的名称。

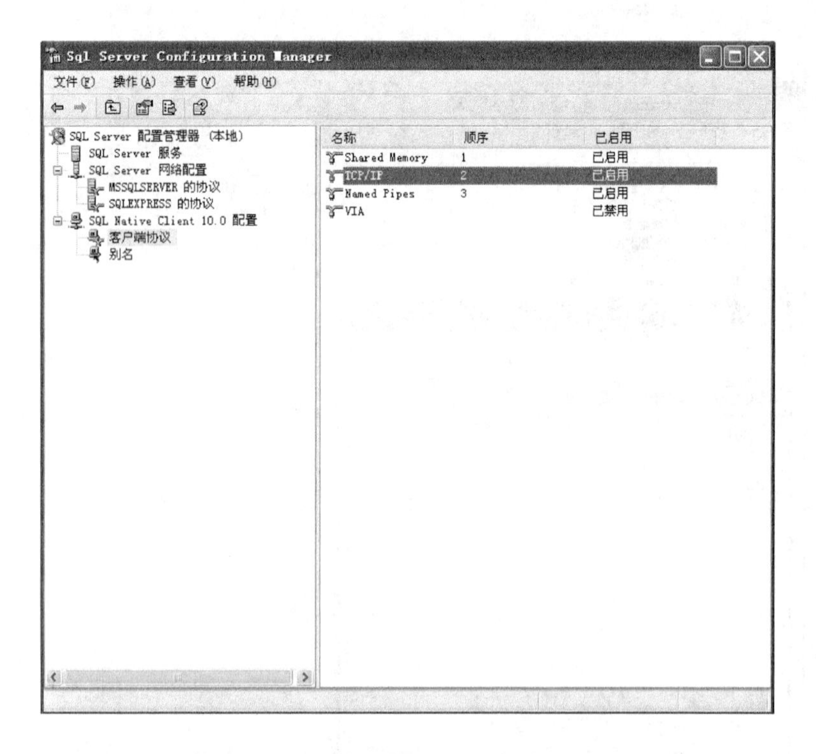

图 6.12　启用“客户端协议”的“TCP/IP”

图 6.13　设置“TCP/IP 属性”协议

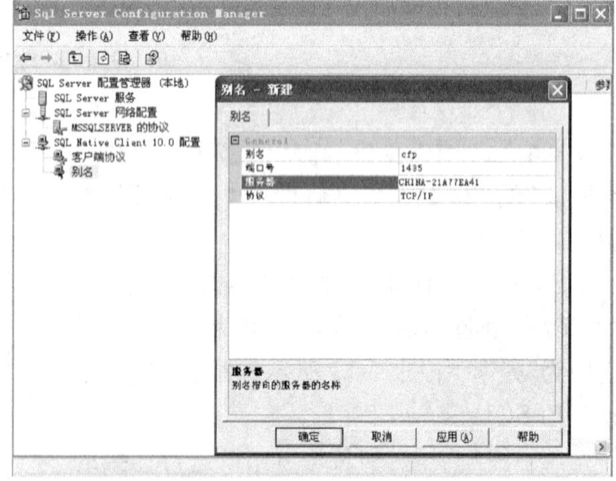

图 6.14　“别名-新建”对话框

3）配置客户端远程服务器

SQL Server 2008 提供远程服务器功能，使客户端可以通过网络访问指定的 SQL Server 服务器，以便在没有建立单独连接的情况下在其他 SQL Server 实例上执行操作。配置客户端（远程）服务器主要是启用远程连接及连接远程服务器。它使用 SSMS，操作步骤如下：

Step 1　将“Windows 身份验证”方式连接到数据库服务引擎，右击“对象资源管理器”窗口的服务器(这里为“CHINA-21A77EA41”)选择“属性”。如图 6.15 所示。

Step 2　左侧选择“安全性”,选中右侧的“SQL Server 和 Windows 身份验证模式”以启用混合登录模式。如图 6.16 所示。

Step 3　选择“连接”勾选“允许远程连接此服务器”,设置最大并发度。如图 6.17 所示。

Step 4　右击服务器“CHINA-21A77EA41”,选择“方面”(它表示服务器中的某些方面的特殊设置),如图 6.18 所示。在“方面”下拉列表框中,选择“服务器配置”,“RemoteAccessEnabled”属性和“RemoteDacEnabled”设为“True”(前者表示已启用远程访问;后者表示赋予最高级别——管理员级,也称 DAC 级的远程访问权限),点击“确定”,如图 6.19 所示。至此设置完毕。

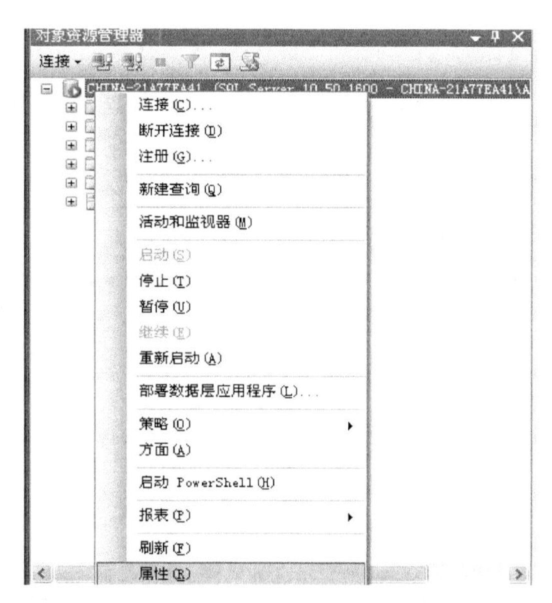

图 6.15　打开“服务器属性配置”窗口

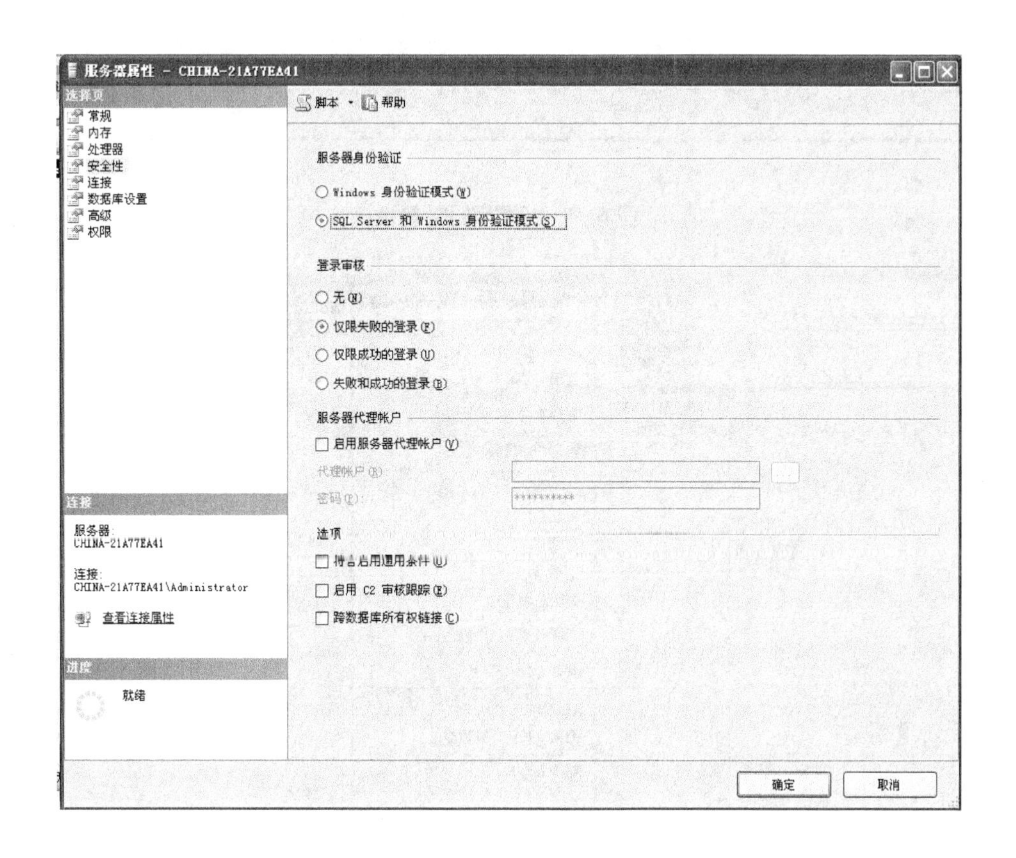

图 6.16　设置“安全性”属性

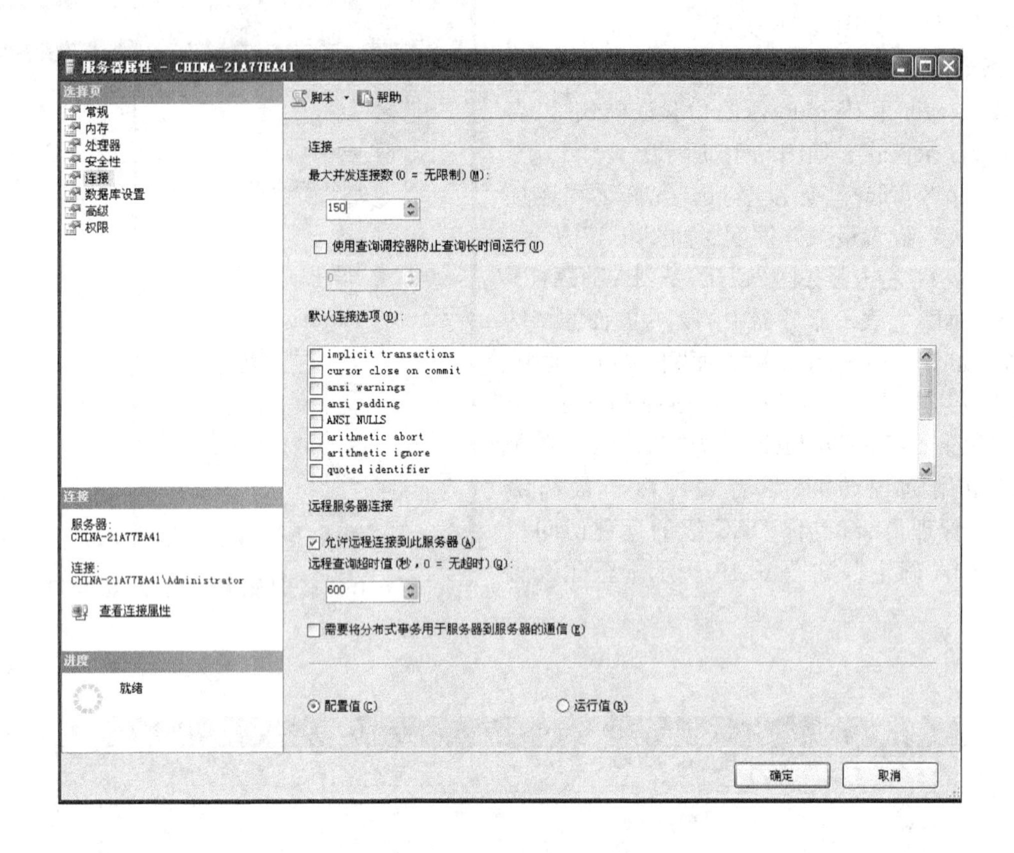

图 6.17　设置“连接”属性

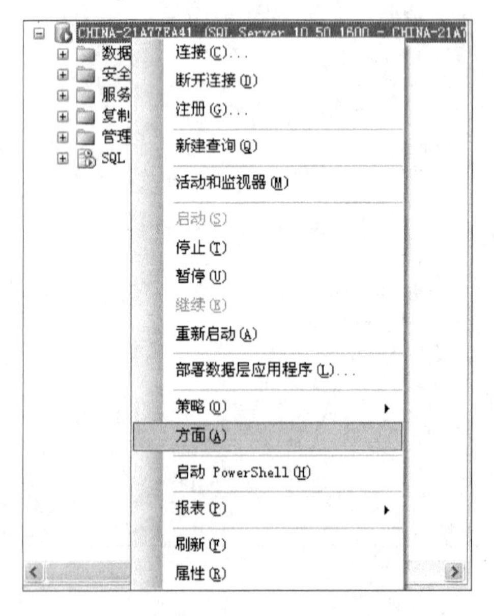

图 6.18　打开“方面”对话框

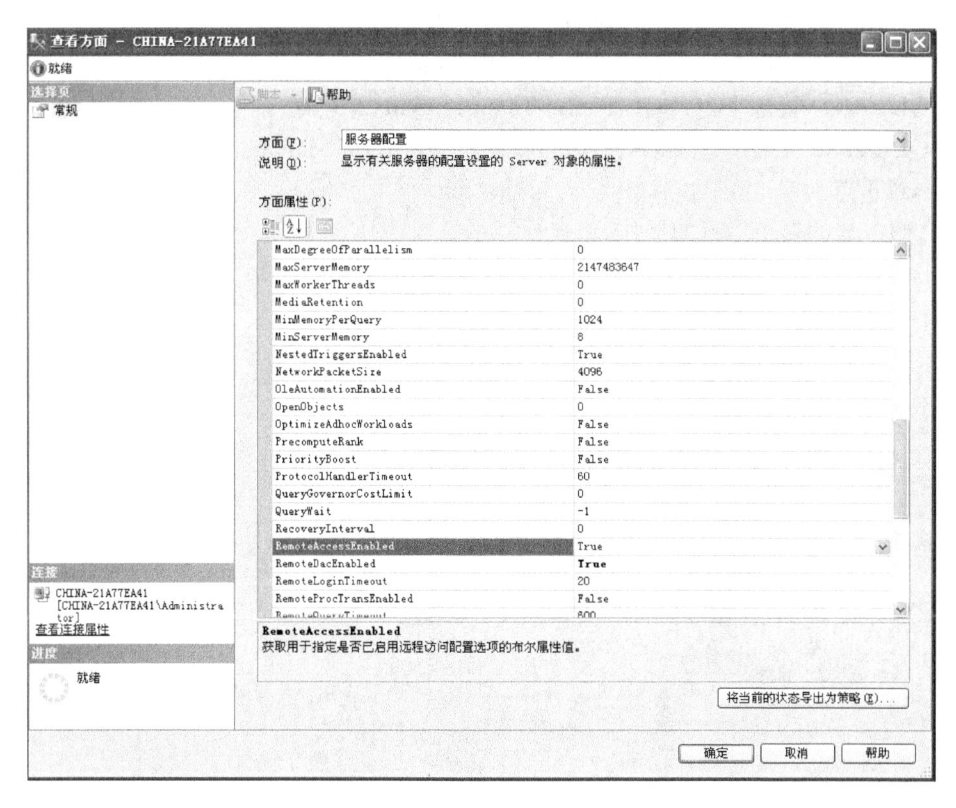

图 6.19　设置“方面”对话框

习　题　6

问答题

6.1　试述 SQL Server 2008 服务器管理的重要性。

6.2　SQL Server 2008 服务器管理包含哪些内容？请说明之。

6.3　如何对 SQL Server 2008 服务器注册，试通过实验验证之。

6.4　简述 SQL Server 2008 服务器属性设置包括的选项卡及主要内容。

6.5　试用 SSMS 完成 SQL Server 2008 服务器启动、关闭操作。

6.6　SQL Server 2008 服务器网络协议及客户端远程服务器配置如何实施，请说明之。

6.7　试用 SSCM 完成 SQL Server 2008 服务配置。

【复习指导】

本章介绍 SQL 服务器管理。SQL 服务器起到了数据库根据地或基地的作用。SQL 服务器以提供服务(Service)的形式存在，其常用的有 7 种服务。

1. SQL 服务器的管理功能由下面几个部分：

- SQL 服务器连接管理。
- SQL 服务器中服务的启动、暂停、停止、关闭、恢复与重新启动管理。
- SQL 服务器启动模式管理。
- SQL 服务器属性配置管理。

- SQL 服务器网络协议及客户端远程服务器配置管理。

2. 在管理中所使用到的数据服务工具主要有：

- SQL Server 管理平台：SQL Server Management Studio。
- SQL Server 配置管理器：SQL Server Configuration Manager。

3. 本章重点内容

SQL 服务器的管理工具的操作。

7 SQL Server 2008 数据库管理

数据库是存放数据库对象的容器。本章介绍 SQL Server 2008 对用户数据库的管理，包括数据库的创建、删除、使用、备份与恢复的功能。这些功能在 SQL Server 2008 中一部分是以数据服务形式出现。

在本章中数据库管理的操作方法有两种，一种用 SSMS 中人机交互方式，另一种则用 SSMS 平台下 T-SQL 语句方式。下面可分别简写为：SSMS 方式与 T-SQL 方式。

7.1 创建数据库

创建数据库就是确立一个命名的数据库。它包括数据库名、文件名、数据文件大小、增长方式等。在一个 SQL Server 2008 实例中，最多可以创建 32 767 个数据库。

1) 使用 SSMS 创建数据库

例 7.1 创建一个数据库 S-C-T。

Step 1 启动 SSMS，出现【连接到服务器】对话框，如图 7.1 所示。

图 7.1 【连接到服务器】对话框

Step 2 在【连接到服务器】对话框中，选择“服务器类型”为“数据库引擎”，“服务器名称”为“CHINA-21A77EA41”(根据实际服务器名称设置)，“身份验证”为“Windows 身份验证”，单击【连接】按钮，即连接到指定的服务器，如图 7.2 所示。

Step 3 在【对象资源管理器】窗口中，右键单击【数据库】选项，在弹出的快捷菜单中选择【新建数据库】，如图 7.3 所示。

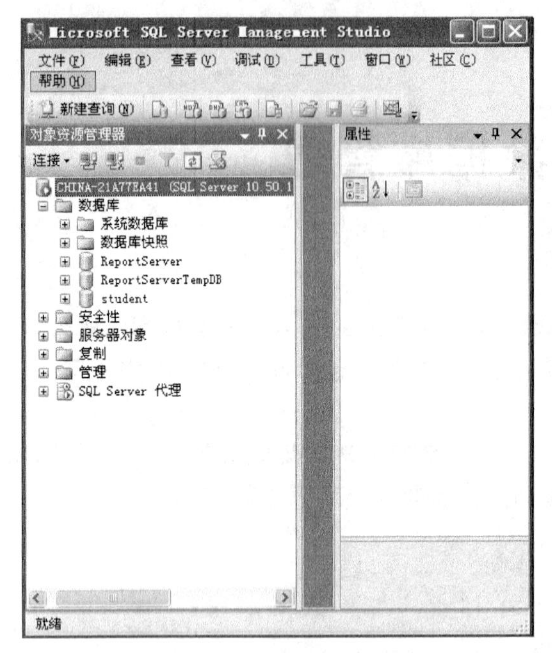

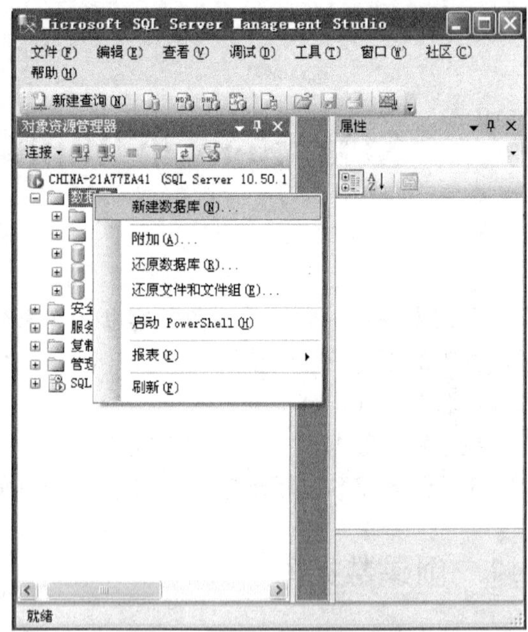

图 7.2 连接到数据库服务器　　　　**图 7.3 新建数据库**

Step 4 进入【新建数据库】对话框，如图 7.4 所示，通过“常规”“选项”和“文件组”这三个选项卡来设置新创建的数据库。一般使用“常规”选项卡。

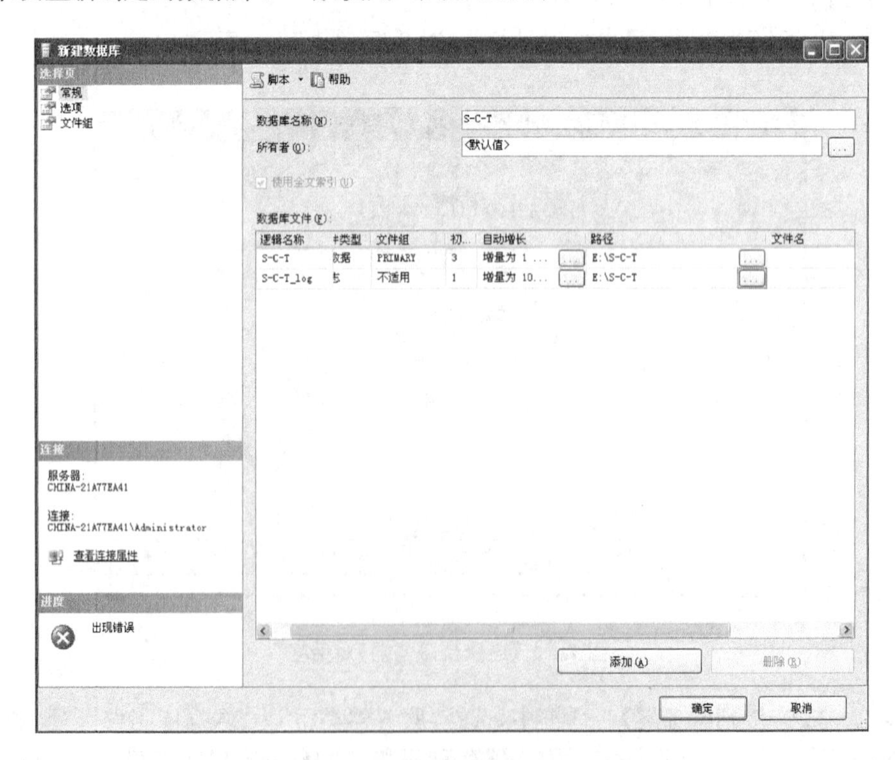

图 7.4 【常规】选项卡

“常规”选项卡用于设置新建数据库名及所有者。在“数据库名”文本框中输入新建数据库名:“S-C-T”，此后，系统自动在“数据库文件”列表中产生一个主数据文件(名为 S-C-T . mdf，初始大小为 3MB)和一个日志文件(名称为 S-C-T_log. ldf,初始大小为 1 MB),同时显示文件组、自动增长和路径等默认设置。用户可以根据需要自行修改这些默认的设置,也可以单击【添加】按钮添加数据文件。在这里将主数据文件和日志文件的存放路径改为"E:\S-C-T"文件夹,如图 7.5 所示,其他保持默认值。

单击"常规"选项页中"所有者"文本框后的浏览按钮,在弹出的列表框中选择数据库的所有者。数据库所有者是对数据库具有完全操作权限的用户,这里选择"默认值"选项,表示数据库的所有者为用户登录 Windows 操作系统使用的管理员账号,如 Administrator。

Step 5　设置完成后单击"确定"按钮,数据库 S-C-T 创建完成。此时在 E:\S-C-T 文件夹中添加了 S-C-T. mdf 和 S-C-T_log. ldfLDF 两个文件。在 SSMS 的【对象资源管理器】窗口中可以看到刚刚新建的数据库 S-C-T,如图 7.5 所示。

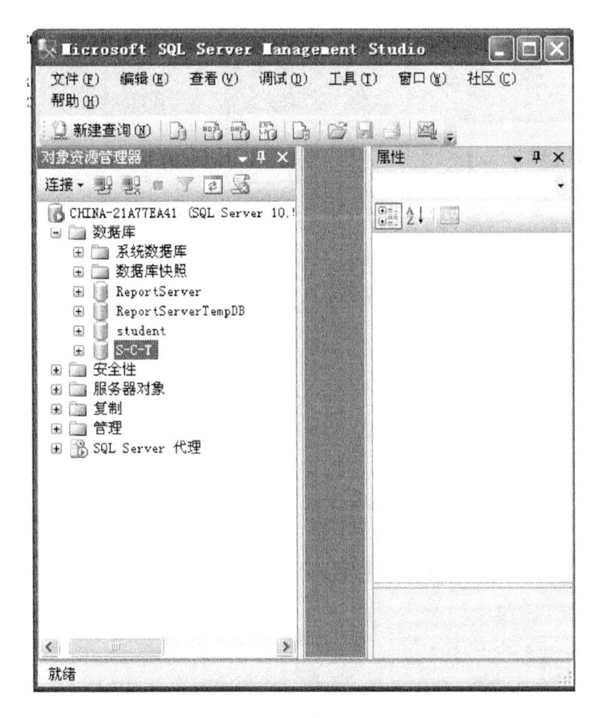

图 7.5　新建的数据库"S-C-T"

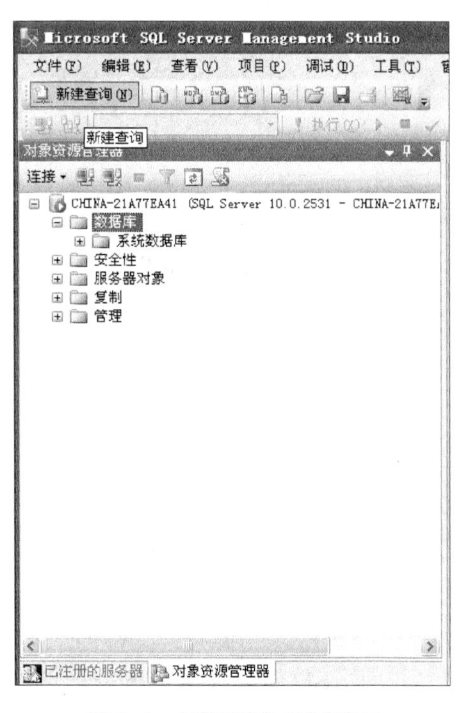

图 7.6　打开【新建查询】窗口

2) 在 T-SQL 中使用 SQL 语句 CREATE　DATABASE 创建数据库

Step 1　在 SSMS【对象资源管理器】窗口展开服务器节点,选择"数据库",在工具栏上选择【新建查询】按钮,如图 7.6 所示。

Step 2　单击【新建查询】按钮,打开【新建查询】窗口,如图 7.7 所示。

Step 3　在【新建查询】窗口中依次输入 CREATE　DATABASE 语句,其语法形式如下:

```
CREATE  DATABASE <数据库名>
[ON
    [ PRIMARY ]
    <数据文件描述符 1>
    [, <数据文件描述符 n>]
    [, FILEGROUP  文件组名 1
```

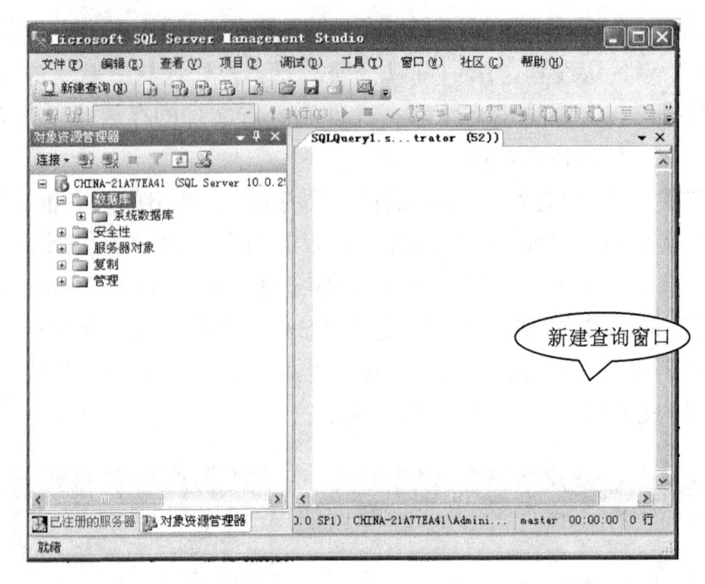

图 7.7 【新建查询】窗口

<数据文件描述符>]

[, FILEGROUP 文件组名 n

<数据文件描述符>]

]

[LOG ON

<日志文件描述符 1>

[, <日志文件描述符 n>]

]

其中,<数据文件描述符>和<日志文件描述符>为以下属性的组合:

(NAME = 逻辑文件名,

FILENAME = '物理文件名'

[,SIZE = 文件初始容量]

[,MAXSIZE = {文件最大容量 | UNLIMITED}]

[,FILEGROWTH = 文件增长幅度])

各参数的含义如下:

(1) 数据库名。在服务器中必须唯一,并且符合标识符命名规则。

(2) ON。用于定义数据库的数据文件。

(3) PRIMARY。用于指定其后所定义的文件为主数据文件,如果省略的话,系统将第一个定义的文件作为主数据文件。

(4) FILEGROUP。用于指定用户自定义的文件组。

(5) LOG ON。指定数据库中日志文件的文件列表,如不指定,则系统自动创建日志文件。

(6) NAME。指定 SQL Server 系统应用数据文件或日志文件时使用的逻辑名。

(7) FILENAME。指定数据文件或日志文件的文件名和路径,该路径必须指定 SQL Server 实例上的一个文件夹。

(8) SIZE。指定数据文件或日志文件的初始容量,可以是 kB、MB、GB 或 TB,默认单位为 MB，其值为整数。如果主文件的容量未指定，则系统取 Model 数据库的主文件容量；如果其他文件的容量未指定，则系统自动取 1 MB 的容量。

(9) MAXSIZE。指定数据文件或日志文件的最大容量，可以是 kB、MB、GB 或 TB，默认单位为 MB，其值为整数。如果省略 MAXSIZE，或指定为 UNLIMITED，则数据文件或日志文件的容量可以不断增加，直到整个磁盘满为止。

(10) FILEGROWTH。指定数据文件或日志文件的增长幅度，可以是 kB、MB、GB 或 TB 或百分比(%)，默认是 MB。0 表示不增长，文件的 FILEGROWTH 设置不能超过 MAXSIZE，如果没有指定 MAXSIZE，则默认值为 10%。

例 7.2 创建数据库 Test1，指定数据库的数据文件位于 E:\Test，初始容量为 5 MB，最大容量为 10 MB，文件增量为 10%。

步骤：

Step 1 启动 SSMS。在“对象资源管理器”中展开“CHINA-21A77EA41”服务器节点。选择工具栏上的“新建查询”选项。

Step 2 单击【新建查询】按钮，打开【新建查询】窗口

Step 3 在【新建查询】窗口中输入如下语句：

```
CREATE  DATABASE  Test1
ON
  {NAME = TestDb2,
  FILENAME = 'E:\Test\Test1.mdf',
  SIZE = 5,
  MAXSIZE = 10,
  FILEGROWTH = 10% }
```

Step 4 点击菜单栏的“执行”选项，在【对象资源管理器】中选择“数据库”节点，单击右键，在快捷菜单中选择“刷新”，即可看到新建的数据库 Test1，如图 7.8 所示的。

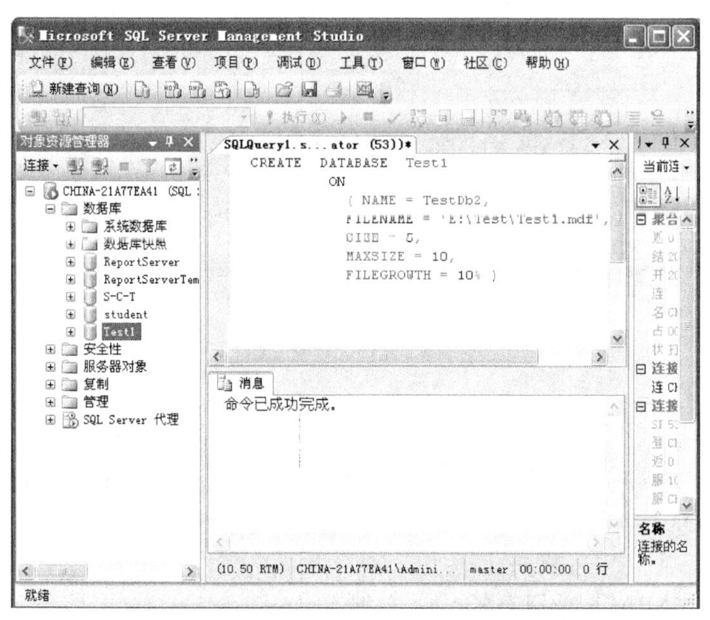

图 7.8 用 CREATE DATABASE 创建数据库

7.2 删除数据库

1）使用 SSMS 删除数据库

例 7.3 使用 SSMS 删除 S-C-T 数据库。

Step 1 启动 SSMS。

Step 2 在【对象资源管理器】窗口中展开“CHINA-21A77EA41”服务器节点。

Step 3 展开“数据库”节点。

Step 4 右击 S-C-T 数据库，在弹出的快捷菜单中选择【删除】命令，如图 7.9 所示。

图 7.9 删除数据库

Step 5 出现如图 7.10 所示的【删除对象】对话框，单击【确定】按钮即删除 S-C-T 数据库。在删除数据库的同时 SQL Server 会自动删除对应的数据文件和日志文件。

2）使用 T-SQL 中 DROP DATABASE 语句删除数据库

DROP DATABASE 语句的语法如下：

DROP DATABASE 数据库名 1 [，数据库名 n]

图 7.10 【删除对象】对话框

7.3 使用数据库

任何数据库在用户使用前必须用“使用数据库”语句以打开之。此后即可对该数据库作操作。在 SQL Server 2008 中“使用数据库”可用 T-SQL 中的 SQL 语句表示，其语法如下：

USE＜数据库名＞

7.4 数据库备份与恢复

数据库备份和恢复可用于防止数据库破坏。数据库备份与恢复的操作均为数据服务。

7.4.1 数据库备份

“备份”是数据库中数据副本，用于在系统发生故障后还原和恢复数据。

1) 备份类型

SQL Server 2008 提供四种备份方式：

(1) 完整备份。备份数据库的所有数据对象内容(包括表、视图、存储过程和触发器等)，还包括事务日志。完整备份需要较大的存储空间并花费较长时间。完整备份的优点是操作比较简单，恢复时只需一个操作就可将数据库恢复到以前的状态。

(2) 差异备份。差异备份是完整备份的补充，它仅备份上次完整备份后所更改的数据。

差异备份比完整备份更小、更快。因此,差异备份通常作为常用的备份方式。在还原数据时,要先还原前一次做的完整备份,然后还原最后一次所做的差异备份。差异备份的间隔时间可以比完整备份的间隔更短,这将会降低操作时丢失风险。

(3) 事务日志备份。事务日志备份可备份事务日志中的数据。事务日志记录了上一次完整备份或事务日志备份后数据库的所有变动过程。

(4) 文件和文件组备份。在创建数据库时创建了多个数据库文件或文件组。使用此备份方式可以只备份数据库中的某些文件,该备份方式在数据库文件庞大时非常有效,由于每次只备份一个或若干个文件或文件组,可以分多次备份数据库,避免大型数据库备份的时间过长。另外,由于文件和文件组备份仅备份其中一个或多个数据文件,当数据库中的某个或某些文件损坏时,可用于还原损坏的文件或文件组备份。

2) 备份设备

备份设备是用于存储数据库备份的存储介质,它可以是硬盘、磁带或管道等。

目前一般用 SSMS 创建备份设备。

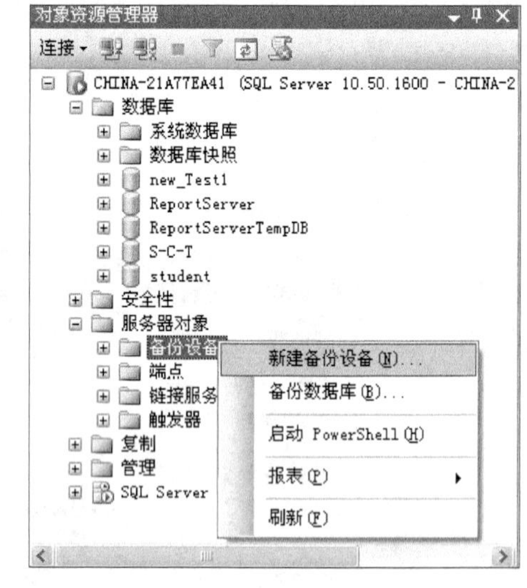

图 7.11 打开【新建备份设备】窗口

Step 1 启动 SSMS,连接到 SQL Server 数据库引擎,在【对象资源管理器】窗口中展开“服务器对象”节点,右击“备份设备”选项,在弹出的快捷菜单中选择“新建备份设备”命令,如图 7.11 所示。

Step 2 打开如图 7.12 所示的【备份设备】窗口,在“设备名称”文本框中输入设备名称,若要定位目标位置,打开文件浏览器窗口,选择文件及完整路径即可。

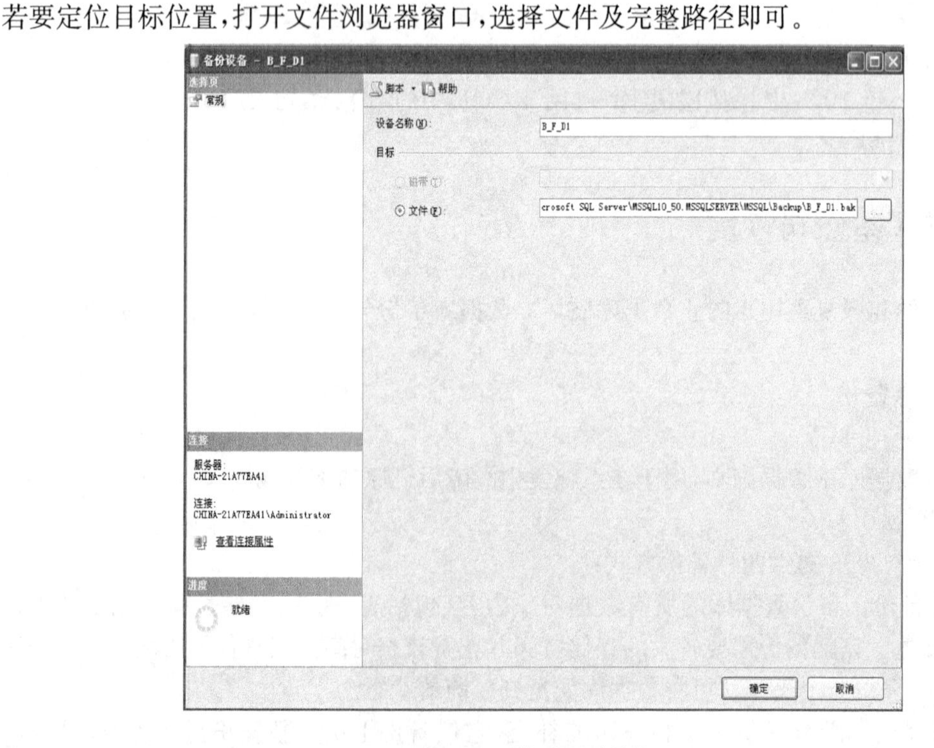

图 7.12 【备份设备】窗口

Step 3　设置好后单击【确定】按钮，完成备份的创建。

3）备份数据库

目前一般使用 SSMS 备份数据库。

Step 1　在 SSMS 中打开【资源管理器】窗口中的“数据库”对象，选中“student”数据库并点击右键→【任务】→【备份】，如图 7.13 所示。

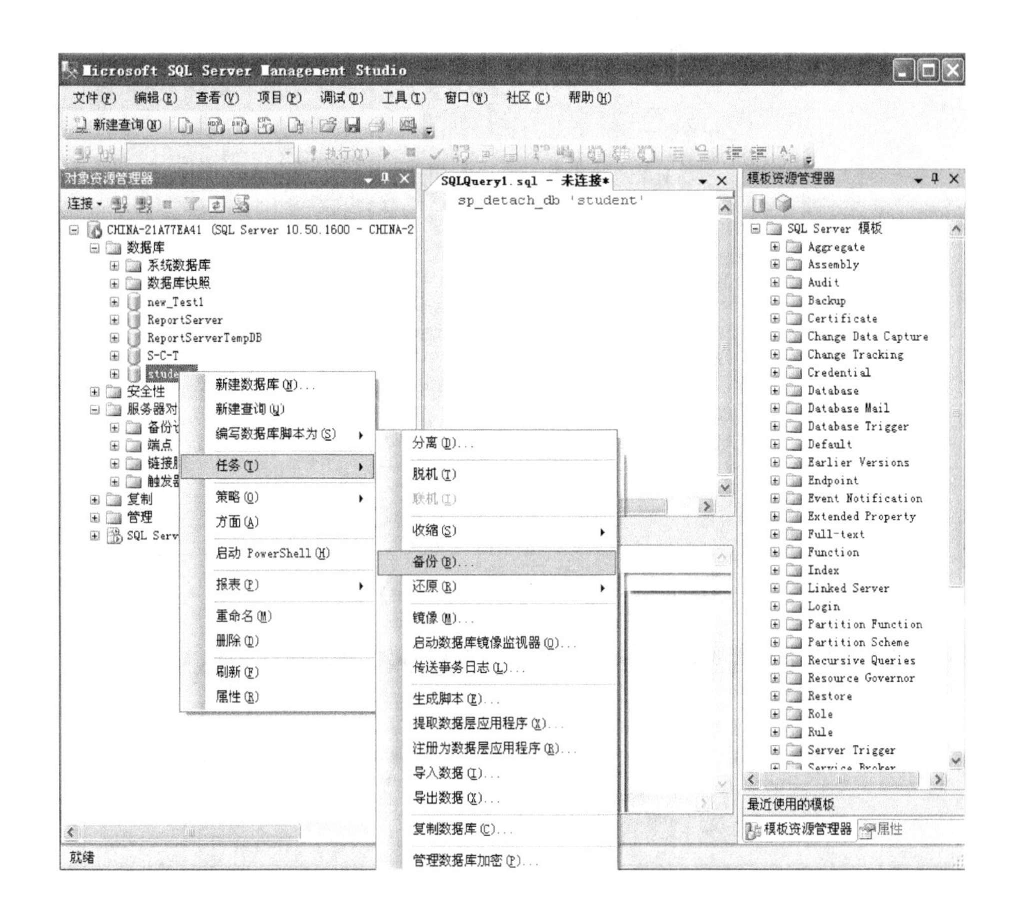

图 7.13　打开【备份数据库】对话框

Step 2　在打开的【备份数据库—student】窗口中，从【源】选项组的【数据库】下拉列表框中选择“student”数据库，在【备份类型】下拉列表框中选择【完整】选项（【备份类型】选项的内容跟数据库属性中“恢复模式”的设置有关系）；在【目标】选项组中设置备份的目标文件存储位置，如果不需要修改，保持默认设置即可，如图 7.14 所示。

Step 3　从左侧“选择页” 列表中打开【选项】选项页。

Step 4　在【选项】选项卡中，点选【覆盖所有现有备份集】单选按钮（初始化新的设备或覆盖现在的设备），勾选【完成后验证备份】复选框（用来完成实际数据与备份副本的核对，并确保它们在备份完成后一致），设置结果如图 7.15 所示。

Step 5　设置完成后，单击【确定】按钮完成配置。在备份完成后，相应的目录中可以看到刚才创建的备份文件（student.bak），如图 7.16 所示。

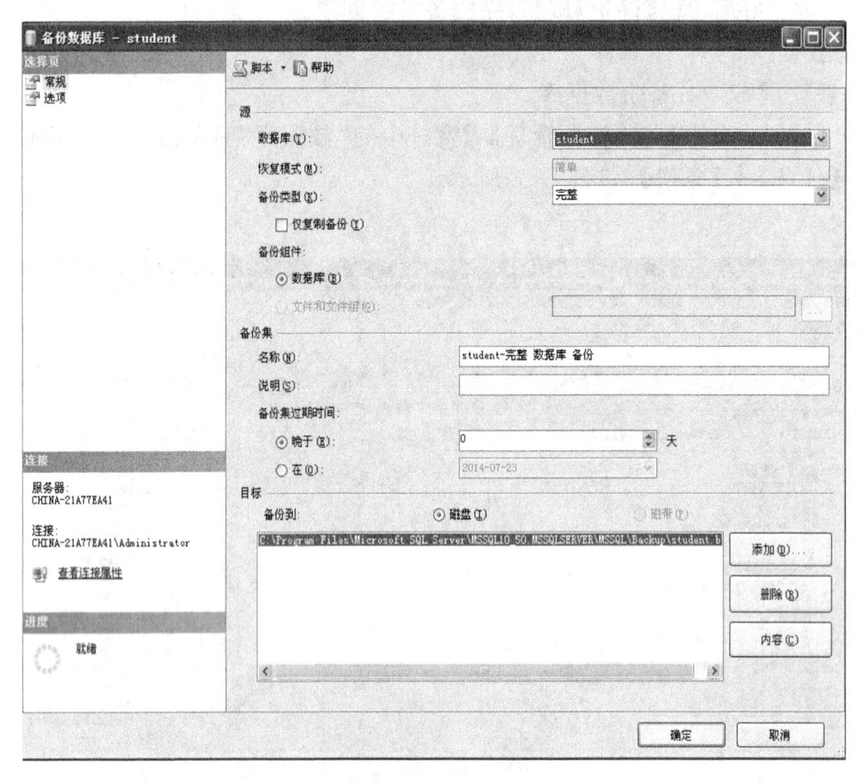

图 7.14 【备份数据库—student】对话框

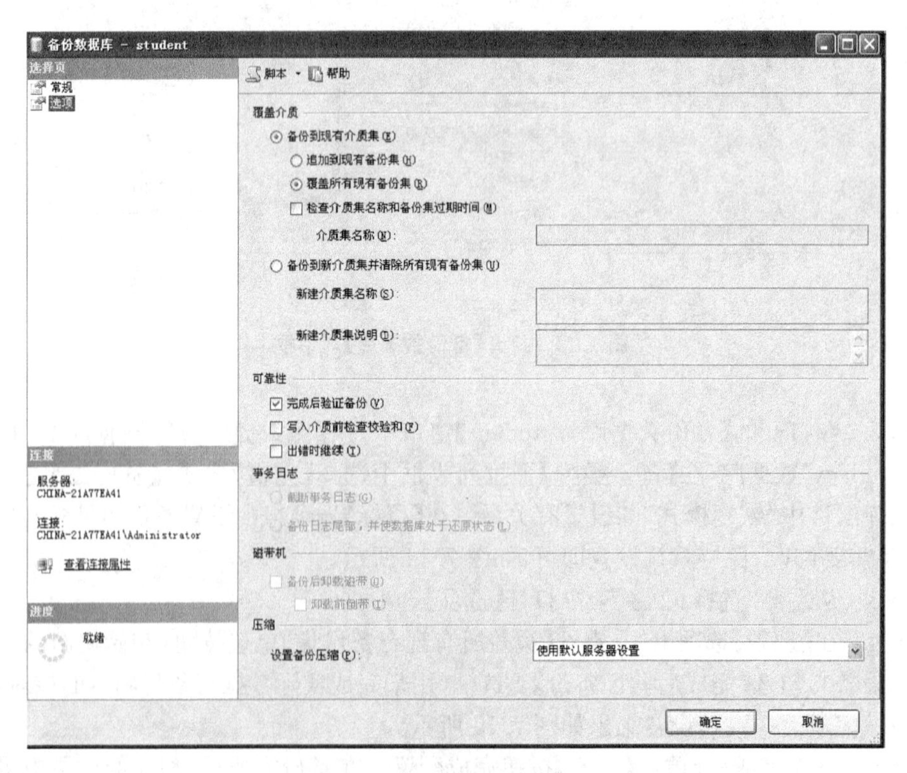

图 7.15 配置备份选项

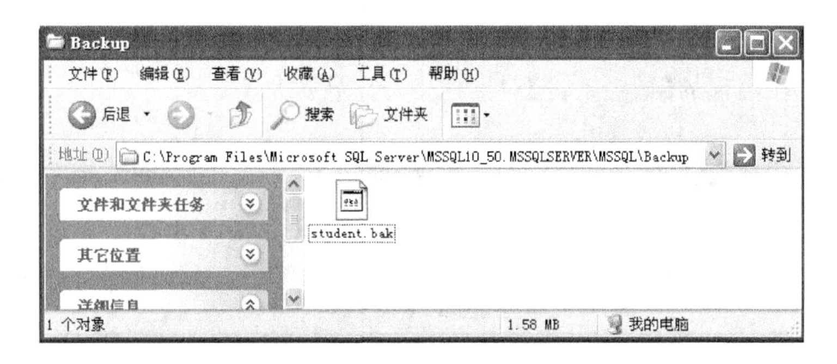

图 7.16　备份文件

7.4.2　恢复数据库

数据库恢复是指将数据库从当前状态恢复到某一已知的正确状态的功能。

1）恢复模式

数据库恢复模式分为三种，它们是：完整恢复模式、大容量日志恢复模式及简单恢复模式，常用的是完整恢复模式，它是默认恢复模式。使用该模式可将整个数据库恢复到一个特定的时间点，它可以是最近一次可用的备份、一个特定的日期和时间或标记的事务。

2）数据库的恢复

一般使用 SSMS 恢复备份数据库。

Step 1　选择要还原的数据库“Dsideal_school_db”，点击右键→任务→还原→数据库，如图 7.17 所示。

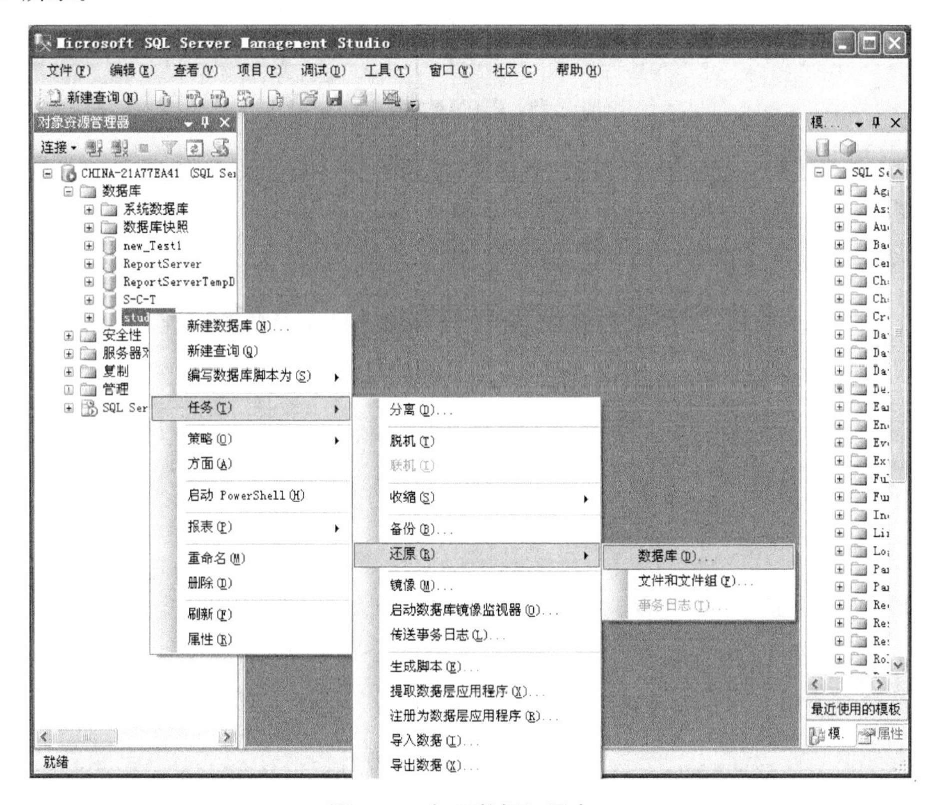

图 7.17　打开数据还原窗口

Step 2　在出现的【还原数据库—student】对话框中选择【源设备】，然后点击后面的按钮，如图 7.18 所示。在出现的【指定备份】对话框中，点击【添加】按钮。

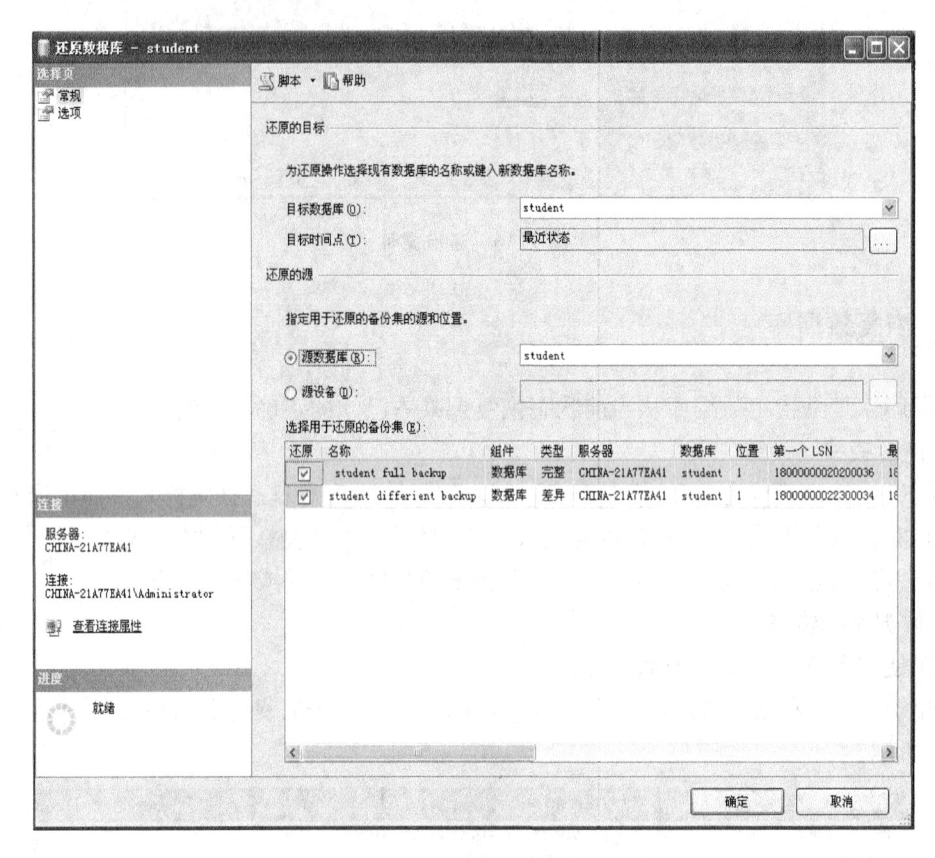

图 7.18　【还原数据】窗口

Step 3　打开【指定备份】窗口，在窗口中单击【添加】按钮，如图 7.19 所示。打开【定位备份文件】窗口，在该窗口中的【文件类型】下拉列表中选择【所有文件】，并在【所有文件】树中找到并选中备份文件 student . bak，如图 7.20 所示。

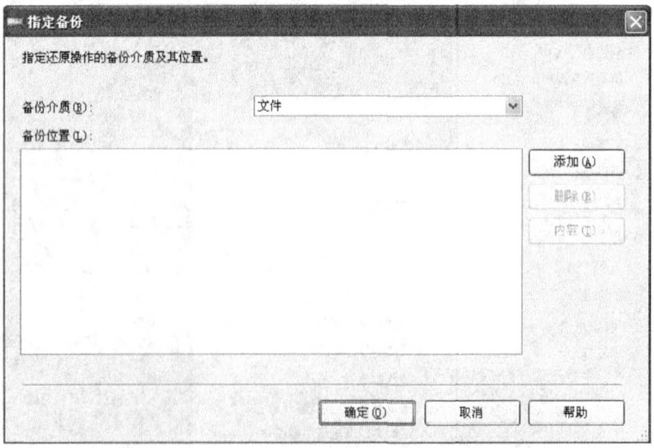

图 7.19　【指定备份】窗口

Step 4　单击【确定】按钮，回到【指定备份】窗口。单击【确定】，回到【还原数据库—student】窗口。

Step 5　在【还原数据库—student】窗口的【选择用于还原的备份集】列表中选中刚才添加的备份文件，如图 7.21 所示。

Step 6　在【还原数据库—student】窗口的“选项”页中，勾选“覆盖现有数据库(WITH REPLACE)”，如图 7.22 所示。

Step 7　单击【确定】按钮，完成对数据库的还原操作。

图 7.20　【定位备份文件】窗口

图 7.21　选择备份文件

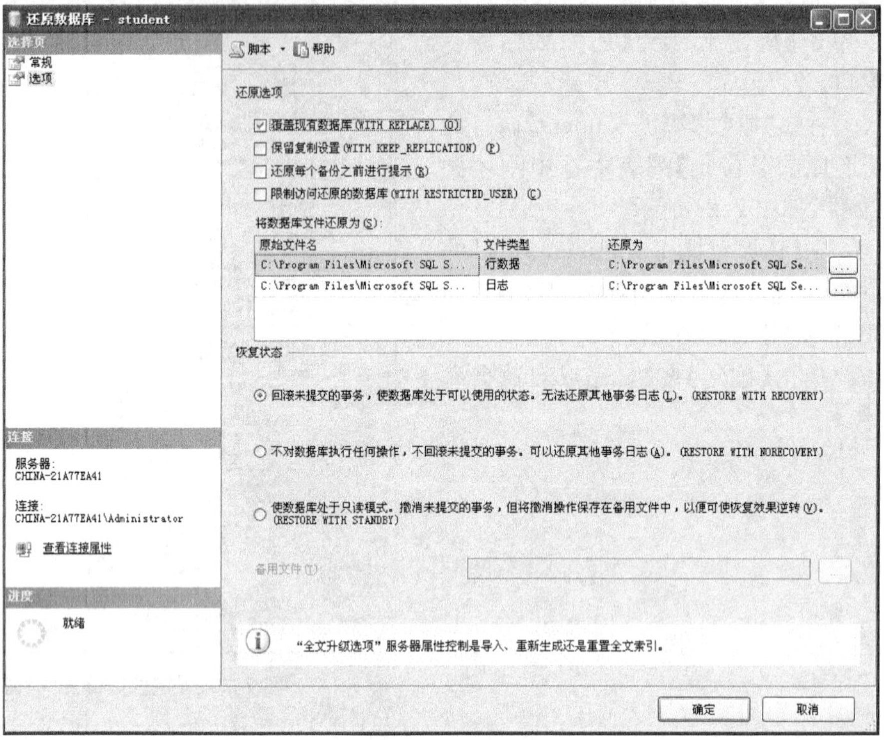

图 7.22 勾选“覆盖现有数据库(WITH REPLACE)”

习 题 7

选择题

7.1 在 SQL Server 2008 中，文件分为主数据文件、(   )和事务日志文件。

A. 复制数据文件　　B. 备用数据文件

C. 辅数据文件　　D. 辅佐数据文件

7.2 备份设备是用来存储数据库事务日志等备份的(   )。

A. 存储介质　　B. 通用硬盘　　C. 存储纸带　　D. 外围设备

7.3 能将数据库恢复到某个时间点的备份类型是(   )。

A. 完整备份　　B. 差异备份

C. 事务日志备份　　D. 文件组备份

问答题

7.4 请给出在 SQL Server 2008 数据库创建中最基本的参数。

7.5 数据库的备份和还原类型分别有哪些？并简要描述。

7.6 请给出数据库的备份和还原的最基本参数。

应用题

7.7 在本地磁盘 D 上创建一个学生-课程数据库，名为 student，只有一个数据文件和日志文件，文件名称分别为 stu 和 stu_log，物理名称为 stu_data.mdf 和 stu_log.ldf，初始大小都为 3 MB，增长方式分别为 10%和 1 MB，数据文件最大为 500 MB，日志文件大小不受限制。

7.8　创建一个“学生”备份设备，继而对“student”数据库进行备份，然后修改“student”(增、删数据库中的表等)，用备份的数据库还原。

【复习指导】

本章介绍 SQL Server 2008 对数据库的管理。

1. 数据库管理的内容

- 创建数据库；
- 删除数据库；
- 备份与恢复数据库(数据服务形式)。

2. 操作方式

- 使用 SQL Server Management Studio 工具；
- 使用 T-SQL 语句或系统存储过程。

3. 本章重点内容

- SQL Server 2008 数据库管理的操作。

8 SQL Server 2008 数据库对象管理

数据库对象是数据库的组成部分,本章介绍 SQL Server 2008 中数据库对象管理,内容包括表、索引、视图、触发器及存储过程等(其中存储过程将在第 9 章详细介绍),而重点介绍它们的操作。其操作方式主要使用 SSMS 及 T-SQL 方式。

本章中用"S-C-T"数据库为例讲解 SQL Server 2008 中数据库对象操作。"S-C-T"数据库包含 4 个表,如表 8.1~8.4 所示。

- 学生表:Student(Sno,Sname, Ssex, Sage,Sdept)
- 课程表:Course(Cno,Cname,Cpno,Ccredit)
- 选课表:SC(Sno,Cno, Tno, Grade)
- 教师表:Teacher(Tno,Tname)

表 8.1　学生表:Student 结构

列名	数据类型及长度	空否	说明
Sno(主键)	Char(9)	Not Null	学号
Sname	Char(20)	Null	姓名
Ssex	Char(2)	Null	性别
Sage	Smallint	Null	年龄
Sdept	Char(20)	Null	系别

表 8.2　课程表:Course 结构

列名	数据类型及长度	空否	说明
Cno(主键)	Char(4)	Not Null	课程号
Cname	Char(40)	Null	课程名
Cpno	Char(4)	Null	先行课
Ccredit	Smallint	Null	学分

表 8.3　选课表:SC 结构

列名	数据类型及长度	空否	说明
Sno(主键)	Char(9)	Not Null	课程号
Cno(主键)	Char(4)	Not Null	学号
Tno(主键)	Char(9)	Not Null	教师编号
Grade	Smallint	Null	成绩

表 8.4　教师表:Teacher 结构

列名	数据类型及长度	空否	说明
Tno(主键)	Char(9)	Not Null	教师编号
Tname	Char(20)	Null	教师名

8.1　SQL Server 2008 表定义及数据完整性设置

表定义包括创建表、修改表及删除表,还包括表中数据完整性设置及索引的创建与删除。

8.1.1　创建表

数据库中包含一个或多个表。表由行和列所组成,其中行称为记录,是组织数据的单位;列称为字段,每一列表示记录的一个属性。创建表就是定义表结构及约束,即确定表名、所含的字段名、字段的数据类型、长度及空值等信息,此外还包括数据完整性约束等。

1) 使用 SSMS 创建表

Step 1　启动 SSMS 连接到 SQL Server 2008 数据库实例。

Step 2　展开 SQL Server 实例,依次展开"数据库"→"S-C-T"→"表",单击右键,从弹出的快捷菜单中选择【新建表】命令,打开【表设计器】,如图 8.1 所示。

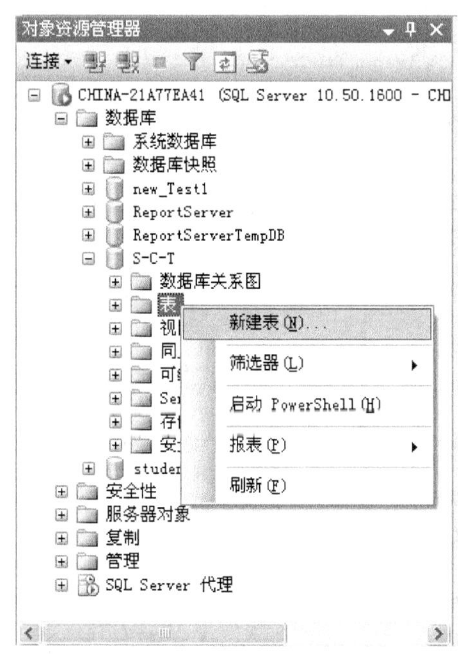

图 8.1　打开【表设计器】

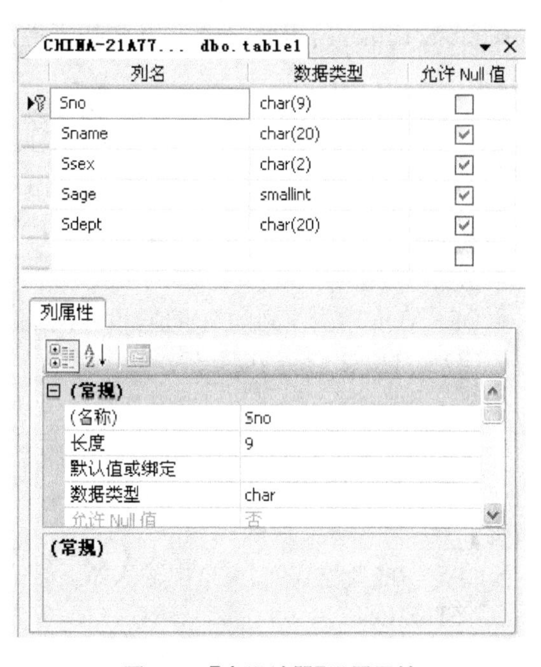

图 8.2　【表设计器】设置属性

Step 3　在【表设计器】中定义列名、数据类型、长度、是否允许 Null 值等属性,如图 8.2 所示。

Step 4　当完成新建表的各个列的属性设置后,单击【保存】按钮,弹出【选择名称】对话框,输入新建表名 Student,如图 8.3 所示,即完成"Student"表的创建。

Step 5　依据以上步骤分别创建 Course 表、Teacher 表、SC 表，创建后单击【资源管理器】窗口上的刷新按钮，可以在【资源管理器】窗口看到建成的四张表，如图 8.4 所示。

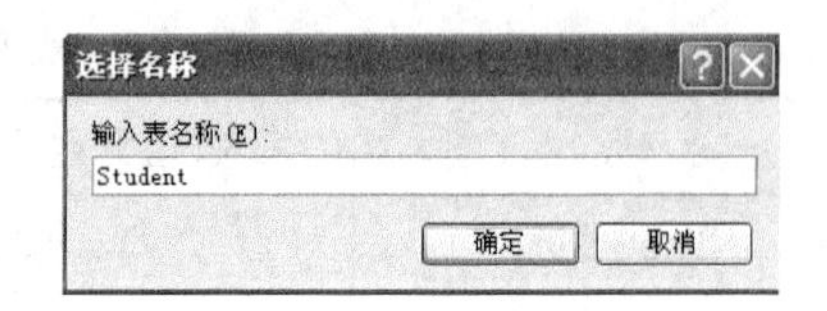

图 8.3　【选择名称】对话框

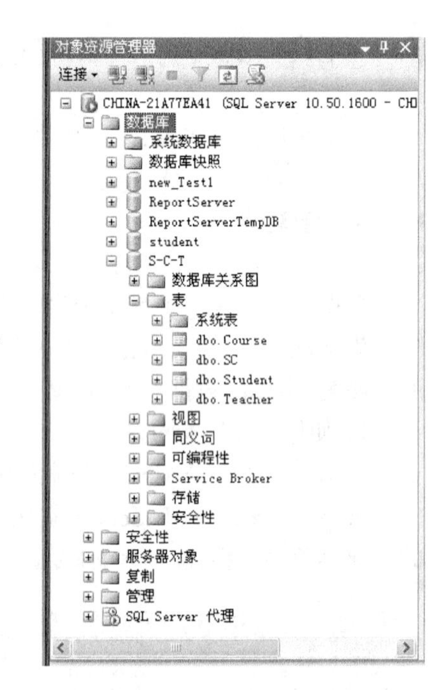

图 8.4　创建完成

2) 使用 T-SQL 语句创建表

创建表的 T-SQL 语句如下：

```
CREATE TABLE [ database_name]. [schema_name ]. | schema_name. ] table_name
      ( { <column_definition> }
        [ <table_constraint> ] [ ,... n ] )
        [ ON { filegroup | “default” } ]
[ ; ]
<column_definition> ::=
   column_name <data_type> [ NULL | NOT NULL ]
      [ [ CONSTRAINT constraint _ name ] DEFAULT| constant_expression ]
```

参数说明：

- database_name：创建表的数据库的名称。如果未指定，则默认为当前数据库名。
- table_name：新表的名称。表名必须遵循标识符规则。
- column_name：表中列的名称。列名必须遵循标识符规则并且在表中是唯一的。
- ON { filegroup | “default” }：指定存储表的文件组。如果指定了“default”，或者根本未指定 ON，则表存储在默认文件组中。
- DEFAULT：指定列的缺省值，也称默认值。
- CONSTRAINT：约束条件。

例 8.1　创建 Student 表。

Step 1　启动 SSMS。

Step 2　展开“数据库”节点，右击“S-C-T”选择【新建查询】命令，如图 8.5 所示。

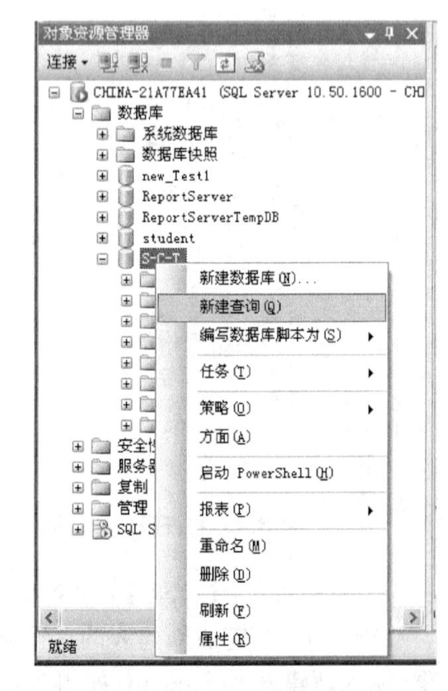

图 8.5　打开【新建查询】窗口

Step 3　在【新建查询】窗口中输入如下语句：

```
USE S-C-T
CREATE TABLE Student
        (Sno   CHAR(9) ,
        Sname   CHAR(20) ,
        Ssex    CHAR(2),
        Sage   SMALLINT,
```

```
            Sdept  CHAR(20)
    Constraint PK_Sno
    PRIMARY KEY (Sno) / * 表级完整性约束条件 * /
                );
    GO
```

Step 4　单击工具栏【执行】按钮【! 执行(X)】或键盘上的【F5】键,即完成表 Student 的创建。

8.1.2　完整性约束

数据库中的数据完整性要求是通过约束实现的。在 SQL Server 2008 中有 6 种约束:

- PRIMARY KEY 约束;
- FOREIGN KEY 约束;
- NULL | NOT NULL 约束;
- UNIQUE 约束;
- CHECK 约束;
- DEFAULT 约束。

在 SQL Server 2008 中,约束有两种定义方法:

(1) 在 CREATE TABLE 语句中定义。在此定义中又可有两种不同形式:

- 列级完整性约束条件。约束条件置于列定义后;
- 表级完整性约束条件。约束条件置于表定义后。

(2) 单独定义。通过添加约束语句 ADD 实现,它一般紧邻表定义语句后,其语法如下:

ADD < constraint expression >

1) PRIMARY KEY 约束

可用 T-SQL 中 SQL 语句创建 PRIMARY KEY 约束如下:

[CONSTRAINT constraint _ name] PRIMARY KEY [CLUSTERED | NONCLUSTERED]
(column_name [, …n])

参数说明:

- constraint_name:约束的名字。
- CLUSTERED | NONCLUSTERED 表示所创建的 UNIQUE 约束是聚集索引还是非聚集索引,默认为 CLUSTERED 聚集索引。

例 8.2　创建 Student 表并设置 Sno 为主键。

```
CREATE TABLE Student
            (Sno  CHAR(9)     PRIMARY KEY, / * 列级完整性约束条件 * /
            Sname  CHAR(20)
            Ssex   CHAR(2),
            Sage  SMALLINT,
            Sdept  CHAR(20));
```

也可如【例 8.1】所示加上表级完整性约束条件。

2) FOREIGN KEY 约束

可用 T-SQL 中 SQL 语句创建 FOREIGN KEY 约束如下：

```
[CONSTRAINT constraint_name ][FOREIGNKEY]
REFERENCES referenced_table_name (column_name) [([,…n ]) ]
```

参数说明：

- referenced_table_name：FOREIGN KEY 约束引用的表的名称。
- column_name：FOREIGN KEY 约束所引用的表中的某列。

例 8.3 建立一个 SC 表，指定(Sno, Cno, Tno)为主键，“Sno”为外键，与 Student 表中的“Sno”列关联，“Cno” 为外键，与 Course 表中的“Cno”列关联，“Tno” 为外键，与 Teacher 表中的“Tno”列关联。

```
CREATE TABLE  SC
              (Sno   CHAR(9),
              Cno   CHAR(4),
              Tno   CHAR(9),
              Grade   SMALLINT,
      Constraint PK_Sno_Cno_ Tno PRIMARY KEY (Sno,Cno,Tno),
                  /* 表级完整性约束条件，主键由三个列构成 */
      Constraint FK_Sno FOREIGN KEY (Sno) REFERENCES Student(Sno),
                  /* 表级完整性约束条件，Sno 是外键，参照表是 Student  */
      Constraint FK_Cno FOREIGN KEY (Cno) REFERENCES Course(Cno)
                  /* 表级完整性约束条件，Cno 是外键，参照表是 Course */
      Constraint FK_ Tno FOREIGN KEY (Tno) REFERENCES Teacher (Tno)
                  /* 表级完整性约束条件，Tno 是外键，参照表是 Teacher */
);
```

3) NULL | NOT NULL 约束

可用 T-SQL 中 SQL 语句创建 NULL | NOT NULL 约束，约束语法如下：

```
[ CONSTRAINT constraint_name] NULL |NOT NULL
```

例 8.4 创建 Teacher 表并设置 Tno 为主键，Tname 为非空。

```
CREATE TABLE Teacher
   (Tno    CHAR(9)    PRIMARY KEY, /* 列级完整性约束条件 */
   Tname   CHAR(20)   NOT NULL /* 列级完整性约束条件，Tname 非空 */);
```

4) UNIQUE 约束

可用 T-SQL 中 SQL 语句创建 UNIQUE 约束如下：

```
[ CONSTRAINT constraint_name] UNIQUE [ CLUSTERED | NONCLUSTERED ]
```

其中，CLUSTERED | NONCLUSTERED 表示所创建的 UNIQUE 约束是聚集索引还是非聚集索引，默认为 NONCLUSTERED。

例 8.5 创建 Student 表并设置 Sno 主键，Sname 取唯一值。

```
CREATE TABLE Student
         (Sno    CHAR(9)   PRIMARY KEY,/* 列级完整性约束条件  */
         Sname   CHAR(20) UNIQUE   /* 列级完整性约束条件，Sname 取唯一
         值 */
```

```
Ssex     CHAR(2),
Sage   SMALLINT,
Sdept    CHAR(20));
```

5）CHECK 约束

CHECK 约束用于限制输入到一列或多列的值的范围，从逻辑表达式判断数据的有效性。它可用 SQL 语句创建 CHECK 约束的语法如下：

[CONSTRAINT constraint_name] CHECK (check_expression)

其中，check_expression 为约束范围表达式。

例 8.6 将 SC 表中 Grade 值设置在 0～100。

```
ALTER TABLE  SC,
ADD constraint CK_Grade,
Constraint CK_ Grade CHECK(Grade between 0 and 100)
```

6）DEFAULT 约束

可用 T-SQL 中 SQL 语句创建 DEFAULT 约束如下：

[CONSTRAINT constraint_name] DEFAULT constraint_expression [with VALUES]

其中，constraint _expression 为默认值表达式。

例 8.7 将表 Student 的“Sage”默认值设置为 '19'。

```
ALTER TABLE Student
ADD default '19' for Sage
```

7）删除约束

可用 T-SQL 中 SQL 语句删除约束如下：

DROP{[CONSTRAINT]constraint_name|COLUMN column_name}

例 8.8 将表 Course 的 ix_Cname 约束删除。

```
ALTER TABLE Course DROP ix_Cname
```

8.1.3 创建与删除索引

在创建表后一般可以创建索引，其语法结构如下：

CREATE [UNIQUE] [CLUSTERED | NONCLUSTERED]INDEX 索引名 ON 表名(列名[ASC | DESC])

参数说明：

- UNIQUE：唯一索引
- CLUSTERED | NONCLUSTERED：聚集索引|非聚集索引
- ASC | DESC：排序方式，默认为升序(ASC)

在创建索引后也可删除索引，其语法结构如下：

DROP INDEX 索引名

8.1.4 修改表

1）用 SSMS 修改表

Step 1 启动 SSMS，在资源管理器中，选中需要修改的表，点击右键，在弹出的快捷菜单中选择“设计”命令，如图 8.6 所示。

Step 2　在弹出的菜单中选择【设计】命令，打开如图 8.7 所示的表设计窗口进行修改操作：更改表名；增加字段、删除字段；修改已有字段的属性。

2) 用 T-SQL 语句修改表

T-SQL 中对数据表进行修改的语句是 ALTER TABLE，基本语法是：

```
ALTER TABLE< table_name>
  { [ALTER COLUMN<column_name>
                                        /* 修改的列 */
     new_data_type [(precision,[,scale])]
    [NULL | NOT NULL]
  ]}
  | ADD{ [<column definition >]} [,…n]
                                        /* 增加新列 */
  | DROP { [CONSTRAINT] <constraint_name>
| COLUMN <column_name> } [,…n]
                          /*删除指定约束或列名*/
```

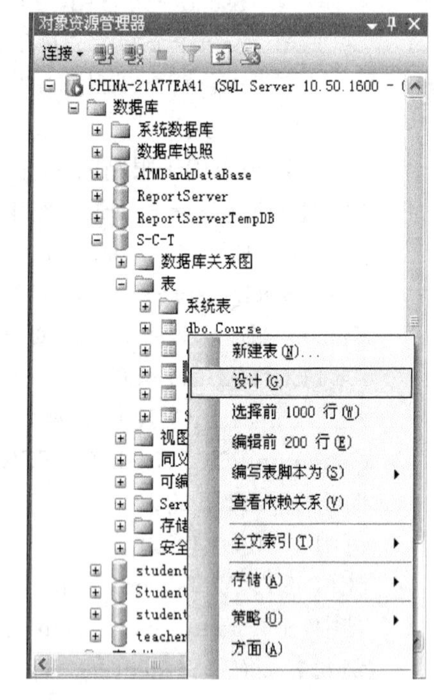

图 8.6　选择表结构设计窗口

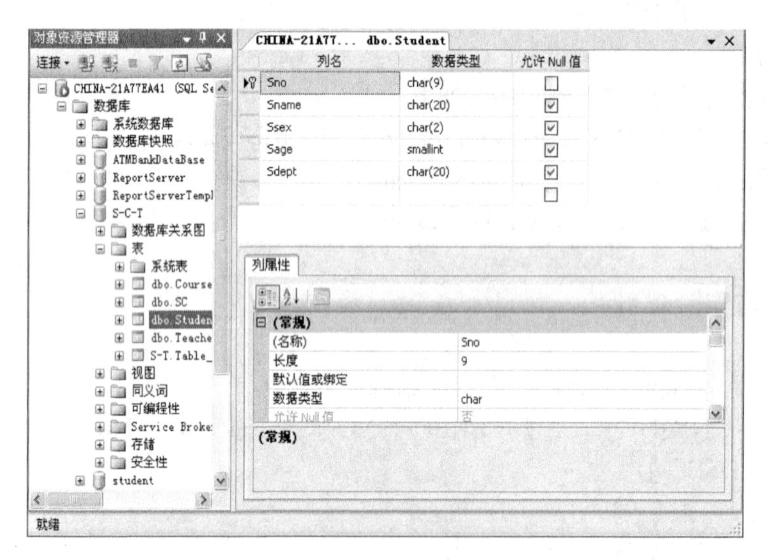

图 8.7　表结构设计窗口

参数说明

- table_name：用于指定要修改的表名。
- ALTER COLUMN：用于指定要变更或者修改数据类型的列。
- column_name：用于指定要更改、添加或删除的列的名称。
- new_data_type：用于指定新的数据类型名。
- precision：用于指定新的数据类型的精度。
- scale：用于指定新的数据类型的小数位数。
- NULL | NOT NULL：用于指定该列是否可以接受空值。

● ADD{ [<column definition >]}:用于从表中增加新列。

● DROP { [CONSTRAINT] <constraint_name>| COLUMN column_name }:用于从表中删除指定约束或列名。

例 8.9 在表 Student 中增加新字段 Cname,nvarchar 字符型,最大长度 20。

```
ALTER TABLE Student
ADD Cname nvarchar(20)
```

例 8.10 删除 Course 中字段 Cpno。

```
ALTER TABLE Course
Drop column Cpno
```

8.1.5 删除表

1) 用 SSMS 删除表

Step 1 启动 SSMS,在资源管理器中,选中需要删除的表,点击右键,在弹出的快捷菜单中选择“删除”,如图 8.8 所示。

Step 2 在弹出的菜单中选择【删除】命令,打开如图 8.9 所示的【删除对象】窗口,点击【确定】按钮,即可完成删除。

2) 用 T-SQL 语句删除表

T-SQL 中对表进行删除的语句是 DROP TABLE,该语句的语法格式为:

```
DROP TABLE table_name
```

例 8.11 删除表 Teacher。

使用的 T-SQL 语句为:

```
DROP TABLE Teacher
```

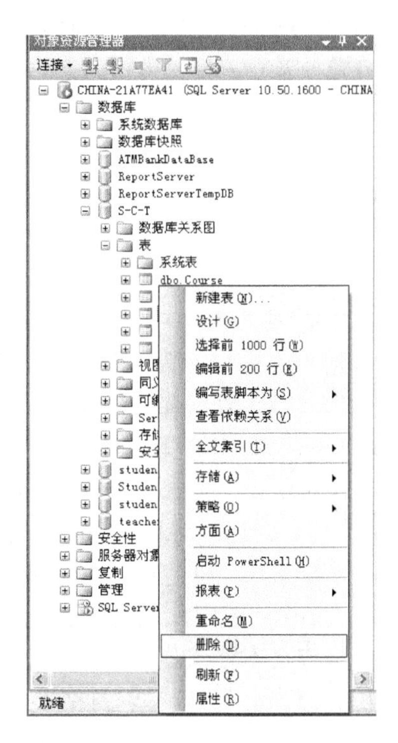

图 8.8 打开删除窗口

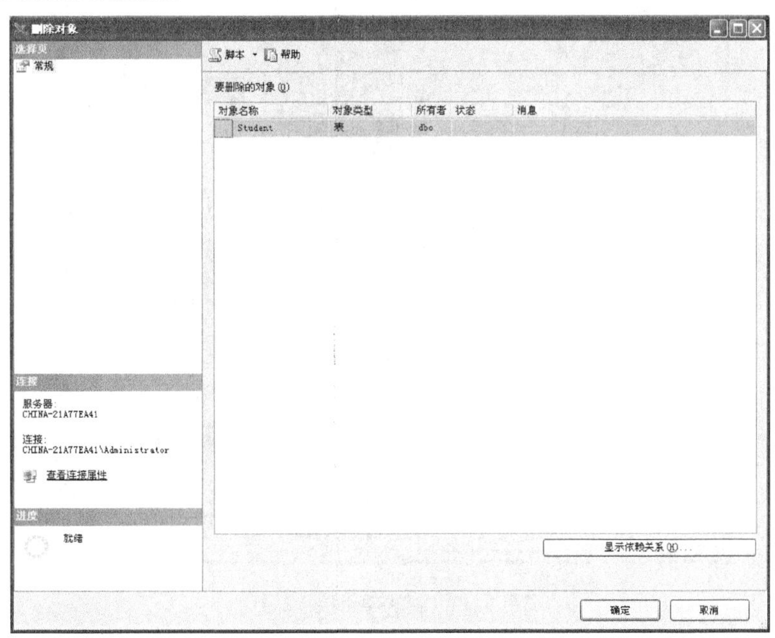

图 8.9 删除表

8.2 SQL Server 2008 中的数据查询操作

SQL Server 2008 中的数据查询操作是通过 SSMS 及 T-SQL 等两种方式完成的。此外在第 9 章中还将介绍第三种方式——调用层接口方式。

8.2.1 用 SSMS 执行查询操作

Step 1 启动 SSMS，打开对象资源管理器中的“数据库”→“S-C-T”→“表”节点，可以看到如图 8.10 所示资源管理器平台界面。其中“S-C-T”数据库中主要包含 Course、SC、Student、Teacher 表。

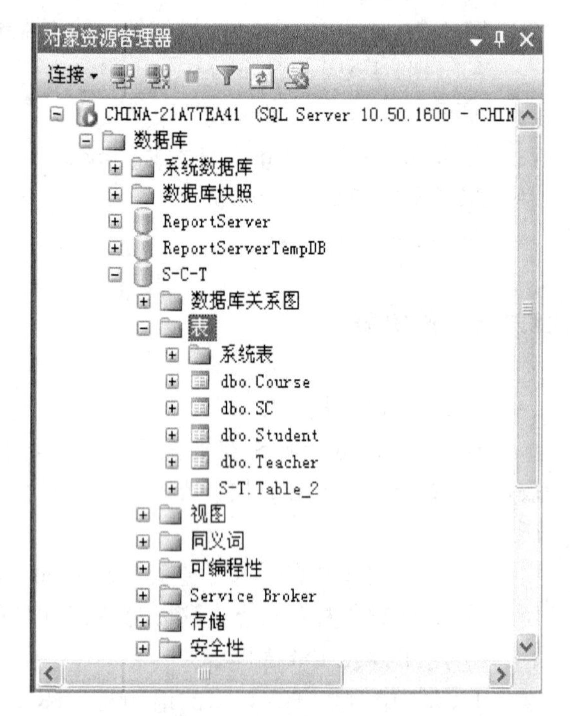

图 8.10 资源管理器

Step 2 选中平台中 Student 表，执行图 8.11 所示操作，将显示查询编辑器窗口。

Step 3 通过查询编辑器窗口可以新建查询、连接数据库、执行 SQL 语句。结果可以窗格或文本格式显示，如图 8.12 所示。单击【执行】按钮，窗口中以窗格形式显示 Student

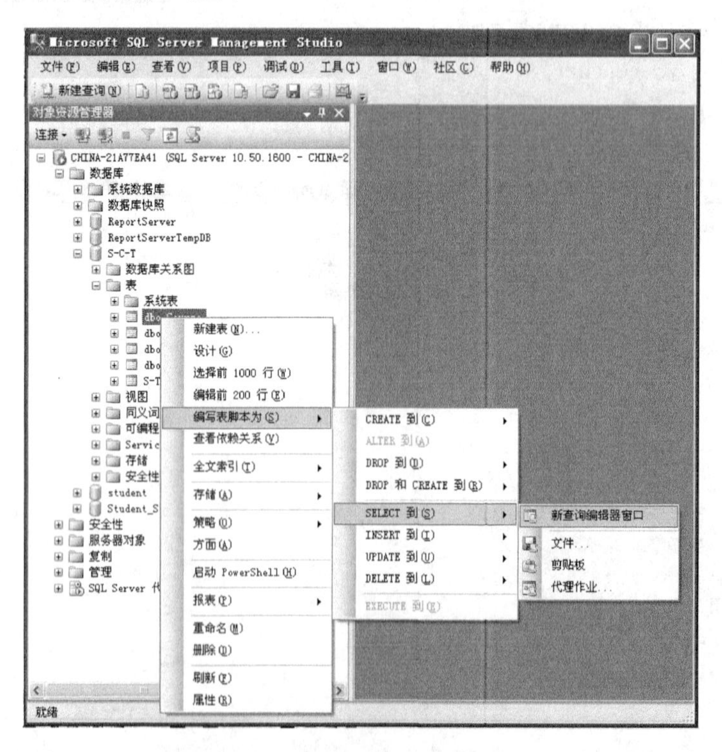

图 8.11 打开查询编辑器

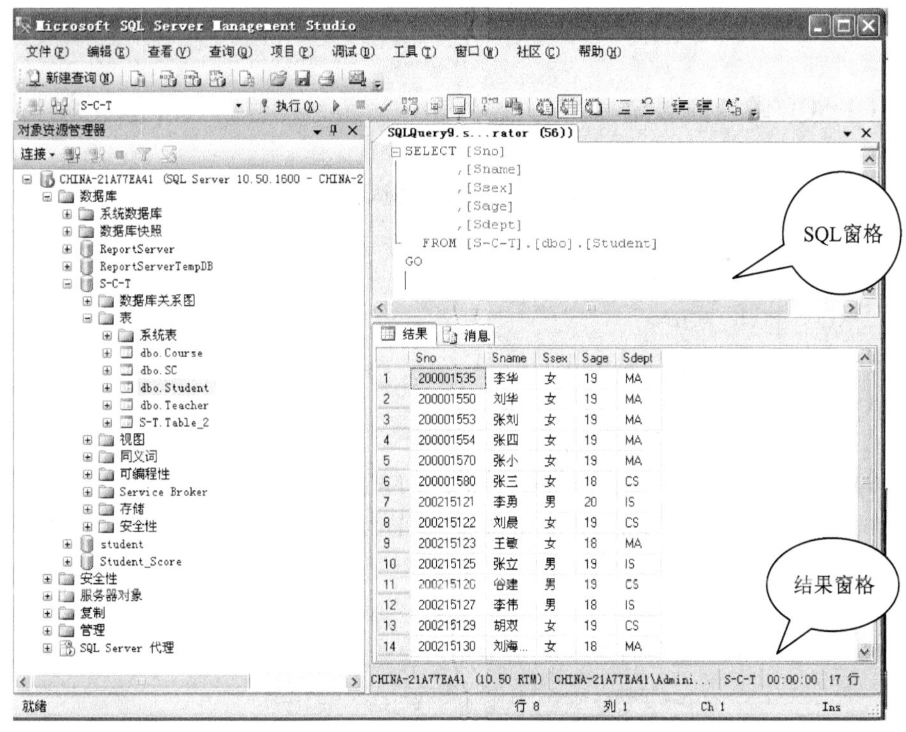

图 8.12　查询编辑器窗口

表中的数据。

Step 4　在 SQL 窗格右击，在弹出的快捷菜单中选择“在编辑中设计查询修改”命令，将显示如图 8.13 所示的查询设计器窗口。它有 3 个窗格，依次为关系图窗格、网格窗格及 SQL 窗格。在关系图窗格中所出现的图中表示了三个表的连接关系。

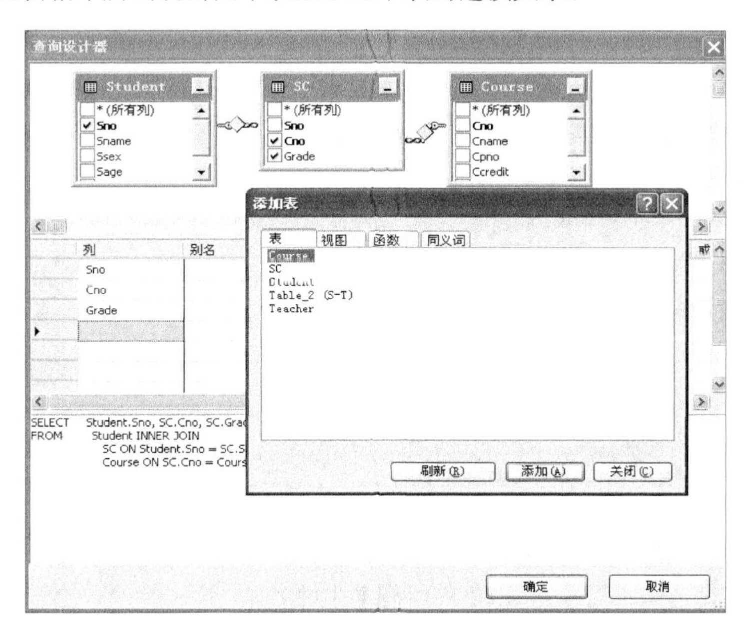

图 8.13　查询设计器窗口

Step 5　在查询设计器中用图形化方式设计查询，可以通过右键快捷菜单添加和删除表，单击【确定】按钮，将 SELECT 语句结果插入到查询编辑器主窗口中，并可在其中显示。

8.2.2　用 T-SQL 的查询语句

在 SQL Server 2008 中可以使用 SELECT 语句执行数据查询。

SELECT 语句语法：

```
SELECT select_list [ INTO new_table ]
[ FROM table_source ]
[ WHERE search_condition ]
[ GROUP BY group_by_expression]
[ HAVING search_condition]
[ ORDER BY order_expression [ ASC | DESC ] ]
```

SQL Server 2008 中的 SELECT 语句与 ISO SELECT 语句基本一致，因此在这里仅做简单的介绍。

1）简单查询

例 8.12　查询所有学生的姓名及其出生年份。

```
SELECT Sname, year(getdate())-Sage AS birthday
From Student
```

说明：该语句中使用了计算列的数值的表达式。getdate()函数和 year()函数，前者用于获取系统当前日期，后者用于获取指定日期的年份。

例 8.13　查询姓名以 A 打头的学生姓名与所在系。

```
SELECT Sname,Sdept
FROM  S
WHERE Sname  LIKE  'A%'
```

例 8.14　查询 Student 表中所有男生或者年龄大于 19 岁的学生姓名和年龄。

```
SELECT Sname, Sage
FROM Student
WHERE Ssex ='男' OR Sage > 19
```

2）复杂查询

例 8.15　查询每个学生选修课程号。

```
SELECT Student.Sname,SC.Cno
FROM Student,SC
WHERE Student.Sno = SC.Sno
```

例 8.16　例 8.14 中之 JOIN 连接表示。

```
SELECT Student.Sname,SC.Cno
FROM Student JOIN SC ON Student.Sno = SC.Sno
```

例 8.17　查询选修课程号为 C001 的所有学生姓名。

```
SELECT  Student.Sno
FROM  Student
```

```
WHERE   Student·Sno IN
                        (SELECT   SC·Sno
                         FROM   SC
                         WHERE   SC·Cno='C001')
```

例 8.18 查询选修了 C002 号课程的学生学号及其成绩,并按分数降序输出结果。

```
SELECT Sno, Grade
FROM SC
WHERE Cno ='C002'
ORDER BY Grade DESC
```

3) 聚合函数

例 8.19 查询计算机系学生选修 C001 号课程的平均成绩。

```
SELECT AVG(Grade)
FROM SC
WHERE Cno='C001' and Sno IN
                          ( SELECT Sno
                            FROM Student
                            WHERE Sdept ='CS')
```

4) 分类功能

例 8.20 查询每门课程学生的平均成绩及选课人数。

```
SELECT Cno, AVG(Grade) AS 平均成绩,COUNT(Sno) AS 选课人数
FROM SC
GROUP BY Cno
```

例 8.21 查询选修了 3 门以上课程的学生学号。

```
SELECT Sno
FROM SC
GROUP BY Sno
HAVING COUNT( * ) >3
```

5) 用 T-SQL 中的标准操作方式(如例 5.1 所示)完成查询:

例 8.22 在 T-SQL 方式中,SQL 查询操作一般用例 5.1 中的标准操作方式完成,下面就是一个操作实例。其他所有例子的操作实现与此例相同。

```
SELECT   *
FROM   Student
```

Step 1 启动 SSMS。

Step 2 点击工具栏上的【新建查询】按钮 新建查询(N),展开数据库节点,右击,在弹出的快捷菜单上选择“新建查询”命令,如图 8.14 所示。

Step 3 打开【查询编辑器】窗口,如图 8.15 所示,输入 SELECT 查询命令。

Step 4 点击菜单上的【执行】按钮即可完成查询。

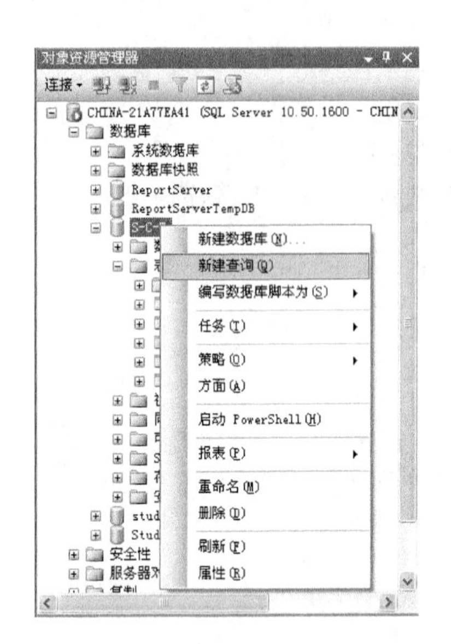

图 8.14　打开【新建查询】窗口　　　　图 8.15　【查询编辑器】窗口

Step 5　查询结果显示在右下角的窗口中，如图 8.16 所示。

图 8.16　【查询结果】窗口

8.3　SQL Server 2008 数据更改操作

数据更改操作包括数据添加、修改、删除等。它也是通过 SSMS 及 T-SQL 等两种方式完成的。此外在第 9 章中还将介绍第三种方式——调用层接口方式。

8.3.1 使用 SSMS 作数据更改操作

1）添加数据

Step 1　在对象资源管理器中选中需要添加记录的表（如 Student 表），右击，在弹出的快捷菜单中选择“编辑前200 行”命令，如图 8.17 所示，系统打开查询设计器，并返回前 200 行记录。

Step 2　插入数据时，将光标定位在空白行某个字段的编辑框中，输入数据，单击其他某行，即可提交新数据，如图 8.18 所示。单击工具栏上【保存】按钮可保存输入数据。

2）删除和修改数据

删除和修改也可以通过查询设计器完成。修改时选中需要修改的属性直接修改即可。删除记录行时，选中需要删除的数据行，单击右键，在弹出的快捷菜单中选择【删除】即可，如图 8.19 所示。

图 8.17　选择【编辑前 200 行】命令

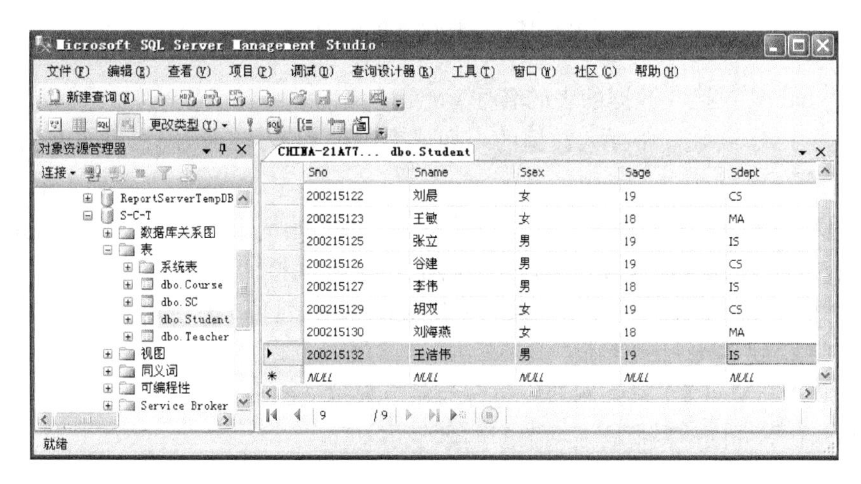

图 8.18　表中添加数据

8.3.2 使用 T-SQL 作数据更改操作

1）用 INSERT 语句插入数据

```
INSERT [ INTO ]table_name [ ( column_list ) ]
{
    { VALUES ( ( { DEFAULT | NULL | } [ ,... n ] ) [ ,... n] )
    | DEFAULT VALUES
    }
}
```

参数说明：

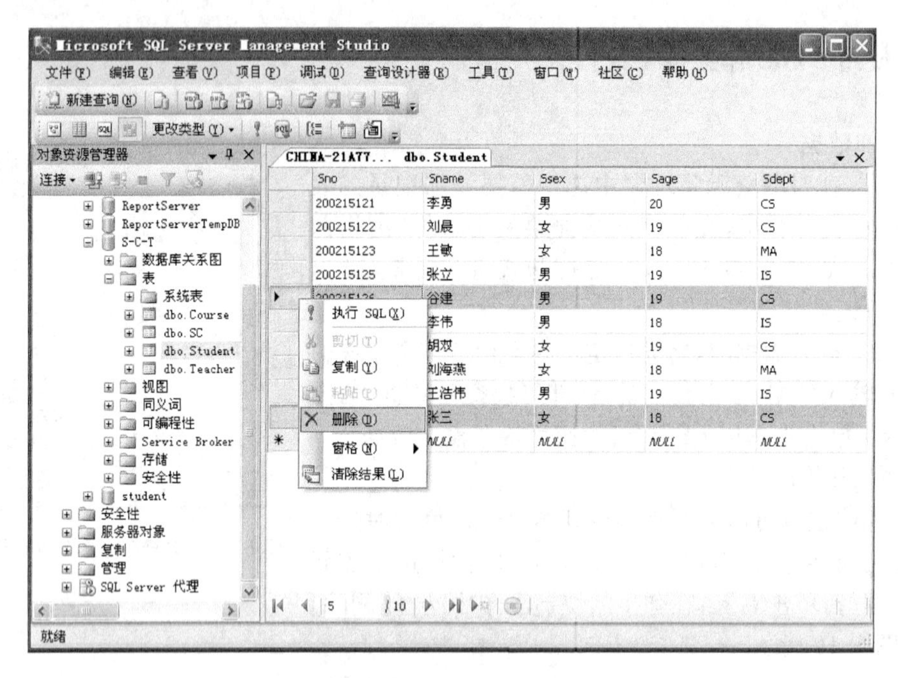

图 8.19　删除数据表中的数据

● table_ name:要接收数据的表的名称。

● column_list：要在其中插入数据的一列或多列的列表。必须用括号将其括起来,并且用逗号进行分隔。

● VALUES:引入要插入的数据值的列表。对于 column_list(如果已指定)或表中的每个列,都必须有一个数据值,并且必须用圆括号将值列表括起来。

● DEFAULT:强制数据库引擎加载为列定义的默认值。如果某列并不存在默认值,并且该列允许 NULL,则插入 NULL 值。

● DEFAULT VALUES:强制新行包含为每个列定义的默认值。

例 8.23　在 Student 表中插入一条新的学生信息。

```
INSERT INTO Student
VALUES ('200215132 ',' 王浩伟 ', 19 , 'IS')
```

例 8.24　将学生基本信息(学号、姓名、性别)插入到学生名册表 stu1 中。

```
INSERT INTO stu1
SELECT Sno ,Sname,Ssex
FROM Student
```

说明:使用 INSERT INTO 形式插入多行数据时,需要注意下面两点:

● 要插入的数据表必须已经存在;

● 要插入数据的表结构必须和 SELECT 语句的结果集兼容,也就是说,二者的列的数量和顺序必须相同,列的数据类型必须兼容等。

2) 用 UPDATE 语句修改数据

可以使用 UPDATE 语句修改表中已经存在的数据。

```
UPDATE [ TOP(n) [ PERCENT ] ]  table_ name
```

```
SET {column_name = { expression | DEFAULT | NULL }
  | @variable= column {+= |-= | *= |/= |%= |&= |∧=||= }
|expression
}
  [ WHERE &lt;search_condition&gt; ]
```

参数说明：

- TOP(n) [PERCENT]：指定将要更新的行数或行百分比。
- table_name：要更新行的表名。
- SET：指定要更新的列或变量名称的列表。
- WHERE：指定条件来限定所更新的行。
- <search_condition>：为要更新的行指定需满足的条件。

例 8.25 将学生表 Student 中"胡双"所属的学院由"IS"改为"MA"。

```
UPDATE Student
SET Sdept  = 'MA'
WHERE Student. Sname = '胡双'
```

例 8.26 将学生表所有学生的年龄增加 1 岁。

```
UPDATE Student
SET Sage= Sage+1
```

3) 用 DELETE 语句删除数据

使用 DELETE 语句可删除表中数据，其基本语法形式如下：

```
DELETE [FROM] table_name
[ WHERE search_condition ]
```

例 8.27 删除 Student 表中姓名为"李林"的数据记录。

```
DELETE FROM Student
WHERE Sname = '李林'
```

8.4 SQL Server 2008 的视图操作

SQL Server 2008 的视图操作通过 SSMS 及 T SQL 等两种方式完成的。

8.4.1 创建视图

1) 使用 SSMS 方式创建视图

Step 1 在"对象资源管理器"中展开"数据库"节点，右击视图，在弹出的快捷菜单中选择"新建视图"命令，打开新建视图窗口，如图 8.20 所示。

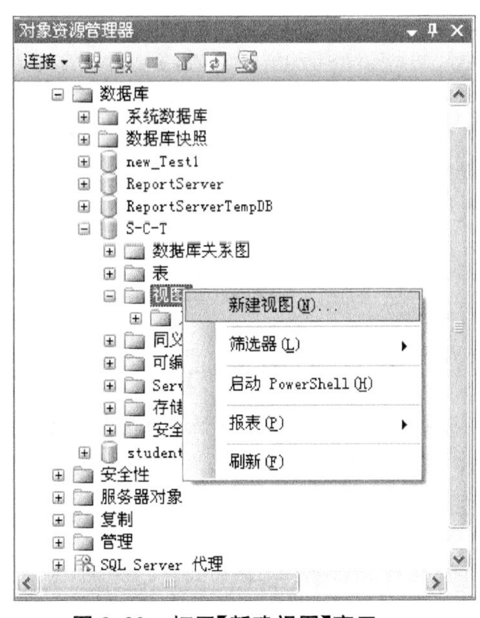

图 8.20 打开【新建视图】窗口

Step 2 在新建视图中选中需要添加的表，单击【添加表】对话框上的【添加】按钮以添加表，如

图 8.21 所示，再关闭【添加表】对话框。

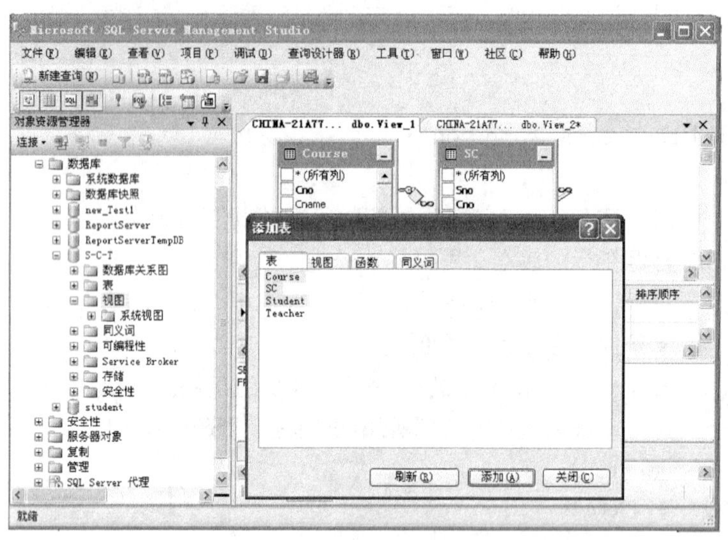

图 8.21　添加表

Step 3　在关系图窗口中将相关字段拖动到需连接的字段上建立表间的联系。在表列名前的复选框选择设置视图需输出的字段，在条件窗格设置需过滤的查询条件。如图 8.22 所示。

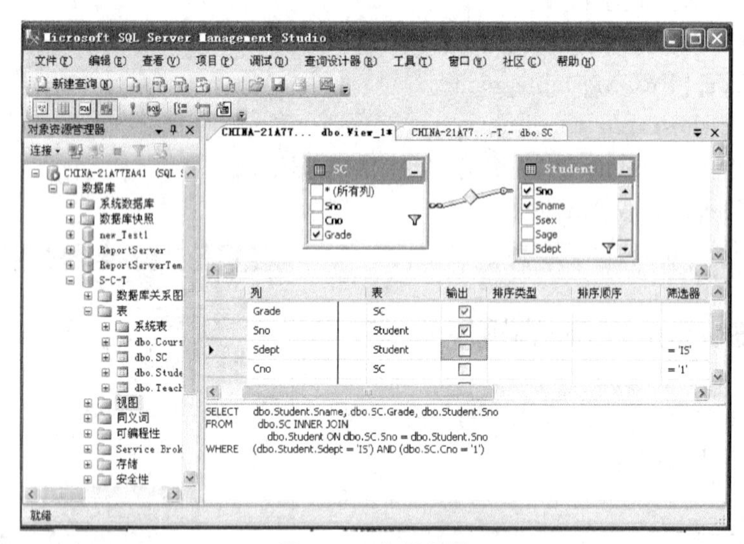

图 8.22　条件设置

Step 4　单击【执行】按钮以查看运行结果，如图 8.23 所示。

Step 5　单击工具栏上的【保存】按钮，在弹出的【选择名称】对话框的“输入视图名称”文本框中输入“Stu_IS_C1”，完成视图的创建。在对象资源管理器中可以看到创建完成的视图，如图 8.24 所示。

2) 用 T-SQL 创建视图

利用 CREATE VIEW 语句可以创建视图，该语句的基本语法如下：

CREATE VIEW [schema_name .] view_name

```
  [ (column [ ,... n ] ) ]
AS SELECT_statement
[ WITH CHECK OPTION ]
```

```
SELECT   dbo.Student.Sname, dbo.SC.Grade, dbo.Student.Sno
FROM     dbo.SC INNER JOIN
           dbo.Student ON dbo.SC.Sno = dbo.Student.Sno
WHERE    (dbo.Student.Sdept = 'IS') AND (dbo.SC.Cno = '1')
```

Sname	Grade	Sno
李勇	92	200215121

单元格是只读的。

图 8.23　视图查询结果图

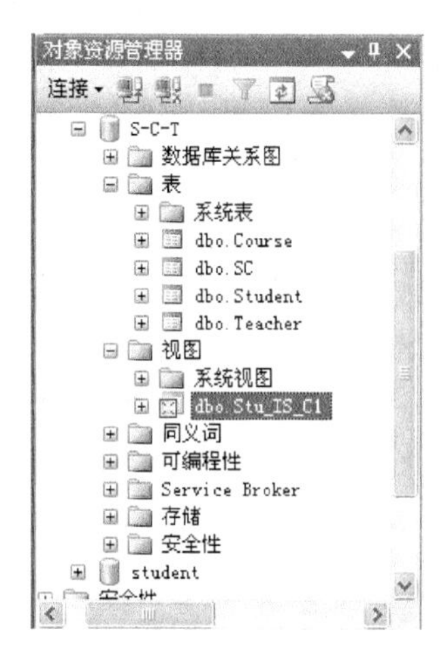

图 8.24　创建完成的视图

参数说明：

- schema_name：视图所属架构名。
- view_name：视图名。
- column：视图中所使用的列名。
- WITH CHECK OPTION：指出在视图上所进行的修改都要符合查询语句所指定的限制条件，这样可以确保数据修改后仍可通过视图看到修改的数据。

注意：用于创建视图的 SELECT 语句有以下的限制。

(1) 定义视图的用户必须对所参照的表或视图有查询权限，即可执行 SELECT 语句。

(2) 不能使用 ORDER BY 子句。

(3) 不能使用 INTO 子句。

(4) 不能在临时表或表变量上创建视图。

例 8.28　创建计算机系学生基本信息视图 Stu_CS，用于查看学生学号、姓名、年龄、性别信息，并修改其字段名；

```
CREATE   VIEW   Stu_CS(CS_ Sno, CS_Sname, CS _ Sage, CS _ Ssex)
AS
SELECT Sno,Sname,Sage,Ssex
FROM   Student
WHERE Sdept='CS'
```

例 8.29　创建信息系学生基本信息视图 Stu_IS，包括学生的学号、姓名及年龄，并要求进行修改和插入操作时保证该视图中只有信息系的学生。

```
CREATE   VIEW   Stu_IS(IS_ Sno, IS_ Sname, IS_ Sage)
AS
SELECT Sno,Sname, Sage
FROM Student
WHERE Sdept = 'IS' and Ssex=' 男 '
```

```
WITH CHECK OPTION
```

注意:加上“WITH CHECK OPTION”语句后对 Stu_IS 视图的更新操作如下。

- 修改操作:自动加上 Sdept= 'IS' 的条件
- 删除操作:自动加上 Sdept= 'IS' 的条件
- 插入操作:自动检查 Sdept 属性值是否为 'IS' ,如果不是,则拒绝该插入操作;如果没有提供 Sdept 属性值,则自动定义 Sdept 为 'IS'

例 8.30 建立信息系学生修课及成绩视图 STU_IS。

```
CREATE VIEW   STU_IS (IS Sno,IS Sname,IS Cname,IS Grade)
AS
SELECT Student. Sno, Student. Sname, Course. Cname ,SC. Grade
FROM Student INNER JOIN SC ON(Student. Sno= SC. Sno),SC INNER JOIN
        Course ON(SC.Cno= Course. Cno)
WHERE Student.Sdept='IS'
```

8.4.2 删除视图

删除视图的语法格式如下:

```
    DROP VIEW view_name [,... n ]
```

其中,view_name 为所要删除的视图的名称。

例 8.31 删除视图 Stu_IS。

```
DROP VIEW Stu_IS
```

8.4.3 利用视图查询数据

例 8.32 查询信息系学生学号为 S20770101 的“计算机基础”课程成绩。

```
SELECT IS Grade
FROM   STU_IS
WHERE IS Sno='S20770101'AND   IS Cname = ' 计算机基础 '
```

8.5 SQL Server 2008 的触发器操作

SQL Server 2008 触发器的触发事件包括 DML 与 DDL 两种,其操作包括创建触发器与删除触发器。一般使用 SSMS 平台下 T-SQL 方式,有时也可用 SSMS 方式。

8.5.1 触发器类型

1) DML 触发器

DML 触发器是当数据库发生 INSERT、UPDATE、DELECT 操作时所产生触发事件。

DML 触发器又分为两种:

- AFTER 触发器:这类触发器是在记录已经改变完之后才会被激活执行,它用于记录变更后的处理或检查。

- INSTEAD OF 触发器：这类触发器用于取代原本要进行的操作，在记录变更之前它并不去执行原来 SQL 语句(Insert、Update、Delete)，而去执行触发器本身所定义的操作。

2) DDL 触发器

DDL 触发器是响应数据定义事件时执行的存储过程。DDL 触发器激发存储过程以响应 CREATE、ALTER 和 DROP 等数据定义语句时有以下几种情况：

(1) 防止数据库架构进行某些修改。

(2) 防止数据库或数据表被误操作删除。

(3) 用于记录数据库架构中的更改事件。

8.5.2　创建触发器

1) 创建 DML 触发器

(1) 创建 AFTER 触发器

语法如下：

```
CREATE TRIGGER [schema_name.] trigger_name
ON { table | view }
{ AFTER}
{[INSERT][,][UPDATE]>[,]<[DELETE]}
AS
<T-SQL statements>
```

参数说明：

- trigger_name：触发器名。
- table | view：执行触发器的表或视图，称为触发器表或触发器视图。
- AFTER：只有在触发 SQL 语句中指定的所有操作都已成功执行后才激发。
- T-SQL statements：T-SQL 程序。

例 8.33　创建一个触发器，在 Student 表中插入一条记录后，发出“你已经成功添加了一个学生信息”的提示信息。

Step 1　启动“SSMS”。在【对象资源管理器】下展开【数据库】树型目录，定位到“S-C-T”，在其下的“表”树型目录中找到“dbo.Student”，选中【触发器】项，右击【触发器】，在弹出的快捷菜单中选择【新建触发器】选项，如图 8.25 所示。

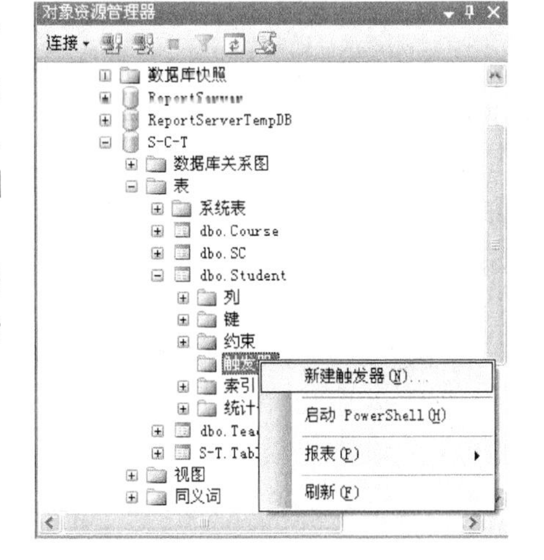

图 8.25　打开【新建触发器】窗口

Step 2　在【查询编辑器】的编辑区里修改【查询编辑器】里的代码，如图 8.26 所示。将从 CREATE 开始到 GO 结束的代码改为以下代码：

```
CREATE TRIGGER dbo.Student_insert
ON  Student
AFTER INSERT
AS
```

BEGIN

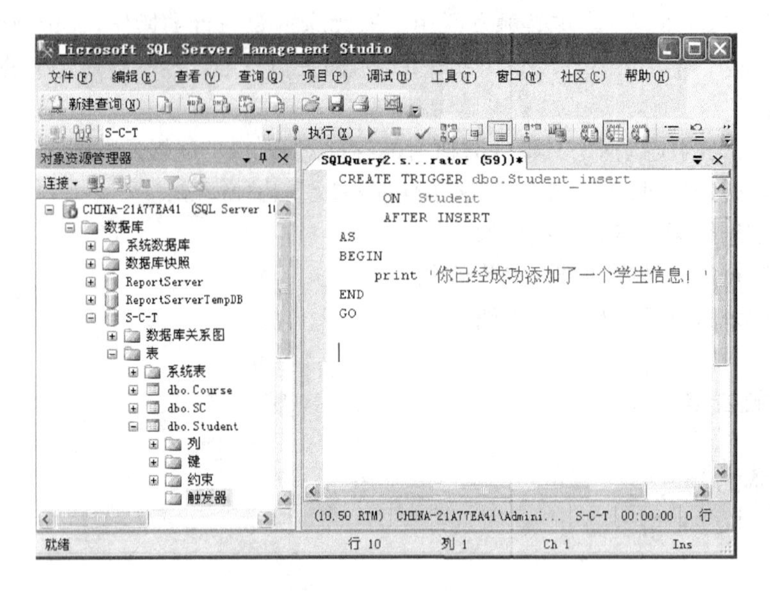

图 8.26 修改触发器代码

print '你已经成功添加了一个学生信息！'

END

GO

Step 3 单击工具栏中的【分析】按钮，检查语法。如果在下面的【结果】对话框中出现“命令已成功完成”，则表示语法没有错误。单击【执行】按钮，生成触发器。

Step 4 单击【刷新】按钮，展开【触发器】，可以看到刚才建立的“Student_insert”触发器，如图 8.27 所示。

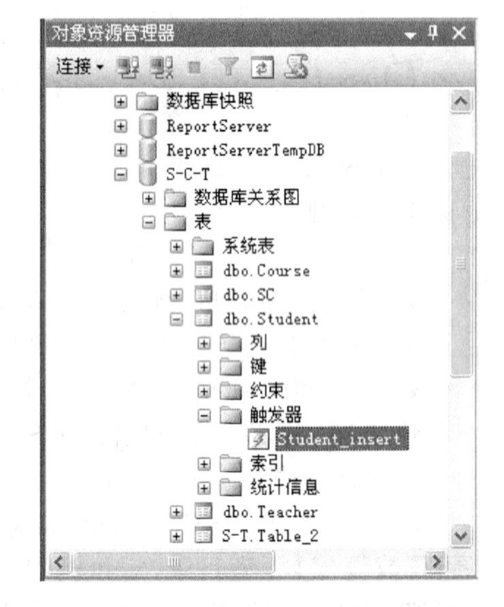

图 8.27 触发器“Student_insert”创建完成

(2) 创建 INSTEAD OF 触发器

INSTEAD OF 触发器与 AFTER 触发器的工作流程是不一样的。AFTER 触发器是在 SQL Server 服务器接到执行 SQL 语句请求之后，先建立临时的 Inserted 表和 Deleted 表，然后实际更改数据，最后才激活触发器的。而 INSTEAD OF 触发器是在 SQL Server 服务器接到执行 SQL 语句请求后，先建立临时的 Inserted 表和 Deleted 表，然后触发 INSTEAD OF 触发器。

创建 INSTEAD OF 触发器的语法如下：

CREATE TRIGGER [schema_name.]trigger_name

ON { table | view }

{INSTEAD OF}

{[INSERT][,][UPDATE]>[,]<[DELETE]}

```
[WITH APPEND]
AS
< T-SQL statements>
```

INSTEAD OF 指定执行触发器而不是执行触发 SQL 语句，从而替代触发语句的操作。

分析上述语法可以发现，创建 INSTEAD OF 触发器与创建 AFTER 触发器的语法几乎一样，只是把 AFTER 改为 INSTEAD OF。

例 8.34 修改 Student(学生)表中的数据时，利用触发器跳过修改数据的 SQL 语句(防止数据被修改)，并向客户端显示一条消息。

```
CREATE TRIGGER Student-Updata
_update
ON Student
INSTEAD OF UPDATE
AS
BEGIN
RAISERROR ('警告:你无修改学生表数据的权限!)
END
GO
```

2) 创建 DDL 触发器

创建 DDL 触发器的语法如下：

```
CREATE TRIGGER trigger_name
ON { ALL SERVER | DATABASE }
[ WITH ENCRYPTION ]
FOR { event_type | event_group } [ ,... n ]
AS { SQL_statement  [ ; ] }
```

参数说明：

- trigger_name：触发器名。
- DATABASE：将 DDL 触发器的作用域应用于当前数据库。
- ALL SERVER：将 DDL 触发器的作用域应用于当前服务器。
- WITH ENCRYPTION：对 CREATE TRIGGER 语句的文本进行加密。
- event_type：执行之后将导致执行 DDL 触发器的 T-SQL 程序事件的名称。
- event_group：预定义的 T-SQL 程序事件的名称。
- SQL_statement：指定触发器所执行的 T-SQL 程序。

例 8.35 建立用于保护“S-C-T”数据库中的数据表不被删除的触发器。

Step 1 启动“SQL Server Management Studio”。

Step 2 在【对象资源管理器】下选择【数据库】，定位到“S-C-T”数据库。

Step 3 单击【新建查询】按钮，在弹出的【查询编辑器】的编辑区中输入以下代码：

```
CREATE TRIGGER disable_droptable
ON DATABASE
FOR DROP_TABLE
AS
```

```
BEGIN
  RAISERROR (' 对不起,不能删除 CJGL 数据库中的数据表 ',16,10)
  ROLLBACK
END
GO
```

Step 4　单击"执行"按钮![执行(X)],生成触发器。如图 8.28 所示。在【对象资源管理器】中可以看到刚刚创建的触发器 disable_droptable。

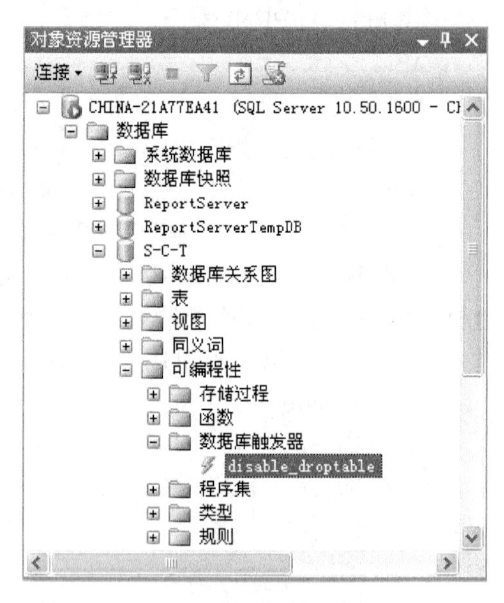

图 8.28　创建完成数据库触发器

8.5.3　删除触发器

触发器可以删除，一般可用 SQLServer Management Studio 和 T-SQL 语句进行删除。

1) T-SQL 语句删除

使用 T-SQL 中语句删除触发器时，该触发器所关联的表和数据不会受到任何影响，其语法形式如下：

```
DROP  TRIGGER {schema_name.触发器名}[,...][;]
```

2) 用 SQLServer Management Studio 删除

依次展开【数据库】→【S-C-T】→【表】→【Student】→【触发器】节点。右击需要删除的触发器,在弹出的快捷菜单中选择【删除】命令,如图 8.29 所示。在弹出的【删除】窗口中单击【确定】按钮即可完成删除操作。

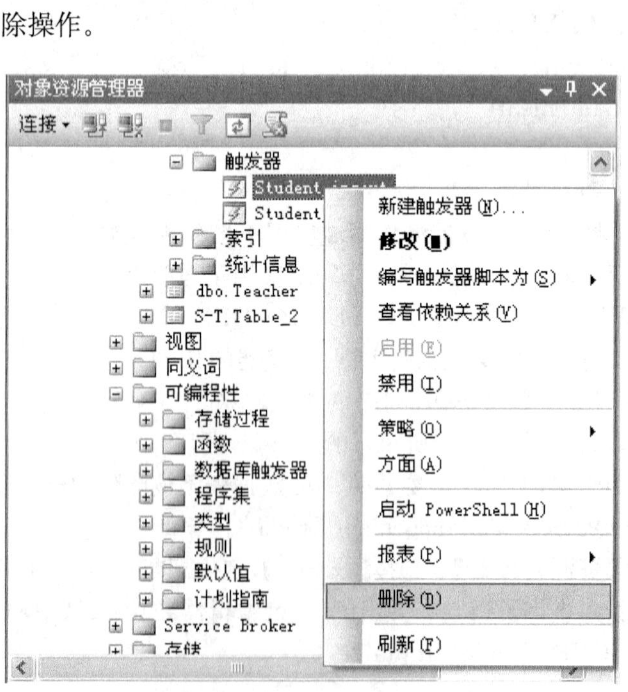

图 8.29　删除触发器

习　题　8

选择题

8.1　对视图的描述错误的是:(　　)

A. 是一张虚拟的表　　B. 在存储视图时存储的是视图的定义

C. 在存储视图时存储的是视图中的数据　　D. 可以像查询表一样来查询视图

8.2　在 SQL 语言中,若要修改某张表的结构,应该使用(　　)操作。

A. ALTER　　B. UPDATE　　C. UPDAET　　D. ALLTER

8.3　要查询 book 表中所有书名中以“计算机”开头的书籍的价格,可用(　　)语句。

A. SELECT price FROM book WHERE book_name = '计算机*'

B. SELECT price FROM book WHERE book_name LIKE '计算机*'

C. SELECT price FROM book WHERE book_name ='计算机%'

D. SELECT price FROM book WHERE book_name LIKE '计算机%'

8.4　为数据表创建索引的目的是(　　)。

A. 提高查询的检索性能　　B. 创建唯一索引

C. 创建主键　　D. 归类

8.5　在 SQL 语法中,用于插入数据的语句是(　　),用于更新的语句是(　　)。

A. INSERT,UPDATE　　B. UPDATE,INSERT

C. DELETE,UPDATE　　D. CREATE,INSERT INTO

8.6　SQL 中有 student(学生)表,包含字段:SID(学号),SName(姓名),Grade(成绩)。现查找学生中成绩最高的前 5 名学员。下列 SQL 语句正确的是(　　)。

A. SELECT TOP 5 FROM student ORDER BY Grade DESC

B. SELECT TOP 5 FROM student ORDER BY Grade

C. SELECT TOP 5 * FROM student ORDER BY Grade ASC

D. SELECT TOP 5 * FROM student ORDER BY Grade DESC

应用题

8.7　利用 T-SQL 语句完成“S-C-T”数据库及相应表的创建。

8.8　在题 8.7 定义的“S-C-T ”数据库基础上,用 T-SQL 语句求解以下问题:

(1) 把 Course 表中课程号为 03 的课程的学分修改为 2。

(2) 在 Studcnt 表中查询年龄大于 18 的学生的所有信息,并按学号降序排列。

(3) 为 Student 表创建一个名称为 my_trig 的触发器,当用户成功删除该表中的一条或多条记录时,触发器自动删除 SC 表中与之有关的记录(注:在创建触发器之前要判断是否有同名的触发器存在,若存在则删除之)。

【复习指导】

本章主要介绍 SQL Server 2008 中数据库对象管理。

1. 本章数据库对象管理内容包括:

- 表管理;
- 索引管理;
- 视图管理;

● 触发器管理。

2. 数据库对象管理操作方式

● 使用 SSMS 人机交互方式；

● 使用 SSMS 平台下 T-SQL 语句或程序。

3. 本章重点内容

SQL Server 2008 数据库对象管理的操作。

9 SQL Server 2008 数据交换及 T-SQL 语言

SQL Server 2008 数据交换方式一共有四种，它们分别是：

① 人机交互方式。

② 自含式方式（自含式语言 T-SQL 内部的数据交换方式）。

③ 调用层接口方式。

④ Web 方式。

此外，还有 SQL Server 2008 的扩展语言——T-SQL。

本章 4 节主要介绍四种数据交换方式，其中自含式方式与 T-SQL 合并在一节内介绍。

9.1 SQL Server 2008 人机交互方式

SQL Server 2008 中人机交互方式出现于其几乎所有操作中，其表示形式一般有两种，分别是可视化图形界面形式及命令行形式。其中常用的是可视化图形界面形式，此种形式是微软公司产品及 SQL Server 2008 的特色。

(1) 在数据库管理中都有人机交互方式，其使用的工具为可视化图形界面形式：SSMS (Server Management Studio)及命令行 sqlcommand。

(2) 在数据服务中一般都以人机交互方式的形式出现，如可视化图形界面形式：Business Intelligence Development Studio、SQL Server Profiler、SQL Server Configuration Manager、Database Engine Tuning Advisor 等。此外，还包括命令行形式等。

9.2 SQL Server 2008 自含式方式及自含式语言——T-SQL

SQL Server 2008 自含式方式主要表现在自含式语言 Transact-SQL（可简写为 T-SQL）中，T-SQL 将 SQL 与程序设计语言中的主要成分结合于一起并通过数据交换和建立无缝接口，构成一个跨越数据处理与程序设计的完整的语言，它包括如下内容：

- 核心 SQL 操作。
- 程序设计语言基本内容。
- 数据交换操作。
- 存储过程（包括触发器）。
- 函数。

T-SQL 程序与数据库一起都位于同一 SQL 服务器内，主要用于函数、存储过程及触发器的编写，也可编写服务器后台程序，在服务器内生成目标代码并执行。

9.2.1 T-SQL 数据类型、变量及表达式

1）数据类型

T-SQL 的数据类型常用如表 9.1 所示。

表 9.1 SQL Server 2008 中的基本数据类型

序号	分类	数据类型
1	二进制数据	Binary，Varbinary，Image
2	字符数据类型	Char，Varchar，Text
3	Unicode 数据类型	Nchar，Nvarchar，Ntext
4	日期和时间数据类型	Datetime，Smalldatetime
5	数值数据类型	整数型数据类型是 bit，Tinyint，Int，Smallint，bigint 小数型数据类型是 Float，Real，Decimal，Numeric
6	货币数据	Money，Smallmoney
7	特殊数据类型	Timestamp，Uniqueidentifier，Cursor，table，sql_variant
8	用户自定义数据类型	Sysname

2）变量

T-SQL 允许使用局部变量和全局变量。

（1）局部变量：局部变量必须用@开头，而且必须先用 DECLARE 语句说明后才可使用，其语法如下：

```
DECLARE
{  @local_variable [AS] data_type}
  [ ,... n ]
```

其中的参数说明如下：

- @local_variable：局部变量名称。
- data_type：局部变量的数据类型。

（2）局部变量的赋值。局部变量的赋值有两种方法：

SET @变量名 =值（普通赋值）

SELECT @变量名 = 值[,…](查询赋值)

（3）全局变量：全局变量是以两个@作前缀，即@@。全局变量主要用于记录 SQL Server 2008 的运行状态和有关信息，如表 9.2 所示。

表 9.2 全局变量说明

变量	说明
@@error	上一条 SQL 语句报告的错误号
@@rowcount	上一条 SQL 语句处理的行数
@@identity	最后插入的标识值

(续表)

变量	说明
@@fetch_status	上一条游标 Fetch 语句的状态
@@nestlevel	当前存储过程或触发器的嵌套级别
@@servername	本地服务器的名称
@@spid	当前用户进程的会话 id
@@cpu_busy	SQL Server 自上次启动后的工作时间

3) 运算符

T-SQL 中的运算符有算术运算符、比较运算符、逻辑运算符和字符串运算符等四种。

4) 表达式

表达式由常量、变量、属性名或函数通过与运算符的结合而组成。常用的表达式有:

(1) 数值型表达式　例如:x+2*y+6。

(2) 字符型表达式　例如:'中国首都一'+'北京'。

(3) 日期型表达式　例如:#2002-07-01#－#1997-07-01#。

(4) 逻辑关系表达式　例如:工资>=1200 AND 工资<1800。

5) 注释符

在 T-SQL 中可使用二类注释符:

(1) ANSI 标准的注释符"--"用于单行注释。

(2) 与 C 语言相同的程序注释符号,即"/*……*/"。

6) 批处理

批处理是 T-SQL 语句行的逻辑单元,它一次性地发送到 SQL Server 执行。T-SQL 将批处理语句编译成一个可执行单元,此单元称为执行计划。在批处理程序中通过 GO 语句以分隔之。此外,T-SQL 还规定:对定义数据库、表以及存储过程和视图等语句时,必须在语句末尾添加 GO 批处理标志。

在批处理前必须用 USE<数据库名>语句以指明该批处理所用的数据库并打开之。

例 9.1　注释、批处理语句的例子。

```
第一个批处理完成打开数据库的操作
USE S-C-T
GO
/*GO 是批处理结束标志*/
--第二个批处理查询 t_student 表中的数据
Select * from t_student
GO
--第三个批处理查询姓王的女同学的姓名
Select sname from t_student where sname like'王%'and  ssex='女'
GO
```

9.2.2　T-SQL 中 SQL 语句操作

T-SQL 包括核心 SQL 语句操作的以下几个部分：

1）数据定义

定义和管理数据库(数据架构)及各种数据库对象，包括表、视图、触发器、存储过程及函数等。对它们可作创建、删除、修改、查询等操作。

2）数据查询及操纵

数据库对象中的操作，即数据的增加/删除/修改/查询等功能。

3）数据控制

数据安全管理和权限管理等操作，此外还包括完整性约束等操作。

4）事务

在 T-SQL 中一共有三种不同的事务模式：

(1) 显式事务：显式事务是指由用户定义的事务语句，这类事务又称用户定义事务。它包括：

① BEGIN TRANSACTION：标识一个事务的开始，即启动事务。其语法如下：

BEGIN TRAN [SACTION] [transaction_name | @tran_name_variable]

② COMMIT TRANSACTION：标识一个事务的正常结束。其语法如下：

COMMIT [TRAN [SACTION] [transaction_name | @tran_name_variable]]

③ ROLLBACK TRANSACTION：标识一个事务的结束，说明事务执行遇到错误，事务内所修改的数据被回滚到事务执行前的状态，事务占用的资源将被释放。其语法如下：

ROLLBACK [TRAN | TRANSACTION][transaction_name | @tran_name_variable | savepoint_name | @savepoint_variable]

参数说明：

- BEGIN TRANSACTION：可以缩写为 BGEIN TRAN；
- COMMIT TRANSACTION：可以缩写为 COMMITT；
- ROLLBACK TRANSACTION：可以缩写为 ROLLBACK；
- transaction_name：事务名；
- @tran_name_variable：用变量指定事务名；
- savepoint_name：保存点名，当回滚只影响事务的一部分时可使用之；
- @savepoint_variable：指用户定义的、包含有效保存点名称的变量。

(2) 隐式事务：在隐式事务中，当前事务提交或回滚后，T-SQL 自动开始下一个事务。所以，隐式事务不需要使用 BEGIN TRANSACTION 语句启动事务，而只需要 ROLLBACK TRANSACTION、COMMIT TRANSACTION 等两个语句。

执行 SET IMPLICIT_TRANSACTIONS ON 语句可使 T-SQL 进入隐式事务模式。

需要关闭隐式事务模式时，可用 SET IMPLICIT_TRANSACTIONS OFF 语句关闭之。

例 9.2　插入表信息。

```
SET  IMPLICIT_TRANSACTIONS  ON
USE  S-C-T
GO
```

```
UPDATE Student SET Sage= Sage+1
COMMIT  TRANSACTION
SET  IMPLICIT_TRANSACTIONS OFF
GO
```

（3）自动事务：在自动事务中，事务是以一个 SQL 语句为单位自动执行。当一个 SQL 语句开始执行时即自动启动一个事务，在它被成功执行后，即自动提交，而当执行过程中产生错误时，被自动回滚。

自动事务模式是 T-SQL 的默认事务管理模式。当与 SQL Server 建立连接后，直接进入自动事务模式，直到使用 BEGIN TRANSACTION 语句开始一个显式事务，或者打开 IMPLICIT_TRANSACTIONS 连接选项进入隐式事务模式为止。而当显式事务被提交或 IMPLICIT_TRANSACTIONS 被关闭后，SQL Server 又进入自动事务管理模式。

9.2.3 T-SQL 中流程控制语句

流程控制语句是指用于控制 T-SQL 程序执行的语句，如表 9.3 所示。

表 9.3 主要流程控制语句

语句	功能说明
BEGIN…END	定义语句块
IF…ELSE	条件语句
CASE	选择执行语句
GOTO	无条件跳转语句
WHILE	循环语句
BREAK	推出循环语句
CONTINUE	重新开始循环语句
RETURN	返回语句
WAITFOR	延迟语句

1）BEGIN…END 语句

BEGIN…END 语句将多个 T-SQL 语句组合成一个语句块，并将它们视为一个单元处理。其语法为：

```
BEGIN
<T-SQL 语句或程序>
END
```

2）IF…ELSE 语句

IF…ELSE 语法为：

```
IF  <条件表达式>
    <T-SQL 语句或语句块 1>
```

ELSE

＜T-SQL 语句或语句块 2＞

3）CASE 语句

CASE 语句允许按列显示可选值，用于计算多个条件并为每个条件返回单个值，通常用于将含有多重嵌套的 IF…ELSE 语句替换为可读性更强的代码。

CASE 语句有两种形式：

① 简单格式形式：

CASE＜input 表达式＞

WHEN＜when 表达式＞THEN＜result 表达式＞

[…n]

[ELSE＜else result 表达式＞]

其含义是当 input 表达式＝when 表达式取值为真时则执行＜result 表达式＞，否则执行＜else result 表达式＞，如无 else 子句则返回 NULL。

② 搜索格式形式：

CASE＜WHEN 表达式＞THEN＜result 表达式＞

[…n]

[ELSE＜else result 表达式＞]

其含义是当＜WHEN 表达式＞为真时则执行＜result 表达式＞，为假时则执行＜else result 表达式＞，如无 else 子句则返回 NULL。

4）GOTO 语句

GOTO 语句是 SQL 程序中的无条件跳转语句。该语句虽然增加程序灵活性，但破坏结构化特点，应该尽量避免使用。

5）WHILE…CONTINUE…BREAK 语句

WHILE…CONTINUE…BREAK 语句用于设置重复执行 SQL 语句或语句块的条件。只要指定的条件为真，就重复执行语句。其中，CONTINUE 语句可以使程序跳过 CONTINUE 语句后面的语句，回到 WHILE 循环的第一行命令。BREAK 语句则使程序完全跳出循环，结束 WHILE 语句的执行。

WHILE 循环语句的语法为：

WHILE　＜布尔表达式＞

BEGIN

＜SQL 语句或程序块＞

[break]

[continue]

[SQL 语句或程序块]

END

6）RETURN 语句

RETURN 语句用于无条件地终止一个查询、存储过程或者批处理，此时位于 RETURN 语句之后的程序将不会被执行并返回至原调用处。

RETURN 语句的语法形式为：

RETURN [integer_expression]

其中,参数 integer_expression 为返回的整型值。存储过程可以给调用过程或应用程序返回整型值。

7) WAITFOR 语句

WAITFOR 语句用于暂时停止执行 SQL 语句、语句块或者存储过程等,直到所设定的时间已过或者所设定的时间已到才继续执行。WAITFOR 语句的语法形式为:

WAITFOR {DELAY 'time' | TIME 'time'}

其中,DELAY 用于指定时间间隔,TIME 用于指定某一时刻,其数据类型为 datetime,格式为 'hh:mm:ss'。

8) PRINT 语句

在程序运行过程中或程序调试时,经常需要显示一些中间结果。PRINT 语句用于向屏幕输出信息,其语法格式为:

```
Print msg_str | @local_variable | string_expr
```

参数说明:

- msg_str:字符串或 Unicode 字符串常量。
- @local_variable:任何有效的字符数据类型的局部变量。@local_variable 的数据类型必须为 char 或 varchar,或者必须能够隐式转换为这些数据类型。
- string_expr:输出的字符串的表达式。

9.2.4 T-SQL 中的数据交换操作

在 T-SQL 中的操作主要是游标操作与诊断操作,它主要用于数据库数据与程序数据间的交互。

1) 游标

T-SQL 中的游标共有五条语句,它们是:

(1) DECLARE 语句:用 DECLARE 语句以声明一个游标。DECLARE 语法格式如下:

```
DECLARE Cursor_name CURSOR[LOCAL|GLOBAL]
[FORWARD_ONLY|SCROLL]
[READ_ONLY]
FOR SELECT_statement
[FOR UPDATE [OF column_name [, ... n]]][;]
```

参数说明:

- Cursor_name:是所定义游标的名字。
- LOCAL:指明游标是局部的,它只能在它所声明的过程中使用。
- GLOBAL:游标对于整个连接全局可见。
- FORWARD_ONLY:指定游标只能向前滚动。
- READ_ONLY:只读。
- SCROLL:指定游标读取数据集数据时,可根据需求,向任何方向或位置移动。
- SELECT_statement:是定义游标结果集的 SELECT 语句。
- FOR UPDATE [OF column_name [,... n]]:定义游标中可更新的列。

(2) OPEN 语句:打开游标用 OPEN 语句,其语法格式如下:

OPEN {{[GLOBAL] Cursor_name}|Cursor_variable_name}

参数说明：

● GLOBAL：指定 Cursor_name 是全局游标。

● Cursor_name：已声明的游标名。如果全局游标和局部游标都使用 Cursor_name 作为其名称，那么如果指定了 GLOBAL，则 Cursor_name 指的是全局游标；否则，是局部游标。

● Cursor_variable_name：游标变量的名称，该变量引用一个游标。

(3) FETCH 语句：读取游标用 FETCH 语句，它的语法如下：

```
FETCH
[ [NEXT | PRIOR | FIRST | LAST | ABSOLUTE{n | @nvar} | RELATIVE{n | @
nvar}]
FROM]
{{[GLOBAL]Cursor_name} | @Cursor_variable_name}
[INTO @variable_name [,... n]]
```

参数说明：

● NEXT：紧跟当前行返回结果行，并且当前行递增为返回行。如果 FETCH NEXT 为对游标的第一次提取操作，则返回结果集中的第一行。NEXT 为默认的游标提取选项。

● PRIOR：返回紧邻当前行前面的结果行。

● FIRST：返回游标中的第一行并将其作为当前行。

● LAST：返回游标中的最后一行并将其作为当前行。

● ABSOLUTE {n|@nvar}：绝对行定位。

● RELATIVE {n|@nvar}：相对行定位。

● GLOBAL：指定 Cursor_name 是全局游标。

● Cursor_name：游标名。

● INTO @variable_name[,... n]：将提取到的列数据放到局部变量中。

(4) CLOSE 语句：关闭游标用 CLOSE 语句，其语法格式如下：

```
CLOSE {{[GLOBAL] Cursor_name}|Cursor_variable_name}
```

(5) DEALLOCATE 语句

删除游标用 DEALLOCATE 语句，释放游标的存储空间。它的语法如下：

```
DEALLOCATE {{[GLOBAL] Cursor_name}
      |@Cursor_variable_name}
```

2) 诊断

在 T-SQL 中提供四个诊断变量，它们都是全局变量，其中最常用的是 fetch-status，可用它以获得诊断结果。当它为 0 时表示 FETCH 执行成功，为−1 或−2 时表示不成功。

游标与诊断的配合使用可以有效地建立应用与数据库间的数据接口。

例 9.3 用游标取出 Student 表中年龄小于 19 岁的学生姓名，并打印显示结果。

```
USE  S-C-T                                    --打开数据库
GO
DECLARE c_name CURSOR FOR                     --声明游标
SELECT Sname FROM Student WHERE Sage<19
OPEN c_name                                   --打开游标
```

```
FETCH NEXT FROM c_name
WHILE @@FETCH_STATUS=0                              --循环
BEGIN
    FETCH NEXT FROM c_name INTO @ name              --取数据
    PRINT@name                                      --打印显示结果
END
CLOSE c_name                                        --关闭游标
DEALLOCATE c_name                                   --释放游标
GO
```

9.2.5 T-SQL 中存储过程

存储过程是 SQL Server 2008 中的一个数据对象，常用存储过程分为两类，它们分别是：

● 用户定义的存储过程

用户定义的 T-SQL 存储过程中包含一个 T-SQL 程序，可以接受和返回用户提供的参数。

● 系统存储过程

由系统提供的存储过程称系统存储过程，它定义在系统数据库 Master 中，其前缀是"sp_"，例如常用的显示系统信息的 sp_help 存储过程。

在这里我们主要介绍用户定义的存储过程，包括存储过程的创建、使用和删除。其所使用的方法有两种，它们是 SSMS 与 T-SQL 语句两种方式，常用的是后面的一种方式，下面我们就介绍这种方式。

1) 使用 CREATE PROCEDURE 语句创建存储过程

```
CREATE PROC[EDURE] procedure_name
    [{@parameter   data_type}[=default]
        [OUTPUT][READONLY][,... ,n]]
    AS {<SQL_statement>[;][,... ,n]}[;]
```

参数说明：

● procedure_name：存储过程的名称；

● @ parameter：存储过程中的参数；

● data_type：数据类型；

● default：默认值；

● OUTPUT：指示该参数是输出参数；

● READONLY：指示该参数是只读的；

● SQL_statement：包含在过程中的 T-SQL 程序。

例 9.4 编写存储过程，在 S-C-T 数据库中查询学生学号、姓名、课程名、成绩。

```
USE S-C-T
GO
CREATE  PROCEDURE  stu_cj
AS
```

```
SELECT   Student.Sno, Student.Sname, Course.Cname, SC.grade
FROM   Student, SC, Course
WHERE Student.Sno=SC.Sno AND SC.Cno=Course.Cno
GO
```

在存储过程中可以使用 RETURN 语句向调用程序返回一个整数(称为返回代码),指示存储过程的执行状态。

例 9.5 带 RETURN 语句的存储过程。

```
USE S-C-T
GO
CREATE   PROCEDURE pr_count2
(@Sdept varchar(8)='',
@num int output)
AS
if @Sdept=''
begin
    print'请输入系名!'
    return 1
end
select @num=count(*)
from Student
where Sdept=@Sdept
if @num=0
begin
    print'系名错误!'
return 2
end
return 0
GO
```

一个存储过程可以带一个或多个参数,输入参数是指由调用程序向存储过程传递的参数,它们在创建存储过程语句中被定义,在执行存储过程中给出相应的参数值。

例 9.6 编写带参数的存储过程,根据给出的学号、课程名查询该学生的成绩。

```
USE S-C-T
GO
CREATE   PROCEDURE pr_grade
  (@Sno char(9),
  @Cname char(8),
  @grade int output)
  AS
  SELECT @grade=grade
  FROM   SC,Course
```

```
    WHERE SC.Cno=Course.Cno AND SC.Sno=@Sno AND Course.Cname=@Cname
GO
```

2）存储过程的调用

存储过程的调用执行可以用 exec 语句，其语法形式为：

```
Exec | Execute
{ [ @return_status = ]
{ module_name | @module_name_var }
[ [ @parameter = ] { value | @variable [ Output ] | [ Default ] }]
[ ,... n ]
[ With Recompile ]}
```

参数说明：

● @return_statuts：可选的整型变量，存储模块的返回状态。这个变量在用于 Execute 语句前，必须在批处理、存储过程或函数中声明过。

● module_name：所调用的过程(模块)名。

● @module_name_var：过程(模块)名变量。

● @parameter：参数名。

● value：参数值。

● @variable：用来存储参数或返回参数的变量。

● Output：指定模块或语句字符串返回一个参数。该模块或语句字符串中的匹配参数也必须已使用 Output 创建。使用游标变量作为参数时使用该关键字。

● Default：根据模块的定义，提供参数的默认值。

● With Recompile：每次执行此存储过程时，都要重新编译。

例 9.7 例 9.4 中存储过程的调用执行如下：

```
Exec stu_cj
```

在执行存储过程的语句中，有两种方式传递参数值，分别是使用参数名传递参数值和按参数位置传递参数值。如例 9.6 可以采用如下两种方式传递参数：

① 按参数位置传递参数值

```
declare @score int
exec pr_grade '200515002','操作系统',@score output
select @score
```

② 使用参数名传递参数值

```
declare @score int
exec pr_grade @Sno = '200515002', @Cname = '操作系统', @grade = @score output
select @score
```

参数说明：

● 使用参数名传递参数值，当存储过程含有多个输入参数时，对数值可以按任意顺序给出，对于允许空值和具有默认值的输入参数可以不给参数值。

● 按参数位置传递参数值，也可以忽略允许为空值和有默认值的参数，但不能因此破坏输入参数的顺序。必要时使用关键字“DEFAULT”作为参数值的占位。

3) 存储过程的删除

可使用 Drop Procedure 语句从当前数据库中删除一个或多个存储过程,语法形式如下。

Drop { Proc | Procedure } { [schema_name.] procedure } [,... ,n]

例 9.8 删除存储过程 Pr_student,其代码如下:

DROP PROC Pr_student

用 T-SQL 语句实现存储过程是在 SSMS 平台下完成的。下面举两个例子。

例 9.9 用 T-SQL 语句创建存储过程的步骤如下:

Step 1 启动 SQL Server Management Studio。

Step 2 在工具栏上选择【新建查询】按钮“新建查询(N)”。

Step 3 弹出【新建查询】窗口,在【新建查询】窗口中输入 T-SQL 语句,如图 9.1 所示。

Step 4 单击窗体上的【执行】按钮即可完成存储过程的创建,如图 9.2 所示。

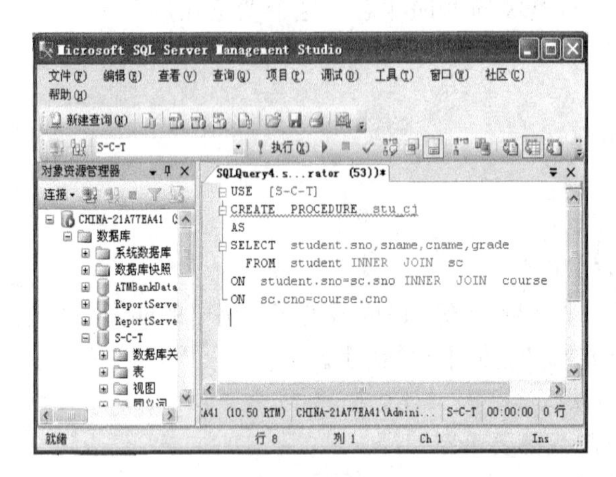

图 9.1 【新建查询】命令创建存储过程

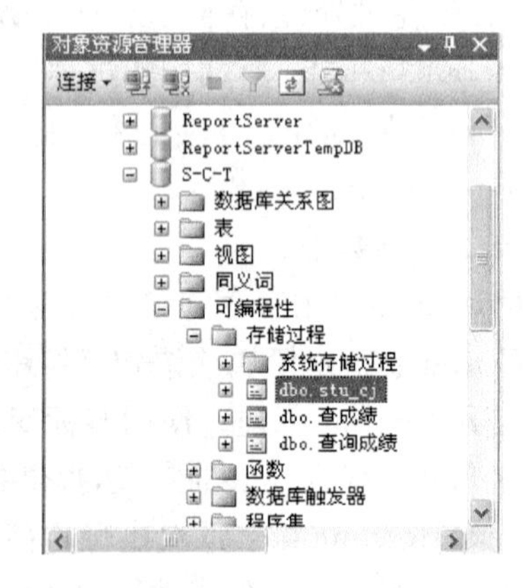

图 9.2 存储过程“stu_cj”创建完成

例 9.10 用 T-SQL 语句调用存储过程的其步骤如下:

Step 1 启动 SQL Server Management Studio。

Step 2 在工具栏上选择【新建查询】按钮“新建查询(N)”。

Step 3 在【新建查询】窗口中输入存储过程“pr_count2”的调用语句:

DECLARE @result int

DECLARE @num int

EXEC @result = pr_count2 @Sdept=CS, @num = @num OUTPUT

/ * 利用@result 和@num 分别获取存储过程 return 值及“CS”系的总人数 * /

SELECT @result 返回值,@num 个数

Step 4 单击窗体上的【执行】按钮即可完成存储过程的调用,如图 9.3 所示。

9.2.6 T-SQL 中函数

SQL Server 2008 提供了丰富的系统内置函数。此外,用户还可以创建自定义函数。

常用的自定义函数的语法结构如下所示:

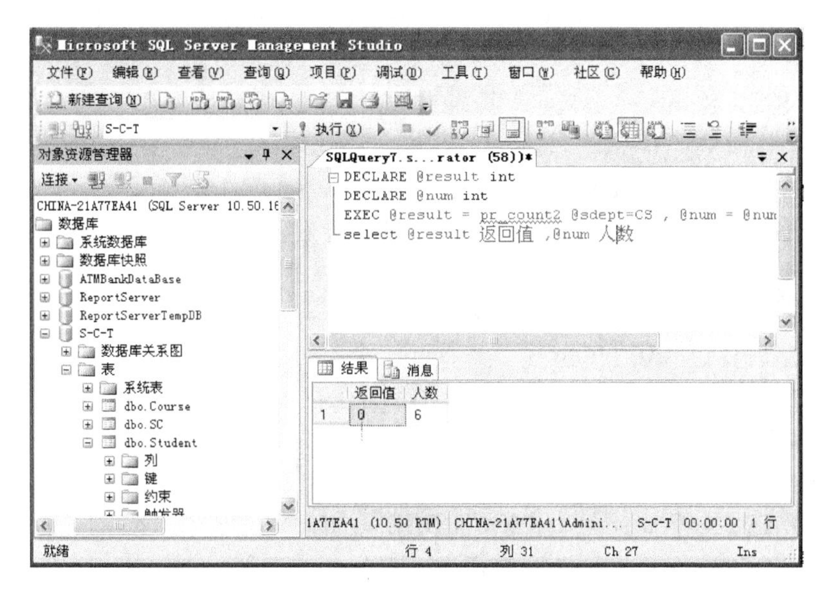

图 9.3 存储过程 pr_count2 执行结果

```
CREATE FUNCTION function_name
([{@parameter_name scalar_parameter_data_type [ = default ]}[,…n]])
RETURNS scalar_return_data_type
  [AS]
    BEGIN
      function_body
    RETURN scalar_expression
  END
```

参数说明：

- function_name　自定义函数的名称；
- @parameter_name　输入的参数名；
- scalar_parameter_data_type　输入参数的数据类型；
- RETURNS scalar_return_data_type　该子句定义了函数返回值的数据类型；
- BEGIN…END　该语句块内定义了函数体(function_body)以及包含 RETURN 语句，用于返回值。

9.2.7 T-SQL 编程

T-SQL 语言既能对数据库作操作也能作程序设计，同时通过游标与诊断对两者数据进行交互，还能调用存储过程与函数。它们组成了一个完整的程序设计语言体系，在数据库应用中发挥重要作用。

T-SQL 语言主要应用于存储过程、触发器与函数的编程以及服务器后台编程中。下面对应用做介绍。

1) 存储过程的编程

例 9.11 编制一个存储过程，该存储过程根据 S-C-T 数据库输入系别，输出该系所有学生的平均分情况。

```
USE S-C-T
GO
CREATE PROCEDURE printscore @dept-varchar(10)
/ * printscore 是存储过程名，@dept 为输入参数，是需要查询的系名 * /
AS
    / *  AS 表示存储过程体的开始 * /
BEGIN TRANSACTION
DECLARE @s_name varchar(20), @s_no varchar(10), @grade- int
/ * 声明存储过程中将用到的局部变量 * /
PRINT '-------- Student Grade Report --------'  --打印提示内容
DECLARE my_cursor CURSOR READ_ONLY
/ * 声明游标，read_only 表示游标为只读 * /
FOR
SELECT Student. Sno, Student. Sname, avg(CS. grade)
FROM Student, SC
WHERE Student. Sdept=@dept AND Student. Sno=CS. Sno
GROUP BY SC. Sno, Student. Sname
OPEN my_cursor
FETCH next FROM my_cursor INTO @s_no, @s_name, @grade
WHILE(@@fetch_status =0)-- @@fetch_status=0 表示取值成功
  BEGIN
  / * 打印学生学号、姓名及成绩  * /
    PRINT ' 学号：' + @s_no
    PRINT ' 姓名：' + @s_name
    PRINT ' 成绩等级：'
    IF @ grade < 60 AND @ grade >=0
    PRINT ' 不及格. '
    IF @ grade>90
    PRINT ' 优秀！ '
    IF @ grade <= 90 AND @ grade >= 60
    PRINT ' 通过. '
  FETCH next FROM my_cursor INTO @s_no, @s_name, @grade
END
/ * 关闭游标 * /
  CLOSE my_cursor
  / * 释放游标 * /
  DEALLOCATE my_cursor
  COMMIT TRANSACTION
```

```
GO
```

2）触发器编程

例 9.12 为 SC 表编写触发器 SC_insert，实现当 SC 中插入数据时检查 Grade 字段，若大于 0 且小于 100，则允许插入，反之则不允许插入。

```
USE S-C-T
GO
  CREATE TIGGER SC_inserte
ON SC
AFTER INSERT
AS
  BEGIN
    DECLARE @score int
    SELECT @score=Grade FROM inserted
    IF (@score>100 or @score<0)
    BEGIN
        PRINT '成绩超出范围！'
        ROLLBACK
      END
END
```

说明：inserted 为插入数据时的系统临时表。

3）函数的编程

例 9.13 定义一个函数，能查询到成绩大于@stuscroe 的学生名单。

```
USE S-C-T
GO
  CREATE FUNCTION Student list(@stuscroe numeric(5,1))
    RETURN @scoreinfomation TABLE
    (Sno CHAR(5),
      Sn CHAR(20),
      Cno CHAR(4),
      Student list   numeric(5,1))
AS
BEGIN
  INSERT @scoreinfomation
    (SELECT Student. Sno, Student. Sname, SC. Cno, SC. Grade
    FROM Student, SC
    WHERE Student.  Sno=SC. Sno AND SC. Grade>@ stuscroe)
RETURN
END
GO
```

9.3 SQL Server 2008 调用层接口方式——ADO

9.3.1 ADO 介绍

1) ADO 的面向对象方法

ADO (ActiveX Data Objects)是在 ODBC 之上由微软公司开发的调用层接口工具。ADO 采用面向对象方法及组件技术,为用户使用调用层接口提供了简单、方便与有效的方法。目前,它已取代 ODBC 及 SQL/CLI 成为最常用的调用层接口工具之一。

我们知道,不管是 SQL/CLI 还是 ODBC 或 JDBC,它们都是由 40～60 余个不同函数或过程组成,在操作处理时须有大量数据参与其中,它们烦琐、复杂,使用不便。为解决此问题,微软公司引入了面向对象的方法,将复杂问题做简单化处理,其核心思想是:

(1) 调用层接口虽然处理过程复杂、数据很多,接口也很多,但总体来说可以数据为核心将其分为四类数据,它们是:与连接 Connection(即客户端与服务器端的连接与断开)有关的数据、与命令 Command(即 SQL 命令的发送与执行)有关的数据、与记录集 RecordSet(即命令执行后所得结果集的处理)有关的数据以及与错误 Errors(即所有这些事情处理中所产生错误的处理)有关的数据,此外还包括围绕这些数据的一些操作,组成了四类事物,可称为四个类,而每个事物可称为对象。它们构成了如图 9.4 所示的面向对象结构图。

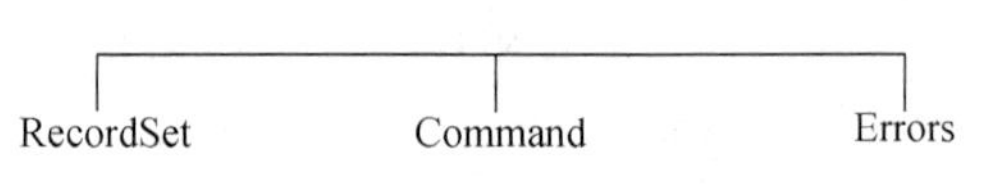

图 9.4 ADO 接口示意图

(2) 在每个对象中有两个部分内容组成,它们就是数据(或称参数)以及基于这些数据的操作。在面向对象方法中它们分别称为属性与方法。

按此思想,可将调用层接口归结成为四个类及类中若干个对象(属性与方法)组成。下面我们对其中三个主要类做介绍(在 ADO 中类的一次出现称为对象)。

2) Connection 对象

Connection 对象是用于建立或断开客户端应用程序与服务器端数据库间连接。它常用的有三个属性及四个方法,它们分别是:

(1) 属性 1:ConnectionString 属性。该属性给出了连接中的主要参数,它包括:

- Driver:它指出驱动程序类别。如 Oracle、SQL Server 2008 及 DB2 等。
- Server:它指出数据库所在服务器的 IP 地址。
- UID:它给出应用程序所对应的用户名。
- Database:它给出数据库名。
- PWD:它给出用户使用数据库的口令。

它们都包含于一个长字符串内,因此称连接串。

(2) 属性 2:DefaultDatabase。该属性指出了 Connecion 中的默认数据库名。由于在应用中数据库名经常是固定的,因此可用此属性以简化表示。

(3) 属性 3:State。该属性给出了 Connection 的连接状态,即连接或断开。

(4) 方法 1:Open。打开连接。

(5) 方法 2:Close。关闭连接。

（6）方法 3：Execute。执行打开后的 SQL 语句、存储过程等。

（7）方法 4：Cancel。中止当前数据库操作的执行。

此外，在 Connection 对象中还可有与事务有关属性“Transaction DDL”以及相关的方法：BeginTrans、CommitTrans 及 RollbackTrans 等。

3）Command 对象

Command 对象用于 SQL 查询、操纵等命令的发送与执行，它还可用于对调用存储过程的发送与执行。它常用的有四个属性及两个方法：

（1）属性 1：CommandText。该属性给出了 Command 对象的命令形式，如 SQL 查询语句、存储过程调用语句、表名等，它们以文本形式表示，因此称命令文本。这是 Command 对象的主要属性。

（2）属性 2：CommandType。指出了命令文本类型，如 SQL 语句、存储过程、表名等。

（3）属性 3：ActiveConnection。指出当前 Command 所属的 Connection 对象。

（4）属性 4：State。该属性给出了当前的运行状态。它包括打开或关闭两种状态。

（5）方法 1：Execute。发送及执行命令。

（6）方法 2：Cancel。取消 Execute 的调用。

4）RecordSet 对象

RecordSet 对象用于对记录集合的处理，它来自 Command 对象执行后所得到的数据集合（如查询命令结果），它也可以来自数据库中的表。对这些记录集需将其分解成为单个数据（称标量数据）供应用程序使用，也包括直接对它的处理。该对象常用的属性及方法是：

（1）属性 1：AbsolutePosition。指出了游标当前所在记录集中的绝对位置。

（2）属性 2：BOF。指出了游标当前是否指向记录集中的首记录。

（3）属性 3：EOF。指出了游标当前是否指向记录集中的末记录。

（4）属性 4：ActivePosition。指出当前 RecordSet 所属的 Connection 对象。

（5）属性 5：Source。返回生成记录集的命令字符串，它可以为 SQL 查询、存储过程名及表名等。

（6）属性 6：Filter。给出记录集的过滤条件。

（7）属性 7：Sort。设置排序字段。

（8）方法 1：Open。打开一个记录集。

（9）方法 2：Close。关闭一个记录集。

（10）方法 3：Move。移动游标至记录集中指定位置。

（11）方法 4：MoveFirst。移动游标至记录集中首记录。

（12）方法 5：MoveLast。移动游标至记录集中末记录。

（13）方法 6：MoveNext。移动游标至下一个记录。

（14）方法 7：MovePrevious。移动游标至上一个记录。

（15）方法 8：AddNew。在记录集中增加一个记录。

（16）方法 8：Delete。删除当前游标所指定的记录。

（17）方法 9：GetRows。从记录集中读取一组记录。

（18）方法 10：PutRows。将一组记录存入记录集中。

（19）方法 10：Update。保存当前记录的更改。

（20）方法 11：Find。在记录集中找到满足条件的记录。

5）ADO 的操作步骤

ADO 的操作主要是三个对象的使用，在使用前首先需要创建对象中的实例，接着，按一定次序与步骤使用三个对象。一般讲可分为下面几个步骤：

（1）创建对象中的实例及相应环境；

（2）通过 Connection 对象建立连接；

（3）用 Command 对象发送与执行命令；

（4）（与应用程序结合）用 RecordSet 对象作数据分发；

（5）用 Connection 对象断开连接。

这 5 个步骤可用图 9.5 表示。

Create — Connection — Command — RecordSet — Connection

图 9.5　ADO 操作步骤示意图

9.3.2　ADO 对象中主要方法的函数表示

前面介绍的 ADO 对象方法在操作时是以函数形式表示，并有一定的语法结构，在本节中我们对其常用的函数作介绍：

1）Create

Creat 用于创建对象与实例。常用的是创建实例：

```
CreateInstance
```

CreateInstance 用于创建实例。它用全球唯一标示符 unid 创建，通过 com 中的指针实现。如用 CreateInstance 指针创建一个 Connection 实例如下：

```
m_pConnection.CreateInstance(__uuidof(Connection))
```

2）Connection

Connection 用于建立或断开客户端应用程序与服务器端数据库间连接。常用有 3 个函数：

（1）Open：可打开一个到数据源的连接，并可以对数据源执行命令。其语法结构如下：

```
Connection.Open connectionstring,userID,password,options
```

参数说明：

● Connectionstring：可选。可用于建立到数据源的连接的信息。它一般包括：

— Provider：指的是数据连接驱动程序提供者名称，如：provider=sqloledb.4.1。

— nitialCatalog：数据库名。

— DataSource：服务器名。当为本地服务器时可用：local 表示。

● userID：可选。一个字符串值，包含建立连接时的用户名。

● password：可选。一个字符串值，包含建立连接时要使用的密码。

（2）Execute：可执行指定查询、SQL 语句、存储过程或特有的文本。其语法如下：

```
Set objrs=conn.Execute(commandtext,ra)
```

对于不是以行返回的命令字符串：

```
conn.Execute commandtext,ra
```

参数说明：

● commandtext：必需。执行的 SQL 语句、表名、存储过程、URL 或文本。

● ra：可选。返回受查询影响的记录数目。

(3) Close：用于关闭 Connection 对象、Record 对象、Recordset 对象等，以释放系统资源。其语法如下：

Conn. Close

3) Command

Command 用于 SQL 查询、操纵等语句的发送与执行，还可用于对调用存储过程的发送与执行。常用有 1 个函数：

Execute 方法

Execute 可执行 Command 对象的 CommandText 属性中指定的查询、SQL 语句或存储过程。其语法如下：

对于以行返回的 Command：

Set rs=command. Execute(ra,parameters)

对于不是以行返回的 Command：

objcommand. Execute ra,parameters

参数说明：

● ra：可选。返回受查询影响的记录的数目。

● parameters：可选。即 CommandText 所示的 SQL 语句，传递的参数值。用于更改、更新或向 Parameters 集合插入新的参数值。

4) RecordSet

RecordSet 用于对记录集合的处理，常用有 4 个函数：

(1) Open：即打开游标，其语法结构如下：

recordset. Open Source, ActiveConnection, CursorType, LockType

或可简写为：

rs. Open Source, ActiveConnection, CursorType, LockType

参数说明：

● Source：可选，变体型，计算 Command 对象的变量名、SQL 语句、表名、存储过程调用或持久 Recordset 文件名。

● ActiveConnection：可选，变体型，计算有效 Connection 对象变量名；或字符串，包含 ConnectionString 参数。

● CursorType：可选，CursorTypeEnum 值，确定提供者打开 RecordSet 时应该使用的游标类型。

● LockType：可选，给出锁类型。

(2) Move：移动 RecordSet 对象中当前记录的位置。其语法如下：

recordset. Move NumRecords, Start

参数说明：

● NumRecords：必需。长整型，指定当前记录位置移动的记录数。

● Start：可选。字符串或变体型，指定从哪儿开始移动。也可为下值之一：

— AdBookmarkCurrent(0)：默认。从当前记录开始。

— AdBookmarkFirst(1)：从首记录开始。

— AdBookmarkLast(2)：从尾记录开始。

(3) Find：搜索 Recordset 中满足指定标准的记录。如果满足标准，则记录集位置设置在找到的记录上，否则位置将设置在记录集的末尾。其语法如下：

Find (criteria, SkipRows, searchDirection, start)

参数说明：

- criteria：必需。字符串，包含指定用于搜索的列名、比较操作符和值的语句。
- SkipRows：可选。长整型，默认值为零，指定当前行或 start 书签的位移以开始搜索。
- searchDirection：可选的 searchDirectionEnum 值。指定搜索应从当前行还是下一个有效行开始。其值可为 adSearchForward(1) 或 adSearchBackward(-1)。搜索是在记录集的开始还是末尾结束由 searchDirection 值决定。
- start：可选。变体型书签，用作搜索的开始位置。

(4) Close：用于关闭记录集，其语法结构如下：

recordset. Close

或可简写为：

rs. Close

此外还可以有：GetCollect、PutCollect 及 Update 等其他多种方法等。

9.3.3 ADO 对象编程

ADO 是在网络环境下的数据接口工具。数据库在服务器端，应用程序在客户端，通过 ADO 建立它们的接口。因此，应用程序＋ADO＋数据库组成了完整的编程环境。应用程序可用 C、C＋＋等编写，其步骤可分为三步：

第一步：创建应用程序；

第二步：ADO 相关的代码设计(包括定义相关变量和函数)；

第三步：功能代码设计。

例 9.14 本例用 ADO 对象实现与 SQL Server 2008 中数据库"Student"的连接及数据的交换，完成奖学金金额的计算，并将结果写入属性 bursary 中。其中，一等奖学金为 6 000 元，二等奖学金为 4 000 元，三等奖学金为 2 000 元。学生信息表 Student 的表结构如表 9.4 所示。表中除了奖学金需要计算之外，其他项均有初值，奖学金计算步骤如下：

表 9.4 学生信息表 Student 的结构

属性名	类型	是否为主键	是否允许空值	备注
sno	char(8)	是	否	学号
sname	varchar(10)	否	是	姓名
age	int	否	是	年龄
dept	char(4)	否	是	所在系号
comment	varchar(8)	否	是	奖金级别
bursary	float	否	是	奖学金

1) 创建 VC 应用程序

打开 VC＋＋6.0，新建工程。选择 MFC AppWizard(exe)，工程名为 exec2，存放在 D 盘

exec2 文件夹里。

2）ADO 代码设计

（1）引入 ADO 库文件：使用 ADO 前必须在工程的 StdAfx.h 头文件里用＃import 导入 ADO 库文件，以使编译器能正确编译。代码如下所示：

```
//导入 ADO 支持库
#import "C:\Program Files\Common Files\System\ado\msado15.dll" no_namespace
rename("EOF","adoEOF")
//定义 ADO _ConnectionPtr，_CommandPtr，_RecordsetPtr 指针；
```

在 Exec2Dlg.h 文件的 class CExec2Dlg：public CDialog

方法中添加如下代码：

```
_ConnectionPtr   m_pConnection;
_CommandPtr   m_pCommand;
_RecordsetPtr   m_pRecordset;
```

（2）初始化 COM，创建 ADO 连接：ADO 库是一组 COM 动态库，这意味应用程序在调用 ADO 前，必须初始化 OLE/COM 库环境。在 MFC 应用程序里，一个比较好的方法是在应用程序主类的 OnInitDialog()成员函数里初始化 OLE/COM 库环境。

在本例 Exec2Dlg.cpp 文件 BOOL CExec2Dlg：OnInitDialog()成员函数里添加如下代码：

```
//初始化 COM，创建 ADO 连接等操作
AfxOleInit();
m_pConnection.CreateInstance(__uuidof(Connection));
m_pRecordset.CreateInstance(__uuidof(Recordset));
m_pCommand.CreateInstance(__uuidof(Command));
//用 try...catch()来捕获错误信息，
try
{
//打开本地 SQL Server 数据库 Student
m_pConnection->Open("Provider=SQLOLEDB 4.0;InitialCatalog=Student;
DataSource=(local);userID=sa;password=123456");
// Provider 指的是设置 connection 实例连接的程序环境是 SQLOLEDB 4.0
// InitialCatalog 是数据库名
// DataSource=(local)表示本地服务器
// userID 是用户名
// password 是密码
}
catch(_com_error e)
{
AfxMessageBox("数据库连接失败!");
return FALSE;
}
```

(3) 使用 ADO 创建 m_pRecordset：在 BOOL CExec2Dlg::OnInitDialog()函数中继续添加如下代码：

```
//使用 ADO 创建数据库记录集
try
{
    m_pCommand－＞CreateInstance(“ADODB.Command”),
    Variant_t vNULL,
    vNULL.vt=VT_ERROR,
    vNULL.Scode=DOSP_E_PARAMNOTFOUNI            //定义为无参数
    m_pCommand－＞ActiveConnection=m_pCommand,
                                                //给建立的连接赋值
    m_pCommand－＞CommandText=("SELECT * FROM S"),
                                                //查询 S 表所有记录
        m_pRecordset = m_pCommand－＞Execate(&vNULL.&vNULL.
        adCmdText),
                                                //执行命令取得记录
}
catch(_com_error *e)
{
    AfxMessageBox(e－＞ErrorMessage());
}
```

至此，与 ADO 相关的代码都已添加完毕。

下面在 Exec2Dlg.cpp 文件中添加应用代码，以实现计算学生奖学金金额的目标。

3) 计算学生奖学金金额相关代码

```
_variant_t var;
CString str_comment,str_bursary;
float v_bursary;
str_comment=str_bursary="";
    try
{
if(! m_pRecordset－＞BOF)      //在 Recordset 属性 BOF 中判别指针是否在第一
条记录
m_pRecordset－＞MoveFirst(); //当前指针不在第一条记录时将指针移向第一条
记录
  else
  {
  AfxMessageBox("表内数据为空");
  return;
  }
m_pConnection－＞BeginTrans(); //开启事务
```

```
while(! m_pRecordset->adoEOF) //在 Recordset 属性 adoEOF 中判别指针是否在末条记录
{
//计算奖学金
var = m_pRecordset->GetCollect("comment");//获奖学金等级列的取值
if(var.vt ! = VT_NULL)
str_comment= (LPCSTR)_bstr_t(var);
  if(str_comment=="1")
  {
  try
  {
// 计算一等奖的奖金
  m_pRecordset->PutCollect("bursary", _variant_t("6000"));//奖学金数额放入 bursary 中
  v_bursary=6000;
  }
  catch(_com_error * e)
  {
  AfxMessageBox(e->ErrorMessage());
  }
}
else if(str_comment=="2")
{
try
{// 计算二等奖的奖金
m_pRecordset->PutCollect("bursary", _variant_t("4000"));
  v_bursary=4000;
}
catch(_com_error * e)
{
  AfxMessageBox(e->ErrorMessage());
}
}
else
{
  try
  {// 计算三等奖的奖金
  m_pRecordset->PutCollect("bursary", _variant_t("2000"));
  v_bursary=2000;
  }
```

```
    catch(_com_error *e)
    {
    AfxMessageBox(e->ErrorMessage());
    }
}
try
{
// 将学生应发奖学金写回 Student 表中的 bursary 列
m_pRecordset->PutCollect("bursary", _variant_t(v_bursary));
m_pRecordset->Update();
}
catch(_com_error *e)
{
AfxMessageBox(e->ErrorMessage());
}
    m_pRecordset->MoveNext();
}//while 循环结束
m_pConnection->CommitTrans(); //所有循环成功执行后提交事务
}
catch(_com_error *e)
{
AfxMessageBox(e->ErrorMessage());
m_pConnection->RollbackTrans();  //事务代码异常时回滚
}
```

9.4 SQL Server 2008 Web 方式——ASP

SQL Server 2008 Web 方式是通过动态网页服务器页面(Active Server Page, ASP)实现的。ASP 是 Microsoft 公司开发的一种程序开发/编辑工具,它可以创建和运行动态的、可交互的 Web 服务器端应用程序。

9.4.1 ASP 工作原理

(1) 用户在客户端浏览器地址栏中输入动态网站的网址,向服务器发出浏览网页的请求。

(2) 服务器接受请求后,当遇到任何与 ActiveX Scripting 兼容的脚本(如 VBScript 和 JScript)时,ASP 引擎会调用相应的脚本引擎进行处理。若脚本指令中含有访问数据库的请求,就通过 ADO 访问与后台数据库相连,并由数据库访问组件执行访问操作。

(3) 数据库访问结束后,依据访问的结果集自动生成符合 HTML 语言的主页,将结果转化为一个标准的 HTML 文件发送给客户端,所有相关的发布工作由 Web 服务器负责。

如图 9.6 所示即为上面原理的表示。

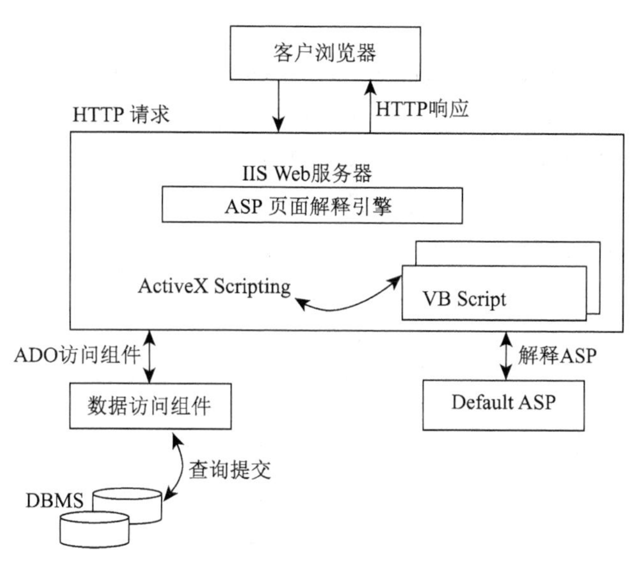

图 9.6 ASP 的工作原理图

(4) ASP 文件格式与 IIS 安装及设置

① ASP 文件格式。ASP 文件以.asp 为扩展名,在 ASP 文件中,可以包含以下内容:

- HTML 标记;
- 脚本命令:位于<%和%>分界符之间的命令;
- 文本。

② IIS 安装及设置。ASP 作为一种服务器端工具,不能直接通过 IE 访问,需要使用微软公司的 IIS 互联网信息服务,在本机或局域网上访问与调试 ASP 程序。

9.4.2 HTML 与静态网页

在 Web 方式中用 HTML 编写网页,这种网页是"固定不变"的,称静态网页。静态网页的网页文件没有程序,只有 HTML 代码。

9.4.3 脚本语言

ASP 不是一种编程语言,是一套服务端的对象模型,它需要脚本语言来实现。ASP 具备管理不同语言脚本程序的能力,能够自动调用合适的脚本引擎以解释脚本代码和执行内置函数。脚本语言作用是在 Web 页面增加脚本程序,在服务端和客户端实现 HTML 语言无法实现的功能,以扩展了 HTML 功能。脚本语言是 Visual Basic、Java 等高级语言的一个子集,可嵌入在 HTML 文件中。ASP 开发环境提供了两种脚本引擎,即 VBScript 和 JScript 脚本语言。

9.4.4 ASP 的内建对象及组件

ActiveX 组件是建立 Web 应用程序的关键。ASP 的组件提供了用在脚本中执行任务的对象。同时,ASP 也提供了可在脚本中使用的内建对象。

1）ASP 的内建对象

ASP 提供了六个内置对象，这些对象使用户能收集通过浏览器请求发送的信息、响应浏览器以及存储用户信息。在使用这些对象时并不需要经过任何声明或建立的过程。

- Application 对象，能够存储给定应用程序的所有用户共享信息。
- Request 对象，能够获得任何用 HTTP 请求传递的信息。
- Response 对象，能够控制发送给用户的信息。
- Server 对象，提供对服务器上的方法和属性进行的访问。
- Session 对象，能够存储特定的用户会话所需的信息。
- ObjectContext 对象，可以提交或撤销由 ASP 脚本初始化的事务。

2）ASP 内置组件

ASP 还提供一些内置组件，如表 9.5 所示。

表 9.5　ASP 内置组件

组　　件	功　　能
File Access	帮助实现对文件和文件夹的访问和操作
Ad Rotator	提供广告轮番显示的功能
Content Rotator	轮番显示指定内容
Content Linking	管理链接信息
Browser Capabilities	可以测试浏览器的功能
Counters	实现计数功能
Page Counting	用于记录页面单击次数
Logging Utility	用于管理日志文件
MyInfo	存储管理员信息

9.4.5　用 ASP 连接到 SQL Server 2008

通常情况下，在 ASP 中当网页内需编码时它与 SQL Server 2008 数据库的数据交换是通过这种方式进行的。在其中 ASP 作为一种开发环境组合 HTML 编写网页，VBScript (JScript)编写代码，再加上用 ADO 与 SQL Server 2008 数据库接口，从而完成 Web 方式中的数据接口。

习　题　9

选择题

9.1　T-SQL 使用局部变量名称前必须以(　　)开头。

A. @　　B. @@　　C. Local　　D. ##

9.2　SQL 语句中，BEGIN…END　用于定义一个(　　)。

A. 过程块　　B. 方法块　　C. 语句块　　D. 对象块

9.3 下面不是属于 SQL Server 2008 中事务模式的是(　　)。

A. 显式事务　　B. 隐式事务　　C. 自动事务　　D. 系统事务

9.4 在 SQL Server 服务器上,存储过程是一组预先定义并(　　)的 T-SQL 语句。

A. 保存　　B. 编译　　C. 解释　　D. 编写

9.5 利用游标可以实现对查询结果集的逐行操作。下列关于游标的说法中,错误的是(　　)。

A. 每个游标都有一个当前行指针,打开游标后当前行指针自动指向结果集第一行数据

B. 如果在声明游标时未指定 INSENSITIVE 选项,则已提交的对基表的更新都会反映在后面的提取操作中

C. 当@@FETCH_STATUS=0 时,表明游标当前行指针已经移出了结果集范围

D. 关闭游标之后,可以通过 OPEN 语句再次打开该游标

问答题

9.6 T-SQL 包含哪些内容?请说明之。

9.7 T-SQL 包含哪些核心 SQL 语句操作?请说明之。

9.8 什么是事务?如何定义一个显示事务?请说明之。

9.9 SQL Server 2008 中数据库的数据与应用程序之间是以什么方式实现数据交换的?

9.10 简述游标的定义与使用。

9.11 简述 ADO 对象编程的一般步骤。

9.12 简述 ASP 工作原理。

9.13 简述用 ASP 连接到 SQL Server 2008 的方法。

应用题

9.14 编写一个使用 ADO 对象连接访问"S-C-T"数据库中"SC"表的实例并完成验证。

9.15 创建一个存储过程 myp2,完成的功能是在表 Student、表 Course 和表 SC 中查询以下字段:学号、姓名、课程名称、考试分数,并完成实验验证。

9.16 编制一个存储过程,该存储过程根据 S-C-T 数据库输入学号,输出该学生的姓名和平均分情况,并完成实验验证。

【复习指导】

本章主要介绍四种数据交换方式及 T-SQL 语言,一共有四个部分:

1. 人机交互方式:SQL Server 2008 所有操作都有人机交互操作,它适用于所有方式;

2. 自含式方式:SQL Server 2008 的自含式方式是通过 T-SQL 实现的,它适用于单机方式;

3. 调用层接口方式:SQL Server 2008 的调用层接口方式是通过 ADO 实现的,它适用于网络方式;

4. Web 方式:SQL Server 2008 的 Web 方式是通过 ASP+脚本语言+ADO 实现的,它适用于互联网 Web 方式。

5. 本章重点内容

- T-SQL

10 SQL Server 2008 用户管理及数据安全性管理

数据库系统是一种共享资源的系统，它可为多个用户提供资源服务。但是用户共享数据库资源是应该按一定规则进行的，超越规则的、过度的共享则会造成安全的危机。因此，用户使用数据库与数据库的安全是紧密关联的。在本章中我们将这两者组合于一起称为用户管理及数据安全性管理。即在 SQL Server 2008 中不是任何主体(包括人与程序)都能作为用户访问数据库的，它必须按一定规则访问，称访问权限，而不同用户的访问权限是不同的。因此用户只有被授予一定访问权限后才能成为 SQL Server 2008 的用户。其次，具有一定权限的用户在访问数据库时还必须接受 SQL Server 2008 系统的检验，它可称为系统验证或认证。这两者的结合组成了 SQL Server 2008 的数据安全性管理，同时，它也是作为 SQL Server 2008 用户的必备条件，因此也称 SQL Server 2008 用户管理。

在本章中我们讨论用户权限授予及用户权限检验这两个问题。它们可分为三节，分别为：

SQL Server 2008 用户权限以及用户权限检验的基本概念，也称数据安全性概述；

SQL Server 2008 用户及用户权限设置的操作；

SQL Server 2008 用户权限检验的操作。

10.1 SQL Server 2008 数据安全性概述

SQL Server 2008 的数据安全性是由两种安全体与两种安全层次所组成，并形成一个有效的、完整的、严格的数据防护体系。

10.1.1 两种安全体——安全主体和安全客体

1) 安全主体

安全主体又称主体，它即是用户。它指的是可以申请 SQL Server 2008 中资源的个体、群体或过程。安全主体按覆盖范围分为 Windows 级、SQL Server 级及数据库级等三级。

(1) Windows 级的主体有 Windows 组登录名，Windows 域登录名及 Windows 本地登录名。

(2) SQL Server 级的主体有 SQL Server 登录名。

(3) 数据库级的主体有数据库用户名。

2) 安全客体

安全客体又称安全对象，是 SQL Server 2008 管理的、可进行保护的实体分层集合，是主体所能访问的数据资源。它包含服务器、数据库(架构)和数据库对象等三层。

(1) 服务器级别的安全对象主要是指定的服务器，包括服务器名及相应固定的角色。

(2) 数据库级别的安全对象主要是指定的数据库、架构等，包括数据库名、架构名、固定数据库角色及应用程序角色等。

(3) 数据库对象级别的安全对象主要是指定的数据库对象，包括表、视图、函数、存储过程、触发器、约束规则及同义词等。

3) 安全主体访问安全对象

安全主体访问安全对象即是用户访问数据资源。用户必须掌握一定的访问资源的范围以及操作范围，分别称为资源权限(或称客体权限)与操作权限，它们统称为访问权限。

有关安全主体与安全对象间的关系如图 10.1 所示。

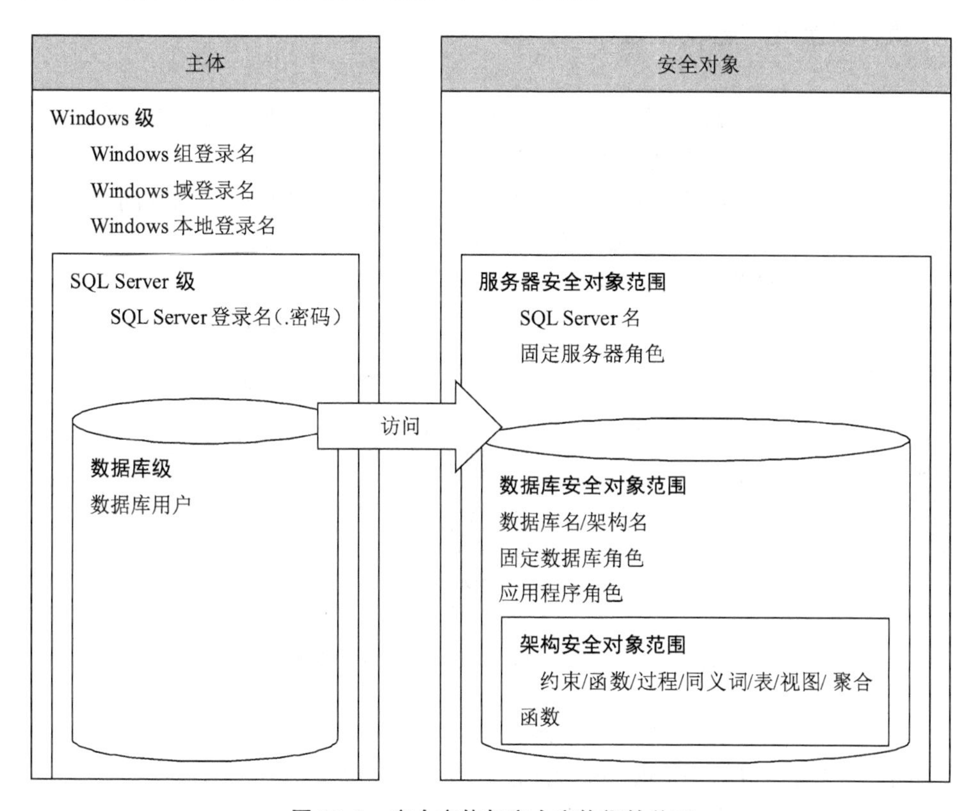

图 10.1　安全主体与安全客体间的关系

10.1.2　安全主体的标识与访问权限

在 SQL Server 2008 中有很多用户，它们即是安全主体，为便于管理，必须对它们作标识。此外还须对安全主体赋予它所访问的客体权限与操作权限(统称访问权限)。这三者缺一不可。这就是 SQL Server 2008 中用户所应具有的三个基本属性，亦称安全属性。在有了这些属性后用户才能访问数据库。下面对这三个基本属性作简单介绍：

1) 主体标识

主体标识包括主体名与密码等。如 Windows 级中的操作系统登录账户名(及密码)、SQL Server 级中的服务器的登录名及密码、数据库级的数据库用户名等。

2) 客体权限

主体所能访问客体的范围(如服务器、数据库、架构、数据库对象等)。

3) 操作权限

主体对客体所能执行的操作。操作与客体紧密关联,不同客体有不同操作。

主体(即用户)有了这三个属性后才具备访问 SQL Server 2008 的基本条件。因此每个 SQL Server 2008 的用户必须设置有三个属性,这种用户称安全用户(或安全主体)。

顺便说明一下,角色是一种主体的代理,也是一种虚拟的安全用户,只有将它与用户建立关联后,该用户才具备角色所持有的访问权限,从而成为安全用户。

10.1.3 两种安全层次与安全检验

安全用户可以访问数据库中资源,但在访问过程中须通过两种安全层次的检验。

10.1.3.1 SQL Server 2008 的两种安全层次

SQL Server 2008 是运行在网络环境中受 Windows 网络操作系统控制,同时它又以 SQL 服务器为平台,因此它的安全性与这两者紧密相关。同时 SQL Server 2008 中的数据被组织在数据库(架构)中,而数据库又被分解成若干个数据库对象,因此,SQL Server 2008 的安全性又与数据库、数据库对象有关。这样,SQL Server 2008 的安全性与 Windows 操作系统、SQL 服务器、数据库及数据库对象等四个部分紧密相关,如图 10.2 所示。

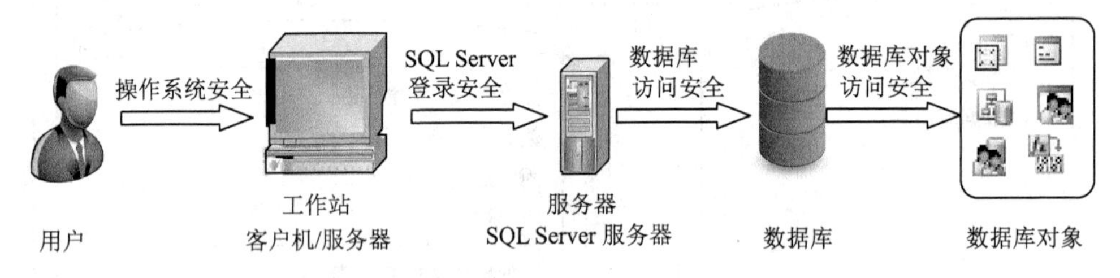

图 10.2 SQL Server 2008 安全层次间关系图

由于操作系统安全往往与 SQL 服务器安全紧密相连,因此这两者合并成一类,再加上数据库及数据库对象又组成另一个类,这样就分为两个安全层次如下:

1) 第一层,Windows 操作系统与 SQL Server 服务器的安全性

这一级别的安全性建立在控制 Windows 操作系统与服务器登录账号和密码的基础上,即必须具有正确的 Windows 操作系统或服务器登录账号和密码才能连接到 SQL Server 服务器。

2) 第二层,数据库的安全性

用户在通过第一层之后,即进入数据库,此时须有数据库用户名才能连接到相应的数据库并访问相应的数据库及数据库对象。

10.1.3.2 SQL Server 2008 安全检验

在 SQL Server 2008 中,安全主体访问客体时必须经两个层次权限检验,只有权限检验通过后访问才能得以进行,此称为访问控制。

在检验中,第一层是操作系统 Windows 与 SQL 服务器层,它们紧密结合提供两种检验模式(或称认证模式),一种是 Windows 模式,另一种是混合模式。Windows 模式是将操作系统的用户检验与数据库服务器的用户检验合二为一,只要通过操作系统用户检验即能进入 SQL

Server。在混合模式中 Windows 及 SQL Server 所建立的用户检验都可以使用。

在经过这层检验后，主体即能进入服务器，根据权限执行 SQL 服务器相关操作。接着是第二层数据库用户检验，通过后主体即能进入数据库及数据库对象根据访问权限执行相关操作。其检验流程如图 10.3 所示。

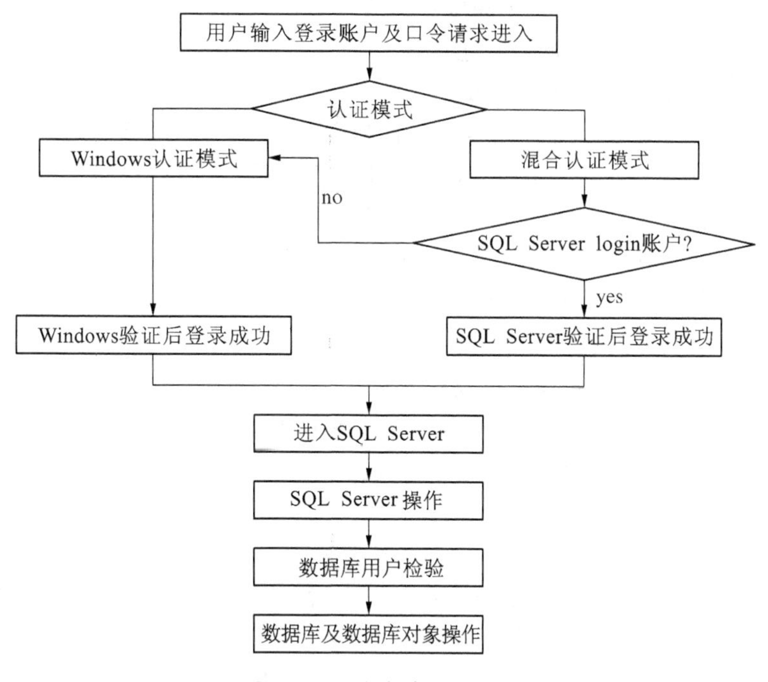

图 10.3　安全检验流程图

10.1.4　SQL Server 2008 安全性管理操作

从上面介绍可以看出，SQL Server 2008 安全性管理实际上是有两个部分，它们是：

1）安全主体三个基本属性设置与维护

即对安全主体的标识及其客体权限与操作权限的设置与维护。它可以通过两种操作方式，即 SSMS 及 T-SQL 实现。

2）安全性检验

安全性检验即是按两个层次实现安全主体对安全客体各种权限的访问检验。它通过两种方式，即 SSMS 及调用层接口方式实现。

10.2　SQL Server 2008 中安全主体的安全属性设置与维护操作

安全主体有服务器与数据库两个级别。其中服务器级别的三个安全属性是服务器登录名（及密码）、服务器名及相应操作；数据库级别的安全属性的访问权限可分为数据库名（及相应操作）、架构名以及数据库对象名（及相应操作）等三个层次。下面共分四部分介绍，以 SSMS 操作方式为主。

10.2.1 SQL Server 2008 服务器安全属性设置与维护操作

SQL Server 2008 中服务器级别的安全属性是服务器登录名(及密码)及它的访问权限(固定服务器角色)。在本节中通过创建服务器登录名(及密码)及固定服务器角色以及删除、查看、修改等操作以实现对服务器安全性管理。

10.2.1.1 系统级别安全操作的主体 sa

服务器的安全属性设置与维护需要由最高级别的安全主体实施,它即是系统管理员 sa (system administrator)。sa 是 Windows 系统级的管理员,具有操作最高权限,它是在安装 SQL Server 2008 时默认生成的一个登录名。该登录名不能被删除。当采用混合模式安装 SQL Server 系统之后,应该为 sa 指定一个密码。sa 还可以对其他安全主体授予多种权限。下面服务器级及数据库级安全属性设置与维护都可由 sa 操作完成。

10.2.1.2 服务器登录名创建

SQL Server 2008 中用户必须通过登录账户建立自己的连接能力,以获得对 SQL Server 实例的访问权限。该登录账户必须映射到用于控制在数据库中所执行活动的 SQL Server 名,以控制用户拥有的权限。在创建登录名时,既可以通过将 Windows 登录名映射到 SQL Server 中,也可以创建 SQL Server 登录名。

1) 创建 Windows 登录账户

在 SQL Server 2008 安装时即选择了验证模式,若为 Windows 验证方式就采用此种方式创建登录账户。它即为增加一个 Windows 的新用户并授权,使其能通过信任连接访问 SQL Server,创建 Windows 账户并将其加入 SQL Server 中,其操作工具为 SSMS。

Step 1 创建 Windows 的用户。以系统管理员身份登录到 Windows,选择【开始】→【控制面板】→"性能和维护"→选择"管理工具"→"计算机管理"→【计算机管理】窗口。

Step 2 在【计算机管理】窗口中选择"本地用户和组"中的"用户"图标并右击,在弹出的快捷菜单中选择 "新用户"菜单项,打开【新用户】窗口。在该窗口中输入用户名、密码,单击【创建】按钮,如图 10.4 所示。

图 10.4 创建新用户的界面

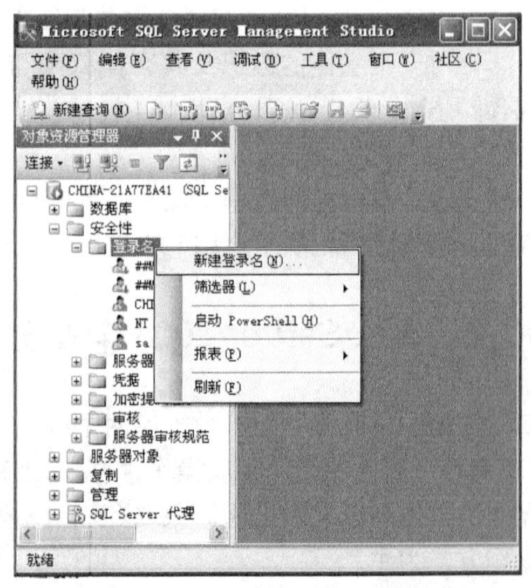

图 10.5 选择【新建登录名】命令

Step 3　以系统管理员身份登录到 SSMS，在【对象资源管理器】中，找到并选择如图 10.5 所示的“登录名”项。右击，在弹出的快捷菜单中选择【新建登录名】，打开【登录名-新建】窗口，如图 10.6 所示。

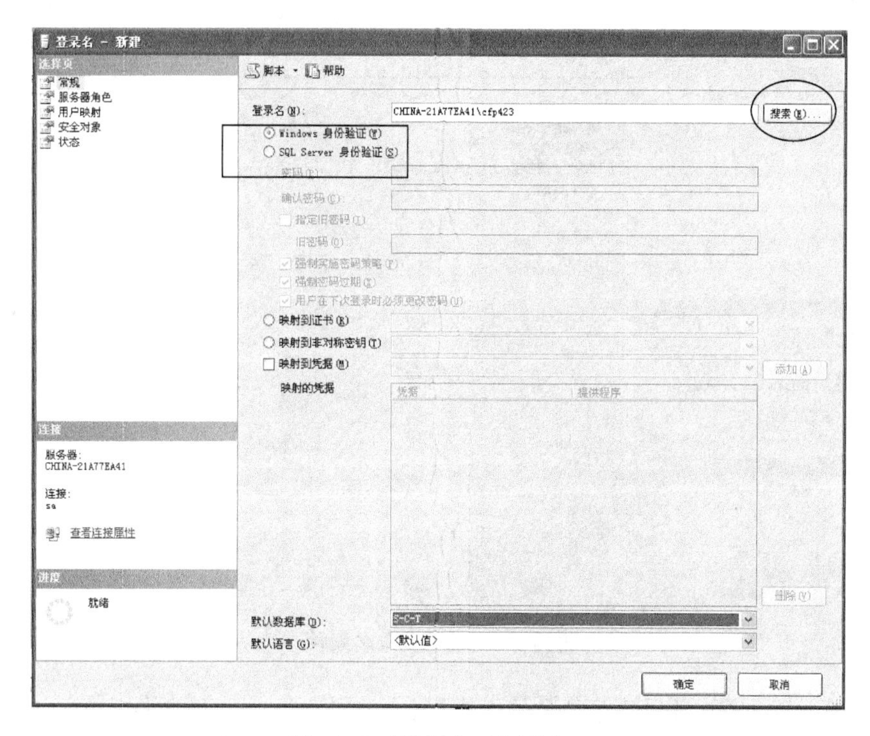

图 10.6　【登录名-新建】窗口

Step 4　在【登录名-新建】窗口中，单击“常规”选项卡的【搜索】按钮，在【选择用户或组】对话框中单击【高级】按钮，选择相应的用户名添加到 SQL Server 2008 登录用户列表中。例如，本例的用户名为 CHINA-21A77EA41\cfp423(CHINA-21A77EA41 为本地计算机名)。

Step 5　在【登录名-新建】窗口中设置当前登录用户的默认数据库，本例使用 S-C-T 数据库，如图 10.6 所示。

Step 6　单击【确定】按钮完成 Windows 登录名的创建，如图 10.7 所示。创建完成后，即可使用 cfp423 账户登录到当前 SQL Server 服务器。

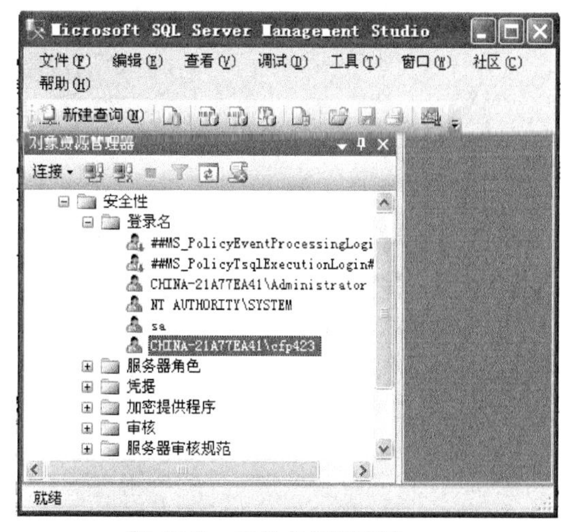

图 10.7　登录名创建完毕

2) 创建 SQL Server 登录账户

当需要创建 SQL Server 登录名时，首先在安装时应将验证模式设置为混合模式。然后用 SSMS 按下面步骤操作：

Step 1　创建 SQL Server 登录名。在如图 10.8 所示的界面中输入登录名，如 cfp123，选中“SQL Server 身份验证”选项，输入密码，并将“强制密码过期”复选框中的钩去掉。

Step 2　【选择页】列表中单击【用户映

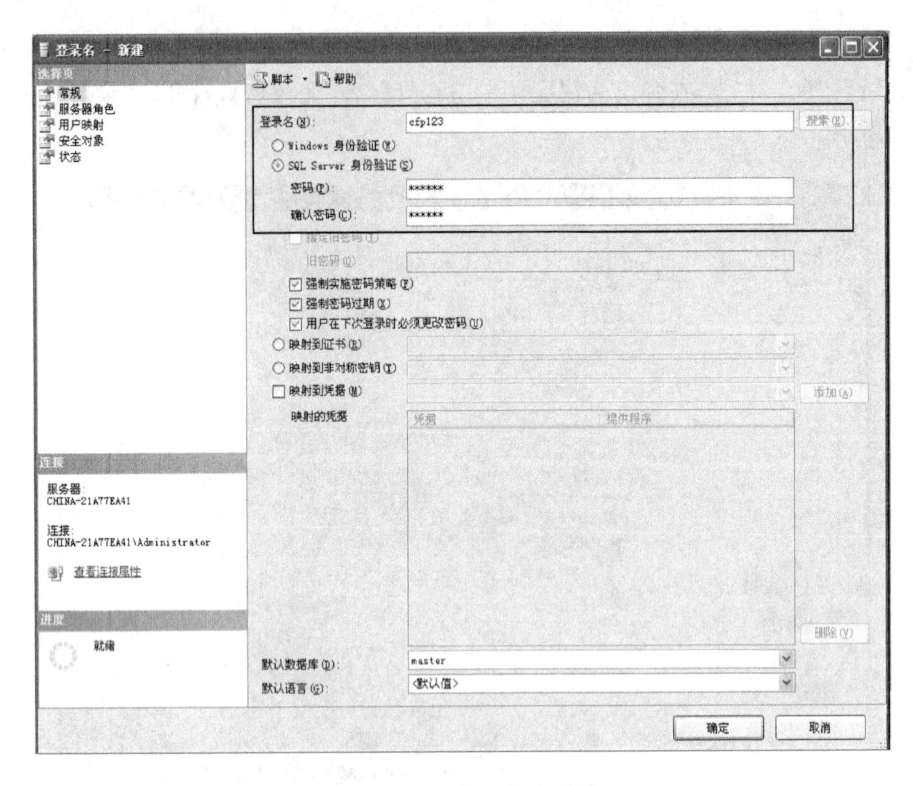

图 10.8 设置登录名属性

射】选项，打开之。在【映射到此登录名的用户】列表中勾选“S-C-T”数据库前面的复选框，系统自动创建与登录名同名的数据库用户并进行映射。还可在【数据库角色成员身份】列表中为未登录账户设置权限(默认 public)，如图 10.9 所示。

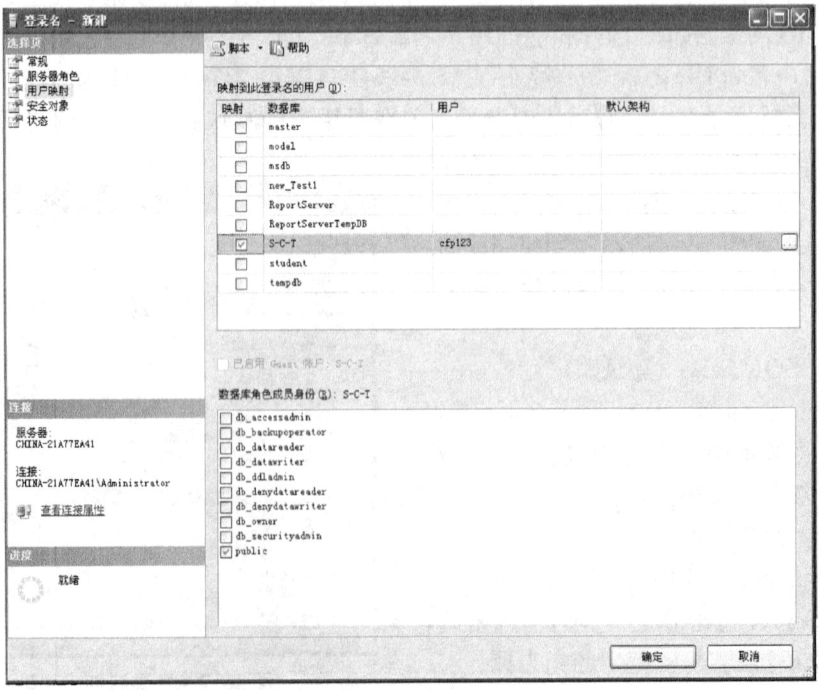

图 10.9 映射用户

Step 3　单击【确定】按钮，完成 SQL Server 登录账户的创建。

10.2.1.3　维护登录账户

创建 SQL Server 2008 登录账户后，可以对当前服务器上存在的登录账户用 SSMS 进行查看、修改与删除等操作。

Step 1　使用具有系统管理权限的登录名 sa 登录 SQL Server 服务器实例。

Step 2　在【对象资源管理器】中依次展开【安全性】→【登录名】节点，即可查看当前服务器中所有的登录账户，如图 10.10 所示。

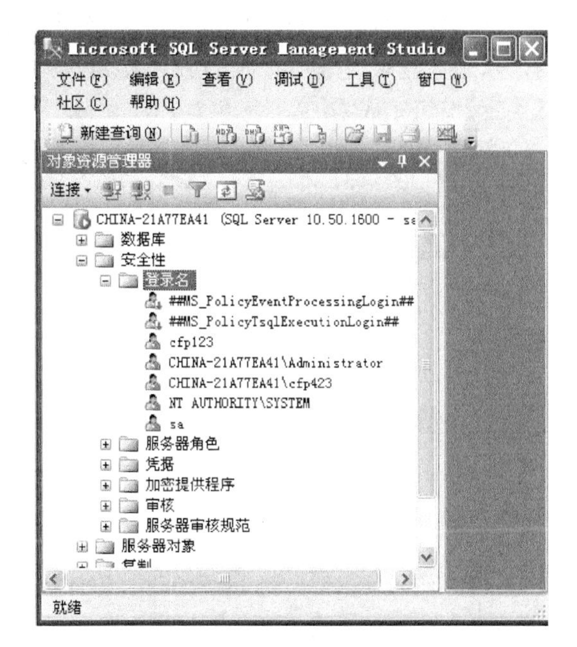

图 10.10　查看登录账户

在登录名节点下选择需要删除的登录名，右击，在弹出的快捷菜单中选择【删除】，即可删除对应的登录名。同样，选择需要修改的登录名，右击，在弹出的快捷菜单中选择【属性】，即可打开如图 10.8 窗口，可以对登录属性、用户映射等进行修改。

10.2.1.4　固定服务器角色

服务器角色是独立于各个数据库的。在 SQL Server 中创建一个登录名后，须赋予该登录者管理服务器的一定权限，此时可设置该登录名为服务器角色的成员。

1）固定服务器角色

SQL Server 2008 提供了 9 个固定服务器角色，它们的清单和功能如下：

(1) sysadmin：系统管理员，角色成员可对 SQL Server 服务器进行所有的管理工作，为最高级管理角色。这个角色一般适合于数据库管理员(DBA)。

(2) securityadmin：安全管理员，角色成员可以管理登录名及其属性。可以授予、拒绝、撤销服务器级和数据库级的权限，另外还可以重置 SQL Server 登录名的密码。

(3) serveradmin：服务器管理员，角色成员具有对服务器进行设置及关闭服务器的权限。

(4) setupadmin：设置管理员，角色成员可以添加和删除链接服务器，并执行某些系统存储过程。

(5) processadmin：进程管理员，角色成员可以终止 SQL Server 实例中运行的进程。

(6) diskadmin：用于管理磁盘文件。

(7) dbcreator：数据库创建者，角色成员可以创建、更改、删除或还原任何数据库。

(8) bulkadmin：可执行 BULK INSERT 语句，但是这些成员对要插入数据的表必须有 INSERT 权限。BULK INSERT 语句的功能是以用户指定的格式复制一个数据文件至数据库表或视图。

(9) public：其角色成员可以查看任何数据库。

注意：只能将一个登录名添加为某固定服务器角色成员，不能自定义服务器角色。

2）使用 SSMS 添加服务器角色成员

Step 1　以系统管理员身份登录到 SQL Server 服务器，在【对象资源管理器】中展开【安全性】→【登录名】→选择需要的登录名，例如“CHINA-21A77EA41\ cfp423”，双击或右击选择“属性”菜单项，打开【登录属性】窗口。

Step 2　在打开的【登录属性】窗口中选择【服务器角色】选项卡。如图 10.11 所示，在【登录属性】窗口右边列出了所有的固定服务器角色，可以根据需要，在服务器角色前的复选框中打钩，来为登录名添加相应的服务器角色，此处默认已经选择了【public】服务器角色。单击【确定】按钮完成添加。

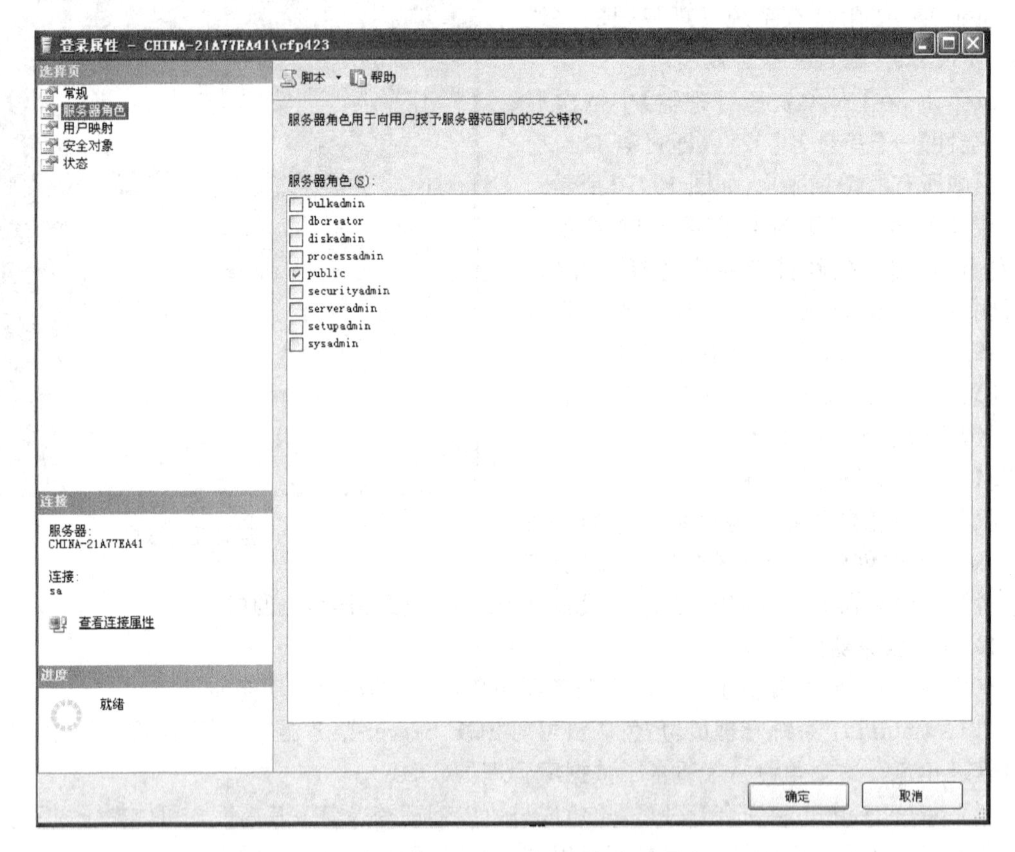

图 10.11　SQL Server 服务器角色设置窗口

10.2.2　SQL Server 2008 数据库安全属性设置与维护操作之一——数据库用户管理

数据库级别的安全主体是数据库用户，它是服务器登录名在数据库中的映射。它的安全客体是数据库名，其操作则是与数据库相关的操作。操作权限授予是通过数据库角色实现。本节通过创建数据库用户名及数据库角色以及删除、查看及修改等操作以实现对数据库安全性管理。

在实现对数据库安全属性设置与维护中一般由 sa 操作完成。

10.2.2.1　数据库用户管理操作

在 SQL Server 2008 中，服务器登录名是让用户登录到 SQL Server 中，它并不能让用户访问服务器中数据库。若要访问数据库，还须在服务器内创建数据库用户名并关联一个登录名。

1）使用 SSMS 操作方式

Step 1　以系统管理员身份登录到 SSMS 的【对象资源管理器】中，展开【服务器】下的【数据库】节点。

Step 2　点击需在其中创建新数据库用户的数据库。

Step 3　右击【安全性】节点，从弹出的快捷菜单中选择【新建】下的“用户”选项，弹出【数据库用户-新建】对话框，如图 10.12 所示。

图 10.12　新建数据库用户

Step 4　在【常规】选择页的“用户名”框中输入新用户的名称，这里输入“cfp”。在“登录名”框中输入或选择要映射到数据库用户的 Windows 或 SQL Server 登录名的名称，这里选择“CHINA-21A77EA41\cfp123”(已经创建)。

Step 5　如果不设置“默认构架”，系统会自动设置 dbo 为此数据库用户的默认构架。

Step 6　单击【确定】按钮，完成数据库用户的创建。

类似，可以通过“安全性”→“用户”节点，右击需要管理的数据库用户名进行多种维护性操作，如删除、查看、修改用户属性等。

2) 使用 T-SQL 中 SQL 语句创建与维护数据库用户

(1) 使用 CREATE USER 语句创建数据库用户，其语法格式如下：

```
CREATE USER user_name
[{ FOR | FROM }
    LOGIN login_name
    | WITHOUT LOGIN
```

```
    ]
        [WITH DEFAULT_SCHEMA = schema_name]
```

参数说明：

user_name：指定数据库用户名。

FOR 或 FROM：用于指定相关联的登录名。

LOGIN login_name：指定创建数据库用户的 SQL Server 登录名。login_name 必须是服务器中有效的登录名。当此登录名进入数据库时，它将获取创建的数据库用户的名称和 ID。

WITHOUT LOGIN：指定不将用户映射到现有登录名。

WITH DEFAULT_SCHEMA：指定服务器为此数据库用户解析对象名称时将搜索的第一个架构，默认为 dbo。

例 10.1 使用 SQL Server 登录名 CHINA-21A77EA41\cfp423(假设已经创建)在 S-C-T 数据库中创建数据库用户 cfp，默认架构名使用 dbo。

```
USE [S-C-T]
GO
CREATE USER cfp
    FOR LOGIN [CHINA-21A77EA41\cfp423]
    WITH DEFAULT_SCHEMA=dbo
```

显示结果如图 10.13 所示。

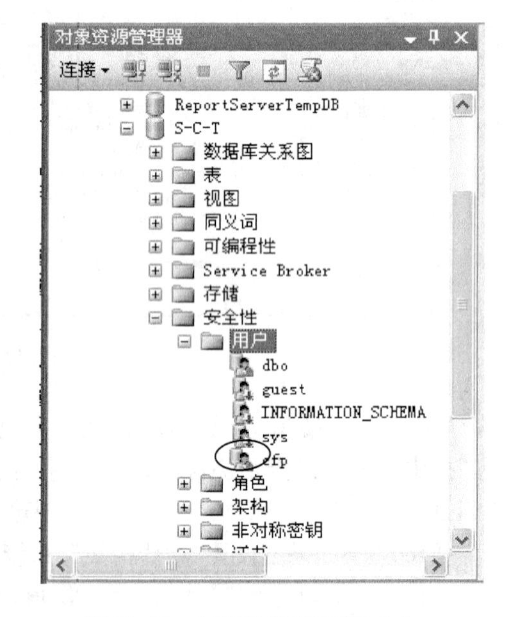

图 10.13 创建数据库用户“cfp”

(2) 使用 DROP USER 语句删除数据库用户，DROP USER 语句语法格式如下：

```
DROP USER user_name
```

例 10.2 删除 S-C-T 数据库的数据库用户 cfp。

```
USE S-C-T
GO
DROP USER cfp
```

10.2.2.2 数据库角色管理

SQL Server 2008 在数据库级的安全级别上也设置了角色，并允许用户在数据库上建立新的角色，然后为该角色授予多个权限，最后再通过角色将权限赋予数据库的用户，使用户获得数据库的访问权限。数据库角色共有三种类型：

固定数据库角色：SQL Server 2008 提供的作为系统一部分的角色；

用户自定义数据库角色：数据库用户自己定义的角色。

应用程序角色：用于授予应用程序专门的权限。

1) 固定数据库角色

SQL Server 2008 提供了 10 种常用的固定数据库角色，用于授予数据库用户，它们是：

public：是一个特殊的数据库角色，数据库中的每个用户都是其成员，且不能删除这个角色。它能查看数据库中所有数据。

db_owner：拥有数据库中有全部权限。

db_accessadmin：可以添加或删除用户 ID。

db_ddladmin：具备所有 DDL 操作的权限。

db_securityadmin：可以管理全部权限、对象所有权、角色和角色成员资格。

db_backupoperator：可以使用 DBCC 操作集，用于检查数据库的逻辑一致性及物理一致性等操作。如 CHECKPOINT(检查点)和 BACKUP(备份)操作。

db_datareader：可以查询数据库内任何用户表中的所有数据。

db_datawriter：可以更改数据库内任何用户表中的所有数据。

db_denydatareader：不能查询数据库内任何用户表中的任何数据。

db_denydatawriter：不能更改数据库内任何用户表中的任何数据。

(1) 使用 SSMSo 添加固定数据库角色成员

Step 1　以系统管理员身份登录到 SQL Server 服务器，在【对象资源管理器】中展开【数据库】→“S-C-T”→【安全性】→【用户】→选择一个数据库用户，例如“cfp”，双击或单击右键选择【属性】菜单项，打开【数据库用户】窗口。

Step 2　在打开的窗口中，在【常规】选项卡中的“数据库角色成员身份”栏，用户可以根据需要，在数据库角色成员身份前的复选框中打钩，来为数据库用户添加相应的数据库角色，如图 10.14 所示，单击【确定】按钮完成添加。

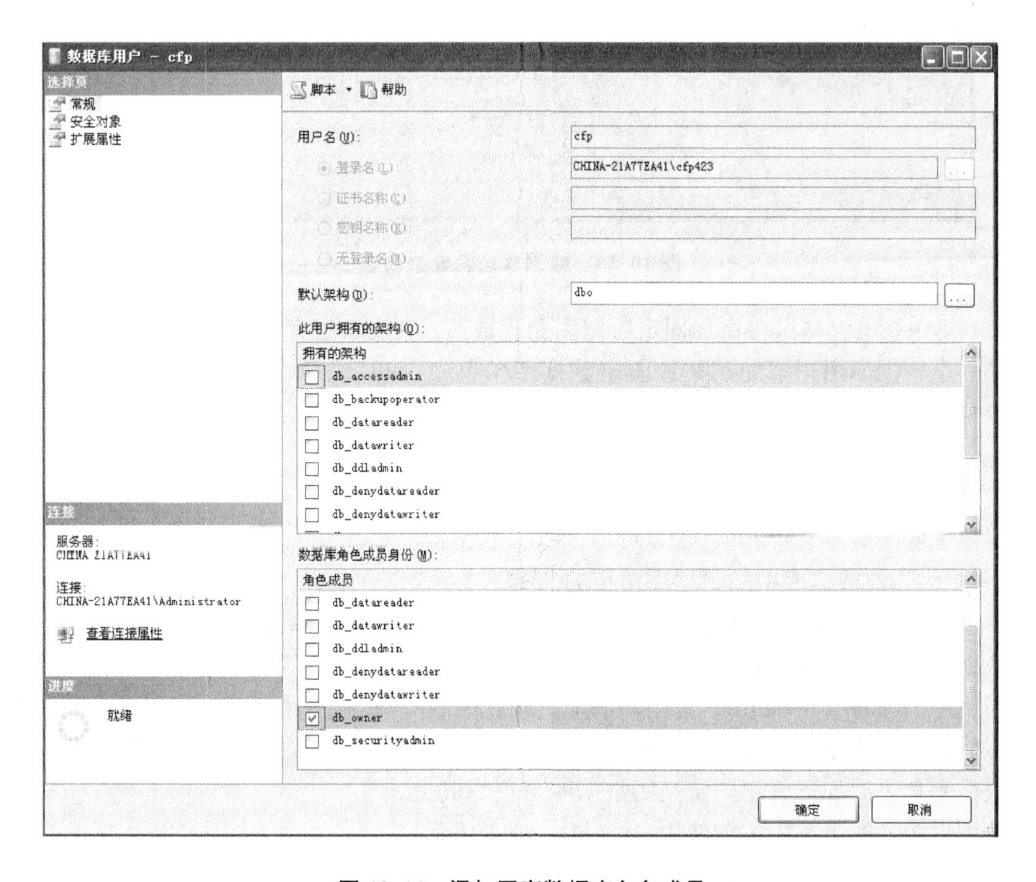

图 10.14　添加固定数据库角色成员

Step 3　查看固定数据库角色的成员。在【对象资源管理器】窗口中，在“S-C-T”数据库下的【安全性】→【角色】→【数据库角色】目录下，选择数据库角色，如 db_owner，右击选择【属性】菜单项，在【数据库角色属性】“角色成员”栏下可以看到该数据库角色的成员列表，如图 10.15 所示。

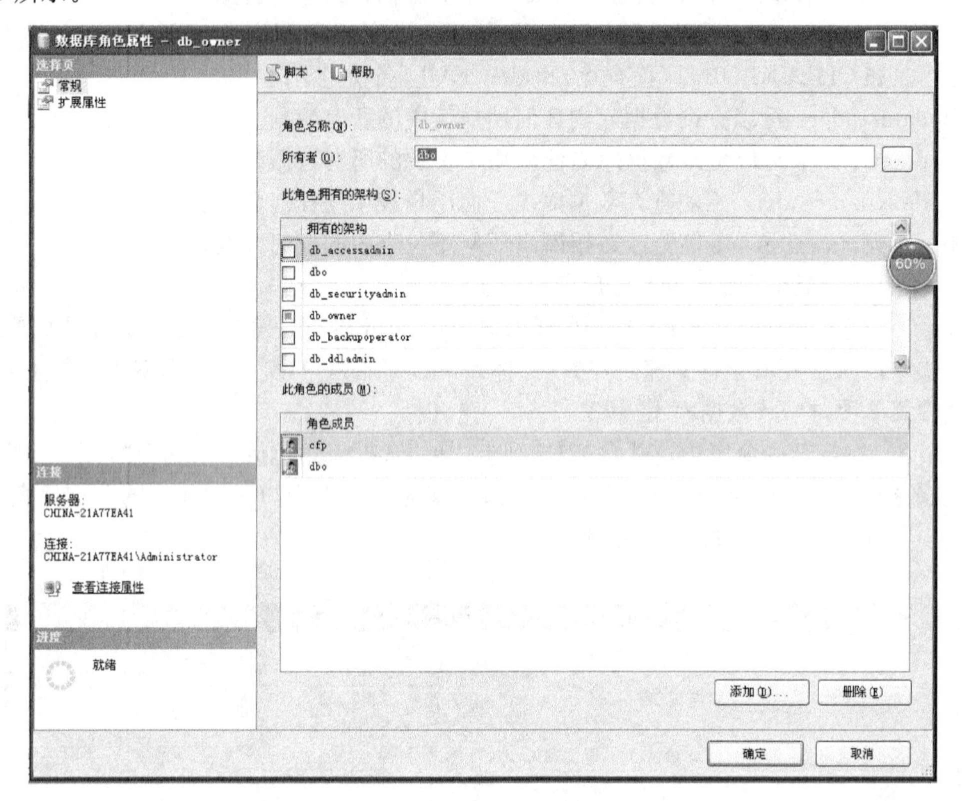

图 10.15　数据库角色成员列表

(2) 使用系统存储过程添加固定数据库角色成员：利用系统存储过程 sp_addrolemember 可以将一个数据库用户添加到某一固定数据库角色中，使其成为该固定数据库角色的成员。该系统存储过程语法格式如下：

sp _ addrolemember [@ rolename =] 'role', [@ membername =] 'security_account'

参数说明：

role：为当前数据库中的数据库角色的名称。

security_account：为添加到该角色的安全账户，可以是数据库用户或当前数据库角色。

该系统存储过程可作如下说明：

当使用 sp_addrolemember 将用户添加到角色时，新成员将继承所有应用到角色的权限。

不能将固定数据库或固定服务器角色或者 dbo 添加到其他角色。例如，不能将 db_owner 固定数据库角色添加成为用户定义的数据库角色的成员。

在用户定义的事务中不能使用 sp_addrolemember。

只有 sysadmin 和 db_owner 固定服务器角色中的成员可以执行 sp_addrolemember，以将成员添加到数据库角色。

db_securityadmin 固定数据库角色的成员可以将用户添加到任何用户定义的角色。

例 10.3 将 S-C-T 数据库上的数据库用户"cfp"添加为固定数据库角色 db_owner 成员。

```
USE S-C-T
GO
EXEC sp_addrolemember 'db_owner', ' cfp '
```

(3) 使用系统存储过程删除固定数据库角色成员：系统存储过程 sp_droprolemember 可将某成员从固定数据库角色中去除。其语法格式：

```
sp_droprolemember [ @rolename = ] 'role', [ @membername = ] 'security_account'
```

参数说明：

role：为当前数据库中的数据库角色的名称。

security_account：为添加到该角色的安全账户，可以是数据库用户或当前数据库角色。

例 10.4 将数据库用户 cfp 从 db_owner 中去除。

```
USE S-C-T
GO
EXEC sp_droprolemember 'db_owner', 'cfp'
```

2) 用户自定义数据库角色

在实际应用中，固定数据库角色不能满足用户的需求时，可创建自定义数据库角色。

(1) 使用 SSMS 创建数据库角色

Step 1　以系统管理员身份连接 SQL Server，在【对象资源管理器】中展开【数据库】→选择数据库【S-C-T】→【安全性】→【角色】，右击，在弹出快捷菜单中选择【新建】菜单项→在弹出子菜单中选择【新建数据库角色】菜单项，如图 10.16 所示。进入【数据库角色-新建】窗口。

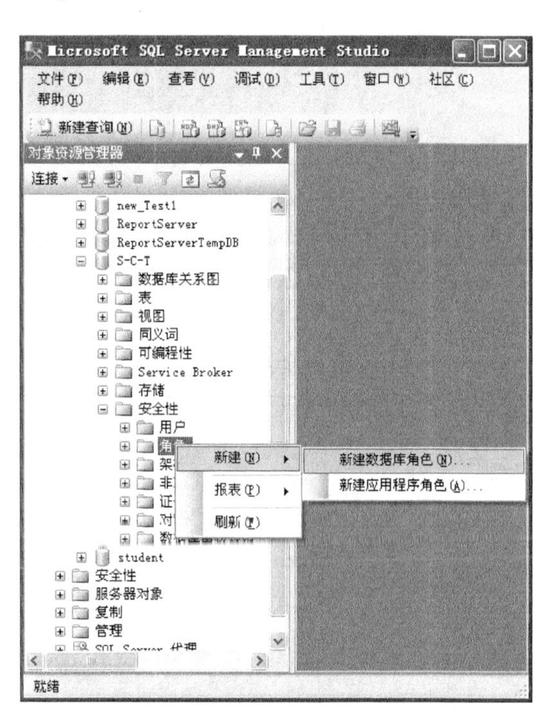

图 10.16　新建数据库角色

Step 2　【数据库角色-新建】窗口中，打开"常规"选项卡，在"角色名称"文本框中输入创建的角色名，这里是"cfpzd"，单击【添加】按钮将数据库用户加入数据库角色，这里是 S-C-T数据库用户"cfp"中加入角色"cfpzd"，如图 10.17 所示。当数据库用户成为某一数据库角色的成员之后，该数据库用户就获得该数据库角色所拥有的对数据库操作的权限。

Step 3　选择【安全对象】选项卡，查看或设置数据库安全对象的权限。在【安全对象】选项页中单击"安全对象"条目后面的【搜索】按钮，打开【添加对象】窗口，这里点选【特定对象】单选按钮，如图 10.18 所示。

Step 4　单击【确定】按钮回到【选择对象】窗口。在该窗口中单击【浏览】按钮，打开【查找

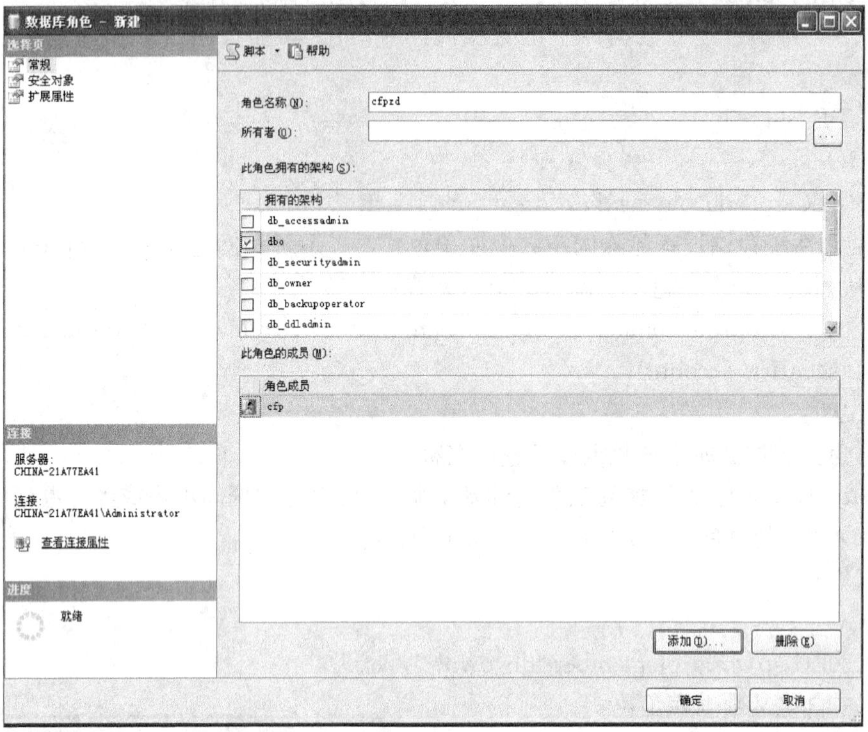

图 10.17 【数据库角色—新建】窗口

对象】窗口，它列出了数据库中所有的表名，这里选择所有的表，如图 10.19 所示。

Step 5 单击【确定】回到【选择对象】窗口，单击【确定】回到【数据库角色—新建】窗口。

Step 6 在【安全对象】列表中分别选中每个数据行，并在下面【显式】列表中选中插入、更新、更改、删除、选择等权限，如图 10.20 所示。

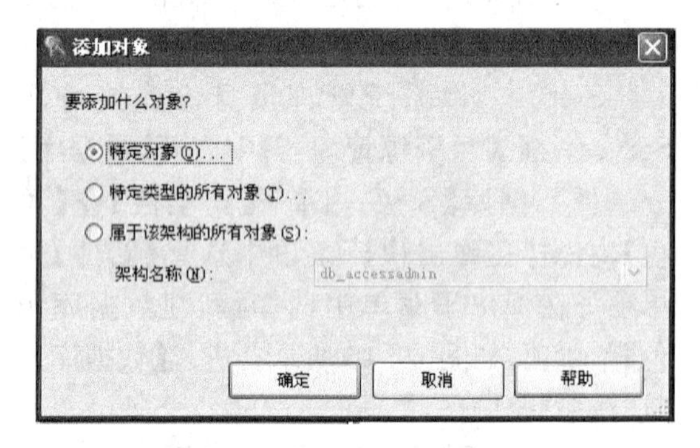

图 10.18 【添加对象】窗口

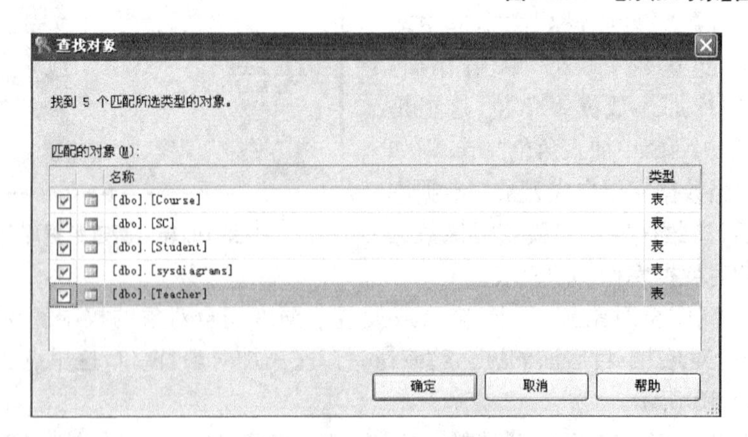

图 10.19 【查找对象】窗口

图 10.20　配置角色权限

Step 7　单击【确定】按钮完成自定义数据库角色的创建。

(2) 通过 T-SQL 创建数据库角色

① 创建数据库角色：创建用户自定义数据库角色的语法格式如下：

```
CREATE ROLE role_name [AUTHORIZATION owner_name]
```

例 10.5　在当前数据库中创建名为 cfpzd1 的新角色，并指定 dbo 为该角色的所有者。

```
USE S-C-T
GO
CREATE ROLE cfpzd1
AUTHORIZATION dbo
```

注意：有关数据库角色权限授予的 T-SQL 语句将在第 10.2.4 节的 GRANT 语句中介绍。

② 通过 T-SQL 中 SQL 语句删除数据库角色：要删除数据库角色可以使用 DROP ROLE 语句。语法格式：

```
DROP ROLE role_name
```

3) 应用程序角色

应用程序角色是一种特殊的角色，它的主体是应用程序，应用程序通过激活的方式能够获取使用应用程序角色所具有的权限。创建应用程序角色与创建数据库角色类似，一般采用 SSMS 方式。

Step 1　以系统管理员身份连接 SQL Server，在【对象资源管理器】中展开【数据库】→数据库【S-C-T】→【安全性】→【角色】，右击，在弹出快捷菜单中选择【新建】菜单项→在弹出子菜单中选择【新建应用程序角色】，进入【应用程序角色-新建】窗口，如图 10.21 所示。

Step 2　【应用程序角色-新建】中输入角色名称及密码，角色名为“AppRole”，默认架构

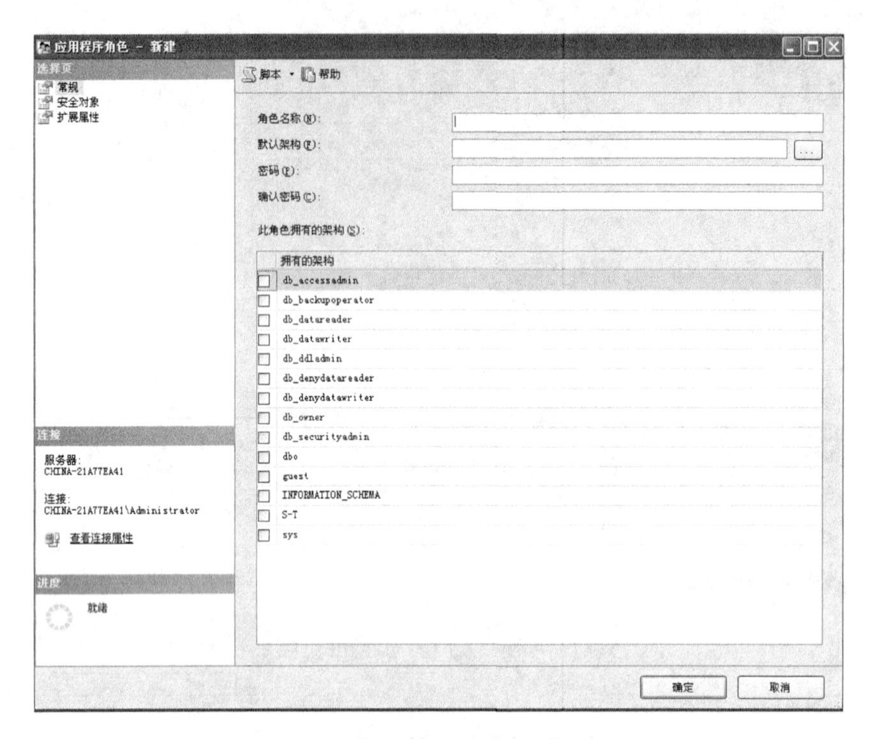

图 10.21 【应用程序角色-新建】窗口

为 dbo。

Step 3 在【选择页】列表框中单击【安全对象】选项卡,打开【安全对象】选项卡。选择安全对象为 S-C-T 数据库中的所有表,并设置应用程序角色拥有该表的所有权限,如图 10.22 所示。

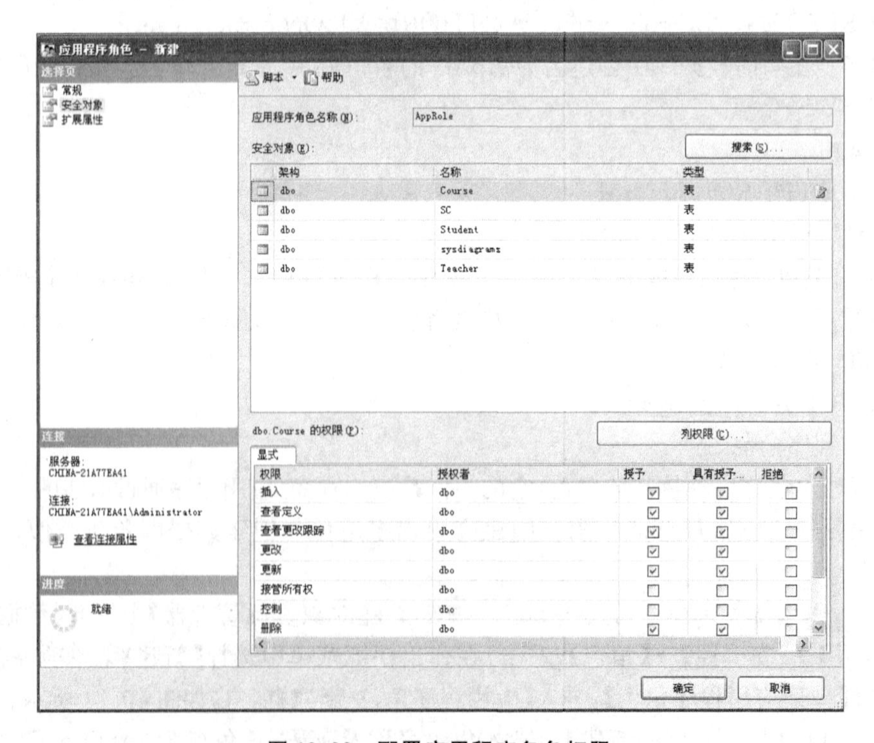

图 10.22 配置应用程序角色权限

Step 4　创建完应用程序角色后，还需用存储过程 sp_setapprole 将其激活，语句如下：

```
EXEC sp_setapprole @ROLENAME='AppRole', @PASSWORD='123456'
```

10.2.2.3　三个特殊的数据库用户角色

一个服务器登录账号在不同的数据库中可以映射成不同的用户，从而可以拥有不同的权限，利用数据库用户可以限制访问数据库的范围，默认的数据用户角色有 dbo、Guest 和 sys 等。

1) dbo

dbo 是数据库的所有者，拥有数据库中的所有对象的所有操作。每个数据库都有 dbo。sysadmin 服务器角色的成员映射而成 dbo。无法删除 dbo 用户，且此用户始终出现在每个数据库中。通常，登录名 sa 映射为数据库中的用户 dbo。另外，有固定服务器角色 sysadmin 的任何成员创建的任何对象都自动属于 dbo。dbo 相当于数据库管理员。

2) Guest

Guest 允许没有数据库用户账户的登录名访问数据库。当登录名没有被映射到任一个数据库名上时，登录名将自动映射成 Guest，并获得相应的数据库访问权限。Guest 可以和其他用户一样设置权限，不能删除 Guest，但可在除 Master 和 Tempdb 之外的人和数据库中禁用 Guest 用户。

3) Information_schema 和 sys

每个数据库中都含有 Information_schema 和 sys，它们用于获取有关数据库的元数据信息。

10.2.3　SQL Server 2008 数据库安全属性设置与维护操作之二——架构管理

在特殊情况下可以将数据库分解成若干个部分，每个部分称为架构。架构适用于在复杂的环境下对安全要求比较高的情况中，在一般情况下可以不用。

本节讨论架构创建、删除。安全主体数据库用户可以接受架构作为其客体权限。在架构管理中一般通过 sa 或 dbo 操作完成。一般使用 SSMS 创建架构。

Step 1　在 SQL Server Management Studio 中连接到本地数据库实例，在对象资源管理器中展开树状目录，选中 S-C-T 数据库，展开“安全性”节点。如图 10.23 所示，右击“架构”节点，在弹出菜单中选择 “新建架构”命令。

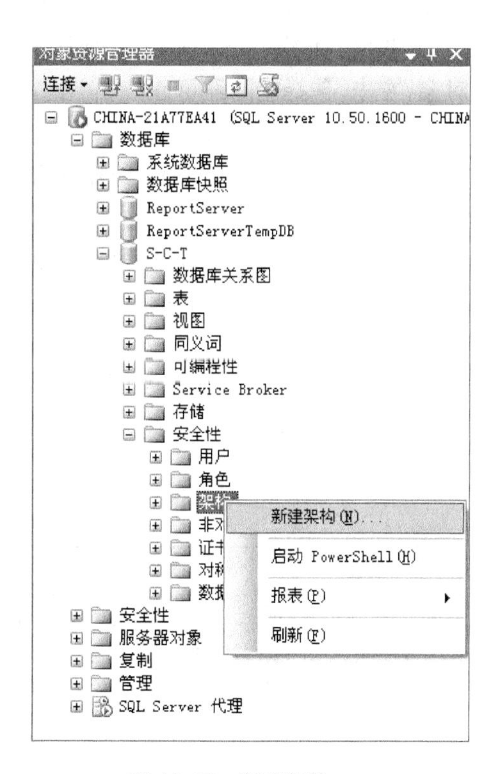

图 10.23　新建架构

Step 2　打开如图 10.24 所示的【架构-新建】窗口。在“架构名称”中输入要创建的架构名(如 S-T)，在“架构所有者”文本框中指定该角色所属的架构，单击“架构所有者”右侧的【搜索】按钮即可弹出【搜索角色和用户】对话框，从中查找可能的所有者角色或用户(如 dbo)等。

图 10.24 【架构-新建】窗口

Step 3 选择“权限”选项页，查看或设置数据库架构安全对象的权限，单击【确定】按钮，即完成创建架构。

同时，我们使用 SSMS 删除架构。在 SSMS 的“对象资源管理器”中选中需要删除的架构对象，右击，选择删除即可。

10.2.4 SQL Server 2008 数据库安全属性设置与维护操作之三——数据库对象管理

最后，我们讨论数据库级别中安全主体是数据库用户但它的客体是数据库对象。我们知道，数据库用户真正访问的数据客体是数据库对象。它包括数据库对象名及相应操作。

本节讨论数据库对象管理，此时安全主体为数据库用户，它接受数据库对象作为其客体权限，而相应操作作为其操作权限。表 10.1 列出了数据库对象的常用权限。

注意：数据库对象管理中也将数据库名及相应操作作为权限授予数据库用户或数据库角色。

表 10.1 安全对象的常用权限

安全对象	常用权限
数据库	CREATE DATABASE、CREATE DEFAULT、CREATE FUNCTION、CREATE PROCEDURE、CREATE VIEW、CREATE TABLE、CREATE RULE、BACKUP DATABASE、BACKUP LOG
表	SELECT、DELETE、INSERT、UPDATE、REFERENCES

（续表）

安全对象	常用权限
表值函数	SELECT、DELETE、INSERT、UPDATE、REFERENCES
视图	SELECT、DELETE、INSERT、UPDATE、REFERENCES
存储过程	EXECUTE、SYNONYM
标量函数	EXECUTE、REFERENCES

权限的操作涉及授予权限、拒绝权限和撤销权限三种。

授予权限（GRANT）：将指定数据库对象上的指定操作权限授予指定数据库用户。

撤销权限（REVOKE）：指撤销或删除以前授予的权限及停用其他用户继承的权限。

拒绝权限（DENY）：指拒绝其他用户授予的权限及继承的权限。

在实现对数据库对象的安全属性设置与维护操作中可以由 dbo 操作完成，也可以用有一定权限的安全主体操作完成。

1）使用 SSMS 管理权限

（1）授予数据库上的权限：给数据库用户“cfp123”（已创建）授予 S-C-T 数据库的 CREATE TABLE 语句的权限为例。在 SQL Server Management Studio 中的步骤如下：

Step 1　在 SQL Server Management Studio 中连接到【对象资源管理器】，展开【数据库】→【S-C-T】，右击鼠标，选择“属性”项进入 S-C-T 数据库的属性窗口，选择【权限】选项卡。

Step 2　在用户或角色栏中选择需授权的用户或角色，在窗口下方列出的权限列表中找到相应的权限：创建表，在复选框中打钩，如图 10.25 所示。单击【确定】按钮即完成。

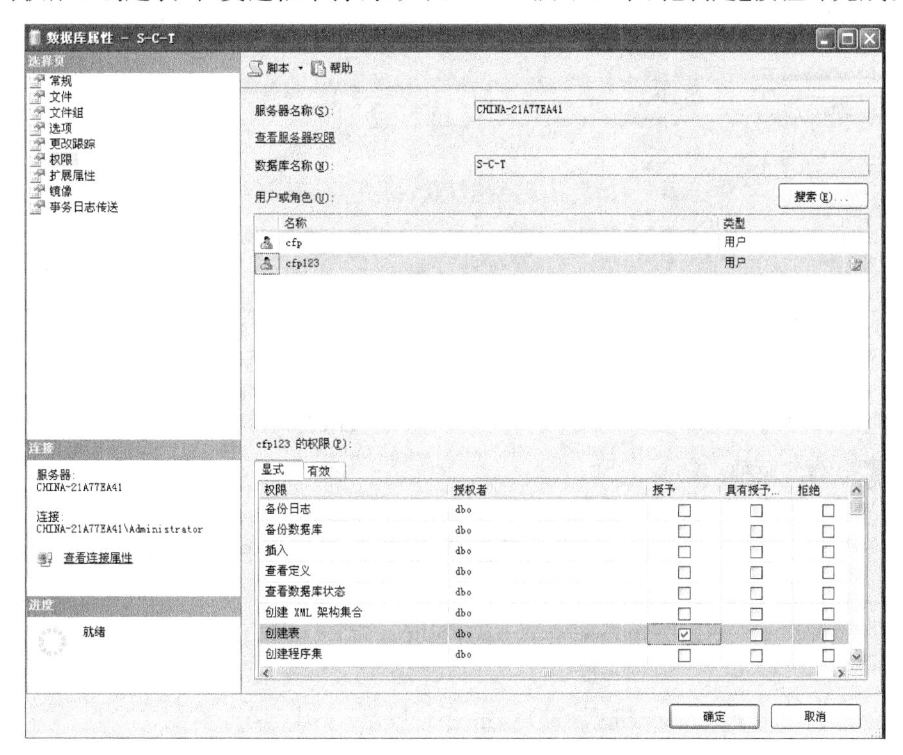

图 10.25　授予用户数据库上的权限

（2）授予数据库对象上的权限：给数据库用户“cfp123”授予“Student”表上 SELECT、INSERT 的权限为例。步骤如下：

Step 1　在 SQL Server Management Studio 中连接到【对象资源管理器】，展开【数据库】→【S-C-T】→【表】→“Student”，右击鼠标，选择“属性”项进入“Student”表的属性窗口，选择【权限】选项卡。

Step 2　单击【搜索】按钮，在弹出的【选择用户或角色】窗口中单击【浏览】按钮，选择需要授权的用户或角色(如 cfp123)，选择后单击【确定】按钮回到“Student”表的属性窗口。在该窗口中选择用户，在权限列表中选择需要授予的权限，如“插入(INSERT)”“选择(SELECT)”，如图 10.26 所示，单击【确定】按钮完成授权。

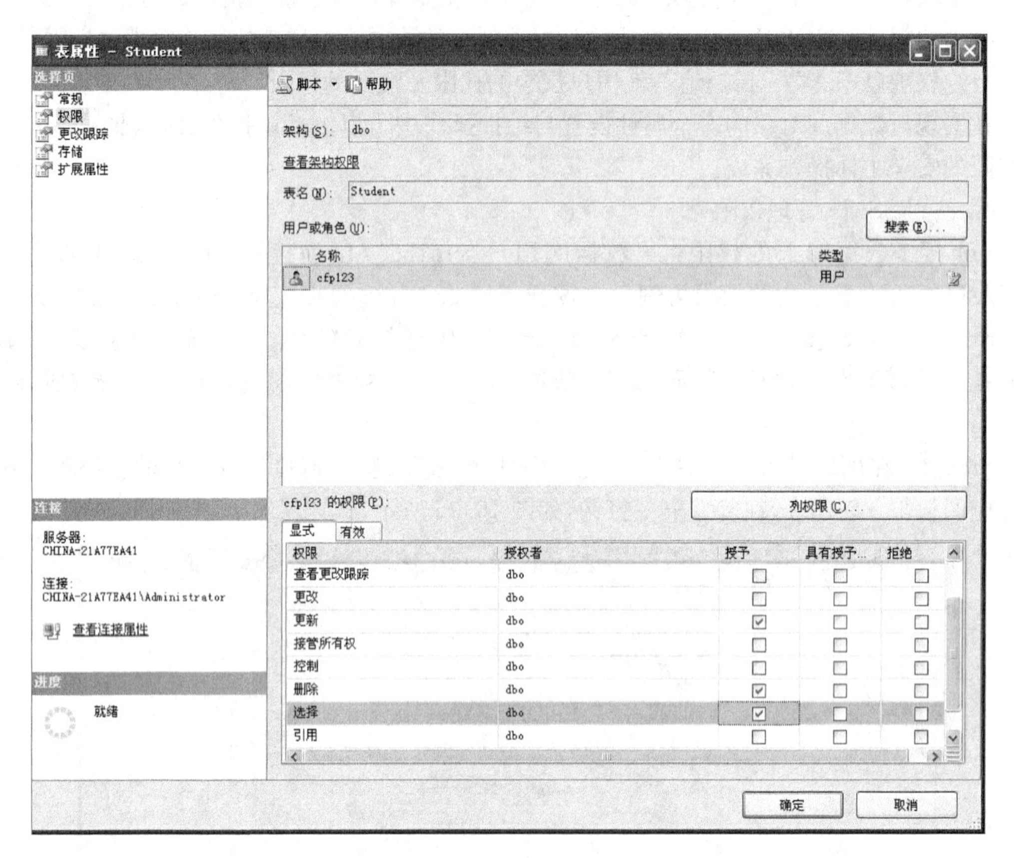

图 10.26　授予用户数据库对象上的权限

（3）拒绝和撤销数据库及表的权限：拒绝和撤销权限操作与授予权限操作类似，在权限的拒绝和撤销列上做适当勾选即可。

2）使用 T-SQL 中 SQL 语句管理权限

（1）授予权限：GRANT 语句可以给数据库用户、数据库角色或数据库对象授予相关的权限。语法格式如下：

```
GRANT { [ ALL] | permission [ (column [ ,... n ]) ] [ ,... n ]
      }
      [ ON securable ] TO principal [ ,... n ]
      [ WITH GRANT OPTION ] [ AS < principal > ]
```

参数说明：

ALL：表示所授予的对象类型的所有权限。

permission：说明所授予的具体的权限。

ON：指向授予权限的对象。

TO：指向该访问权限所授予的用户名或角色名。

WITH GRANT OPTION：允许你向其授予访问权限的用户也能向其他用户授予访问权限。

AS：指向授权者名(包括用户名或角色名)。

例 10.6 给 S-C-T 数据库上的用户 cfp123 授予创建表的权限。

```
USE S-C-T
GO
GRANT CREATE TABLE
    TO cfp123
GO
```

例 10.7 将 CREATE TABLE 权限授予数据库角色 cfpzd(已创建好)的所有成员。

```
GRANT CREATE TABLE
TO cfpzd
```

例 10.8 将用户 cfp1 在 Student 表上的 SELECT 权限授予 cfp。

```
USE S-C-T
GO
GRANT SELECT
    ON Student TO cfp
    AS cfp1
```

(2) 拒绝权限：拒绝权限使用 DENY 语句，它可以拒绝给当前数据库内的用户授予的权限，其语法格式如下：

```
DENY { [ ALL] | permission [ (column [ ,... n ]) ] [ ,... n ]
     }
     [ ON securable ] TO principal [ ,... n ]
     [ CASCADE] [ AS principal ]
```

参数说明：

ALL：拒绝授予对象类型上所有可用的权限。否则，则需要提供一个或多个具体的权限。

CASCADE：与 GRANT 语句中的 WITH GRANT OPTION 相对应。CASCADE 表示如果用户在 WITH GRANT OPTION 规则下授予了其他主体访问权限，则对于所有这些主体，也拒绝他们的访问。

例 10.9 拒绝用户 cfp、[CHINA-21A77EA41\cfp423]对表 Student 的一些权限，这样，这些用户就没有对 Student 表的操作权限了。

```
USE S-C-T
GO
DENY SELECT, INSERT, UPDATE, DELETE
    ON Student TO cfp, [CHINA-21A77EA41\cfp423]
```

```
GO
```

例 10.10 对所有 cfp1 角色成员拒绝 CREATE TABLE 权限。

```
DENY CREATE TABLE
    TO cfp1
```

(3) 撤销权限：撤销权限使用 REVOKE 语句，它可撤销以前给数据库用户授予或拒绝的权限，语法格式如下：

```
REVOKE [ GRANT OPTION FOR ]
    { [ ALL]| permission [ (column [ ,... n ]) ] [ ,... n ]
    }
    [ ON securable ]
    { TO | FROM } principal [ ,... n ]
    [ CASCADE] [ AS < principal >]
```

参数说明：

ALL：表明撤销该对象类型上所有可用的权限。否则，则需要提供一个或多个具体的权限。

CASCADE：与 GRANT 语句中的 WITH GRANT OPTION 相对应。CASCADE 告诉 SQL Server，如果用户在 WITH GRANT OPTION 规则下授予了其他主体访问权限，则对于所有这些被授予权限的人，也将撤销他们的访问权限。

例 10.11 取消已授予用户 cfp1 的 CREATE TABLE 权限。

```
REVOKE CREATE TABLE
    FROM cfp1
```

例 10.12 取消对 cfp 授予在 Student 表上的 SELECT 权限。

```
REVOKE SELECT
    ON Student
    FROM cfp
```

例 10.13 撤销由 cfpzd 授予 cfp 在 Student 的 SELECT 权限。

```
USE S-C-T
GO
REVOKE SELECT
    ON Student
    TO cfp
    AS cfpzd
GO
```

10.3 SQL Server 2008 安全性验证

当用户登录数据库系统时，为确保只有合法用户才能登录到系统中去，就需要用安全性验证。SQL Server 2008 的安全性验证分为两层，它们分别是系统身份验证及数据库用户验证。验证方式分为 SSMS 及调用层接口方式。

10.3.1 SSMS 方式

1) SQL Server 2008 系统身份验证

在 SQL Server 2008 第一层安全性验证中通过身份验证模式实现。它提供两种方式：Windows 身份验证模式和混合模式。当设置为混合模式时，允许用户使用 Windows 身份验证或 SQL Server 身份验证进行连接。

(1) Windows 验证模式：用户通过 Windows 用户账户连接时，SQL Server 使用 Windows 操作系统中的信息验证账户名和密码。Windows 身份验证模式使用 Kerberos 安全协议，通过强密码的复杂性验证提供密码策略强制、账户锁定支持、密码过期支持等。用户登录 Windows 时进行身份验证，登录 SQL Server 时就不再进行身份验证，验证界面如图 10.27 所示。

图 10.27 Windows 验证界面

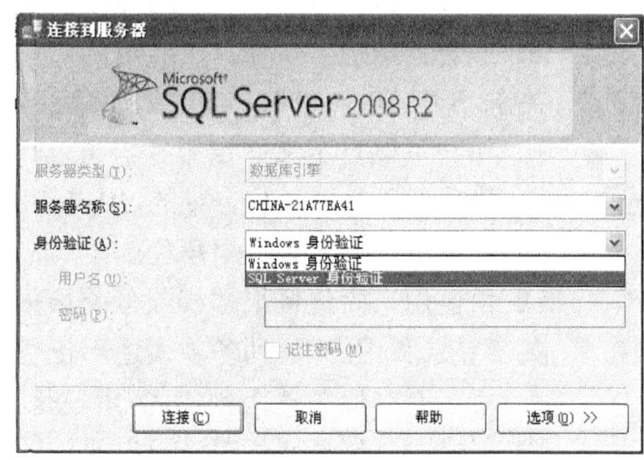

图 10.28 选择 SQL Server 验证模式

(2) SQL Server 验证模式：SQL Server 验证模式也称混合身份验证模式。该模式可以理解为 SQL Server 或 Windows 身份验证模式。在该验证模式下，SQL Server 服务器首先对已创建的 SQL Server 登录账号进行身份验证，若通过则进行服务器连接；否则需判断用户账号 Windows 操作系统下是否可信以及连接到服务器的权限，对具有权限的用户直接采用 Windows 身份验证机制进行连接；若上述都不行，系统将拒绝该用户的连接请求。验证界面如图 10.28 和图 10.29 所示，选择 SQL Server 验证模式，并输入登录名和密码。

在通过第一层身份验证后，安全主体即进入 SQL 服务器并根据权限对服务器作指定操作。

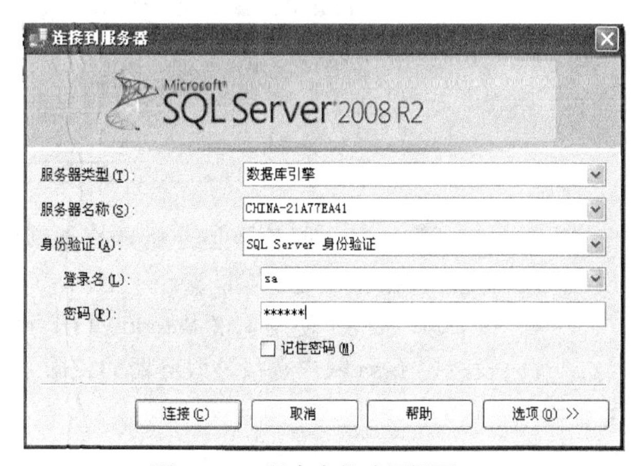

图 10.29 混合身份验证界面

2) SQL Server 2008 数据库用户验证

在系统身份验证后即进入数据库用户验证，由于在 SQL Server 2008 中登录名对一个数据库仅对应唯一一个用户名，因此在数据库用户验证中用户不必输入用户名，系统内可根据登录名自动找到用户名并作验证。此后主体即进入指定数据库并根据权限作操作。

10.3.2 调用层接口方式

在应用程序中一般使用调用层接口方式作安全性验证。如在 ADO 中通过 Connection 的函数 Open 中输入服务器登录名、密码及用户名等由系统作统一的验证。

习 题 10

选择题

10.1 在 SQL Server 2008 中主要有固定(　　)与固定数据库角色等类型。

A. 服务器角色　　B. 网络角色　　C. 计算机角色　　D. 信息管理角色

10.2 关于 SQL Server 2008 的数据库角色叙述正确的是(　　)。

A. 用户可以自定义固定服务器角色

B. 数据库角色是系统自带的，用户一般不可以自定义

C. 每个用户能拥有一个角色

D. 角色用来简化将很多权限分配给很多用户这一复杂任务的管理

10.3 关于登录和用户，下列各项表述不正确的是(　　)。

A. 登录是在服务器级创建的，用户是在数据库级创建的

B. 创建用户时必须存在该用户的登录

C. 用户和登录必须同名

D. 一个登录可以对应不同数据库中的多个用户

10.4 某天公司工程师对 SQL Server 2008 数据库管理员说他无法使用 sa 账号连接到公司用于测试的 SQL Server 2008 数据库服务器上，当连接时出现如下图错误信息，则表示(　　)。

A. 该 SQL Server 服务器上的 sa 账户被禁用

B. 管理员误删除了该 SQL Server 上的 sa 账户

C. 该 SQL Server 使用了仅 Windows 的身份验证模式

D. 没有授予 sa 账户登录该服务器的权限

问答题

10.5 简述 SQL Server 2008 的数据安全的两种安全体与两个安全层次。

10.6 简述 SQL Server 2008 的安全机制是如何有效地实现合法安全主体对安全客体各种权

限的访问控制的。

10.7 请描述 SQL Server 2008 两种身份验证模式的区别(Windows 身份验证和混合身份验证),两种模式的使用环境是什么?如何实现两种身份验证模式的互换?

10.8 什么是架构,架构与数据库用户分离有何优越性?

应用题

10.9 用 T-SQL 语句创建一个名为 cfp,密码为 123456,默认数据库为 Student 的账户,而后将该账户设置为固定服务器角色 serveradmin,并将默认数据库改为其他数据库,最后删除该账户,并完成实验。

思考题

10.10 试解释安全性管理与用户管理间的异同。

【复习指导】

本章主要介绍用户管理与数据安全管理。

1. 用户管理与数据安全管理的内容是一致的。它包括两个安全体及两种安全层次。

2. 两个安全体:安全主体与安全客体。

3. 两种安全层次:系统层次及数据库层次。

4. 用户(即安全主体)安全属性:SQL Server 2008 中用户必须具有用户标识、访问范围和操作权限等三个基本属性,亦称安全属性。在有了这些属性后用户才能访问数据库。

5. SQL Server 2008 的安全机制:有效实现合法安全主体对安全客体的访问控制。

6. 用户管理(同时也是数据安全性管理)包括:

(1) 用户(即安全主体)安全属性授予:通过 SQL Server Management Studio 及 T-SQL 中操作赋予用户两个安全层次中三个安全属性。

(2) SQL Server 2008 的安全性验证:主体访问客体时系统对其做检验以确保访问的安全。它们分为两层,分别是系统验证及数据库用户验证。

7. 本章重点内容

用户管理与数据安全管理工具的操作。

第三篇　开发篇

——数据库开发及数据库应用系统开发

本篇从工程角度介绍数据库及数据库应用系统的开发。它分为两个部分，首先是用数据工程的开发方法介绍数据库开发，接着在此基础上用系统工程的开发方法介绍数据库应用系统开发。

数据库应用系统是由硬件设备、软件、数据、人员所组成的一种综合性系统。其中的应用程序是一种软件，它的开发属软件开发，是依据软件工程中的生命周期开发方法进行的。它包括六个开发步骤，即是计划制订、需求分析、软件设计、代码编写、测试及运行维护。其中的数据库开发也是软件开发的一种，它也是依据软件工程中的生命周期开发方法进行的，所不同的是部分开发步骤中的具体操作实施有所不同，称为数据工程中的开发方法。系统中的设备(包括硬件平台、软件平台设备)是根据上面两种方法经科学、合理地配置而成的，称为平台配置。而整个数据库应用系统开发属于系统开发，它们是依据系统工程中的开发方法进行的，它集成了平台配置、软件工程、数据工程中的多种方法组合而成。分八个阶段进行：

(1) 计划制订——对数据库应用系统作统一的计划制订。

(2) 系统分析——对数据库应用系统作统一的分析。

(3) 软件设计——对数据库应用系统分别作应用程序设计与数据库设计。

(4) 系统的平台设计——对数据库应用系统作统一的系统硬件平台及软件平台设计。

(5) 设计更新——对数据库应用系统作统一的系统的设计更新。

(6) 代码生成——对数据库应用系统分别作应用编码与数据库生成。

(7) 系统测试——对数据库应用系统作统一的测试。

(8) 运行与维护——对数据库应用系统分别作应用程序运行维护、数据库运行维护及平台运行维护。

本篇共分三章，它们分别是：

第 11 章：数据库开发。该章对数据库开发作完整介绍，内容包含数据库设计、数据库生成、数据库运行维护等三个部分。

第 12 章：数据库应用系统组成。该章对数据库应用系统作完整介绍。数据库应用系统是一种系统，其内容涉及硬件、软件、数据、用户及接口等多种方面，该章对数据库应用系统的多种资源作有机整合组成一个完整的整体。

第 13 章：数据库应用系统开发。该章对数据库应用系统开发做介绍。本章将结合数据工程、软件工程、平台配置与系统工程，介绍数据库应用系统开发。最后以一个完整的例子介绍数据库应用系统开发的全过程。

11 数据库开发

数据库开发遵循数据工程原则，它是系统工程的一个部分。在其中有 5 个部分是由数据库应用系统开发中统一完成的。有三个部分是需要独立完成的：数据库设计、数据库生成与数据库运行维护，这三部分组成了数据工程中的开发阶段，其开发流程如图 11.1 所示。在本章中以此图所示的流程为核心做数据库开发，其内容包括：

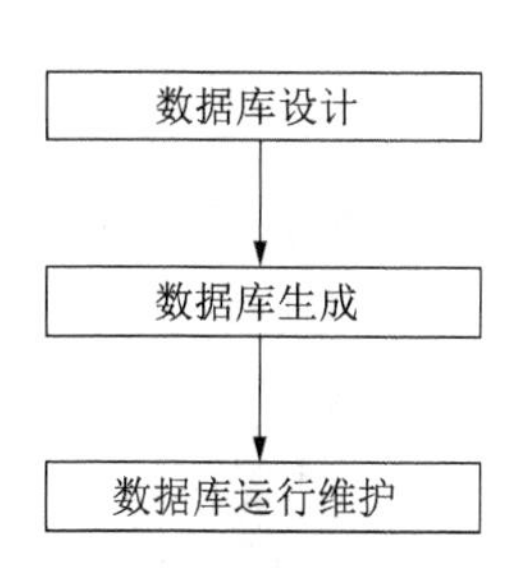

图 11.1 数据库开发三阶段流程图

1）数据库设计

数据库设计包括从概念设计、逻辑设计到物理设计的全过程，最终形成一个完整的设计结果——即在一定条件制约下设计出性能良好的数据库。

2）数据库生成

在数据库设计基础上作包括数据库编程在内的多种操作，从而完成数据库生成。

3）数据库运行维护

在生成完成后，数据库即进入运行阶段，在运行中须不断维护，因此称数据库运行维护。

11.1 数据库设计

11.1.1 数据库设计概述

在数据库开发中的一个核心问题就是设计一个符合环境要求又能满足用户需求、性能良好的数据库，这就是数据库设计(database design)的主要任务。

本章中主要介绍数据库设计的三个阶段内容，它是在数据库应用系统的系统分析基础上进行的。亦即是在系统分析所提供的需求分析说明书的基础上进行的。它可用图 11.2 表示。

在这三个阶段中每个阶段结束都有一个里程碑，它们分别是概念设计说明书、逻辑设计说明书以及物理设计说明书。

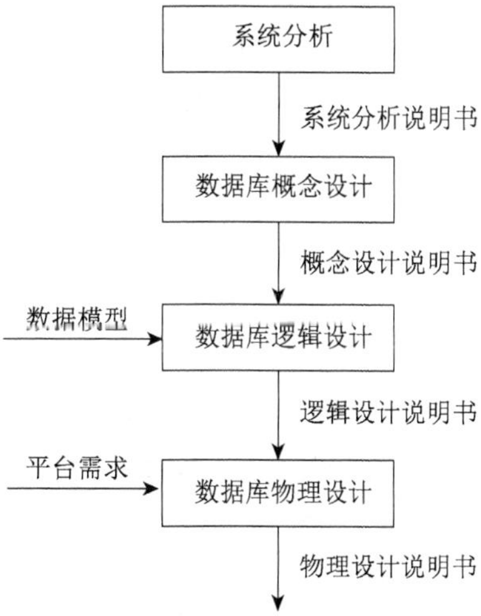

图 11.2 数据库设计的三个阶段

11.1.2 数据库的概念设计

11.1.2.1 数据库概念设计概述

数据库概念设计是建立在数据库应用系统的系统分析基础上的，其目的是分析数据间的内在语法/语义关联，在此基础上建立一个数据的抽象模型。数据库概念设计所使用的方法中常用的是 E-R 方法，它有三个基本概念必须区分开来，它们是属性、实体、联系。属性与实体是基本对象，而联系则是实体间的语法/语义关联。

在数据库应用系统的系统分析中包含了需求调查与需求分析两个内容。在需求分析中，首先确定系统目标的边界以及环境。接着，对系统目标中的数据与处理建立统一的模型。这是一种抽象度并不很高的模型，称为数据流模型图。在此基础上建立数据字典，它包括：

1）数据项

数据项是数据基本单位，它包括如下内容：

（1）数据项名。

（2）数据项说明。

（3）数据类型。

（4）长度。

（5）取值范围。

（6）语义约束：说明其语义上的限制条件包括完整性、安全性限制条件。

（7）与其他项的关联。

2）数据结构

数据结构由数据项组成，它是数据基本结构单位，包括如下内容：

（1）数据结构名。

（2）数据结构说明。

（3）数据结构组成：{数据项|数据结构}。

（4）数据结构约束：从结构角度说明语义上的限制，包括完整性及安全性限制条件。

3）数据存储

数据存储是数据结构保存或停留之处，也是数据流来源与去向之一，它包括如下内容：

（1）数据存储名。

（2）数据存储说明。

（3）输入的数据流。

（4）输出的数据流。

（5）组成：{数据结构}。

（6）数据量。

（7）存取频度。

（8）存取方式。

4）数据处理（略）

数据字典是数据库概念设计的前提。这些与数据有关的内容都是以数据存储为单位组织。每个数据存储内部较多关注数据实体而较少关注数据联系。同时，每个数据存储都各自自成体系，缺乏统一规范与标准，缺乏各数据存储间相互的逻辑关联。因此，在数据库概念设计中必须以数据存储为基础作局部模式设计，建立各个部分的视图（此中所指的视图不是前面所述的数据库视图），然后以各视图为基础进行集成，最终形成全局模式。这种方法称视图集成设计法。

11.1.2.2 数据库概念设计的过程

本节用视图集成法进行设计，而模型的抽象表示采用 E-R 方法。其具体步骤如下：

1）分解

首先把目标对象分解成若干具有一定独立逻辑功能的子目标，所分解的子目标不宜太大，使整个系统保持在大致 7 个左右为原则。

具体的方法是将系统分析中的数据流图及数据字典中的数据存储为单位作分解，分解成若干个以数据存储集为单位，具有一定独立逻辑功能的目标作为视图设计，它们可用 E-R 方法表示。

2）视图设计

在视图设计中需做三方面的设计：

(1) 实体与属性设计

① 如何区分实体与属性：实体(在这里的实体实际上是实体集)与属性是视图中的基本单位，它们间无明确区分标准。一般讲，在数据字典中的数据项可视为属性，数据字典中的数据结构可演化成实体。但是，在视图设计时尚须作进一步的确认与论证，它们可以有下面的一些原则作参考。

● 描述信息原则：一般讲实体需有进一步的性质描述，而属性则无。

● 依赖性原则：一般讲属性仅单向依赖于某个实体，且此种依赖是包含性依赖，如学生实体中的学号、学生姓名等均单向依赖于学生。

● 一致性原则：一实体由若干个属性组成，这些属性间有内在的关联性与一致性。如学生实体有学号、学生姓名、年龄、专业等属性，它们分别独立表示实体的某种独特个性，并在总体上协调一致，互相配合，构成了一个完整的整体。

② 实体与属性的描述：在确定了实体与属性后需对下述几个问题作详细描述。

● 实体与属性名：实体与属性的命名须有一定原则，它们应清晰明了便于记忆，并尽可能采用用户所熟悉的名称。名称要有特点，减少冲突，方便使用，并要遵守缩写规则。

● 确定实体标识：实体标识即是该实体的主键，首先要列出实体的所有候选键，在此基础上选择一个常用的作为主键。

● 非空值原则：在属性中可能会出现空值，这并不奇怪，重要的是在主键中不允许出现有空值。

(2) 联系设计：联系是实体间的一种广泛语义联系，它反映了实体间的内在逻辑关联。联系的详细描述可遵从下面的原则：

① 联系的种类：联系的种类很多，大致有三种，存在性联系，如学校有教师、教师有学生等；功能性联系，如教师授课，教师管理学生等；事件性联系，如学生借书，学生打网球等。用这三类检查需求中是否有联系出现。一般而言，数据字典中较少关注联系，而在不同数据存储间基本上是不考虑联系的。

② 联系的对应关系：实体间联系的对应关系有 1∶1，1∶n，n∶m 等三种。

③ 联系的元数：实体间联系的元数常用的是二元联系，有时也会用到多元联系，特殊情况是一元联系。

(3) E-R 图设计：在完成实体与属性及联系设计后，经适当调整即可将它们组织成一个 E-R 图，从而完成视图设计。

3）视图集成

(1) 原理与策略：视图集成的实质是将所有局部的视图统一与合并成一个完整的模式。在此过程中主要使用三种集成方法：等同、聚合与抽取。

① 等同(identity)：等同是指两个或多个数据元素有相同的语义，它包括简单的属性等同、实体等同以及语义关联等同等。在等同的元素中其语法形式表示可能不一致，如某单位职工按身份证号编号，属性“职工编号”与属性“职工身份证号”有相同语义。等同具有同义同名或同义异名两种含义。

在视图集成中，两个或多个等同的数据元素往往可以合并成为一个。

② 聚合(aggregation)：聚合表示数据元素间的一种组合关系。通过聚合可将不同数据元素合成一体或将它们连接起来。

③ 抽取(generalization)：抽取即是将不同数据元素中的相同部分提取成一个新的元素并构造成新的结构。

(2) 冲突和解决：在集成过程中由于每个局部视图在设计时的不一致性，因而会产生矛盾，引起冲突。常见冲突有下列几种。

① 命名冲突：命名冲突有同名异义和同义异名两种，图 11.3 中的属性“何时入学”在图 11.4 中为“入学时间”，它们属同义异名。

② 概念冲突：同一概念在一处为实体而在另一处为属性或联系。

③ 域冲突：相同的属性在不同视图中有不同的域，如学号在某视图中的域为字符串而在另一个视图中可为整数。

④ 约束冲突：不同视图中的相同约束可能有不同约束条件。

在视图集成中所产生的冲突都要设法解决，其解决的办法是：

① 命名冲突的解决：可根据不同命名语义统一调整命名方式。

② 概念冲突的解决：根据概念语义，统一协调成一个或数个不同概念并用不同形式表示(即不同的实体、属性或联系等)。

③ 域冲突的解决：可通过域的分解、合并以及表示上的一致性以取得域冲突的解决。

④ 约束冲突的解决：通过约束语义集中、统一解决之。

(3) 视图集成步骤

视图集成一般分为两步：预集成步骤与最终集成步骤。

① 预集成步骤的主要任务：

- 确定总的集成策略，包括集成优先次序，一次集成视图数及初始集成序列等。
- 检查集成过程需要用到的信息是否齐全。
- 给出解决冲突的方案，为下阶段视图集成奠定基础。

② 最终集成步骤的主要任务：

- 完整性和正确性。全局视图必须是每个局部视图正确全面的反映。
- 最小化原则。原则上同一概念只在一个地方表示。
- 可理解性。应选择最为用户理解的模式结构。

(4) 视图集成的 E-R 图：经过上面的各步骤后，最终可以得到一个集成后的 E-R 图，从而完成概念设计。

下面用一个例子说明之。

例 11.1 某大学有关学生修读课程登录查询系统的概念设计流程。

该例系统分析情况如下：

(1) 某大学有多种学生类型，其中有大学生(本科生与专科生)，他们属教务处管理；有研究生(硕士生与博士生)，他们属研究生处管理。

(2) 教务处与研究生处管理学生的简历、课程状况以及学生选课情况和成绩。
(3) 教务处与研究生处登录上述相关信息,能随时查询并维护这些信息。
数据字典如下:
(1) 数据结构与数据项(有关数据项细节从略):
① 数据结构 1:大学生
学号;
姓名;
性别;
系别;
何时入学;
班级;
班主任姓名;
本/专科;
选读课程;
成绩。
② 数据结构 2:研究生
学号;
姓名;
性别;
系别;
入学时间;
导师姓名;
研究方向;
硕/博;
选读课程;
成绩。
③ 数据结构 3:大学生课程(可简称课程 1)
课程号;
课程名;
学分;
教师;
必/选修。
④ 数据结构 4:研究生课程(可简称课程 2)
课程号;
课程名;
学分;
教师;
必/选修。
(2) 数据存储:
① 大学生数据存储:

输入：大学生简历、课程状况及大学生修课与成绩。

输出：大学生简历、课程状况及大学生修课与成绩。

数据结构：大学生、大学生课程

数据量：大学生数据 10 000 个；大学生课程数 600 个。

存取频度：每日平均 300～500 次。

存取方式：应用程序访问为主，人机直接交互为辅。

② 研究生数据存储

输入：研究生简历、课程状况及研究生修课与成绩。

输出：研究生简历、课程状况及研究生修课与成绩。

数据结构：研究生、研究生课程

数据量：研究生数据 1 000 个；研究生课程数 70 个。

存取频度：每日平均 40～50 次。

存取方式：应用程序访问为主，人机直接交互为辅。

(3) 数据处理(略)

接着，我们做它的概念设计：

1) 视图设计

可以构作两个视图，它们分别是：

(1) 教务处有关的大学生视图。该视图共有两个实体、一个联系及相应若干个属性：

● 实体一大学生：学号，姓名，性别，系别，何时入学，班级，班主任姓名，学生类别(本/专科)。

● 实体二课程 1：课程号，课程名，学分，教师，课程类别(必/选修)。

● 联系一选课：成绩。

它们可以构成 E-R 图如图 11.3 所示。

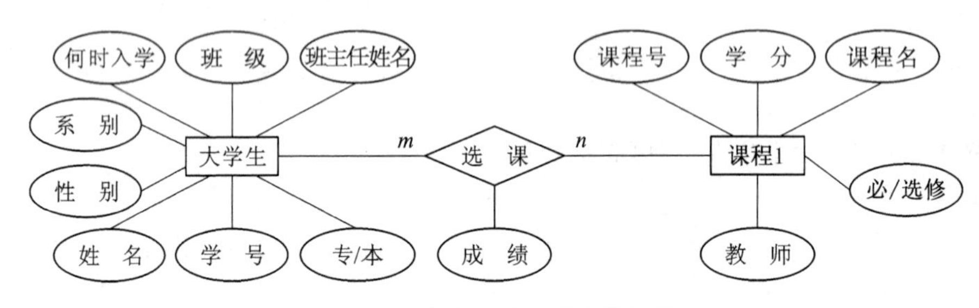

图 11.3 教务处关于学生的视图

(2) 研究生处有关的研究生视图。该视图共有两个实体、一个联系及相应若干个属性：

● 实体一研究生：学号，姓名，性别，系别，入学时间，导师姓名，研究方向，学生类别(硕/博)。

● 实体二课程 2：课程号，课程名，学分，教师，课程类别(必/选修)

● 联系一选课：成绩。

它们可以构成 E-R 图如图 11.4 所示。

2) 视图集成

(1) 抽取：在这两个视图中，可将大学生与研究生两实体中的相同属性部分抽取成新实体：学生。经抽取后这两个实体就变成为三个实体。此外，还须设置两个新联系以建立新、老实体间的关联。这样，经抽取后，两个实体就演变成为三个实体与两个联系如下：

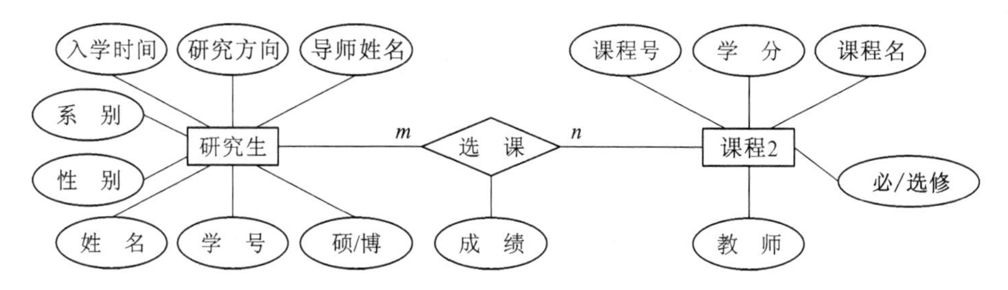

图 11.4 研究生院关于研究生的视图

- 实体一学生：学号，姓名，性别，系别，入学时间，学生类别。
- 实体二大学生：学号，班级，班主任姓名。
- 实体三研究生：学号，导师姓名，研究方向。
- 联系一学生：大学生。
- 联系二学生：研究生。

(2) 等同。在这两个视图中有如下几个等同：

- 实体一课程 1 与实体一课程 2 等同(包括相应的属性)。
- 两个视图中的联系一选课等同(包括相应的属性)。

(3) 聚合：抽取后的三个实体与两个联系以及等同后的一个实体与一个联系可作聚合，最终集成为一个视图并可用 E-R 图表示。

(4) 冲突和解决。在视图合并过程中有一些冲突需作统一并作一致的表示：

- 将实体名："课程 1"与"课程 2"统一成为实体名："课程"。
- 在"课程"中增加属性："课程性质"，分为"本科及专科生课程"与"研究生课程"两种。
- 将属性名："何时入学"与"入学时间"统一成为："入学时间"。
- 将学生类别中的不同域："本/专"与"硕/博"统一成为："本/专/硕/博"。

这样，如图 11.3 与图 11.4 所示的两个视图就集成如图 11.5 的视图。

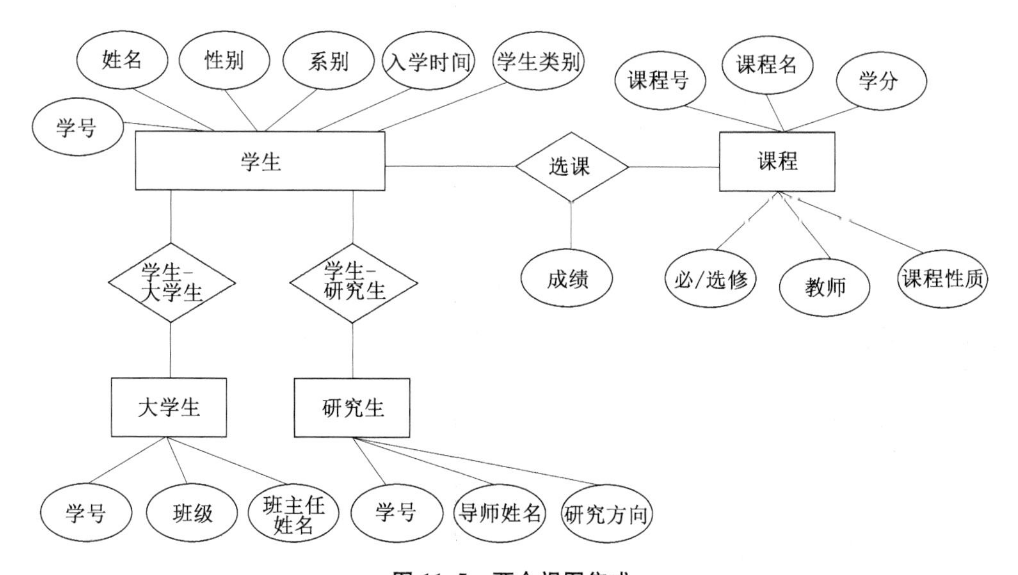

图 11.5 两个视图集成

11.1.2.3 概念设计说明书

在做完概念设计后，需编写概念设计说明书，其内容应包括：

- 视图分解；
- 视图的 E-R 图；
- 集成后的 E-R 图。

数据库的概念设计说明书一般须有规范化的书写方法，在本书中将不做详细介绍。

11.1.3 数据库逻辑设计

11.1.3.1 数据库逻辑设计基本方法

数据库逻辑设计的基本方法是将 E-R 图转换成指定 RDBMS 中的关系模式。此外，还包括关系的规范化、性能调整以及约束条件设置。最后是关系视图的设计。

1) 从 E-R 图到关系模式的转换

从 E-R 图到关系模式的转换是比较简单的。实体集与联系都可以表示成关系，E-R 图中属性也可以转换成关系中的属性。

(1) 属性的处理：原则上 E-R 图中的属性与关系中的属性是一一对应的，即 E-R 图中的一个属性对应于关系中的一个属性。

(2) 实体集的处理：原则上讲，一个实体集可用一个关系表示。

(3) 联系的转换：在一般情况下联系可用关系表示，但是在有些情况下联系可归并到相关联的实体的关系中。具体地说来即是对 $n:m$ 联系可用单独的关系表示，而对 1:1 及 1:n 联系可将其归并到相关联的实体的关系中。

① 在 1:1 联系中，该联系可以归并到相关联的实体的关系中，如图 11.6 所示。有实体集 E_1、E_2 及 1:1 联系 r，其中 E_1 有主键 k，属性 a；E_2 有主键 h，属性 b；而联系 r 有属性 s，此时，可以将 r 归并至 E_1 处，而用关系表 R_1(k, a, h, s)表示，同时将 E_2 用关系表 R_2(h, b)表示。

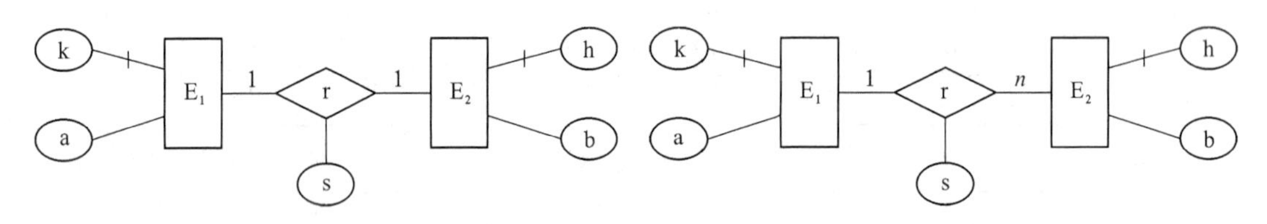

图 11.6 1:1 联系　　　图 11.7 1:n 联系

② 在 1:n 联系中也可将联系归并至相关联为 n 处的实体的关系表中，如图 11.7 所示，有实体集 E_1、E_2 及 1:n 联系 r，其中 E_1 有主码 k，属性 a；E_2 有主码 h，属性 b，而 r 有属性 s，此时，可以将 E_1 用关系 R_1(k, a)表示，而将 E_2 及联系 r 用 R_2(h, b, k, s)表示。

在将 E-R 图转换成关系表后，接下来是做规范化、性能调整等工作。

2) 规范化

关系数据库规范化在数据库设计及数据库应用中有重要的作用，规范化理论从方法上对关系数据库给予严格的规范与界定。但是在实际应用中由于理论的抽象性使得具体操作较为复杂，为方便应用，在本节中给出常用范式的非形式化判别方法以供参考。

关系数据库的规范化即是关系模式中的属性间一般要满足一定的约束关系，否则会出现数据的异常现象，从而造成操作不能正确执行。为避免此种现象出现，一般对在数据库中的关系模式制定一些标准规范。目前常用有五种，凡满足此类规范的模式称范式，它们分别称第一范式、第二范式、第三范式、BC 范式及第四范式。它们可分别简写为：1NF、2NF、3NF、BCNF 及 4NF。

一般而言，一个关系模式至少需满足第三范式，因此第三范式成为鉴别关系模式是否合理的最基本条件。在本节中我们介绍判别第三范式的非形式化方法，这个方法有两种判别原则，它们是：

(1) 原子属性原则：按第一范式要求（同样，也是第三范式要求），关系模式中的属性均为原子属性，亦即是说，属性数据均为基本项。因此凡出现有非原子属性者必须进行分解。非原子属性目前常见的有集合型和元组型两种，其转换办法是：集合属性纵向展开，元组属性横向展开。

例 11.2 学生关系有学号、学生姓名及选读课程三个属性，其前两个为原子属性而后一个为非原子属性，因为一学生可选读多个课程。设学生关系有元组：S1307，王承志，他修读 Database，OS 及 Network 三门课，它可用表 11.1 表示。可以将非原子属性“选读课程”转换成原子属性，此时将元组纵向展开，用关系表中三个元组表示，如表 11.2 所示。

表 11.1 学生关系表之一

学号	学生姓名	选读课程
S1307	王承志	{Database，OS，Network}

表 11.2 学生关系表之二

学号	学生姓名	选读课程
S1307	王承志	Database
S1307	王承志	OS
S1307	王承志	Network

例 11.3 设有表示圆的关系，它有三个属性：圆标识符、圆心与半径。在其中圆心是由坐标 X 轴、Y 轴的位置所组成的二元组（X 轴，Y 轴）表示。设圆关系有元组：圆标识符为 C1324，圆心为(5，7)，半径为 6.9，它可用表 11.3 表示。在此情况下，属性：圆心可横向展开成两个属性，从而将圆的三个属性转换成四个属性，即圆标识符、圆心 X 轴位置、圆心 Y 轴位置以及半径，可用表 11.4 表示。

表 11.3 圆关系表一

圆标识符	圆心	半径
C1324	(5，7)	6.9

表 11.4 圆关系表二

圆标识符	圆心 X 轴	圆心 Y 轴	半径
C1324	5	7	6.9

(2) “一事一地”原则：“一事一地”原则是判别第三范式的基本原则。

所谓“一事一地”(one fact one place)原则即一件事放一张表，而不同事则放不同表的原则。前面的学生数据库中学生(S)、课程(C)与修读(SC)是不相干的三件事，因此必须放在三张不同表中，这样所构成的模式必满足第三范式，而任何其中两张表的组合必不满足第三范式。

“一事一地”原则是判别关系模式满足 3NF 的有效方法，此种方法既非形式化又较为简单，因此在数据库设计中被经常使用。唯一要注意的是，此种方法要求对所关注的数据体的语义要清楚了解。具体来说，即要对数据体中的不同“事”能严格区分，这样才能将其放入不同“表”中。

“一事一地”原则在关系数据库中是很重要的一种原则，在设计关系表时必须遵守之。那么，如果不遵守时为产生什么后果呢？我们说，这将会产生严重的后果。我们从一个例子讲起。

例 11.4 在学生数据库 STUDENT 中一般由三张表组成，它们分别是表 S、表 C 及表 SC。它们共有属性：sno，sn，sd，sa，cno，g，cn，pcno。

第一个问题是，由这八个属性构造成的关系模式可有很多，表 S、表 C 及表 SC 所组成的模式是其中之一，如图 11.8(b)所示。此外，还可以给出另一种构造方法，即将三表合并成为一表，如图 11.8(a)所示。当然，还可以构造更多不同的关系模式来。

SCG：

sno	sn	sd	sa	cno	cn	pcno	g

(a) 模式 1

S：

sno	sn	sd	sa

SC：

sno	cno	g

C：

cno	cn	pcno

(b) 模式 2

图 11.8 两种关系模式的构造方法

第二个问题是，是否随便构造一种关系模式的方案在关系数据库中使用都是一样呢？还以这个例子做说明。先看用图 11.8(a)所构造的模式建立的一个简单的关系数据库，它可以用表 11.5 表示。

从这个数据库中可以看出，它会出现如下问题：

① 冗余度大：在这个数据库中，一个学生如修读 n 门课，则他的有关信息就要重复 n 遍。如王剑飞这个学生修读 5 门课，在这个数据库中有关他的所有信息就要重复 5 次，这就造成了数据的极大冗余。类似的情况也出现在有关课程的信息中。

② 插入异常：在这个数据库中，如果要插入一门课程的信息，但此课程本学期不开设，因此无学生选读，故很难将其插入这个数据库内。这就使这个数据库在功能上产生了极不正常的现象，同时也给用户使用带来极大的不便，这种现象就叫插入异常。

③ 删除异常：类似有相反情况出现，如在这个数据库中的 0003 方世觉因病退学，因而有关他的元组在数据库中就被删除，但遗憾的是在方世觉的有关情况删除时，连课程 BHD 的有关信息也同时被删除了，并且在整个数据库中再也找不到有关课程 BHD 的有关信息了。这叫做“城门失火，殃及池鱼”。这也是数据库中的一种极其不正常的现象，同时也会给用户带来极大的不便，这种现象就叫删除异常。

表 11.5 关系数据库实例一

sno	sn	sd	sa	cno	cn	pno	g
0001	王剑飞	CS	17	101	ABC	102	100
0001	王剑飞	CS	17	102	ACD	105	98
0001	王剑飞	CS	17	103	BBC	105	85

（续表）

sno	sn	sd	sa	cno	cn	pno	g
0001	王剑飞	CS	17	105	AEF	107	60
0001	王剑飞	CS	17	110	BCF	111	85
0002	陈　瑛	MA	19	103	BDE	105	68
0002	陈　瑛	MA	19	105	APC	107	62
0003	方世觉	CS	17	107	BHD	110	78

表 11.6　关系数据库实例二

Sno	sn	sd	sa
0001	王剑飞	CS	17
0002	陈　瑛	MA	19
0003	方世觉	CS	17

sno	cno	g
0001	101	100
0001	102	98
0001	103	85
0001	105	60
0001	110	85
0002	103	68
0002	105	62
0003	107	78

cno	cn	pno
101	ABC	102
102	ACD	105
103	BBC	105
105	AEF	107
107	BHP	110
110	BCF	111

但是，在图 11.8(b) 所示的关系模式所构成的关系数据库中，情况完全不同。表 11.6 给出了它的一个数据库，它存放的数据内容与表 11.5 相同。将这个数据库与前面的相比较就会发现其不同之处：

① 冗余度：这个数据库的冗余度大大小于前一个，它仅有少量的冗余。这些冗余都保持在一个合理的水平。

② 插入异常：由于将课程、学生及他们所修课程的分数均分离成不同的表，因此不会产生插入异常的现象。如前面所述的要插入一门课程的信息，只要在关系 C 中增加一个元组即成，而且并不牵涉学生是否选读的问题。

③ 删除异常：由于分离成三个关系，故也不会产生删除异常的现象，如前例中由于删除学生信息而引起的将课程信息也一并删除的现象也不会出现了。

从上面这个例子中可以看出，在具有相同数据属性下所构造的不同数据模式方案是有"好""坏"之分的，有的构造方案既能具有合理的冗余度又能做到无异常现象出现，有的构造方案则冗余度大且易产生异常现象。因此，在关系数据库中，其关系模式的设计是极其讲究的，必须予以重视。

(3) 是什么原因引起异常现象与大量冗余的出现呢？

这个问题要从语义上着手分析。数据库中的各属性间是相互关联的，它们互相依赖、互相制约，构成一个结构严密的整体。因此，在构造关系模式方案时，必须从语义上摸清这些关联，将互相依赖密切的属性构成独立的"事情"，切忌将依赖关系并不紧密的属性"拉郎配"式地硬凑在一起，从而引起很多"排他"性的反常现象出现。如例 11.4 中学生 S 中的四个属性，它们关系紧密,构成一个独立的“事情”,而课程及修读等也均分别构成独立的“事情”。这三个“事情”所组成的三个关系后,一切不正常现象均会自动消失。而如表 11.5(a)所示的关系模式中将三个“事情”合并成为一个“关系”,从而出现了异常与冗余。

由前面讨论看出,在关系数据库中并不是随便一种关系模式设计方案均是可行的。也不是任何一种关系模式都无所谓的,实际情况是,关系数据库中关系模式的属性间存在某种内在联系,根据这种联系可将它们划分为若干个独立“事情”,而对每个“事情”构作一个关系表,这就是“一事一地”原则。

(4) 最终的结论性意见:

- 在关系数据库设计中,关系模式设计方案是可以有多个的。
- 多个关系模式设计方案是有“好”“坏”之分的,因此,需要重视关系模式的设计,使得所设计的方案是好的或较好的。
- 要想设计好的关系模式方案,关键是要摸清属性间的内在语义联系,将互相依赖密切的属性构成独立的“事情”,再对每个“事情”构造一个关系表,这就是“一事一地”原则。

(5) 关系模式的规范化处理:数据库逻辑设计由 E-R 图到关系模式后须对这种模式做规范化处理,其具体方法是:

① 实施原子属性原则:逐个检查模式中的属性,若出现有非原子性者按原子属性原则进行转换处理之,最后使模式中的所有属性均为原子的。

② 实施“一事一地”原则:逐个检查模式中的所有关系表,是否为独立事情,否则须作关系表的分解,使得每个关系表都是一个独立的事情。

3) 关系模式的细节处理

下面讨论规范化后关系模式的一些细节问题:

(1) 命名的处理:关系模式中的属性与关系名称可以用 E-R 图中原有命名,也可另行命名,但是应尽量避免重名。

(2) 属性域的处理:RDBMS 一般只支持有限种数据类型,而关系模式中的属性域则不受此限制,如出现有 RDBMS 不支持的数据类型时则要进行类型转换。

4) 关系模式性能调整

在对关系模式做规范化处理后接着需作性能的调整,它包括如下内容:

(1) 调整性能减少表间连接:在关系表间通过外键是可以建立表间连接的,但是这种连接的效率低,因此在满足规范化条件下,在关系表设计中适当合并关系表以减少表间连接的出现。

(2) 调整关系表规模大小,使每个关系表的数据量保持在合理水平,以提高存取效率。

5) 约束条件设置

经调整后最后所生成的表尚需对其设置一定约束条件。这些约束包括表内属性及属性间的约束条件及表间属性的约束条件,它也可以包括数据存取约束、数据类型约束及数据量的约束等。此外,还须根据需要重新调整表的主键及外键等。

11.1.3.2 关系视图设计

逻辑设计的另一个重要内容是关系视图的设计。它是在关系模式基础上所设计的直接面向操作用户的视图,它可以根据用户需求随时构造。

关系视图一般由同一数据库下的表或视图组成,它由视图名、视图列名以及视图定义和视图说明等几部分组成。

11.1.3.3 一个逻辑设计实例

例 11.5 例 11.1 的逻辑设计。

1) E-R 图转换成关系表如下：

E-R 图中共有四个实体与三个联系：

- 实体 1—学生：学号，姓名，性别，系别，入学时间，学生类别。
- 实体 2—大学生：学号，班级，班主任姓名。
- 实体 3—研究生：学号，导师姓名，研究方向。
- 实体 4—课程：课程号，课程名，学分，教师，课程类别(必/选修)，课程性质(大学生/研究生)。
- 联系 1—选课：成绩。
- 联系 2—学生：大学生。
- 联系 3—学生：研究生。

它们可以转换成关系表如下：

(1) 实体 1 可以转换成关系表：

学生 S(sno, sn, sex, sd, sjt, sc)。

(2) 实体 4 可以转换成关系表：

课程 C(cno, cn, cr, ct, cc, cp)。

(3) 联系 1 是一种 n∶m 联系，可以转换成关系表：

选课 SC(sno, cno, g)。

(4) 联系 2 是一种 1∶n 联系，可以归并到实体 2：

(5) 联系 3 是一种 1∶n 联系，可以归并到实体 3：

(6) 实体 2 可以转换成关系表：

大学生 US(usno, sno, usc, usm)。

由语义可知 usno=sno(即学号的唯一性)，因此有：

大学生 US(usno, usc, usm)。

(7) 实体 3 可以转换成关系表：

研究生 GS(gsno, sno, gsa, gsd)

由语义可知 gsno=sno(即学号的唯一性)，因此有：

研究生 GS(gsno, gsa, gsd)

2) 规范化

关系表 S、C、SC、US、GS 满足“一事一地”原则及原子属性原则，故满足第三范式。

3) 细节处理与性能调整

无须作细节处理与性能调整。

4) 约束条件设置

(1) 学生分类 sc={本科，专科，硕士生，博士生}；

(2) 课程分类 cc={必修课，选修课}；

(3) 课程性质 cp={u, g}；

(4) 成绩 $0\leqslant g\leqslant 100$

(5) 学生性别 sex={m, f}

(6) S 主键为(sno)

(7) C 主键为(cno)

(8) SC 主键为(sno,cno)

(9) SC 外键为 S 中的 sno 及 C 中 cno

(10) US 主键为(sno)

(11) GS 主键为(sno)

5) 关系视图

(1) 大学生视图

US(usno, usn, usex, usd, usjt, usc, sc, usm)=
SELECT US·usno, S·sn, S·sex, S·sd, S·sjt, S·sc, US·usc, US·usm
FROM S, US
WHERE US· usno= S·sno

(2) 研究生视图

GS(gsno, gsn, gsex, gsd, gsjt, gsc, gsa, gsd)=
SELECT GS·usno, S·sn, S·sex, S·sd, S·sjt, S·sc, GS·gsa, GS·gsd
FROM S, GS
WHERE GS· gsno= S·sno

(3) 大学生课程视图

UC(ucno, ucn, ucr, uct, ucc)=
SELECT cno, cn, cr, ct, cc
FROM C
WHERE cp='u'

(4) 研究生课程视图

GC(gcno, gcn, gcr, gct, gcc)=
SELECT cno, cn, cr, ct, cc
FROM C
WHERE cp='g'

(5) 大学生选课视图

USC(usno, ucno, ug)=
SELECT US·usno, UC·ucno, SC·g
FROM SC, US, UC
WHERE US· usno= SC·sno AND UC·ucno= SC·cno

(6) 研究生选课视图

GSC(gsno,gcno,gg)=
SELECT GS·usno, GC·gcno, SC·g
FROM SC,GS, GC
WHERE GS· gsno= SC·sno AND GC·gcno= SC·cno

6) 逻辑设计最终结果是:

(1) 5 个关系表:S、SC、C、US、GS。

(2) 6 个视图:US、GS、UC、GC、USC、GSC。

(3) 11 个约束。

11.1.3.4 逻辑设计说明书

在做完逻辑设计后，需编写逻辑设计说明书，其内容应包括：

① 数据库的表一览，包括表结构、主键、外键的说明。

② 数据库的属性一览。

③ 数据库的约束一览。

④ 数据库的关系视图。

数据库的逻辑设计说明书一般须有规范化的书写方法，在本书中将不作详细介绍。

11.1.4 数据库的物理设计

数据库物理设计是在逻辑设计基础上进行的，其主要目标是对数据库内部物理结构做调整并选择合理的存取路径，以提高数据库访问速度及有效利用存储空间。在现代关系数据库中已大量屏蔽了内部物理结构，因此留给用户参与物理设计的余地并不多，一般的 RDBMS 中留给用户参与物理设计的内容大致有如下几种：

1）存取方法的设计

- 索引设计
- 集簇设计
- Hash 设计

2）存储结构设计

- 文件设计
- 数据存放位置设计
- 系统配置参数设计

现就这两个方面的设计做介绍。

11.1.4.1 存取方法设计

1）索引设计

索引设计是数据库物理设计的基本内容之一，有效的索引机制对提高数据库访问效率有很大作用。

索引一般建立在表的属性上，它主要用于常用的或重要的查询中，下面给出符合建立索引的条件：

（1）主键及外键上一般都建立索引，以加快实体间连接速度，有助于引用完整性检查以及唯一性检查。

（2）以读为主的关系表可多建索引。

（3）对等值查询且满足条件的元组量小的属性上可建立索引。

（4）经常查询的属性上可建立索引。

（5）有些查询可从索引直接得到结果，不必访问数据块，此种查询可建索引，如查询某属性的 MIN，MAX，AVG，SUM，COUNT 等函数值可沿该属性索引的顺序集扫描直接求得结果。

一张表上一般可建立多个索引。

2）集簇设计

除了建立索引外，在关系表上还可建立集簇。集簇对提高查询速度特别有效，但集簇建立必须慎重，因为集簇改变了关系表的整个内部物理结构且所需空间特别大，因此经常作数据更改的表不宜设置集簇。

一张关系表上一般只可建立一个集簇，这个集簇一般都建立在主键上。

3）Hash 设计

有些 DBMS 提供了 Hash 存取方法，它主要在某些情况下可以使用。如表中属性在等连接条件中或在相等比较选择条件中，以及表的大小可预测时可用 Hash 方法。

11.1.4.2 存储结构设计

1）文件设计

数据库中数据一般都直接存储于文件中，因此对数据库须做文件设计。每个数据库配若干个文件(或文件组)它们有主文件、辅助文件以及日志文件等。

2）数据存放位置设计(又称分区设计)

数据库中的数据一般存放于磁盘内，由于数据量的增大，往往需要用到多个磁盘驱动器或磁盘阵列，因此就产生了数据在多个盘组上的分配问题，这就是所谓磁盘分区设计，它是数据库物理设计内容之一，其一般指导性原则如下：

(1) 减少访盘冲突，提高 I/O 并行性。多个事务并发访问同一磁盘组时会产生访盘冲突而引发等待，如果事务访问数据能均匀分布于不同磁盘组上则可并发执行 I/O，从而提高数据库访问速度。

(2) 分散热点数据，均衡 I/O 负担。在数据库中数据被访问的频率是不均匀的，有些经常被访问的数据称热点数据(hot spot data)，此类数据宜分散存放于各磁盘组上以均衡各盘组负荷，充分发挥多磁盘组并行操作优势。

(3) 保证关键数据快速访问，缓解系统瓶颈。在数据库中有些数据(如数据字典、数据目录)访问频率很高，为了保证对它的访问，可以用某一固定盘组专供其使用以保证其快速访问。

3）系统参数配置设计

物理设计的另一个重要内容是为数据库管理系统设置与调整系统参数配置，如数据库用户数、同时打开数据库数、内存分配参数、缓冲区分配参数、存储分配参数、时间片大小、数据库规模大小、锁的粒度、数目等。

11.1.4.3 一个物理设计实例

例 11.6 例 11.5 的物理设计。

1）索引设计

- S 的 sno 上建立索引。
- C 的 cno 上建立索引。
- SC 的(sno，cno)上建立索引。

2）文件设计

- 建立一个主文件。
- 建立一个日志文件。

11.1.4.4 物理设计说明书

在做完物理设计后，需编写物理设计说明书，其内容应包括：

- 数据库的存取方法设计，包括索引设计、集簇设计以及 Hash 设计；
- 文件设计；
- 数据库的分区设计；

● 数据库的系统参数配置设计。

数据库的物理设计说明书一般须有规范化的书写方法,在本书中将不做详细介绍。

11.2 数据库生成

按照数据工程的开发原理,在完成数据库设计后即进入数据库生成阶段。在本节中介绍数据库生成及其相应的编程。

11.2.1 数据库生成介绍

11.2.1.1 数据库生成的先置条件

数据库生成即是数据工程中的(数据)编码,其最终结果是生成一个可供使用的数据库。在此阶段中必须有一些先置条件,它们是:

1) 数据库设计

数据库生成必须在完成数据库设计的基础上进行,它是数据库生成的最基本条件。

2) 平台

数据库生成必须建立在一定的平台之上。它包括网络、硬件平台、软件平台。

3) 关系数据库管理系统产品

在平台基础上选择一个合适的关系数据库管理系统产品。如 SQL Server 2008、Oracle、DB2、MySQL 等。

4) 人员

数据库生成必须有专业人员操作完成,他们主要是数据库管理员,同时还会有数据库程序员参与编程。

11.2.1.2 数据库生成内容与过程

数据库生成的内容很多,它们包括如下一些:

1) 服务器配置

网络中的数据库服务器是数据库生成的基础平台,服务器配置是将数据库服务器与数据库管理系统 DBMS 间通过适当的配置建立起协调一致、可供数据库运行的平台。

2) 数据库建立

在完成服务器配置后即可建立数据库。一般讲,一个服务器上可建立若干个数据库。数据库是一个共享单位,在数据库建立中主要建立这种共享单位的逻辑框架与物理框架,它包括数据库标识(即数据库名)、创建者名以及所占物理空间等。

在数据库建立后,即可对数据库对象作定义。下面的几个部分都是有关这方面的介绍。

3) 数据库对象之一——表定义

表定义建立了表的结构。一个数据库可以有若干个表结构,而所有的表结构组成了整个数据库的数据模式。

4) 数据库对象之二——完整性约束条件定义

完整性约束条件定义建立了数据库中数据间语法/语义约束关系。完整性约束条件定义可用数据控制中有关完整性约束条件定义的语句完成。它一般可与表定义一起完成。

5) 数据库对象之三——视图定义

视图定义建立了数据库面向用户的虚拟表。它可用数据定义中的“创建视图”语句完成。

6）数据库对象之四——索引定义

索引定义建立了数据库中索引，用以提高数据存取效率。索引定义可用数据定义中的“创建索引”语句完成。

7）数据库对象之五——安全性约束条件定义与用户定义

安全性约束条件定义建立了数据库中数据存取的安全语义约束关系。它可用数据控制中有关安全性约束条件定义的语句完成。在此基础上还可以定义操作数据库的用户。

8）数据库对象之六——存储过程与函数定义

在数据库中可以定义存储过程与函数供用户使用。存储过程与函数的定义可用自含式语言中的“创建存储过程”与“创建函数”语句完成。此外，还可以包括触发器定义等。

9）运行参数设置

在数据库运行时需设置一些参数，称为数据库运行参数。它一般包括有下列三种类型：

（1）有关内外存配置的参数设置。

（2）有关 DBMS 运行参数的设置。

（3）有关数据库的故障恢复和审计的参数。

到此为止，一个完整的、可供运行的数据库就这样生成了。这个数据库生成的全过程可用图 11.9 表示之。

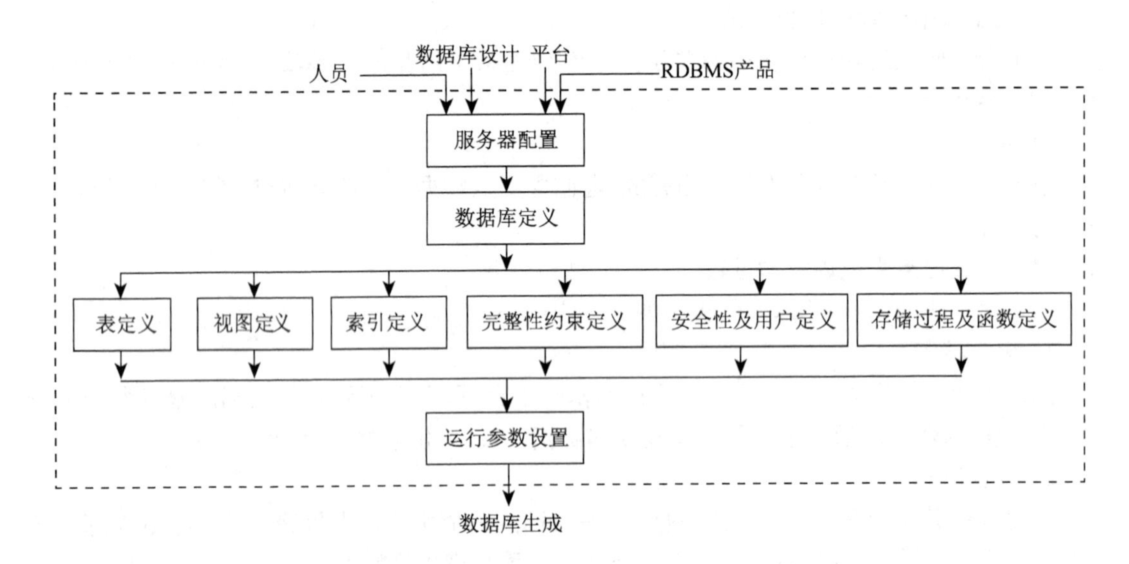

图 11.9　数据库生成全过程示意图

生成后的数据库可以提供如下的资源：

● 数据资源：这是数据库提供的主要资源。

● 程序资源：这是数据库提供的又一种资源，近年来它显得更重要。

● 元数据资源：它包括数据库中的规则（如数据结构规则、完整性约束规则及安全性约束规则等）及参数，可统称为元数据。它们存储于数据库内统称为数据字典。数据字典的有效使用可以充分地提高数据库使用范围与能力。

● 系统资源：它包括由 DBMS 所提供的信息服务资源。

11.2.2 数据库生成开发工具

为完成数据库生成必须有一定的开发工具。目前提供的工具有：

1）DBMS 中的 SQL 语言

目前大量的数据生成功能均由 DBMS 中的 SQL 语句完成，这涉及 SQL 中的数据定义、数据操纵、数据控制等语句。

2）自含式语言

在数据库生成中需要有大量的存储过程及函数(包括触发器)，它们需要用自含式语言，如在 ISO 中用 SQL/PSM 编程以实现之，而在 SQL Server 2008 中则用 T-SQL 编程。

3）DBMS 中的数据服务

除了 SQL 及自含式语言编程外，在数据生成中还需要大量的数据服务。这些数据服务一般在 DBMS 中均有提供，它主要用于服务器配置、运行参数设置等。

11.2.3 数据库生成开发操作

依据如图 11.8 所示的数据库生成流程以及第 11.2.2 节中的数据库生成开发工具即可实现数据生成开发的操作步骤如下。

1）服务器配置

服务器是数据库生成的基地。选择一台合适的计算机作为网络上的 SQL 服务器并选择一个合适的 DBMS 产品，将其安装在 SQL 服务器上。接下来就需要做服务器配置，其内容包括：

- 服务器注册与连接；
- 服务器中服务的启动、暂停、关闭与恢复；
- 服务器启动模式；
- 服务器属性参数配置；
- 服务器网络协议及客户端远程服务器配置。

服务器配置一般都可用 DBMS 中服务性工具包操作实现。如 SQL Server 2008 中的配置管理器及 SSMS 等。

2）数据库建立

在完成服务器配置后即可建立数据库。数据库建立可用 SQL 中的“创建数据库”语句实现。

3）表定义与完整性约束条件定义

表定义可用 SQL 中的“创建表”语句实现。而完整性约束条件定义可用 SQL 中有关完整性约束条件定义的语句实现。它一般可与表定义一起完成。

4）视图定义

视图定义可用 SQL 中的“创建视图”语句实现。在视图实现过程中还须用 SQL 查询语句以定义视图。

5）索引定义

索引定义可用 SQL 中的“创建索引”语句实现。

6）安全性约束条件及用户定义

安全性约束条件定义包括安全主体(服务器登录名及数据库用户名)的定义及存取权限的定义等,它可用 SQL 中的有关安全性约束条件定义的语句实现。

7) 存储过程与函数定义

存储过程与函数的定义可用如 T-SQL 中的“创建存储过程”与“创建函数”语句完成(此外,还可以包括触发器定义等)。在定义过程中需要做 T-SQL 编程。

8) 运行参数设置

数据库运行参数一般包括有下列三种类型:

(1) 有关内外存配置的参数。如数据文件的大小、数据块的大小、最大文件数、缓冲区的大小以及分区设置要求等。

(2) 有关 DBMS 运行参数的设置。如可同时连接的用户数、可同时打开的文件和游标数量、最大并发数、日志缓冲区的大小等。

(3) 有关数据库的故障恢复和审计的参数。如审计功能的开/关参数、系统日志设置等。

运行参数设置可通过 SQL 语句及有关数据服务完成。它并不一定需要设置专门步骤,一般可在前面几个步骤中顺便完成。如在服务器配置阶段中完成相关服务器运行参数设置。在数据库建立阶段中完成相关数据库运行参数设置等。因此这一步骤往往可以省略。

由此可以看出,一个完整的数据生成开发一般为前面的 8 个操作步骤。

11.3 数据库运行维护

按照数据工程的开发原理,在完成数据库生成后即进入数据库的运行与维护阶段。本节中介绍如下内容:

- 数据库运行监督。
- 数据库维护。
- 数据库管理员。

11.3.1 数据库运行监督

在数据库运行过程中,应用程序与数据库不断交互,同时,操作员与数据库也不断交互。在此过程中须对数据库作监督,它一般包括数据库生成代码出错监督、数据库操作出错监督与数据库效率监督等三种。下面分别介绍之。

1) 数据库生成代码出错监督

在数据库代码生成中,由于编码与测试的不彻底而隐藏了部分错误并被带到运行阶段,在某些特定环境下会暴露出来,因此须对它做监督称数据库代码出错监督。

2) 数据库操作出错监督

数据库运行中由于操作不当所引起数据库错误的监督称数据库操作出错监督,它包括:

(1) 完整性约束条件监督:在做数据增、删及改操作时须作完整性约束条件监督以防止数据出错。

(2) 安全性约束条件监督:在做数据存取时须作安全性约束条件监督以防止数据的非法使用。

(3) 事务设置监督：在数据库程序中合理设置事务以保证事务的一致性与原子性。

(4) 并发控制监督：在多个用户同时访问数据库时须做并发控制监督，以保证数据访问的正确性。并发控制监督的内容很多，有防止并发执行出错的监督及防止死锁的监督等。

(5) 数据库故障恢复监督：最后一种是属于计算机系统的出错所引起的数据库故障恢复的监督。

3) 数据库效率监督

数据库效率监督主要对运行时存取数据时间效率的监督。它包括存取时间的统计、分析以及数据流通瓶颈之分析研究。

数据库运行监督一般均可通过数据控制中的相关功能实现，也可通过相关服务性工具实现。如在 SQL Server 2008 中的 SQL Server Profiler 等。

11.3.2 数据库维护

在软件工程中，软件维护可分为四种，它们是：纠错性维护、适应性维护、完善性维护及预防性维护。而在数据工程中亦分为这四种，但其内容与软件工程中会有所不同。

1) 纠错性维护之一——数据库生成代码纠错性维护

即是数据库生成代码错误的维护。

2) 纠错性维护之二——数据库操作纠错性维护

即是数据库操作错误的维护，它主要可包括如下一些内容：

(1) 完整性维护：当数据出现完整性错误时须及时通告用户并及时采取措施以保证数据的正确性。

(2) 安全性维护：当数据出现安全性错误时须及时通告用户并及时采取措施，以防止数据的非法访问。

(3) 事务维护：由事务设置不当所引起的错误的维护，它可通过改写事务语句而解决。

(4) 并发控制维护：并发控制所引起的错误的维护，它也可通过改写事务语句而解决。

(5) 封锁机制维护：在并发运行时所引起的死锁的解除，它可以通过人工解除，也可通过解锁程序解除。

(6) 数据库故障的恢复：当数据库产生故障时须作故障的恢复。

3) 适应性维护之一——数据库调优

数据库调优是一种适应性维护，它包括数据库调整与数据库优化两个部分。在数据库生成并经一段时间运行后往往会发现一些不适应的情况，这主要是数据库设计与数据库生成时考虑不周所造成的。此时需要对其做调整，此称数据库调整。同时，在运行监督中所发生的数据存取效率上的降低以及数据库性能的下降，此时需要做性能优化，此称数据库优化。

数据库调优一般包括下面一些内容：

(1) 合理设置视图：视图有很多的优越性，但是它的查询效率低，增、删、改操作难度大，因此应合理设置，做到非确有必要尽量不要设置。

(2) 调整数据完整性规则及安全性规则的设置：适当调整数据完整性规则及安全性规则，使之能适应数据的正常需求，规则的检查会消耗大量的系统资源，因此设置过多的规则实在不是件好事。

(3) 调整索引与集簇使数据库性能与效率更佳：索引和集簇的设计是数据库物理设计的主要内容，也是数据库调整的任务之一。集簇和索引的设计通常是针对用户的核心应用及其数据访问方式来进行的，随着数据库中数据量的变化以及各个用户应用的重要性程度的变化，可能需要调整原来的索引和集簇的设计方案，撤销原来的一些索引或集簇，建立一些新的索引和集簇。

(4) 关系模式调优：可以通过调整关系模式使数据库存取效率更佳。这种调整包括关系的重新分割与配置以及建立快照(一种固定的表)等措施。此外，还可包括降低规范化程度与调整关系表的数据规模大小等方法以实现之。

(5) 查询优化：查询优化是找出执行效率低下的查询语句并改写之。尽量少用或不用出现有子查询或嵌套查询的语句；少用或不用效率低下的谓词，如 distint、exist 等。

(6) 磁盘空间调优：合理分配数据库文件、日志文件；掌握热点数据，将它们分别存放于不同磁盘驱动器中以增强并行性以提高效率。

(7) 事务设置的调优：合理设置事务。事务过长会影响并发性，而太短的事务则会加重系统开销。合理设置锁粒度。粒度过大会影响并发性，而太短的粒度则会加重系统开销。

(8) 运行参数调优：调整数据库缓冲区、工作区大小以及调整并发度使数据库物理性能更好。

目前，在 SQL 中都提供有数据库调整与优化的功能。此外，还提供有多种服务性工具以实现优化的能力。如在 SQL Server 2008 中的优化工具 Database Engine Turning Adviser，它有极强的数据优化能力。

4) 适应性维护之二——数据库重组

另一种适应性维护称数据库重组。数据库在经过一定时间运行后，其性能会逐步下降，下降的原因主要是由于不断的修改、删除与插入所造成的，由于不断的删除而造成盘区内废块的增多而影响 I/O 速度，由于不断的删除与插入而造成了存储空间的碎片化，同时也造成集簇的性能下降，使得完整的表空间分散，从而存取效率下降。基于这些原因，需要对数据库进行重新整理，重新调整存贮空间，此种工作叫数据库重组。

一般数据库重组需花大量时间，并作大量的数据搬迁工作。往往是先作数据卸载(unload)，然后再重新加载(reload)，即将数据库的数据先行卸载到其他存储区域中，然后按照模式的定义重新加载到指定空间，从而达到数据重组的目的。

目前，一般 DBMS 都提供重组手段，以数据服务中的工具形式实现数据重组功能。如在 SQL Server 2008 中 即可用其数据转换服务 DTS(Data Transformation Services)实现之。

数据库重组可提高系统性能但它要付出代价，这是一对矛盾，因此重组周期的选择要权衡利弊使之保持在合理的水平。即在重组时要进行慎重研究，选择有效的重组代价模型，在经过模型计算后才最终确定是否有重组的必要。

5) 完善性维护——数据库重构

数据库重构是一种数据库的完善性维护。亦即是说，数据库在使用过程中由于应用环境改变，产生了新的应用动力，同时旧的应用内容也需调整，这两者的结合对系统就产生了新的需求，这种需求是对原有需求的一种局部改变而并非全局性的。因此，数据库重构实际上是以局部修改数据库需求为前提的。

虽然如此，数据库重构还是需对数据库作重新的修改性开发，包括从系统分析到数据库设计并形成数据库新的模式。在新的模式基础上作数据库再生成。这就是数据库重构。

在数据库重构中既要保留原有的需求又要照顾新增需求,因此它的开发复杂性远大于开发一个新的数据库,这主要表现为:

(1) 数据库设计中的复杂性:在数据库设计中应充分保留原有不应变动的部分,而确需修改部分要做到"恰到好处",原有的与新增的两部分应能"无缝连接"。

(2) 数据库生成中的复杂性:数据库是为应用程序服务的,新生成的数据库会影响到应用程序的变动,应尽量减少应用程序的修改量。这需要充分利用数据库的独立性,如视图的利用,以屏蔽模式更改所带来的应用程序改变。如别名的利用以尽量减少命名的变动等。

由上面分析可以知道,数据库重构的工作量实际上包括了如下一些内容:

(1) 系统分析及数据库设计的修改。

(2) 数据库再生成。

(3) 应用程序修改。

除此之外,它还需包括:

(4) 数据库与应用程序的重新测试。

(5) 相关文档的重新修改与编写。

在数据库重构中这五个内容是缺一不可的。由此可见,数据库重构是一个极其复杂的工程,除非确有需要且须经严密论证,一般不可为之。

6) 预防性维护

最后,除上面所示的维护外,还需做一些经常性的以预防为目的的维护。如数据备份、日志记录、维护记录及必要的运行测试等。此外,还须加强数据库操作人员培训、严格操作规范等。

11.3.3 数据库管理员

DBA 是管理数据库的核心人物,他一般由若干个人员组成,他是数据库的监护人,也是数据库与用户间的联系人。

DBA 具有最高级别的特权,他对数据库应有足够的了解与熟悉,一个数据库能否正常、成功的运行,DBA 是关键。一般讲,DBA 除了完成开发性数据库管理的工作外,它还需要完成相关的行政管理工作以及参与数据库设计的部分工作,其具体任务如下:

(1) 参与数据库设计的各个阶段的工作,对数据库有足够的了解。

(2) 参与、指导数据库的生成。

(3) 负责数据库的运行维护。

在上面三个任务中,DBA 主要所承担的是数据库的运行维护。

此外,DBA 还承担行政性管理任务。

(4) 帮助与指导数据库用户:与用户保持联系,了解用户需求,倾听用户反映,帮助他们解决有关技术问题,编写技术文档,指导用户正确使用数据库。

(5) 制定必要的规章制度,并组织实施。

为便于使用管理数据库,需要制定必要的规章制度,如数据库使用规定,数据库安全操作规定,数据库值班记录要求等,同时还要组织、检查及实施这些规定。

特别要提醒的是,随着应用环境的复杂化,尤其在网络环境中,有关数据库用户的安全性维护已是 DBA 所无法完全控制得了。因此为加强安全管理,将有关安全控制的设置与管理以及审计控制与管理的职能从 DBA 中分离,专门设置数据库安全管理员(dabase security administrator)及审计员(auditor),这种设置方式有利于对数据库安全的管理,而这种管理模式称为三权分立式管理。

习　题　11

名词解释

11.1　请解释下列名词:

(1) 数据库生成　(2) 服务器配置

11.2　请解释下列名词:

(1) 数据库运行监督　(2) 数据库维护　(3) 数据库调优　(4) 数据库重组

(5) 数据库重构　(6) 数据库管理员　(7) 数据库安全管理员　(8) 审计员

问答题

11.3　什么叫软件工程?数据工程?系统工程?它们间有什么区别,请说明之。

11.4　试说明数据工程与数据库设计间的关系。

11.5　试说明将 E-R 图转换成关系模型的规则并用一例说明之。

11.6　数据库逻辑设计有哪些基本内容?请叙述。

11.7　数据库物理设计包括哪些内容?请说明。

11.8　试述数据库设计的全过程以及所产生的里程碑。

11.9　数据库设计中需求分析说明书应包括哪些内容?请说明之。

11.10　数据库设计中概念设计说明书应包括哪些内容?请说明之。

11.11　数据库设计中逻辑设计说明书应包括哪些内容?请说明之。

11.12　数据库设计中物理设计说明书应包括哪些内容?请说明之。

11.13　开发数据库管理有哪几件工作?请说明之。

11.14　请给出数据库生成的四个前提。

11.15　请给出数据库生成的九大内容。

11.16　数据库运行监督包括哪些内容?请说明之。

11.17　数据库维护包括哪些内容?请说明之。

11.18　DBA 的具体任务是什么?试说明之。

应用题

11.19　试用 E-R 模型为一个大学校园网数据库作概念设计并最终画出全局 E-R 图。

11.20　试用题 11.19 所画的 E-R 图转换成关系表。

11.21　试用题 11.19 转换成的关系表作数据约束。

11.22　对题 11.19 所定义的表作索引设计。

思考题

11.23　在逻辑设计中为什么"一事一地"原则是重要的,试举一例以说明它的重要性。

11.24　在逻辑设计中为什么须遵循原子属性原则,请说明其理由。

11.25　试说明数据库生成之重要性。

11.26　试说明数据库生成与数据库编程间的关系。

11.27　数据库除提供数据资源外还提供其他什么资源?它们对用户有何价值?请说明之。

11.28　试分析数据库重组与数据库重构间的差异。

【复习指导】

本章介绍数据库开发。它分为数据库设计、数据库生成以及数据库运行维护。

1. 数据库设计

- 数据库设计与数据工程有关；
- 数据库设计与数据库的概念模型、逻辑模型及物理模型有关。

数据库设计是在上述知识支持下所构成的数据库开发流程之一。

2. 设计流程

概念设计
↓
逻辑设计
↓
物理设计

3. 概念设计

采用 E-R 方法

(1) 分解

(2) 视图设计

(3) 视图集成

(4) 概念设计说明书

4. 逻辑设计

(1) 基本原理：将 E-R 图转换成表及视图。

(2) 基本转换方法：

- 属性⇒属性
- 实体集⇒表
- 联系 $\begin{cases} 1:1 \text{ 及 } 1:n \Rightarrow \text{归并} \\ m:n \Rightarrow \text{表} \end{cases}$

(3) 关系模式的细节处理——命名处理及属性域处理。

(4) 表的规范化——原子属性原则与“一事一地”原则。

(5) 性能调整——关系表合并及调整关系表规模大小。

(6) 约束条件设置。

(7) 在模式上设计视图。

(8) 逻辑设计说明书。

5. 物理设计

(1) 物理设计的两个内容

- 存取方法选择
- 存取结构设计

(2) 存取方法选择

- 索引设计
- 集簇设计
- Hash 设计

(3) 存取结构设计

- 文件设计
- 确定系统参数配置
- 确定数据存放位置

(4) 物理设计说明书

6. 数据库生成原理与内容

数据库生成即是构造一个能为应用服务、符合设计要求的数据库。

(1) 数据库生成前提：设计、平台与人员。

(2) 数据库生成的九大内容：

- 服务器配置
- 数据库建立
- 表定义
- 视图定义
- 索引定义
- 完整性约束条件定义
- 安全性约束条件及用户定义
- 存储过程与函数定义
- 运行参数设置

7. 数据库生成开发工具

(1) DBMS 中的 SQL 语言

(2) DBMS 中的数据服务

(3) DBMS 中的自含式语言

8. 数据库生成的操作流程

(1) 依据数据库生成原理与内容以及与生成开发工具相结合。

(2) 按九个步骤完成数据库生成开发。

9. 数据库运行监督

- 数据库运行代码出错监督
- 数据库运行操作出错监督
- 数据库运行效率监督

10. 数据库维护

- 纠错性维护之一——数据库生成代码纠错性维护
- 纠错性维护之二——数据库操作纠错性维护
- 适应性维护之一——数据库调优
- 适应性维护之二——数据库重组
- 完善性维护：数据库重构
- 预防性维护

11. DBA 任务

(1) 参与数据库设计的各个阶段的工作，对数据库有足够的了解。

(2) 负责数据库的生成。

(3) 负责数据库的运行维护。

(4) 帮助与指导数据库用户。

(5) 制定必要的规章制度,并组织实施。

12. 本章内容重点:

- E-R 图到关系表的转换
- 数据库生成的九个内容。
- 数据库维护的四大任务

12 数据库应用系统组成

本章介绍数据库应用系统组成内容，使读者对数据库应用系统有一个完整、全面的了解。

12.1 数据库应用系统组成概述

数据库应用系统是以数据库为核心的计算机应用系统。在前面的11章中我们主要介绍了与数据库有关的一些部分，但是它们并不能组成一个完整的系统，也不能具有实际应用价值。因此须要作一定的补充，从系统角度给予完整的介绍，这就是本章的目的。

从系统观点看，数据库应用系统是以数据库为核心，直接面向用户的一种系统，它是人、机结合的系统，同时也是硬、软件结合的系统，它包括人、硬件、软件与数据资源等多种资源相结合的综合性系统。因此它的组成不仅与数据库有关而是由多种内容按一定逻辑关系所结构而成。在本章中我们介绍这种系统的组成。

数据库应用系统由基础平台层、资源管理层、业务逻辑层、应用表现层及用户层等五部分组成，其结构可见图12.1所示。

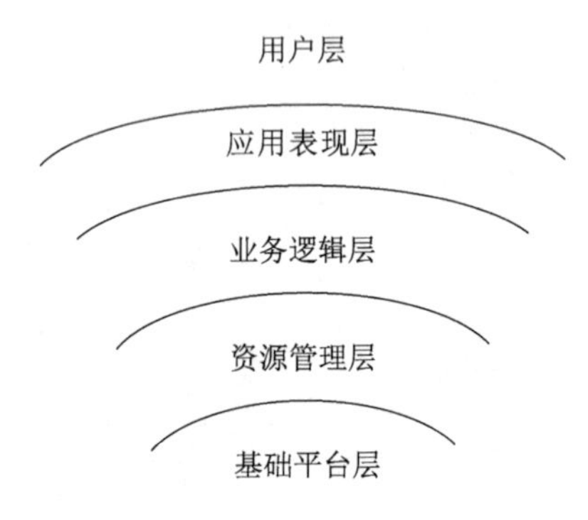

图 12.1　应用系统层次结构图

这种结构是层次型的，它们由低向高层相依组成一个有机的整体。下面的小节中我们将先介绍这五个层次的详细内容，最后并介绍两个典型的组成框架。

12.2 数据库应用系统基础平台

数据库应用系统基础平台是由硬件、系统软件、支撑软件等几个部分组成的，下面分别介绍之。

1) 硬件层

硬件层是包括计算机及内的所有设备的组合，特别指由计算机所组成的网络设备。它为整个系统提供了基本物理保证。

硬件层一般包括如下一些基础平台：

(1) 以单片机、单板机为主的微、小型平台。该平台主要为嵌入式(应用)系统如自动流水线控制、移动通信管理等应用提供基本物理保证。

(2) 以单机为主的集中式应用平台。该平台主要为单机集中式应用系统提供基本物理保证。

(3) 以计算机网络为主的分布式应用平台

① C/S 结构方式：是网络上的一种基本分布式结构方式，其基本结构图可见图 12.2。

在 C/S 结构模式中，它由一个服务器 S(server)与多个客户机 C(client)所组成，它们间由网络相连并通过接口进行交互。

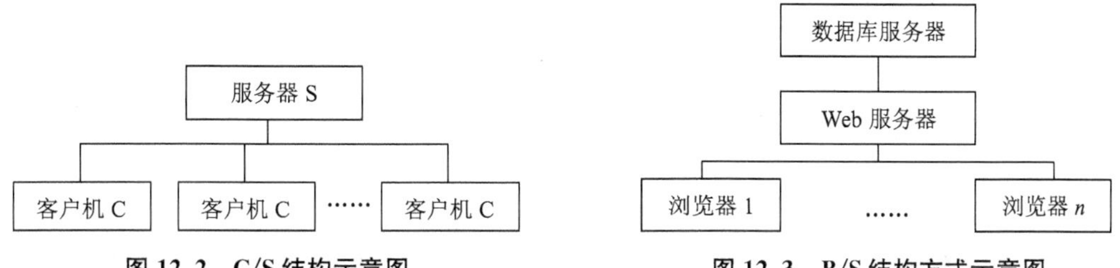

图 12.2　C/S 结构示意图　　**图 12.3　B/S 结构方式示意图**

② B/S 结构方式：是基于互联网上的一种分布式结构方式，它是一种典型的三层结构方式，它一般由浏览器、Web 服务器及数据库服务器等三部分组成，它构成图如图 12.3 所示。

近几年来由于中间件的出现，在 B/S 结构方式中又增加了一层即应用服务器层，在这层中主要是由中间件及相应的应用逻辑组成，而 Web 服务器则仅由互联网支撑软件组成，这样就构成了如图 12.4 所示的结构，目前常用的 B/S 结构即以此方式为准。

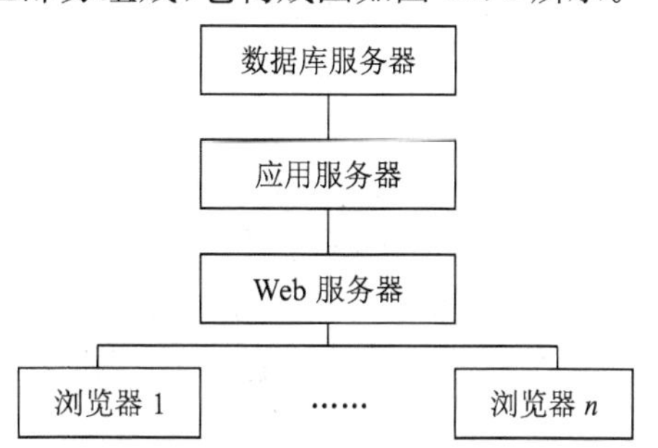

图 12.4　B/S 结构方式另一种示意图

B/S 结构方式是目前数据库应用系统的主流结构方式。

2) 系统软件层

系统软件层包括如下的内容：

(1) 操作系统：操作系统是软、硬件接口，它管理硬件资源与调度软件，它为整个系统提供资源服务。常用的有 Windows，Unix 及 Linux，此外还有 iOS 及 Android 等，在其中：

- 微、小型平台：以 iOS 及 Android 等为主；
- 单机集中式平台：以 Windows 为主；
- 计算机网络分布式应用(服务器)平台：以 Windows、Unix 及 Linux 等为主。

(2) 语言处理系统：语言处理系统为开发业务逻辑提供主要的工具和手段。常用的有 C、C++、C# 及 Java 以及最近流行的 python 等。

(3) 数据库(管理)系统：数据库(管理)系统是整个系统的数据管理机构。它为资源管理层提供服务。常用的有 Oracle、DB2、SQL Server、MySQL、Access 及 SQLite 等。

- 微、小型平台：以 SQLite 为主；
- 单机集中式平台：以 Access 为主；
- 计算机网络分布式应用平台：以 Oracle、DB2、SQL Server 、MySQL 等为主。

3) 支撑软件层

支撑软件层包括如下的内容：

(1) 中间件：一般用基于 Windows 的.NET 或基于 Unix 的 J2EE(Weblogic 或 Websphare)。

(2) 接口软件：一般可用 ADO、ADO.NET、ODBC、JDBC 及 ASP、JSP 及 PHP 等。

(3) Web 开发工具：置标语言 HTML、XML，脚本语言 VBScript、JAVAScript 等。

(4) 数据分析软件：包括大数据分析工具及数据挖掘工具等。
(5) 其他辅助开发工具：如人机交互界面开发工具等。
目前的软件平台(系统软件及支撑软件)一般包括两大系列，它们是：
(1) Windows 系列：该系列是基于微软的 Windows 上的平台，它包括：
操作系统：Windows 系列。
语言处理系统：VC 及 VC＋＋及 C# 等。
数据库管理系统：SQL Server 2008 等。
中间件：. NET。
接口软件：ADO，ADO. NET、ASP 、ASP. NET 等。
辅助开发软件：VB、VB. NET、VBScript、JAVAScript 以及 HTML、XML 等。
该系列的硬件大都是微机以及微机服务器。
(2) UNIX 系列：该系列是基于 Unix 上的平台，它包括：
操作系统：Unix 系列。
语言处理系统：Java。
数据库管理系统：Oracle 等。
中间件：J2EE(Weblogic，Websphare)等。
接口软件：JDBC、JSP。
辅助开发软件：HTML、XML 等。
该系列的硬件大都是大、中型机为主的服务器。

12.3 数据库应用系统资源管理层

资源管理层主要用于对系统的数据管理，这种管理包括文件管理、数据库管理、数据仓库管理、Web 管理及大数据管理等五部分，以数据库管理为主。它包括：

1) 文件管理

在文件中主要管理结构化以及非结构化数据等。

在文件管理中主要有两个部分，它们是：

(1) 文件管理系统：文件管理系统属操作系统，它对文件数据做管理。

(2) 文件数据：文件数据是文件管理对象，它有两种结构形式，一种是记录式结构、另一种式流式结构。

2) 数据库管理

数据库管理由下面几个部分组成：

(1) 数据库管理系统：数据库管理系统是数据层的主要软件，它是用于数据层开发的工具，用它可对数据层做开发并为用户提供服务。

(2) 数据与存储过程：数据库中的数据是数据层的主体，它是一种共享、集成的数据并按数据模式要求组织的结构化数据。系统中符合访问规则的用户均能访问数据层中的数据。

在数据层中除了有数据存储外，还可有过程存储称“存储过程”，存储过程是一种共享的数据库应用程序，它在编写后可存储于数据库中，供应用调用。它是数据库应用中又一种重要资源。它一般用自含式语言编程。

(3) 数据字典：由于数据层中数据是一种结构化数据，因此须对它做严格定义，这种严格定义的结构必须保存于数据层中称为数据字典，此种保存一般由系统自动完成，但用户可用数据库管理系统中的语句进行操作，有时为获得更多信息用户还可以自行用人工建立。

3) 数据仓库管理及加工型数据

在资源管理层中除了提供原始数据及程序外，还通过数据仓库提供加工型数据为分析型应用服务。

4) Web 管理

Web 管理主要管理 Web 网页数据，它包括用 HTML(或 XML)编写的服务器页面，用浏览器以访问页面数据。

5) 大数据管理

大数据管理主要管理网络分布式系统中分析型数据的管理。为大数据分析服务。

12.4 数据库应用系统业务逻辑层

业务逻辑层是数据库应用系统中保存与执行应用程序的层面，在 B/S 结构中它一般存放于 Web 服务器或应用服务器内，在 C/S 结构中则存放于客户机内。在该层中一般由两部分组成，它们是：应用开发工具以及应用程序。

1) 应用开发工具

业务逻辑层一般用程序设计语言，如 Java、C、C++、C#，脚本语言：VBScript、JAVAScript 以及网页编写语言 HTML(或 XML)等作为工具，也可以是一些专用的开发工具。此外，还包括数据交换中的接口工具(如 ODBC、JDBC、ADO、ASP 等)。

2) 应用程序

应用程序是数据库应用系统中应用层的主体，它是系统业务逻辑功能的计算机实现。在应用服务器中应用程序具有一定的共享性与集成性，并具有一定的结构，它们以函数或过程为单位出现，有时还可用组件形式组织。

12.5 数据库应用系统的应用表现层

应用表现层有两种，一种是系统与用户直接接口，它要求可视化程度高、使用方便。该层在 C/S 结构中存放于客户机中，而在 B/S 结构中则存放于 Web 服务器中。它由界面开发工具以及应用界面两部分组成，其中界面开发工具大都为可视化开发工具，其常用的有基于 B/S 的 Web 开发工具等。而应用界面大多是可视化界面。还有另一种界面层是系统与另一系统的接口，它一般是一种数据交换的接口，它由一定的接口设备与相应接口软件组成。

12.6 数据库应用系统的用户层

用户层是应用系统的最终层，它是整个系统的服务对象。

在用户层中用户有两类含义：

(1) 用户是使用系统的人员。一般情况下用户都具有此类含义。此时的操作方式称人机交互方式。

（2）在特定情况下，用户也可以是另一个系统。此时的操作方式是两个系统间的机机交互称为机机交互方式。

数据库应用系统的用户是必须预先申请与定义的，经系统认可后授予一定的访问权限。

习　题　12

问答题

12.1　试述数据库应用系统的组成内容。

12.2　试说明 C/S 结构与 B/S 的组织并说明其区别。

12.3　试述数据库应用系统的资源管理内容。

12.4　试述数据库应用系统的业务逻辑内容。

12.5　请给出一个 C/S 结构方式的数据库应用系统组成。

12.6　请给出一个 B/S 结构方式的数据库应用系统组成。

【复习指导】

本章从系统角度介绍数据库应用系统组成。

1. 数据库应用系统由五层组成：

- 基础平台层
- 资源管理层
- 业务逻辑层
- 应用表现层
- 用户层

2. 数据库应用系统的基础平台层

- 硬件
- 软件
- 分布式结构

3. 数据库应用系统的资源管理层

- 文件管理
- 数据仓库管理
- 数据库管理
- Web 管理
- 大数据管理

4. 数据库应用系统的业务逻辑层

- 应用层开发工具
- 应用程序

5. 数据库应用系统的应用表现层

- 系统与用户接口
- 系统与系统接口

6. 数据库应用系统的用户层

- 用户是人
- 用户是系统

7. 本章内容重点

- 数据库应用系统组成框架。

13 数据库应用系统开发

13.1 数据库应用系统开发的概述

数据库应用系统是一个涉及硬件、软件、数据及人员等的综合体，对它的开发可分为两个方面介绍：

1）开发步骤

数据库应用系统的开发方法采用系统工程的开发方法。这种方法分为 8 个步骤：计划制订、系统分析、软件设计、系统平台设计、设计更新、代码生成、系统测试及运行维护等。

2）开发内容

数据库应用系统的开发内容包括：数据库开发、应用程序（包括界面）开发以及系统平台开发等三个部分内容。

综上所述，整个数据库应用系统的开发从纵向看可分为八个开发阶段，从横向看可分为三个开发内容。

13.2 数据库应用系统开发流程

在本节中我们将依据开发步骤与开发内容介绍整个数据库应用系统的开发流程。在其中，八个开发步骤中的六个在数据工程及软件工程开发方法中已有介绍；三个开发内容中的数据库开发部分也在第 11 章中已有介绍。这样，在这里我们重点介绍八个开发步骤中的两个步骤，即系统平台设计及软件设计更新以及三个开发内容中的软件工程开发部分及系统平台设置等内容。

1）计划制订

计划制订是整个数据库应用系统项目的计划制订，此阶段所涉及的具体问题不仅包括软件与数据，还包括设备配置及人员培训等内容。一般情况下，此部分内容涉及技术问题不多故可不予讨论。

2）系统分析

系统分析是对整个数据库应用系统做统一分析，这种分析对软件与数据具有重大作用。在分析中并不明确区分过程分析与数据分析两部分。其中，过程分析为应用程序设计奠定基础，而数据分析则为数据库设计奠定基础。最终形成统一的分析模型。

3）软件设计

在软件设计中按应用程序设计与数据库设计两部分独立进行：

（1）应用程序设计：应用程序设计按软件工程中的结构化设计方法作模块设计，将系统分析中所形成的分析模型通过结构转换最终得到模块结构图及模块描述图。

(2) 数据库设计：数据库设计按数据工程中的方法做设计，它分为概念设计、逻辑设计及物理设计等三个部分(详细可见第11章)，最终结果是关系表、关系视图、约束条件等。

经过这两部分独立设计后，最终得到一份统一的软件设计说明书。

4) 系统平台设计

在完成软件设计后，根据设计要求必须作统一的系统平台设计，为数据库应用系统建立硬件平台与软件平台以及为系统结构提供依据，为设备配置提供方案。

数据库应用系统的平台又称基础平台，它包括硬件平台与软件平台。硬件平台是支撑应用系统运行的设备集成，它包括计算机，输入、输出设备，接口设备等，此外还包括计算机网络中的相关结构与设备。而软件平台则是支撑应用系统运行的系统软件与支撑软件的集成，它包括操作系统、数据库管理系统、中间件、语言处理系统等，它还可以包括接口软件、工具软件等内容。

此外，平台还包括分布式系统结构方式，如C/S，B/S结构方式等。

5) 设计更新

在软件设计完成以后增加了系统平台设计使得原有设计内容增添了新的物理因素，因此需作必要的调整，其内容包括：

(1) 在分布式平台中(如C/S，B/S)须对系统的模块与数据作重新配置与分布。

(2) 模块与数据的调整：因平台的加入而引起模块的局部改变所需的调整。

(3) 增添接口软件：由于平台的引入，为构成整个系统，需建立一些接口，包括软件与软件，软件与硬件间的接口。

(4) 增添人机交互界面：为便于操作，可因不同平台而添加不同的人机界面。

(5) 数据库设计的调整：因平台的加入而引起数据库分布式结构局部改变及接口改变所引起的调整。

系统设计更新是按应用程序设计更新与数据库设计更新两部分分别进行的，其中前者是在应用程序设计基础上进行的，而后者是在数据库设计基础上进行的。

此外，更新过程也是与系统平台进一步协调的过程，有时也需要对平台作一定的调整。

到此为止已完成了整个系统的设计。

6) 代码生成

在代码生成中按应用程序代码生成与数据库代码生成两部分独立进行。

(1) 应用程序代码生成：应用程序代码生成即为应用程序编程。具编程方法按软件工程方法实施。

(2) 数据库代码生成：数据库代码生成亦称数据库生成，用它以完成整个数据库的创立以及与应用程序接口。数据库代码生成按数据工程方法编程。

经过这两部分独立的代码生成后，最终得到一份统一的代码文档。

此外，在此步骤中还包括系统平台建设，即选择配置相关设备、软件并进行安装。

7) 测试

在测试中对整个数据库应用系统做统一测试。在测试中必须同时关注应用程序代码与数据库代码。

8) 运行维护

经过测试后的程序即可在创建后的平台上运行并维护。按应用程序运行维护、数据库运行维护及系统平台运行维护三部分独立进行。

(1) 应用程序运行维护：应用程序运行维护按软件工程中的方法作运行维护。

(2) 数据库运行维护：数据库运行维护按数据工程中的方法作运行维护。

(3) 系统平台运行维护：系统平台运行维护包括系统设备运行维护、网络运行维护、系统软件运行维护及支撑软件运行维护等。在其中操作系统的运行维护是最重要的。

最后，在系统运行中尚须定义系统管理的相关人员：

(1) 系统管理员：负责整个系统管理(特别是操作系统)并协调相关管理员的工作；

(2) 应用程序维护员：负责应用程序运行维护；

(3) 数据库管理员 DBA：负责数据库运行维护。

图 13.1 给出了数据库应用系统开发流程示意图。

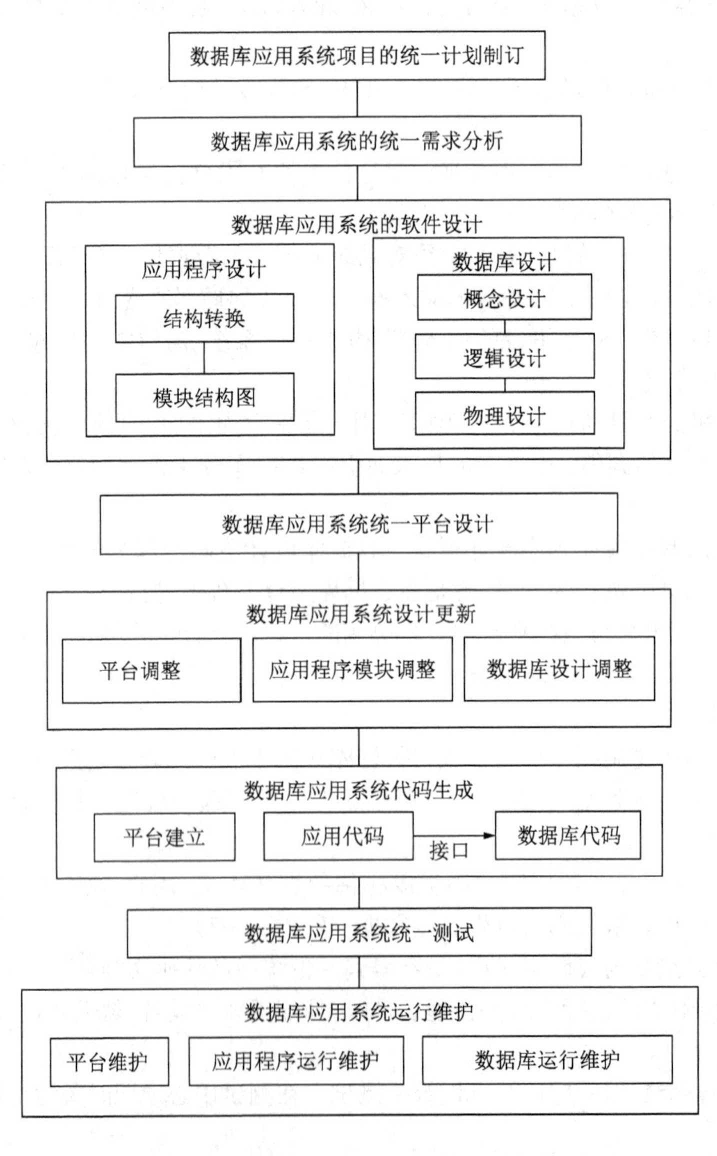

图 13.1　数据库应用系统开发流程示意图

在这个数据库应用系统开发流程中实际上是由三个平行的开发子流程所综合而成的，它们即是数据库开发子流程、应用程序开发子流程以及系统平台设置子流程。这三个子流程的示意图分别可见图 13.2～图 13.4 所示。由于本教材是以数据库技术介绍为主，因此三个子流程中以介绍数据库开发子流程为主，对它已在第 11 章中有详细的说明。而对应用程序开发子流程以及系统平台设置子流程的详细介绍已超出了本教材范围。

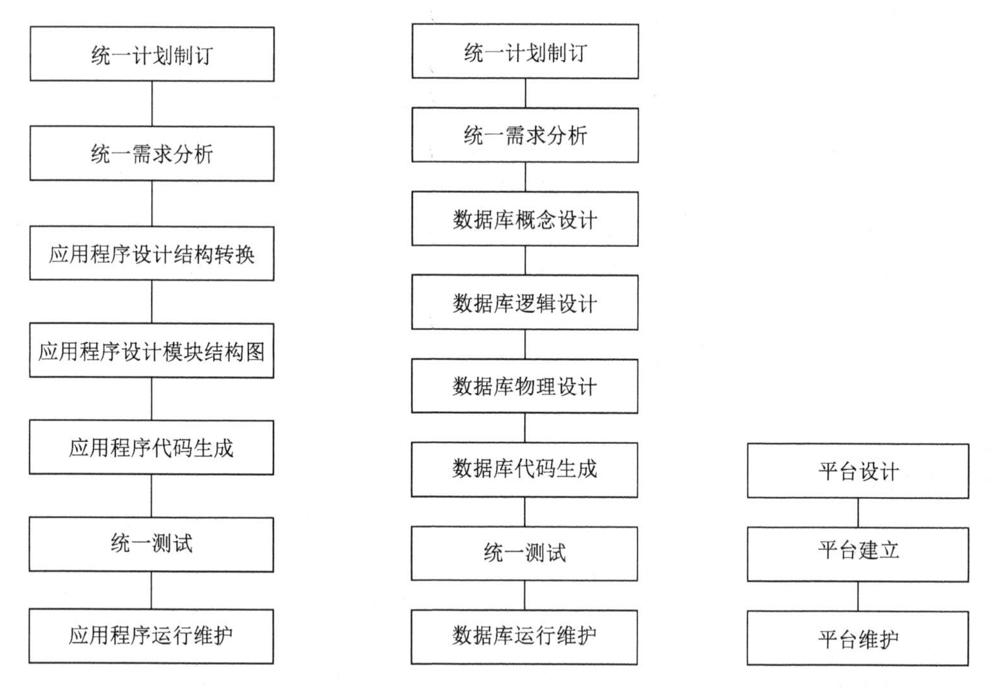

图 13.2　应用程序开发子流程图　　**图 13.3　数据库开发子流程图**　　**图 13.4　平台设置子流程图**

在这三个开发子流程中是没有系统设计更新阶段的，只有将它们组合成统一的据库应用系统开发流程时才需要增设此阶段以协调三者关系。

13.3　数据库应用系统开发实例

数据库应用系统涉及的知识众多，它至少包括软件工程、程序设计、数据库、计算机硬件、操作系统、计算机网络、Web 编程、中间件、ASP、ADO 等内容，因此要介绍数据库应用系统开发，对任何一门课程都是困难的。但从另一方面看，这种介绍对数据库而言实在是太重要了。因为单纯的数据库并不能产生任何实际的应用，只有组成系统才能真正具有应用价值。

鉴于这些原因，本节中我们介绍一个数据库应用系统开发的实例。这个例子是某城市地方银行的计算机储蓄系统。在介绍中做到系统的全面性，但也须重点突出，突出数据库开发。在开发中分若干小节介绍。所涉及的多个方面做如下的处置：

(1) 对数据库开发的实施做全面的介绍。此部分内容在前面各章中均有详细介绍。

(2) 对应用程序开发的实施也做全面的介绍，此部分之某些内容已在预修课中介绍(如程序设计)。

(3) 对系统平台设置的实施我们仅作简单的介绍。

(4) 对应用系统开发的八个流程重点介绍前六个。

(5) 在此例中所涉内容很多,为教学需要,简化了部分内容。

(6) 在此例中涉及程序很多,为减轻负担,我们选择了其中的主要部分作介绍。

(7) 在网页开发中有很多开发工具,但作为数据库教材而言我们只能用 HTML 开发,因为这样才能讲清应用程序与数据库间的关系。

13.3.1 系统分析——需求调查

某城市地方银行欲建设一个计算机储蓄系统,该系统的需求是:

(1) 在该城市共计人口 25 万,拟建设一个有 30 个储蓄网点的系统,采用 B/S 结构。

(2) 该系统具有开户/销户、存款/取款、转账、利率更改及数据维护、查询等功能。

(3) 该系统有三类用户,它们是:DBA-数据库管理员;BankLeder-银行领导层(能查阅所有数据);Operater-前台操作员(能对所有数据作增、删、改、查等操作)。

13.3.2 系统分析——需求分析

主要是建立数据字典。

1) 数据结构与数据项

(1) 数据结构 1:银行卡信息,包括卡号、卡主姓名、身份证号、卡类型(活期、定期)、开户日期、密码、销户日期、开户金额、开户操作员、销户操作员。

(2) 数据结构 2:交易明细,包括交易流水号、交易日期、卡号、交易类型(存/取/转入/转出)、交易金额、操作员。

(3) 数据结构 3:存款信息,包括卡号、交易流水号、存款日期、到期日期、存款金额、类型(活期、定 1、定 2、定 3、定 4、定 5)、利息、本息总计。

(4) 数据结构 4:利率更改明细,包括利率更改日期、利率性质(活期、定 1、定 2、定 3、定 4、定 5)、利率。

2) 数据存储

(1) 银行卡数据

输入:开户、销户数据。

输出:银行卡开户、销户、维护与查询打印或屏幕显示。

数据结构:银行卡信息。

数据量:10 万户。

存取频度:5 000~10 000 户/月。

存取方式:应用程序调用。

(2) 储蓄数据

输入:存款、取款、转账数据。

输出:储蓄存款、取款、转账、维护与查询打印或屏幕显示。

数据结构:交易明细、存款信息。

数据量:500 万笔。

存取频度:20 万~30 万笔/月。

存取方式:应用程序调用。

(3) 利率更改数据

输入：利率更改。

输出：利率更改。

数据结构：利率更改明细。

数据量：200 次。

存取频度：1～5 次/年。

存取方式：应用程序调用。

3) 数据处理(算法略)

(1)开户。(2)销户。(3)存款。(4)取款。(5)转账。(6)利率更改。(7)数据维护。(8)数据查询。(9)开户界面操作。(10)销户界面操作。(11)存款界面操作。(12)取款界面操作。(13)转账界面操作。(14)利率更改界面操作。(15)数据维护界面操作。(16)数据查询界面操作。(17)输出界面操作。

4) 语义约束

(1) 卡号：8 位字母数字(按开户顺序递增)。

(2) 身份证号：18 位数字。

(3) 卡类型：活期、定期。

(4) 密码：8 位字母数字。

(5) 销户标记：0(非)、1(是)。

(6) 交易流水号：12 位数字(按交易顺序递增)。

(7) 交易类型：存、取、转入、转出。

(8) 利率性质：定 1、定 2、定 3(分别表示 3 个月、6 个月、1 年)。

(9) 存款性质：活期、定 1、定 2、定 3。

(10) 利率：0≤利率。

(11) 交易金额：0<交易金额≤本息总计。

(12) 结余金额：0<结余金额≤本息总计。

(13) 利息：0≤利息≤本息总计。

(14) 第 1 类用户安全权限：能查阅所有数据。

(15) 第 2 类用户安全权限：能对所有数据作增、删、改、查等操作。

(16) 第 3 类用户安全权限：能做所有操作。

(17) 开户日期≤交易日期≤存款到期日期≤销户日期。

(18) 开户日期≤存款日期≤存款到期日期。

(19) 客户储蓄必须使用密码，在开户、销户时同时还须出示身份证。

13.3.3 数据库概念设计

根据系统分析可作数据库概念设计如下：

1) 视图分解

可分解成两个视图：银行卡视图和储蓄视图。

2) 视图设计

(1) 银行卡视图：如图 13.5 所示。

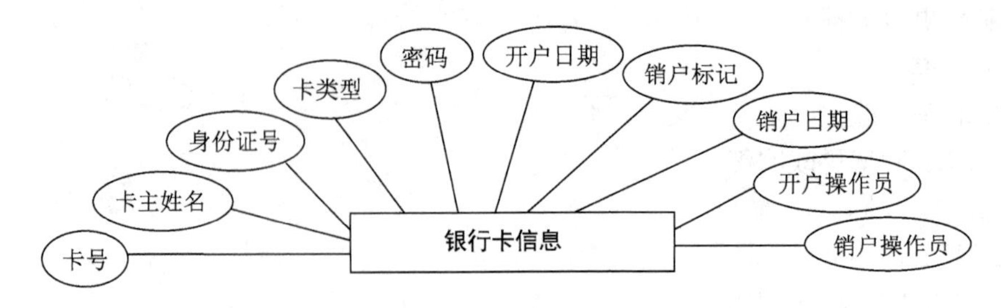

图 13.5　银行卡视图 E-R 图

（2）储蓄视图：如图 13.6 所示。

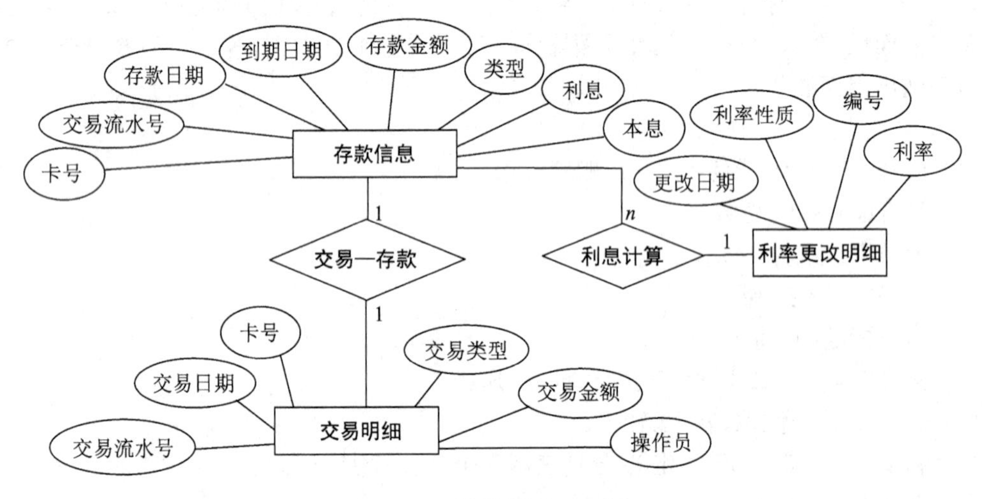

图 13.6　储蓄视图 E-R 图

3）视图合成

视图合成用两个视图聚合。聚合中增添两个联系。同时作冲突解决，将交易明细中的"操作员"改成"交易操作员"；存款信息中"类型"改为"存款性质"。合成结果可见图 13.7。

13.3.4　数据库逻辑设计

1）关系表

在概念设计中共有四个实体集与四个联系，其中四个实体集组成四个关系表，而四个联系均为 1∶1 或 1∶n，它们均可归并至关系表中，因此共为四个关系表如下：

（1）银行卡信息表：卡号、卡主姓名、身份证号、卡类型、开户日期、密码、销户日期、开户操作员、销户标记、销户操作员。

（2）交易明细表：交易流水号、交易日期、卡号、交易类型、交易金额、交易操作员。

（3）存款信息表：卡号、交易流水号、存款日期、到期日期、存款金额、存款性质、利息、本息总计。

（4）利率更改明细表：编号、利率更改日期、利率性质、利率。

2）主键

（1）银行卡信息表：卡号。

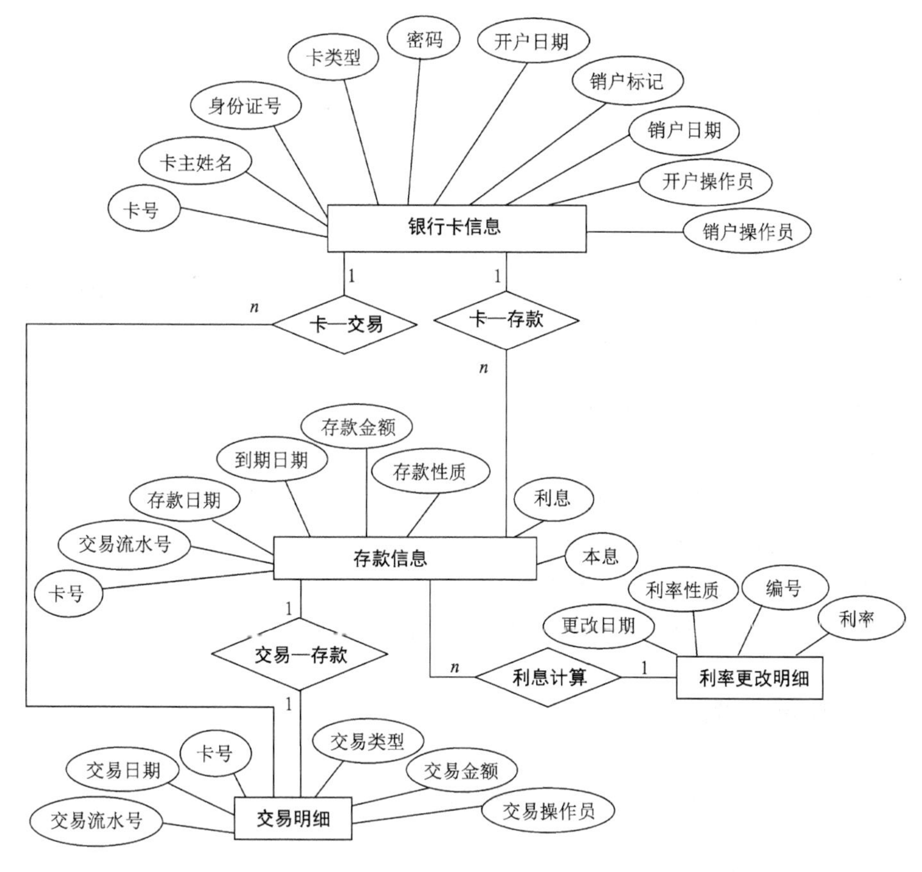

图 13.7　银行储蓄系统视图合成 E-R 图

(2) 交易明细表：交易流水号。

(3) 存款信息表：卡号、交易流水号。

(4) 利率更改明细表：编号。

3) 外键

(1) 存款信息表中的卡号，交易流水号。

(2) 交易明细表中的卡号，交易流水号。

4) 完整性约束条件

(1) 卡号：8 位字母数字(按开户顺序递增)；

(2) 身份证号：18 位数字；

(3) 卡类型：活期、定 1、定 2、定 3；

(4) 密码：8 位字母数字；

(5) 销户标记：0(非)、1(是)；

(6) 交易流水号：12 位数字(按交易顺序递增)；

(7) 交易类型：存、取、转账；

(8) 利率性质：活期、定 1、定 2、定 3；

(9) 存款性质：活期、定 1、定 2、定 3；

(10) 利率：0<利率；

(11) 交易金额：0≤交易金额≤本息总计；

(12) 结余金额：0≤结余金额≤本息总计；

(13) 利息：0<利息≤本息总计；

(14) 开户日期≤交易日期≤存款到期日期≤销户日期；

(15) 开户日期≤存款日期≤到期日期。

5) 安全性约束

(1) 第1类用户安全权限：能查阅所有数据；

(2) 第2类用户安全权限：能对所有数据作增、删、改、查等操作及调用应用程序；

(3) 第3类用户安全权限：能做所有操作；

(4) 设置应用程序角色；

(5) 双重密码：客户密码及身份证号。

6) 关系视图

(1) 银行储蓄关系视图：交易流水号、卡号、交易日期、交易类型、交易金额、结余金额、存款到期日期、存款金额、存款性质、利息、本息总计、利率更改日期、利率。

(2) 开户销户关系视图：卡号、卡主姓名、身份证号、卡类型、日期、密码、交易流水号、存款金额、存款性质、利息、本息总计、利率更改日期、利率、交易操作员。

13.3.5 数据库物理设计

1) 索引：在四个表中的主键及外键处建立索引。

2) 文件设计

(1) 设置一个主文件。

(2) 设置一个日志文件。

(3) 并发数：40～60。

13.3.6 程序模块设计

根据系统分析作程序模块设计。

1) 模块结构图(图13.8)

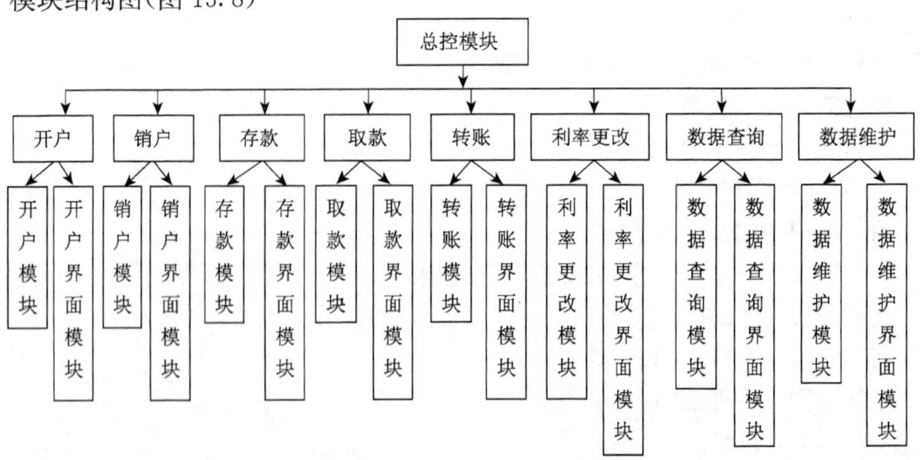

图13.8 银行储蓄系统模块结构图

2）应用程序模块

（1）总控模块

（2）开户控制模块

（3）销户控制模块

（4）存款控制模块

（5）取款控制模块

（6）转账控制模块

（7）利率更改控制模块

（8）数据维护控制模块

（9）数据查询控制模块

（10）开户模块

（11）销户模块

（12）存款模块

（13）取款模块

（14）转账模块

（15）利率更改模块

（16）数据维护模块

（17）数据查询模块

（18）开户界面模块

（19）销户界面模块

（20）存款界面模块

（21）取款界面模块

（22）转账界面模块

（23）利率更改界面模块

（24）数据维护界面模块

（25）数据查询界面模块

13.3.7 系统平台设计

1）系统结构

B/S结构

2）硬件配置

数据服务器：微机服务器

Web服务器：微机服务器

客户机：微型机

3）软件配置

（1）操作系统。服务器操作系统：Windows Server 2008；客户机操作系统：Windows XP。

（2）数据库管理系统：SQL Server 2008企业版。

（3）开发工具：HTML、ASP、ADO、VBScript。

13.3.8 设计更改

1) 平台更改

无

2) 数据库设计更改

(1) 数据库在数据服务器中生成。安装 SQL Server 2008 企业版。

(2) 服务器配置。在城市内有 30 个网点,采用 B/S 结构,共须 5 种配置:

- 服务器中服务的启动;
- 服务器注册;
- 服务器启动模式;
- 服务器属性配置;
- 服务器网络协议及客户端远程服务器配置。

3) 应用程序设计更改

(1) 数据库服务器程序——存储过程

① 开户存储过程——卡号生成、开户。

② 销户存储过程。

③ 存款存储过程——存入活期、存入定期。

④ 取款存储过程——支取活期、支取定期。

⑤ 转账存储过程。

⑥ 利率更改存储过程。

⑦ 数据维护存储过程。

⑧ 数据查询存储过程。

(2) Web 服务器界面程序

① 系统首页(入口界面)程序。

② 开户操作界面程序。

③ 销户操作界面程序。

④ 存款操作界面程序。

⑤ 取款操作界面程序。

⑥ 转账操作界面程序。

⑦ 利率更改操作界面程序。

⑧ 数据维护操作界面程序。

⑨ 数据查询操作界面程序。

⑩ 结果输出操作界面程序。

13.3.9 银行储蓄数据库应用系统设计小结

到此为止银行储蓄数据库应用系统设计已经完成,它包括:1 个银行储蓄数据库;4 个关系表(包括 15 个完整性约束、4 个主键、2 个外键);6 个索引;2 个视图;3 个安全客户(应包括应用程序角色);11 个存储过程;1 个 B/S 结构平台(包括 5 个服务器配置);10 个 Web 服务器应用程序模块。

接下来就可在此设计基础上做系统代码生成(即编程),它包括下面两个部分内容:

- 数据库生成;
- Web 服务器应用程序编程。

13.3.10 系统代码生成之一——数据库生成

13.3.10.1 生成概要

按设计方案生成一个 SQL Server 2008 的数据库。

(1) 服务器配置共 5 种:

- 服务器中服务的启动;
- 服务器注册;
- 服务器启动模式;
- 服务器属性配置;
- 服务器网络协议及客户端远程服务器配置。

(2) 创建数据库名为 BankSy。

(3) 创建 4 张表(并设置若干个约束条件)。

(4) 创建 6 个索引与 2 个视图。

(5) 创建 3 个安全客户:DBA—数据库管理员;BankLeder—银行领导层(能查阅所有数据);Operater—前台操作员(对所有数据作增、删、改、查等操作)(此外还须创建应用程序角色)。

(6) 创建 11 个存储过程。

13.3.10.2 生成程序

1) 服务器配置

(1) 启动服务器

目标: 启动服务器“CHINA-21A77EA41”。

步骤: 通过 SSMS 启动“CHINA-21A77EA41”。在“已注册的服务器”窗口中,右击服务器“CHINA-21A77EA41”,在弹出的快捷菜单中选择“服务控制”→“启动”命令即完成注册服务器的连接操作,如图 13.9 所示。

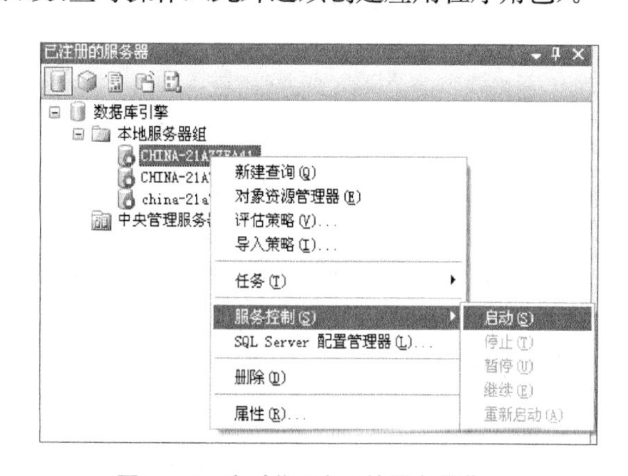

图 13.9 启动“已注册的服务器”

(2) 服务器注册

目标: 根据实际计算机名(本例为 CHINA-21A77EA41)注册服务器。

步骤:

Step 1 如已注册的服务器在 SSMS 中没有出现,则在“查看”菜单中单击“已注册的服务器”命令,打开“已注册的服务器”窗口。

Step 2 展开“数据库引擎”节点,右击“本地服务器组”选项,在弹出的快捷菜单中选择“新建服务器注册”命令,如图 13.10 所示。

Step 3 在“新建服务器注册”对话框的“服务器名称”下拉列表框中选择“CHINA-21A77EA41”(选择实际服务器名)选项,再在“身份验证”下拉列表框中选择“Windows 身份验证”选项,“已注册的服务器名称”文本框将用“服务器名称”下拉列表框中的名称自动填充,在“已注册的服务器名称”文本框中输入“CHINA-21A77EA41”,如图 13.11 所示。

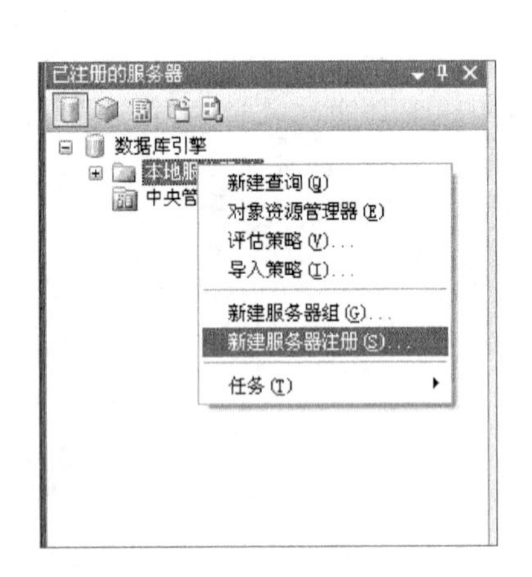

图 13.10 【已注册的服务器】窗口

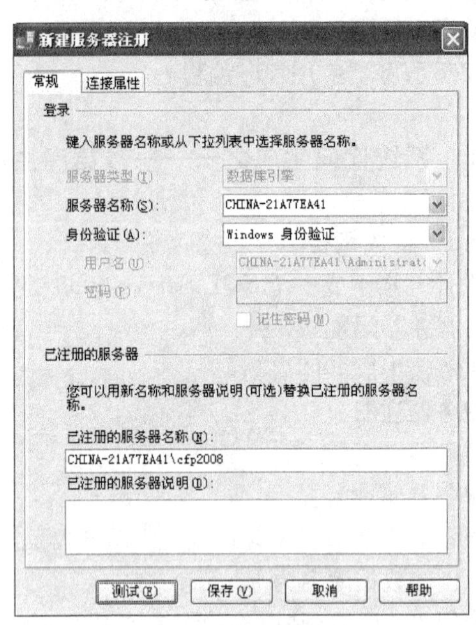

图 13.11 【新建服务器注册】窗口

(3) 服务器启动模式设置

目标: 设置服务器“CHINA-21A77EA41”为自动启动。

步骤:

Step 1 在“已注册的服务器”窗口右击服务器“CHINA-21A77EA41”,在弹出的快捷菜单中选择“SQL Server 配置管理器”,如图 13.12 所示。

Step 2 打开“SQL Server 配置管理器”窗口,如图 13.13 所示。右击右侧窗口的“SQL Server (MSSQLSERVER)”,在弹出的快捷菜单中选择“属性”如图 13.14 所示。

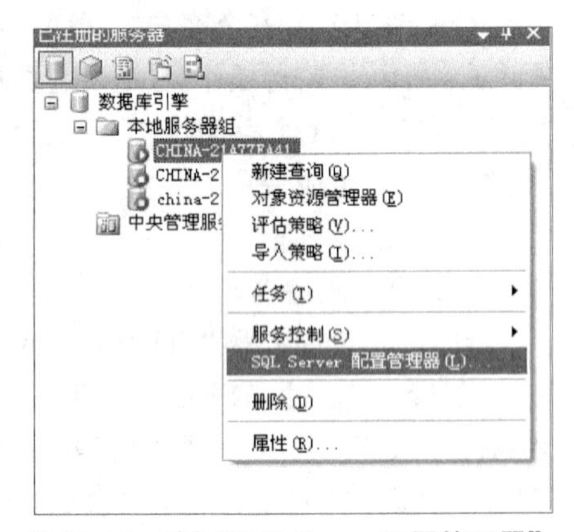

图 13.12 选择“SQL Server 配置管理器”

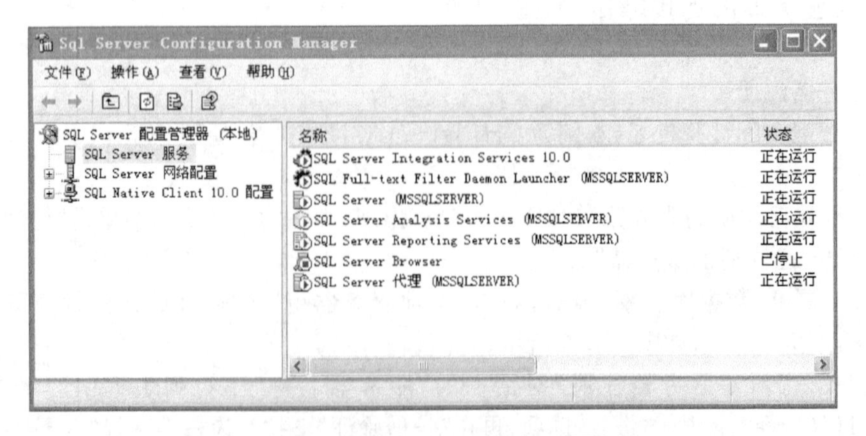

图 13.13 “SQL Server 配置管理器”窗口

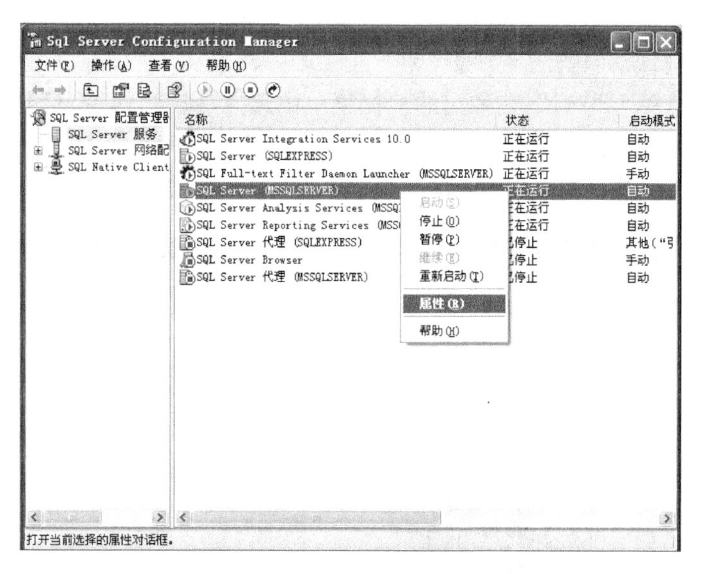

图 13.14 选择"属性"

Step 3 打开【SQL Server 属性】对话框,选择"服务"选项卡,设置启动模式为"自动",如图13.15所示。

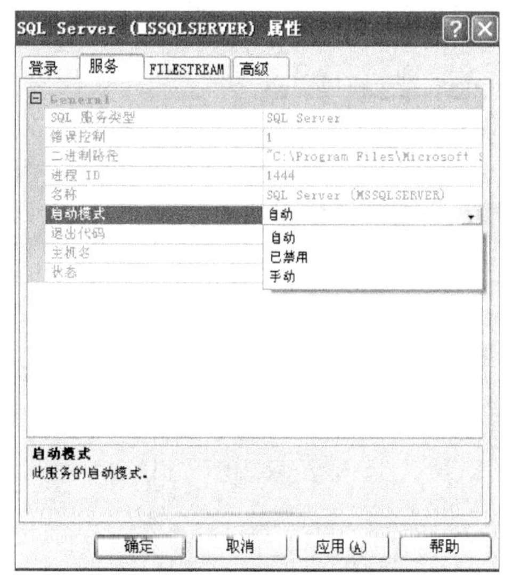

图 13.15 【SQL Server 属性】窗口

图 13.16 【连接到服务器】对话框

(4) 服务器属性配置

目标: 配置服务器"CHINA-21A77EA41"的登录方式为 Windows 身份验证,并发度为150,数据库备份保持天数为1个月,恢复间隔为10分钟。

步骤:

Step 1 选择"开始"→"所有程序"→"Microsoft SQL Server 2008 R2"→"SSMS"→"连接到服务器"对话框,如图 13.16 所示。

Step 2 "服务器类型"选择"数据库引擎","服务器名称"输入本地计算机名称"CHINA-

21A77EA41”,“身份验证”选择“Windows 身份验证”方式。

Step 3　选择完成后，单击【连接】按钮。连接服务器成功后，右击“对象资源管理器”中的服务器“CHINA-21A77EA41”，在弹出的快捷菜单中选择“属性”命令，打开服务器属性窗口，设置【连接】最大并发度为 150，如图 13.17 所示。设置【数据库设置】中数据库默认备份介质保持期为 10 天，恢复间隔为 10 分钟，如图 13.18 所示。其他参数采用默认值。

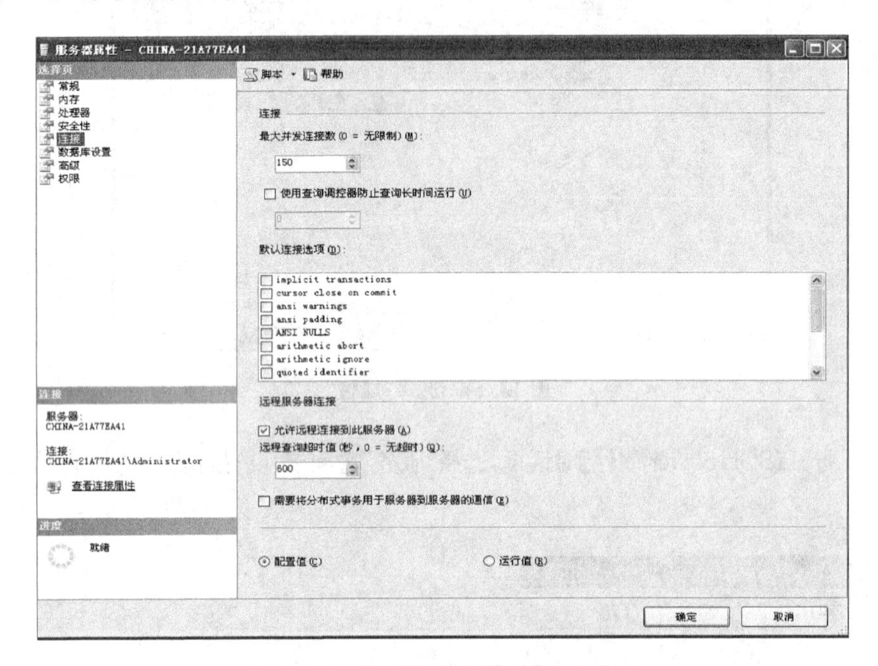

图 13.17　服务器属性“连接”设置窗口

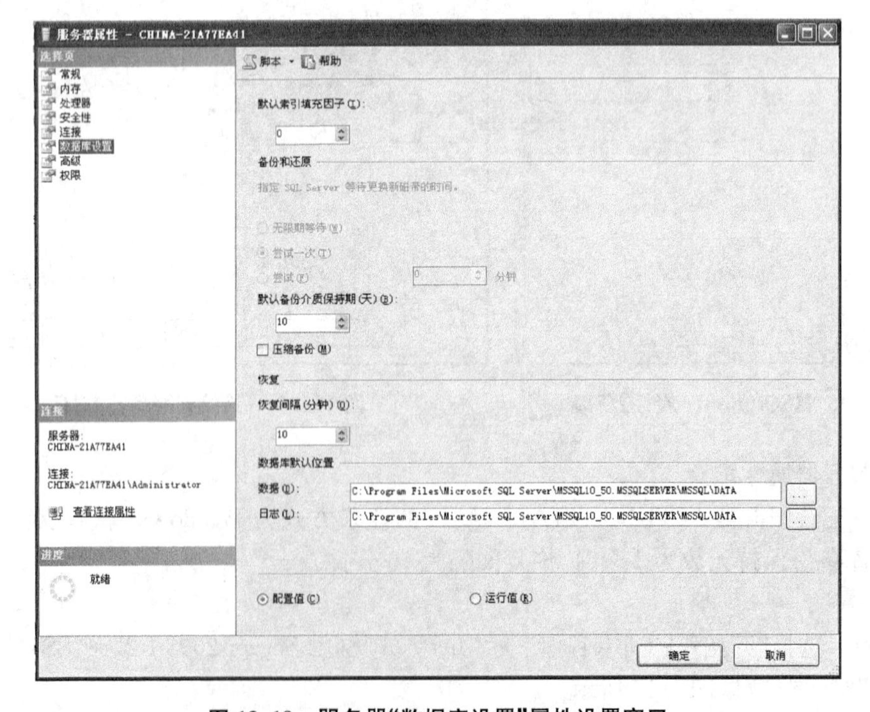

图 13.18　服务器“数据库设置”属性设置窗口

(5) 服务器网络协议及客户端远程服务器配置

目标：配置服务器 “CHINA-21A77EA41”的网络协议及客户端远程服务器。

① 网络配置管理：服务器端网络配置管理任务包括选择启动协议、修改协议使用的端口或管道、配置加密、在网络上显示或隐藏数据库引擎等。其操作步骤如下：

Step 1　选中左侧的“SQL Server 服务”，确保右侧的“SQL Server”以及 SQL Server Browser 正在运行。点击左侧“SQL Server 网络配置”，选择“MSSQLSERVER 的协议”，查看右侧 TCP/IP 默认是“已禁用”，修改为“已启用”，如图 13.19 所示。

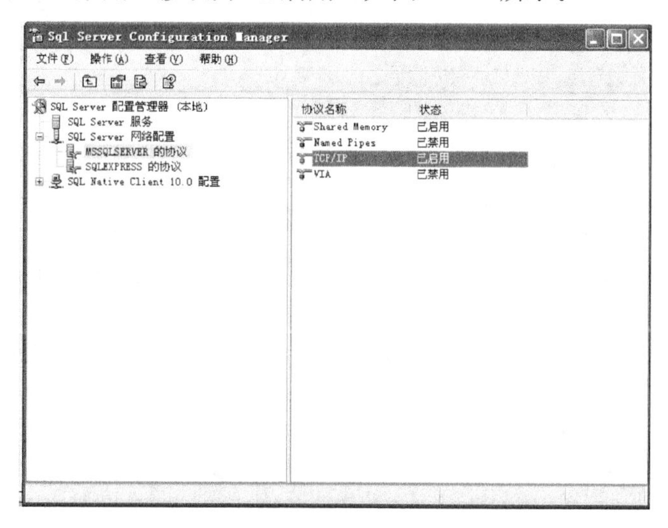

图 13.19　设置 TCP/IP 为“已启用”

Step 2　双击打开“TCP/IP”，查看“TCP/IP 属性”“协议”选项卡中的“全部侦听”和“已启用”项，均设置为“是”，如图 13.20 所示。

图 13.20　设置“TCP/IP 属性”的“协议”选项

Step 3　选择“IP 地址”选项页，设置 TCP 端口为“1433”，“TCP 动态端口”为“空”，“已启用”为“是”，“活动”状态为“是”，如图 13.21 所示。

② SQL 客户端网络协议配置

Step 1　在 SQL Server Configuration Manager 左侧窗口中展开“SQL Native Client 10.0 配置”节点，选中“客户端协议”选项，将“客户端协议”的“TCP/IP”也修改为“已启用”，如图 13.22 所示。

Step 2　双击右侧“TCP/IP”，打开“TCP/IP 属性”，将“默认端口”设为“1433”，“已启用”为“是”，如图 13.23 所示。配置完成，重新启动 SQL Server 2008。

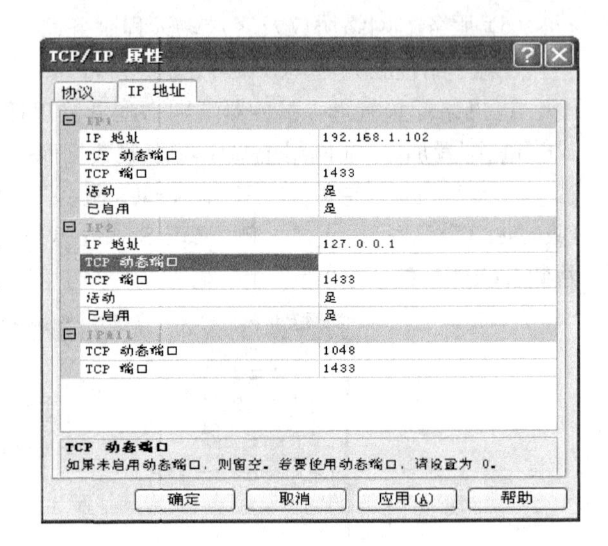

图 13.21　设置“TCP/IP 属性”IP 地址

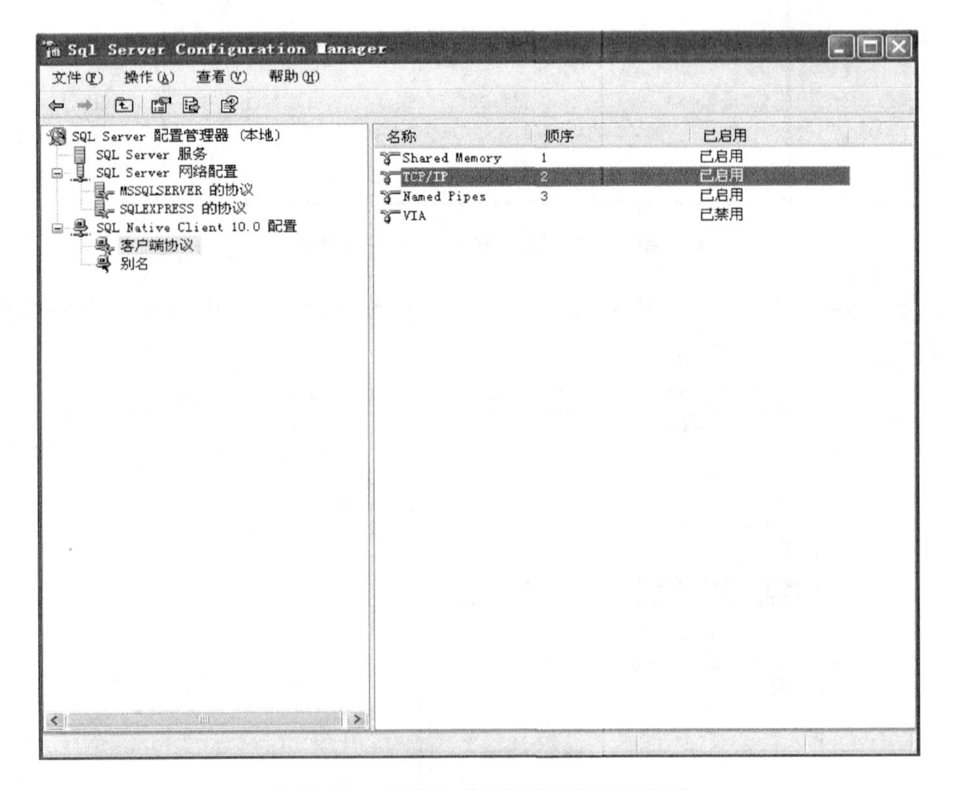

图 13.22　启用“客户端协议”的“TCP/IP”

③ 配置客户端远程服务器

(a) 启用远程连接步骤：

Step 1　“Windows 身份验证”方式连接到数据库服务引擎，右击“对象资源管理器”窗口的服务器“CHINA-21A77EA41”，选择“属性”，如图 13.24 所示。

Step 2　左侧选择“安全性”，选中右侧的“SQL Server 和 Windows 身份验证模式”，启用混合登录模式，如图 13.25 所示。

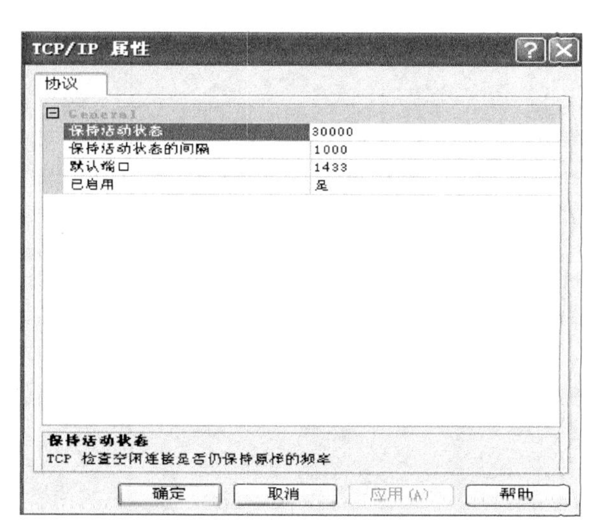

图 13.23　设置“TCP/IP 属性”协议

图 13.24　打开“服务器属性配置”窗口

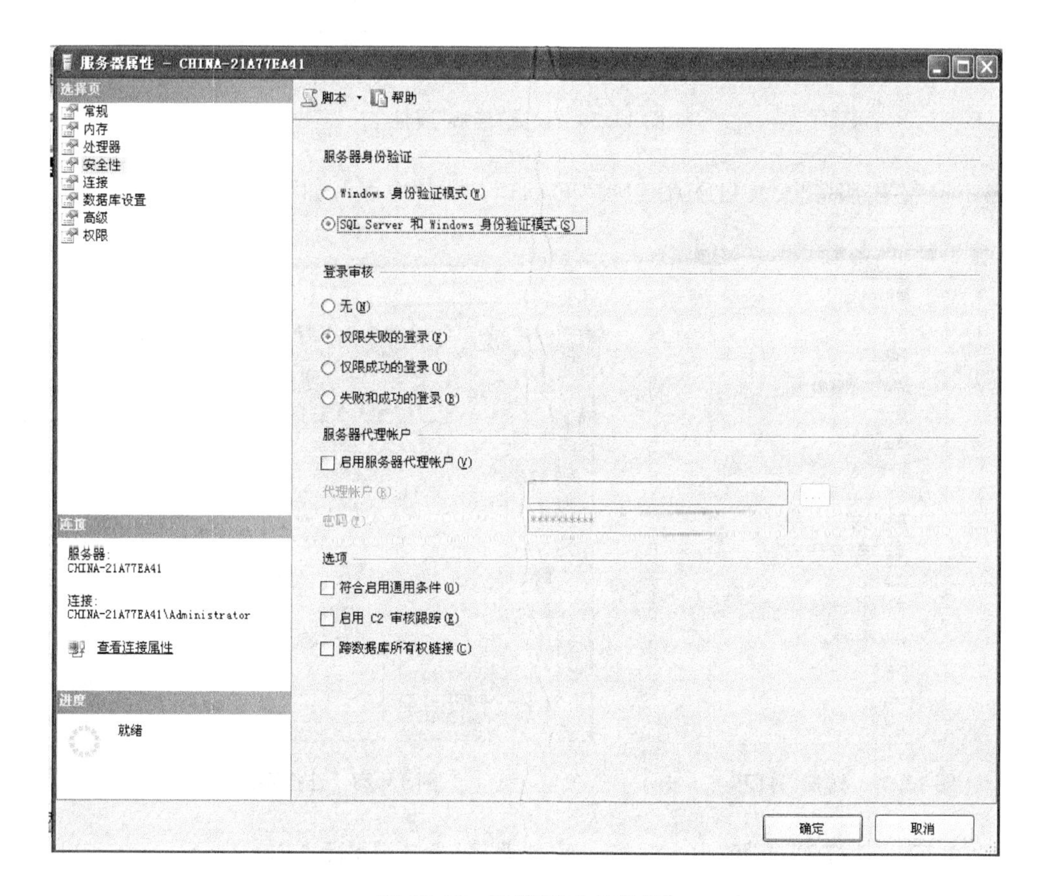

图 13.25　设置“安全性”属性

Step 3　选择“连接”,勾选“允许远程连接到此服务器”，如图 13.26 所示。

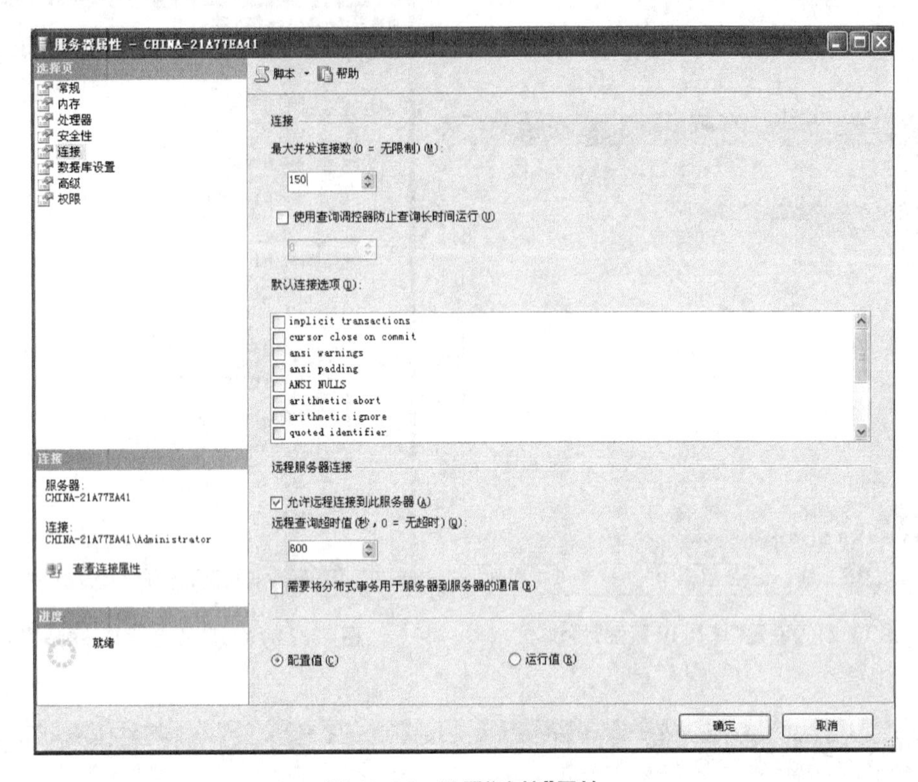

图 13.26　设置“连接”属性

Step 4　右击服务器 “CHINA-21A77EA41”,选择“方面”,如图 13.27 所示。

图 13.27　选择“方面”

图 13.28　连接到远程服务

在“方面”下拉列表框中，选择“服务器配置”，属性“RemoteAccessEnabled”和“RemotoDacEnabled”设为“True”,点击“确定”。至此 SSMS 设置完毕,退出。

(b) 连接远程服务器步骤

Step 1　打开 SSMS，在【连接到服务器】对话框中的“服务器名称”下拉列表框中输入相应连接的远程服务器 IP 地址或服务器名。

Step 2　在“身份认证”下拉列表框中选择“SQL Server 身份认证”选项，输入“登录名”和“密码”，单击【连接】按钮，即可登录指定的远程数据库服务器(图 13.28)。

2) 创建数据库 BankSy 及相应表，设置若干约束条件。

(1) 表结构

① 银行卡信息表：卡号、卡主姓名、身份证号、卡类型、开户日期、密码、销户日期、开户操作员、是否销户、销户操作员(表 13.1)。

表 13.1　银行卡信息表：cardInfo

字段名称	说　明	
cardID	卡号	主键，15 位数字(9558+11 位随机数)
customerName	卡主姓名	字符型
customerID	身份证号	18 位数字
cardType	卡类型	卡类型：活期、定 1、定 2、定 3
openDate	开户日期	必填，默认为系统当前日期
Password	密码	8 位字母数字
cancelDate	销户日期	日期型
openOperator	开户操作员	字符型
iscloseAccount	是否销户	默认为 0，销户后为 1
cancelOperator	销户操作员	字符型

② 交易明细表：交易流水号、交易日期、卡号、交易类型、交易金额、交易操作员(表 13.2)。

表 13.2　交易信息表：TransInfo

字段名称	说　明	
transID	交易流水号	按交易顺序递增，主键
transDate	交易日期	默认为系统当前日期
cardID	卡号	参照 cardInfo 表
transType	交易类型	交易类型：存、取、转入、转出
transMoney	交易金额	交易金额：0≤交易金额　转出和取的金额≤本息
tradeOperator	交易操作员	字符型

③ 存款信息表：卡号、交易流水号、存入日期、到期日期、存款金额、存款类型、利息合计、本息合计(表 13.3)。

表 13.3 存款信息表：Deposit

字段名称	说明	
cardID	卡号	参照 cardInfo 表，主键
transID	交易流水号	数值数据(按交易顺序递增)，(cardID，transID)为主键
Startdate	存入日期	日期型数据
Endtime	到期日期	日期型数据
depositAmount	存款金额	0<存款金额
depositType	存款类型	活期、定 1、定 2、定 3
totalInterest	利息合计	利息：0≤利息≤本息总计
Total	本息总计	初始值为 0，1≤结余金额≤本息总计

④ 利率更改明细表：编号、利率性质、利率更改日期、利率(表 13.4)。

表 13.4 利率更改明细表：InterestInfo

字段名称	说明	
setID	编号	自动生成，主键
interestType	利率性质	定 1、定 2、定 3(分别是 3 个月、6 个月、1 年)；活期不计息
interestDate	利率更改日期	日期型数据
Interest	利率	0<利率

(2) 用 SQL 创建数据库与表：在“新建查询窗口”中输入如下所示命令并执行。

① 创建数据库：BankSy

```
Set  master
if exists(select * from sysdatabases where name='BankSy')
drop database BankSy
go
create database BankSy
on
{
  name=' BankSy_Data',
  filename='d:\Bank\Database\BankSy.mdf',
  size=5mb,
  filegrowth=30%
}
log on
{
  name =' BankSy_Log',
  filename='d:\Bank\Database\ BankSy_log.ldf',
  size=5mb,
```

```
  filegrowth=30%
 }
```

② 创建银行卡信息表：cardInfo

```
Create Table cardInfo{
CardID char(15)   PRIMARY KEY,
customerName   char(10),
customerID   char(18),
cardType   char(10),
openDate DATE   DEFAULT(GETDATE()),
PassWord   varchar(8) NOT NULL   DEFAULT('abcd8888'),
cancelDate DATE,
openOperator   char(10),
cancelOperator   char(10),
iscloseAccount   char(2) DEFAULT('0'),
check (cardType   IN('活期','定1', '定2','定3')),
    }
```

③ 创建交易信息表：TransInfo

```
Create Table TransInfo{
transID int   IDENTITY(1,1),
    PRIMARY   KEY,
    transDate DATETIME DEFAULT(GETDATE()),
    cardID   char(15)not null
    foreign   key   references   cardInfo(cardID),
    transType nvarchar(5),
    transMoney DECIMAL(18,2)   NOT NULL,
    tradeOperator char(10),
    check (TransType   IN('存入','支取','转入','转出')),
    check (transMoney>=0)
    }
```

④ 创建存款信息表：Deposit

```
Create Table Deposit{
cardID char(15)not null   references   cardInfo(CardID),
transID   int references   TransInfo (transID),
Startdate DATETIME DEFAULT(GETDATE()),
 Endtime   DATETIME,
depositAmount   DECIMAL(18,2),
depositType   char(10),
totalInterest   DECIMAL(18,2),
Total   DECIMAL(18,2),
PRIMARY   KEY(cardID, transID),
```

check (depositType IN('活期','定1','定2','定3')),
check (depositAmount>0)
}

⑤ 利率信息表：InterestInfo

```
Create Table InterestInfo{
setID int IDENTITY(1,1) PRIMARY KEY,
interestDate DATETIME DEFAULT(GETDATE()),
interestType char(5),
Interest DECIMAL(5,2),
  check (interestType IN('定1','定2','定3')),
  check (Interest >0)
  }
```

3）表中设置索引

系统会在主键列自动加上索引。

① cardInfo 表的 cardID 列

② TransInfo 表的 transID 列

③ Deposit 表的 cardID 和 transID 列(这里已经自动给 transID 加了索引)

④ InterestInfo 表的 setID 列

另外给 TransInfo 表的外键 cardID 列加索引。

步骤：

打开【对象资源管理器】，在“新建查询”窗口中输入如图 13.29 所示创建命令并执行。

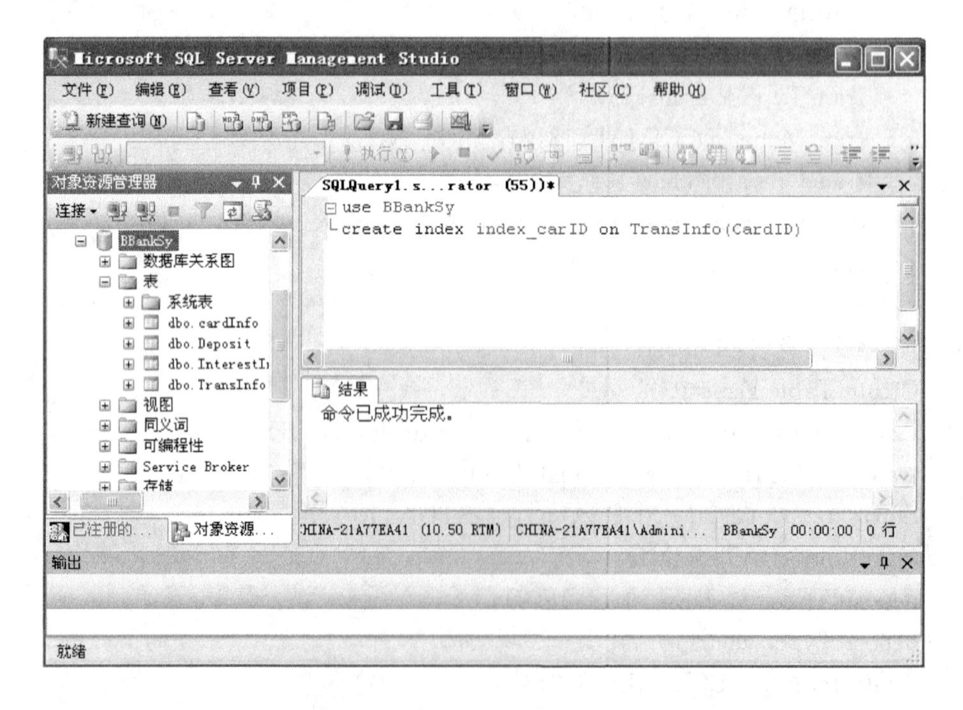

图 13.29 创建外键 cardID 列索引

4）连接数据库

目标：把数据库 BankSy 连接到注册服务器“CHINA-21A77EA41”。

步骤：

Step 1　打开“已注册的服务器”窗口，展开本地服务器组，选择“CHINA-21A77EA41”，右击选择【属性】。

Step 2　在【连接属性】页中设置“连接到数据库”为“BankSy”，如图 13.30 所示。点击页框下方的【测试】按钮，提示“连接测试成功”则表示设置成功。

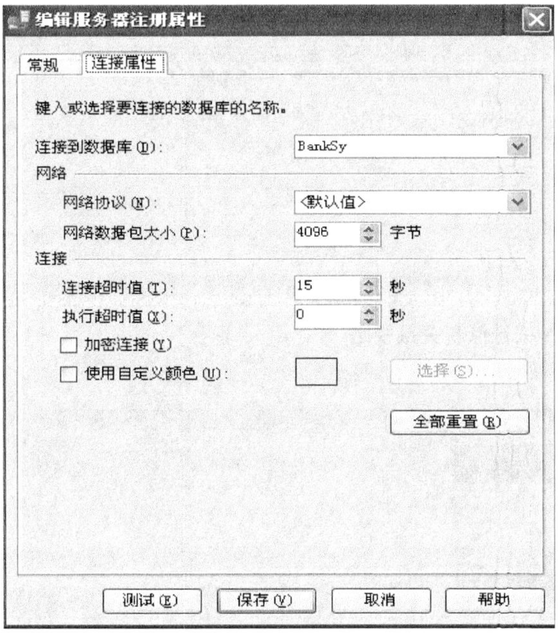

图 13.30　设置服务器连接到的数据库

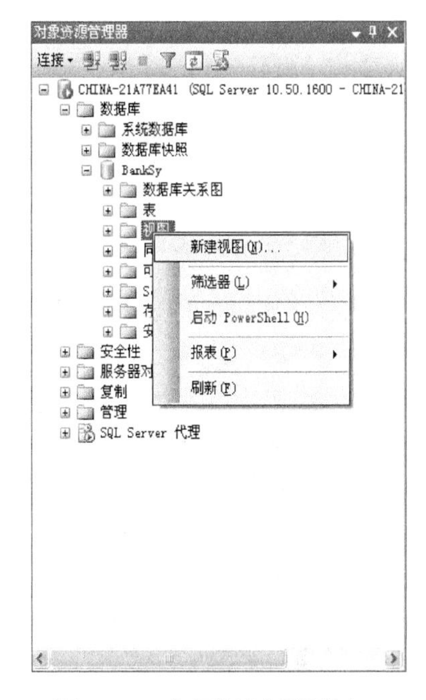

图 13.31　打开“新建视图”窗口

5）设置视图

设置“银行储蓄关系视图”及“开户销户关系视图”。

步骤：新建视图“View_transinfo”，展开“BankSy”→“视图”，右击，选择“新建视图”如图 13.31，创建如图 13.32、图 13.33 所示的“银行储蓄关系视图”及“开户销户关系视图”。

6）编写存储过程

(1) 开户

① 生成卡号

```
CREATE proc [dbo].[proc_createCardID]
@CID VARCHAR(15) OUTPUT
as
begin
  declare  @r bigint
  /*生成卡号*/
  set
    @ r = RAND ( datepart ( SS, GETDATE ( )) + datepart ( MS, GETDATE ( )))
```

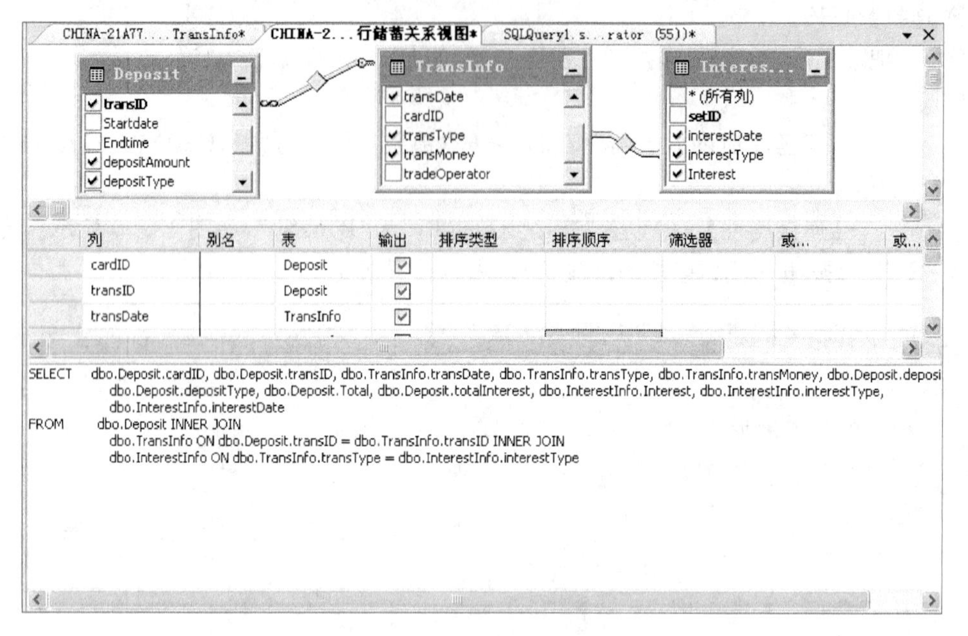

图 13.32 银行储蓄关系视图

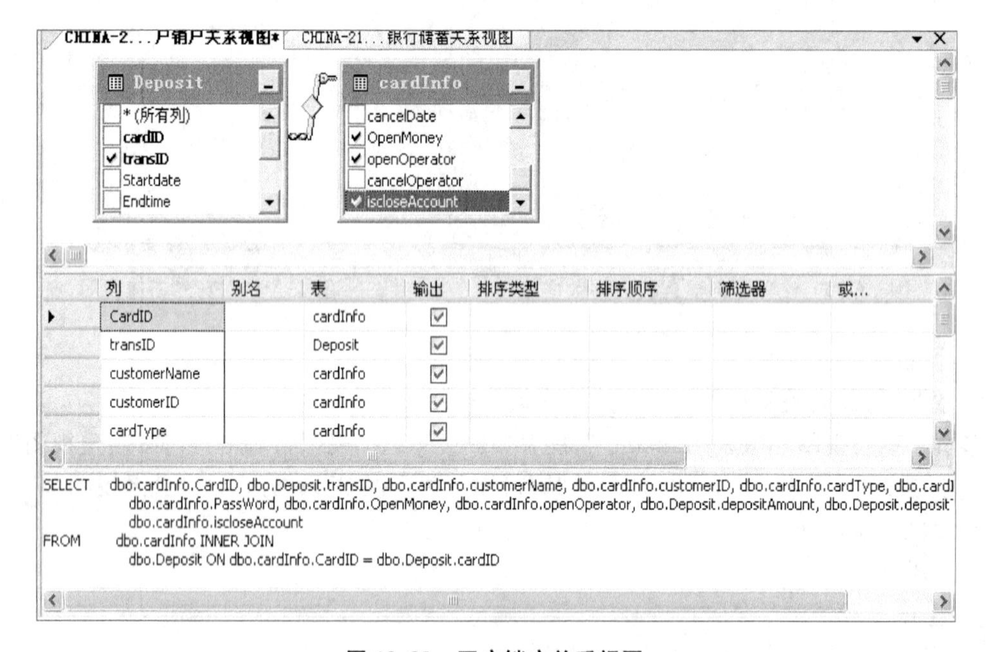

图 13.33 开户销户关系视图

```
    * 100000000000
set @CID=CONVERT(varchar,@r)
  /*如果银行卡信息表中存在该卡号,重新生成卡号*/
while(exists(select * from cardInfo where cardID=@CID))
begin
  SET
```

```
        @ r = RAND ( datepart ( SS, GETDATE ( )) + datepart ( MS, GETDATE ( )))
        * 100000000000
      SET   @CID=CONVERT(varchar,@r)
    end
end
```

② 开户

```
  CREATE proc [dbo]. [Proc_CreatCard]
@customerName char(10),
@customerID char(18),
@cardType char(10),
@PassWord varchar(6),
@openOperator char(10),
@cardID varchar(15)='' output
as
begin
  begin   transaction   /* 开始事务 */
/* 插入银行卡交易信息表 */
  begin
    exec proc_createCardID @cardID output   /* 调用存储过程来生成卡号 */
    set @cardID='9558'+@cardID
    Insert  into  cardInfo ( cardID, CustomerName, customerID, cardType,  PassWord  ,
    openOperator )
    values ( @ cardID, @ CustomerName, @ customerID, @ cardType,  @ PassWord, @
    openOperator)
    /*  插入交易明细表交易流水号,卡号,交易类型 '存入' */
    if (@cardType=' 活期 ')
      begin
        begin
          Insert into TransInfo(cardID,transType,transMoney, tradeOperator)
          values(@cardID, '存入', 0, @openOperator)
        end
        begin
          declare @transID int
          set @transID=@@Identity
           Insert into
           Deposit(transID,cardID,depositAmount,depositType)
          values(@transID, @cardID, 0,@cardType)
        end
      end
end
```

```
if(@@ERROR=0)
    commit  transaction
else
  rollback  transaction
end
```

(2) 存入活期

```
create  proc [dbo].[proc_SaveCurMoney]
@cardID VARCHAR(15),
@transMoney decimal(18,2),
@moneyOut decimal(18,2)=0 output
as
begin
  begin  transaction  /*开始事务*/
/*插入交易明细表交易流水号,卡号,交易类型'存入'*/
Insert into TransInfo(cardID,transType,transMoney)
values(@cardID, '存入', @transMoney)
   begin
     update Deposit
     set depositAmount= depositAmount+@transMoney  /*账户余额增加*/
     where CardID=@cardID
   set  @moneyOut=@transMoney
   end
     if(@@ERROR=0)
      commit  transaction
   else
      rollback  transaction
end
GO
```

(3) 存入定期

```
CREATE  proc [dbo].[proc_SaveFixMoney]
@cardID VARCHAR(15),
@transMoney decimal(18,2),
@depositType char(10),
@tradeOperator  char(10),
@moneyOut decimal(18,2)=0 output
@returnChar nvarchar(20) = '' output
as
begin
begin  transaction
if(@depositType=(select cardType from cardInfo where cardID=@cardID))
```

```
  begin
  /*插入交易明细表交易流水号,卡号,交易类型'存入'*/
  Insert into TransInfo(cardID,transType,transMoney, tradeOperator)
  values(@cardID, '存入', @transMoney, @tradeOperator)
   begin
     declare @transID int
     declare @Enddate datetime
     declare @Daynumber int
     set @transID=@@Identity
     if (@depositType='定 1') set @Daynumber=90
     else if (@depositType='定 2') set @Daynumber=180
     else if (@depositType='定 3') set @Daynumber=365
     set  @Enddate=dateadd(day,@Daynumber,getdate())
     Insert into
      Deposit(transID,cardID,depositAmount,depositType,Endtime)
      values(@transID,@cardID,@transMoney,@depositType,@Enddate)
      set  @moneyOut=@transMoney
     end
    end
     else
       set @returnChar='卡类型不匹配'
       if(@@ERROR=0)
          commit  transaction
       else
          rollback  transaction
end
```

(4) 支取活期

```
CREATE proc  [dbo].[proc_GetCurMoney]
@cardID VARCHAR(15),
@transMoney decimal(18,2),
@Password varchar(6),
@tradeOperator  char(10),
@moneyOut decimal(18,2)=0 output,
@returnChar nvarchar(30) = '' output
as
begin
  begin  transaction
    if(((select iscloseAccount
       from cardInfo
       Where  cardID=@cardID)=0)and @Password=(select Password from cardInfo
```

```
where cardID=@cardID ))
        begin
         update Deposit
        set depositAmount= depositAmount-@transMoney
        where CardID=@cardID and depositType='活期'
        if(@@ERROR! =0)
           set @returnChar='余额不足'
         Insert into TransInfo(cardID,transType,transMoney, tradeOperator)
         values(@cardID,'支取',@transMoney,@tradeOperator)
         set @moneyOut=@transMoney
         end
   else
    set @returnChar='已销户或密码不正确'
    if(@@ERROR=0)
        commit  transaction
    else
   rollback  transaction
end
```

(5) 支取定期

```
CREATE proc  [dbo].[proc_GetFixMoney]
@cardID VARCHAR(15),
@transMoney decimal(18,2),
@depositType char(10),
@PassWord  varchar(6),
@tradeOperator  char(10),
@moneyOut decimal(18,2)=0 output,
@returnChar  nvarchar(30)='' output
as
 begin
    begin  transaction
    if(@Password=(select Password from cardInfo where cardID=@cardID)
    and(getdate()>=(select Endtime from Deposit where cardID=@cardID)))
       /*定期已到期*/
       begin  /*计算定期利息总和*/
          begin
             /*获取最新利率值*/
             declare @interest decimal(18,2)
             declare @mouth int /*月数*/
             if (@depositType='定1') set @mouth=3
             else if (@depositType='定2') set @mouth=6
```

```
        else set @mouth=12
        set @interest=
        (select Interest from InterestInfo a
       where a. interestType=@depositType AND
       not exists(select *  from InterestInfo
       where a. setID<setID and a. interestType=interestType ))
           /*计算并更新利率总值*/
        update Deposit
       set totalInterest=depositAmount * @interest/100 * @mouth/12
       where depositType=@depositType
       update Deposit
       set   Total=totalInterest+ depositAmount
       where depositType=@depositType
     end
   update Deposit
   set Total=Total-@transMoney
   where CardID=@cardID   AND depositType=@depositType
   Insert into TransInfo(cardID,transType,transMoney, tradeOperator,   char(10))
   values(@cardID,'支取',@transMoney,@tradeOperator)
   set   @moneyOut=@transMoney
 end
   else
     set @returnChar='未到期或密码不正确'
     if(@@ERROR=0)
       commit   transaction
     else
       rollback   transaction
end
```

(6) 转账

```
create   proc  [dbo].[proc_TranAccount]
@OutNumber   varchar(15),
@InNumber   varchar(15),
@Money   DECIMAL(18,2),
@Password varchar(6),
@returnChar nvarchar(30) = '' output,
@moneyOut decimal(18,2)=0 output
as
begin
  begin   transaction   /*开始事务*/
  /*从转出账号减去金额*/
```

```
  if(@Password=(select Password from cardInfo where cardID=@OutNumber))
    begin
      update  Deposit
      set depositAmount=depositAmount-@Money
      where cardID=@OutNumber AND depositType='活期'
        /*在转入账号增加金额*/
      update Deposit
      set depositAmount = depositAmount +@Money
      where CardID=@InNumber AND depositType='活期'
        /*插入转入交易信息记录*/
      insert  into TransInfo (cardID,transType,transMoney)
       values(@InNumber,'转入',@Money)
        /*插入转出交易信息记录*/
      insert  into TransInfo(cardID, transType, transMoney)
      values(@OutNumber,'转出',@Money)
      set @moneyOut=@Money,
    end
      else
        set @returnChar='密码不正确'
       if(@@ERROR=0)
        commit  transaction
       else
        rollback  transaction  /*回滚事务*/
end          /*结束事务*/
```

(7) 销户

```
create  proc  [dbo].[proc_CloseAccount]
@cardID VARCHAR(15),
@PassWord  varchar(6),
@customerID char(18),
@CancelOperator  char(10),
@returnChar nvarchar(50) = '' output,
@TotalAll  decimal(18, 2)=0 output
as
 begin
       declare
     @Endtime datetime,
     @depositAmount decimal(18, 2),
     @depositType nvarchar(5),
     @totalInterest decimal(18, 2)=0,
     @Total decimal(18, 2)
```

```
begin   transaction   /*开始事务*/
  /*判断是否已经销户及密码和身份证的正确性*/
if (@PassWord=(select PassWord from cardInfo where cardID=@cardID)
and @customerID=(select customerID from cardInfo
wherecardID=@cardID)and 1<>(select iscloseAccount from cardInfo where cardID=
@cardID))
 begin
        select
        @ Endtime = Endtime, @ depositAmount = depositAmount, @ depositType =
        depositType, @Total=Total
        from   Deposit
        where cardID=@cardID
        if(@Total=0.00 and @depositType! ='活期'and
        @Endtime<=getdate())/*未支取过已到期的定期*/
        begin
         declare @interest decimal(18,2)/*最新利率值*/
         declare @mouth int /*月数*/
         if (@depositType='定 1') set @mouth=3
         else if (@depositType='定 2') set @mouth=6
         else set @mouth=12
         set @interest=
         (select Interest from InterestInfo a
         where a.interestType=@depositType AND
         not exists(select * from InterestInfo where a.setID<setID and a.interestType
         =interestType))
         declare @tinterest
         decimal(18,2)=@depositAmount*@interest/100*@mouth/12
           /*计算并更新利率总值*/
         update Deposit
         set Total =@tinterest+ depositAmount
         where cardID=@cardID
    end
    else      /*活期或未支取过的未到期的定期*/
        update Deposit
        set Total=@depositAmount,
        where cardID=@cardID
         /*置卡信息的为销户状态*/
     update cardInfo
     Set iscloseAccount=1, cancelOperator=@CancelOperator
     Where   cardID=@cardID
     select   @TotalAll=Total
```

```
            from    Deposit
            where   cardID=@cardID
        end
        else
          set   @returnChar = '已销户或密码、身份证不正确'
          if(@@ERROR=0)
            commit   transaction
        else
          rollback   transaction    /*回滚事务*/
end       /*结束事务*/
GO
```

7）设置安全用户

（1）创建三个数据库用户

目标：创建三个数据库用户，分别为 DBA—数据库管理员；BankLeder—银行领导层（能查阅所有数据）；Operater—前台操作员（能对所有数据作增、删、改、查等操作）。

步骤：

Step 1　以超级管理员身份连接到 SQL Server 2008 数据库引擎，在对象资源管理器中展开安全性→登录名，右击“登录名”，点击“新建登录名”。如图 13.34 所示。

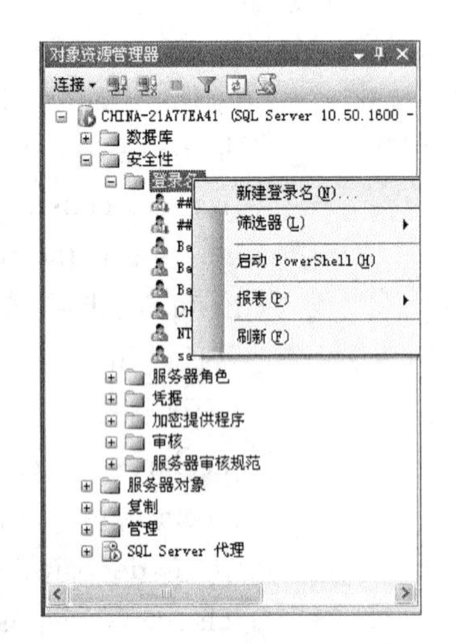

图 13.34　打开“新建登录名”窗口

Step 2　在弹出的对话框中点击“常规”，右边“登录名(N)”写上新建后登录的名称(例如：这里命名为 BankDBA)，选择“SQL Server 身份验证(S)”，输入“密码”和“确认密码”(例如：123456)，把“强制实施密码策略(F)”“强制密码过期(X)”和“用户在下次登录时必须更改密码(U)”钩去掉。在“默认数据库(D)”中选择“BankSy”。其他选项采用默认值，如图 13.35 所示。

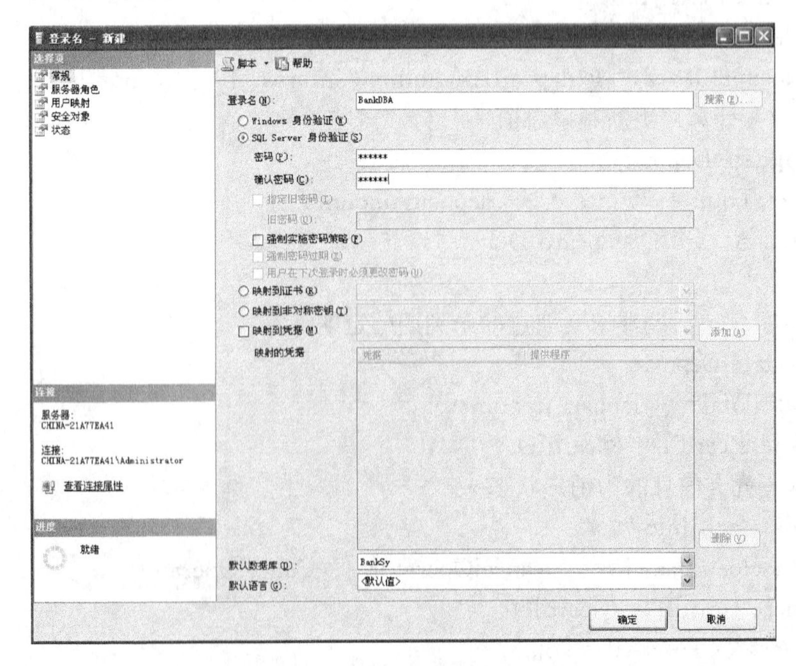

图 13.35　新建登录名

Step 3　点击“服务器角色”，勾选“public”和“sysadmin”，如图 13.36 所示。

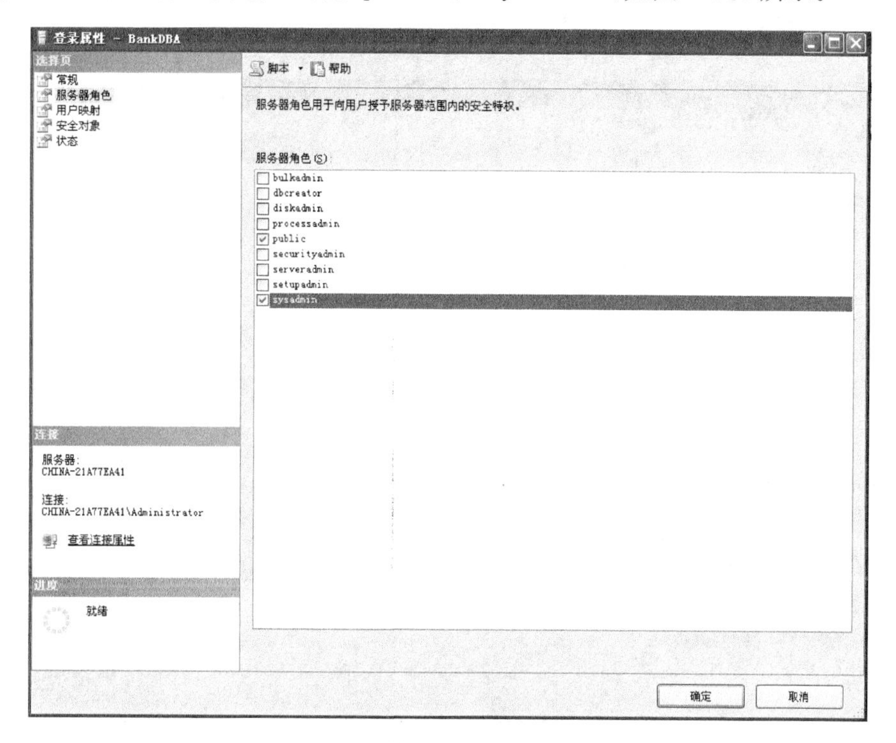

图 13.36　设置登录名服务器角色

Step 4　点击“用户映射”，在“映射到此登录名的用户(D)”中勾选“BankSy”，在“数据库角色成员身份(R)：BankSy”中勾选“db_owner”和“public”，如图13.37所示。

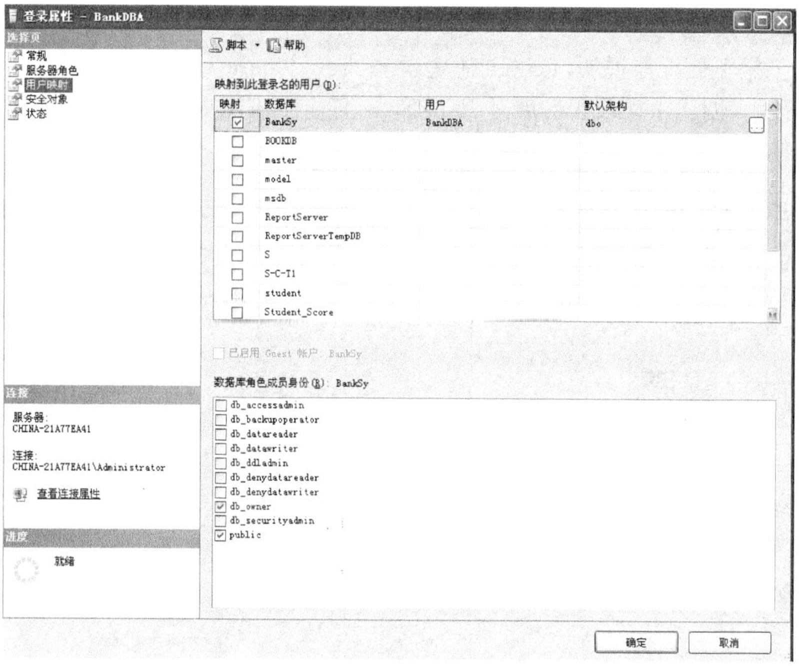

图 13.37　设置用户映射

Step 5　点击“状态”，在“是否允许连接到数据库引擎”中选择“授予”，“登录”选择“启用”，如图 13.38 所示。

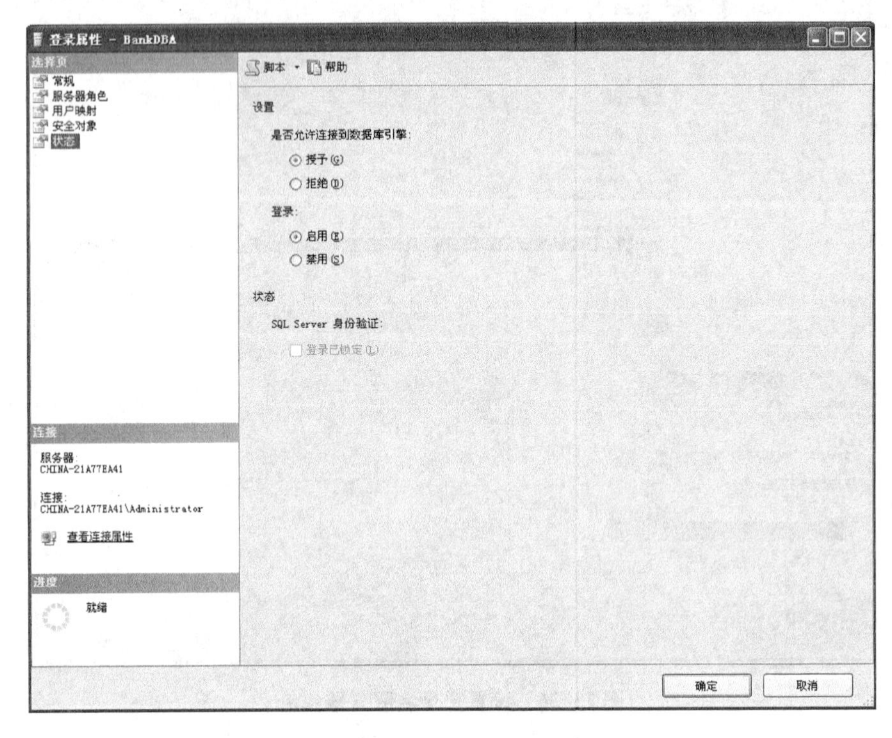

图 13.38　设置状态

Step 6　点击【确定】，回到“对象资源管理器”，查看安全性→登录名→ 下面出现了新的登录名“BankDBA ”。

Step 7　依据下面操作说明，依次创建登录名“BankOperater” 和“BankLeder”。创建完后如图 13.39 所示。创建完登录名后展开 BankSy→安全性→用户，出现这三个数据库用户名，如图 13.40 所示。

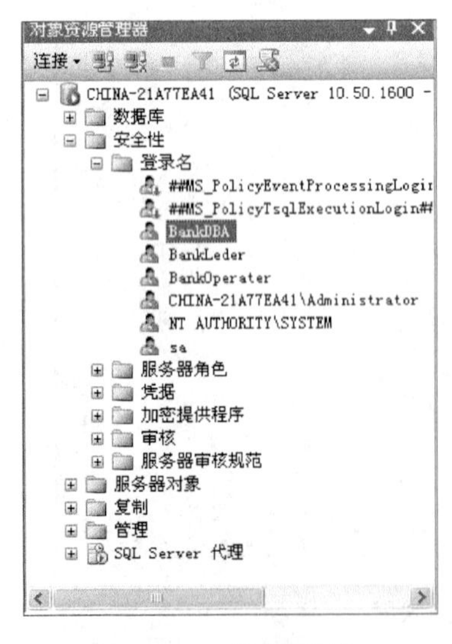

图 13.39　创建登录名

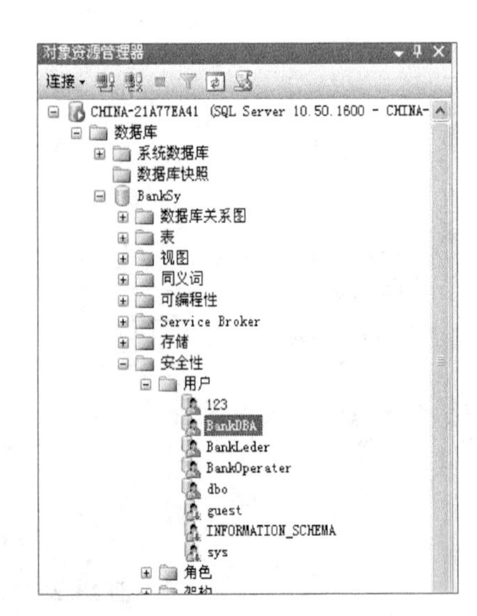

图 13.40　BankSy 数据库用户名

操作说明：

(1) 创建“BankOperater”时，Setp3 中“服务器角色”，选中“public”即可。Step4 中“数据库角色成员身份(R)：BankSy”选中“db_datareader”“db_datawriter”和“public”即可。

(2) 创建“BankLeder”时，Setp3 中“服务器角色”选中“public”即可。Step4 中“数据库角色成员身份(R)：BankSy”选中“db_datareader”和“public”即可。

Step 8　设置登录名“BankOperater”对应的用户权限，授予执行相应的存储过程的权限：展开 BankSy→“安全性”→用户→“BankOperater”，右击，选择“属性”，如图 13.41 所示。

Step 9　打开属性对话框，选择安全对象“BankSy”，在“显式”页框中选中“执行”，如图13.42 所示。

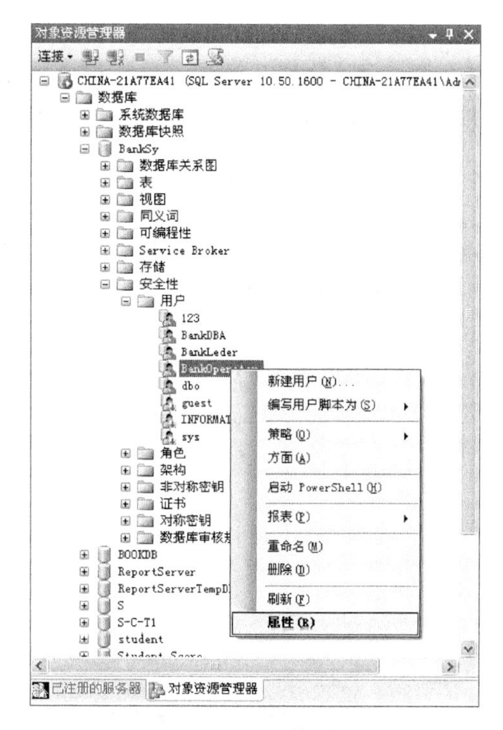

图 13.41　选择“属性”

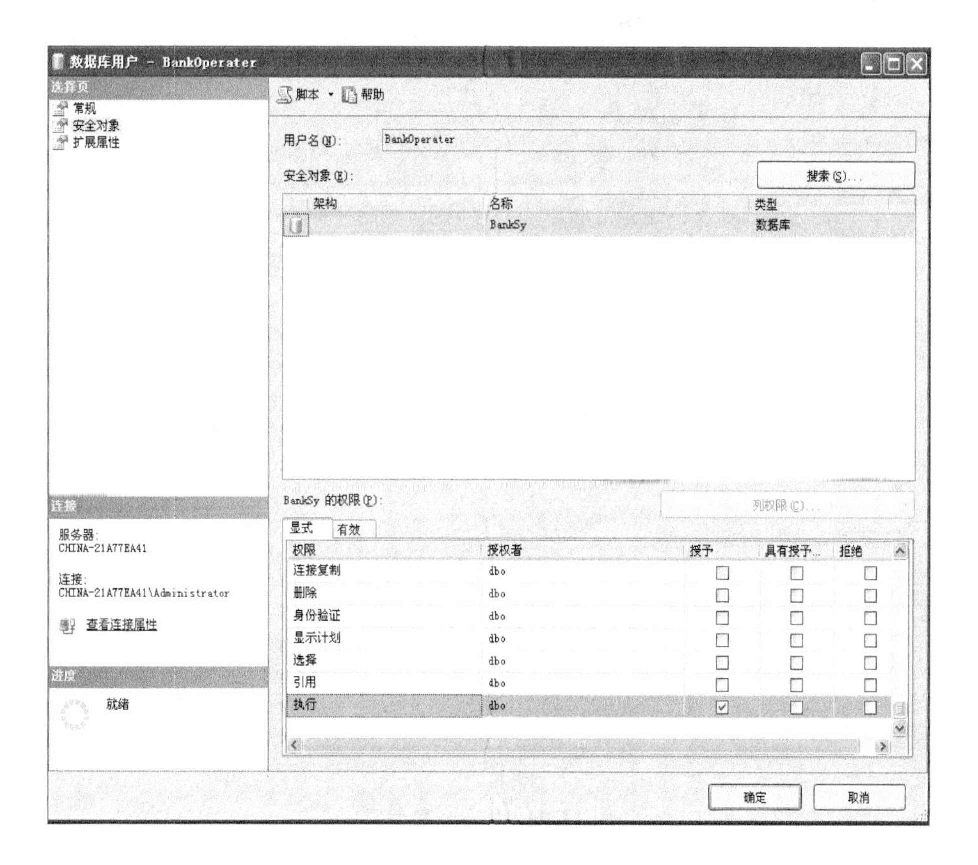

图 13.42　页框中勾选“执行”

(2) 创建应用程序角色

Step 1　打开 SSMS，在数据库 BankSy 中选择“安全性”→“角色”，右击“应用程序角色”，选择“新建应用程序角色”，如图 13.43 所示。

Step 2　输入角色名称、密码（用户名设置为：AppRole1 密码设置为：123456）和默认架构，如果为空即为 dbo，如图 13.44 所示。

Step 3　在“安全对象”页，同数据库角色一样管理输入应用程序角色的权限：在安全对象中选择数据库 BankSy，设置其权限，如图 13.45 所示。

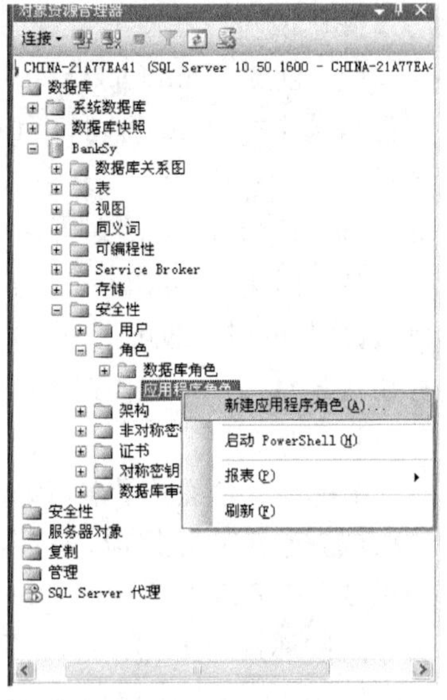

图 13.43　新建应用程序角色

图 13.44　输入角色信息

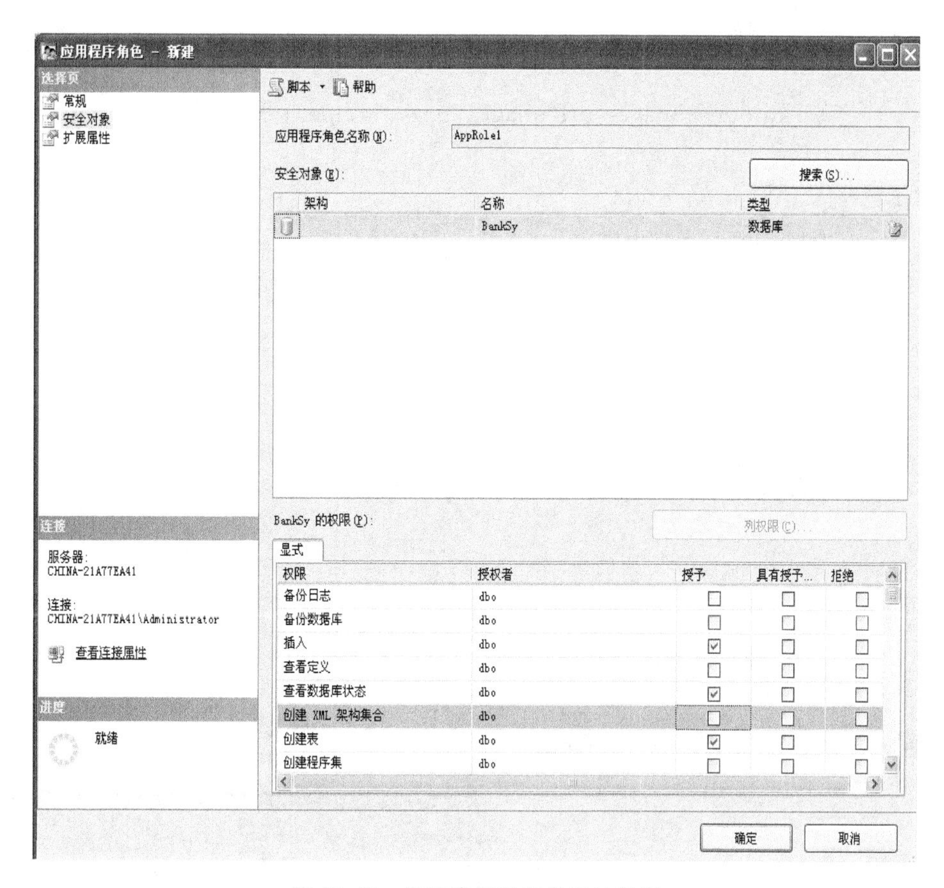

图 13.45　设置应用程序角色的权限

13.3.11　系统代码生成之二——Web 服务器应用程序编程

Web 服务器应用程序编程包括网页界面生成及 ASP 编程两部分。

13.3.11.1　网页界面生成

按设计方案在 Web 服务器中编程 10 个网页。

(1) 在 Web 服务器中做网页编程，包括系统首页、操作界面及结果输出等 10 个界面。

(2) 在客户端通过浏览器展示。

(3) 系统首页要点如下：

① 系统首页名：银行储蓄系统首页。

② 设置 8 个按钮：开户、销户、存款、取款、利率更改、转账、数据维护、数据查询。

③ 按下 8 个按钮中的任一个，即进入相应操作界面，如按下“转账”即进入“转账操作界面”。

(4) 操作界面：共 8 个操作界面(开户、销户、存款、取款、利率更改、转账、数据维护、数据查询)，用于参数输入。

(5) 用 HTML 编写网页界面。

(6) 生成程序：为方便阅读，这里仅给出首页、开户、存款及取款等 4 个程序。

style.css 文件内容如下：

```
body{
        background-image: url(image/image001.jpg);
    }
p{
        text-align: center;
    }
    p.b{
        text-align: center;
        font-weight: bold;
        font-size: 16.0 pt;
        color: blue;
    }
    p.d
    {
        margin-left: 60%;
    }
```

① 系统首页(入口界面)(图 13.46)

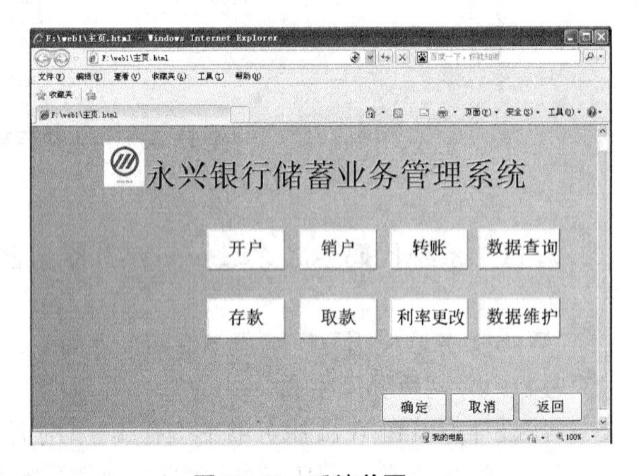

图 13.46　系统首页

```
<! doctype html>
<html>
<head>
    <meta charset="utf-8" />
    <title></title>
    <style type="text/css">
    body{
            background-image:   url
(image/image001.jpg);
    }
    p{
        text-align: center;
        font-weight: bold;
        font-size: 16.0pt;
        color: blue;
      }
    p.d
    {
        margin-left: 60%;
    }
    .p{
        margin-left: 30%;
```

```
}
</style>
</head>
<body>
<p style='font-size: 36.0pt;color: blue;font-weight: bold;'><img src="image/image006.jpg">永兴银行储蓄业务管理系统</p>
<table class="p">
<tr>
  <th> <input type="button" value="开户" style="font-weight:bold;color:blue;width:120px;height:60px;font-size:20pt;background-color:#FFF;">
</th>
  <th> <input type="button" value="销户" style="font-weight:bold;color: blue; width: 120px; height: 60px; font-size: 20pt; margin-left: 15%;background-color:#FFF;"></th>
<th>  <input type="button" value="转账" style="font-weight:bold;color:blue; width: 120px; height: 60px; font-size: 20pt; margin-left: 28%; background-color:#FFF;"></th>
<th>  <input type="button" value="数据查询" style="font-weight:bold;color: blue; width: 120px; height: 60px; font-size: 20pt; margin-left: 38%;background-color:#FFF;"> </th>
</tr>
</table>
<br/>
<br/>
<table class="p">
<tr>
  <th> <input type="button" value="存款" style="font-weight:bold;color:blue;width:120px;height:60px;font-size:20pt;background-color:#FFF;">
</th>
<th>  <input type="button" value="取款" style="font-weight:bold,color.blue; width: 120px; height: 60px; font-size: 20pt; margin-left: 15%; background-color:#FFF;"> </th>
<th>  <input type="button" value="利率更改" style="font-weight:bold;color: blue; width: 120px; height: 60px; font-size: 20pt; margin-left: 28%;background-color:#FFF;"></th>
<th>  <input type="button" value="数据维护" style="font-weight:bold;color: blue; width: 120px; height: 60px; font-size: 20pt; margin-left: 38%;background-color:#FFF;"></th>
</tr>
  </table>
```

```
<br/>
<br/>
<br/>
  <p class="d">
<input type="button" value="确定" style="color:blue;width:100px;height:45px;font-size:16.0pt;font-weight:bold;">
<input type="button" value="取消" style="color:blue;width:100px;height:45px;font-size:16.0pt;font-weight:bold;">
<input type="button" value="返回" style="color:blue;width:100px;height:45px;font-size:16.0pt;font-weight:bold;">
</body>
</html>
```

② 开户操作界面(图 13.47)

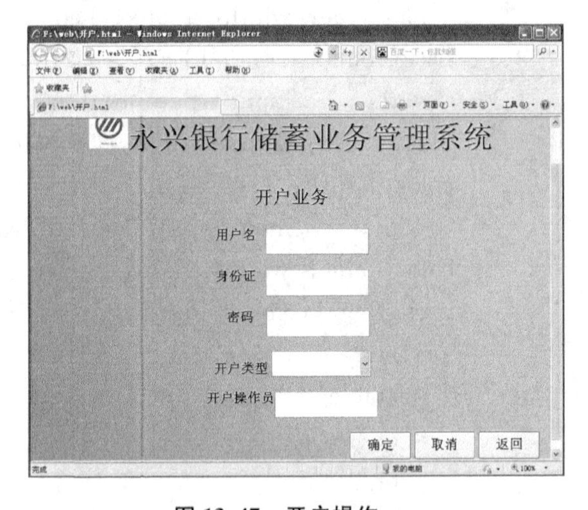

图 13.47　开户操作

```
<! doctype html>
<html>
<head>
  <meta charset="utf-8" />
  <title></title>
  <link type="text/css" rel="stylesheet" href="style.css">
  </head>
  <body>
  <p style='font-size:36.0pt;color:blue;font-weight:bold;'><img src="image/image006.jpg">永兴银行储蓄业务管理系统</p>
  <p style='font-size:22.0pt;color:blue;font-weight:bold;'>开户业务</p>
  <p class="b">
    用户名   <input type="text" name=" customerName " style="width:160px;height:35px;">
    </p>
    <p class="b">
    身份证   <input type="text" name=" customerID " style="width:160px;height:35px;" >
    </p>
    <p class="b">
        密码     <input type="text" name="password" style="width:160px;height:35px;">
</p>
```

```
<p class="b">
开户类型  <select name="cardType"  style="width:160px;height:40px;font-size:16.0pt;">
<option value="">  </option>
<option value="">活期</option>
<option value="">定期</option>
</select>
</p>
<p class="b">

</p>
<p class="b">
 开户操作员<input type="text" name=" openOperator " style="width:160px;height:35px;">
</p>
<p class="d">
<input type="button" value="确定" style="color:blue;width:100px;height:45px;font-size:16.0pt;font-weight:bold;">
<input type="button" value="取消" style="color:blue;width:100px;height:45px;font-size:16.0pt;font-weight:bold;">
<input type="button" value="返回" style="color:blue;width:100px;height:45px;font-size:16.0pt;font-weight:bold;">
</p>
</p>
</body>
</html>
```

③ 存款操作界面(图 13.48)

```
<! doctype html>
<html>
<head>
  <meta charset="utf-8" />
  <title></title>
  <link type="text/css" rel="stylesheet" href="style.css">
  </head>
    <body>
  <p style='font-size:36.0pt;color:blue;font-weight:bold;'><img src="image/image006.
```

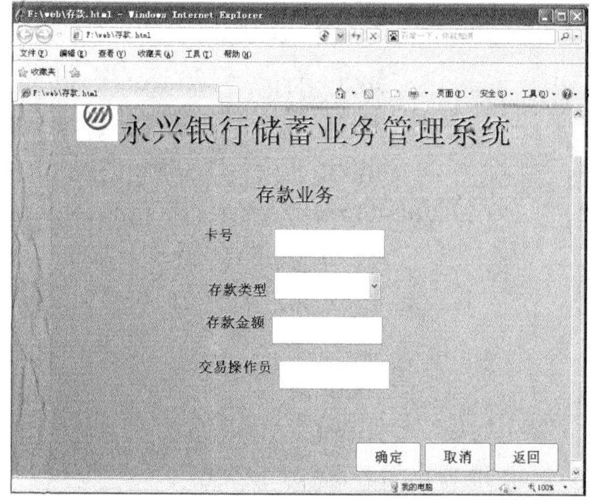

图 13.48　存款操作

```
jpg">永兴银行储蓄业务管理系统</p>
  <p style='font-size:22.0pt;color:blue;font-weight:bold;'>存款业务</p>
  <p class="b">
      卡号                     <input type="text" name=" cardID " style="width:160px;height:35px;">
    </p>
    <p class="b">
    存款类型   <select name="depositType" style="width:160px;height:40px;font-size:16.0pt;">
    <option value="">  </option>
    <option value="">活期</option>
    <option value="">定 1</option>
    <option value="">定 2</option>
    <option value="">定 3</option>
    </select>
    </p>
    <p class="b">
    存款金额   <input type="text" name=" depositAmount " style="width:160px;height:35px;">
    </p>
<p class="b">
    交易操作员   <input type="text" name=" tradeOperator " style="width:160px;height:35px;">
    </p>
    <br/>
    <br/>
      <p class="d">
    <input type="button" value="确定" style="color:blue;width:100px;height:45px;font-size:16.0pt;font-weight:bold;">
    <input type="button" value="取消" style="color:blue;width:100px;height:45px;font-size:16.0pt;font-weight:bold;">
    <input type="button" value="返回" style="color:blue;width:100px;height:45px;font-size:16.0pt;font-weight:bold;">
    </p>
    </body>
    </html>
```

④ 取款操作界面(图 13.49)

```
<! doctype html>
<html>
```

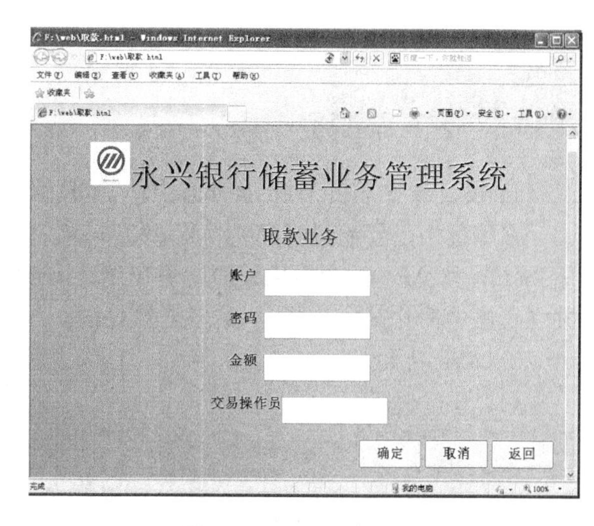

图 13.49　取款操作

```
<head>
  <meta charset="utf-8" />
  <title></title>
  <link type="text/css" rel
="stylesheet" href="style.css"
>
  </head>
    <body>
  <p style='font-size:36.0pt;
color:blue;font-weight:bold;'>
<img src="image/image006.
jpg">永兴银行储蓄业务管理系
统</p>
  <p style='font-size:22.0pt;
color:blue;font-weight:bold;'>取款业务</p>
  <p class="b">
    账户   <input type="text" name=" cardID " style="width:160px;
height:35px;">
    </p>
    <p class="b">
    密码   <input type="text" name=" Password " style="width:160px;
height:35px;">
    </p>
    <p class="b">
    金额   <input type="text" name= transMoney "" style="width:
160px;height:35px;">
    </p>
<p class="b">
    交易操作员<input type="text" name="tradeOperator" style="width:
160px;height:35px;">
    </p>
      <p class="d">
    <input type="button" value="确定" style="color:blue;width:100px;
height:45px;font-size:16.0pt;font-weight:bold;">
    <input type="button" value="取消" style="color:blue;width:100px;
height:45px;font-size:16.0pt;font-weight:bold;">
    <input type="button" value="返回" style="color:blue;width:100px;
height:45px;font-size:16.0pt;font-weight:bold;">
    </p>
    </body>
```

```
</html>
```

13.3.12 ASP 编程

1）按设计方案在 Web 服务器中作 ASP 编程共 9 个

在编程中主要通过 ADO 用 Web 方式调用存储过程获得数据结果。具体编程用 ASP+VBScript 和 ADO。为简化程序这里仅给出开户、存款（定期）、取款（定期）等 3 个程序代码，并在程序中简化某些步骤，不给出出错处理。

2）ASP 代码

（1）开户代码

```
<%@Language="vbscript" Codepage="65001"%>
<%
'从页面获取参数值
Dim cm As New Data. SqlClient. SqlCommand()
dim customerName,customerID,password,cardType, openOperator
customerID=Request. Form("customerID")
customerName=Request. Form("customerName")
password=Request. Form("password")
cardType=Request. Form("cardType")
openOperator=Request. Form("openOperator")
  '声明数据库操作对象
DIM CmdSP,adoRS
'建一个 command 对象
set CmdSP=Server. CreateObject("ADODB. command")
'建立连接
CmdSP. ActiveConnection ="Driver={SQLServer};server=(local);
Uid=AppRole1;Pwd=123456;Database=BankSy"
cm. CommandText="EXEC  sp_setapprole'AppRole','123456'"
  cm. ExecuteNonQuery()   //激活应用程序角色
'定义 command 对象调用名称
CmdSP. CommandText = "Proc_CreatCard"
'设置 command 调用类型是存储过程
(adCmdSPStoredProc = 4)
CmdSP. CommandType = 4
'要求将 SQL 命令先行编译
CmdSP. Prepared = true

'往 command 对象中加参数
'用户名
CmdSP. Parameters. Append CmdSP. CreateParameter("@customerName", 200,
```

```
    1,10,customerName)
    '身份证
    CmdSP. Parameters. Append CmdSP. CreateParameter("@customerID", 200, 1,
    18, customerID)
    '开户类型
    CmdSP. Parameters. Append CmdSP. CreateParameter("@cardType", 200, 1,10,
    cardType)
    '密码
    CmdSP. Parameters. Append CmdSP. CreateParameter("@password", 200, 1,6,
    password)
    '操作员
    CmdSP. Parameters. Append CmdSP. CreateParameter("@openOperator", 200, 1,
    10,openOperator)
    '定义一个整型的输出参数:卡号
    CmdSP. Parameters. Append CmdSP. CreateParameter("@moneyOut", 200, 3,50)
    '运行存储过程,并得到输出参数
    CmdSP. Execute

    '打印两个输出值
    Response. Write "<p>新卡号为  : "& CmdSP. Parameters("@cardID"). Value
    & "</p>"

    '将所有对象清为 nothing,释放资源
    Set adoRS = nothing
    Set CmdSP. ActiveConnection = nothing
    Set CmdSP = nothing
    %>
```

(2) 存款(定期)代码

```
<%@LANGUAGE="VBSCRIPT" CODEPAGE="65001"%>
<%
'取参数值
  Dim cm As New Data. SqlClient. SqlCommand()
dim cardID,transMoney,depositType,tradeOperator
cardID=Request. Form("cardID")
transMoney =Request. Form("transMoney")
depositType =Request. Form("depositType")
tradeOperator =Request. Form("tradeOperator ")
'数据库操作
DIM CmdSP,adoRS
set CmdSP=Server. CreateObject("ADODB. command")
```

```
CmdSP. ActiveConnection = "Driver={SQL Server};server=(local);
Uid= AppRole1;Pwd=123456;Database=BankSy"
  cm. CommandText="EXEC  sp_setapprole'AppRole','123456'"
  cm. ExecuteNonQuery()  //激活应用程序角色
CmdSP. CommandText = "proc_SaveFixMoney"
CmdSP. CommandType = 4
CmdSP. Prepared = true
'往 command 对象中加参数
CmdSP. Parameters. Append CmdSP. CreateParameter("@cardID", 200, 1,15,cardID)
CmdSP. Parameters. Append CmdSP. CreateParameter ( " @ transMoney", 5, 1, ,
transMoney)
CmdSP. Parameters. Append CmdSP. CreateParameter ( " @ depositType", 200, 1,5,
depositType)
CmdSP. Parameters. Append CmdSP. CreateParameter("@tradeOperator ", 200, 1,10,
tradeOperator)
CmdSP. Parameters. Append CmdSP. CreateParameter("@moneyOut", 200, 3,50)

'运行存储过程
CmdSP. Execute
'输出结果
Response. Write "<p>存款成功:"& CmdSP. Parameters("@moneyOut"). Value & "
</p>"
'设置所有对象为 nothing,释放资源
Set adoRS = nothing
Set CmdSP. ActiveConnection = nothing
Set CmdSP = nothing
%>
```

(3) 取款(定期)代码

```
<%@LANGUAGE="VBSCRIPT" CODEPAGE="65001"%>
<%
Dim cm As New Data. SqlClient. SqlCommand()
dim cardID,password,depositType,transMoney,tradeOperator
cardID=Request. Form("cardID")
transMoney =Request. Form("transMoney")
depositType =Request. Form("depositType")
password=Request. Form("password")
tradeOperator =Request. Form("tradeOperator ")

DIM CmdSP,adoRS
```

```
set CmdSP=Server.CreateObject("ADODB.command")
CmdSP.ActiveConnection = "Driver={SQL Server};server=(local);
Uid= AppRole1;Pwd=123456;Database=BankSy"
cm.CommandText="EXEC  sp_setapprole'AppRole','123456'"
  cm.ExecuteNonQuery()  //激活应用程序角色
CmdSP.CommandText = "proc_GetFixMoney"
CmdSP.CommandType = 4
CmdSP.Prepared = true

CmdSP.Parameters.Append CmdSP.CreateParameter("@cardID", 200, 1,15,cardID)
CmdSP.Parameters.Append CmdSP.CreateParameter("@transMoney", 5, 1, ,
transMoney)
CmdSP.Parameters.Append CmdSP.CreateParameter("@depositType", 200, 1,5,
depositType)
CmdSP.Parameters.Append CmdSP.CreateParameter("@password", 200, 1,6,
password)
CmdSP.Parameters.Append CmdSP.CreateParameter("@tradeOperator ", 200, 1,10,
tradeOperator)

CmdSP.Parameters.Append CmdSP.CreateParameter("@moneyOut", 200, 3,50)
CmdSP.Execute
Response.Write "<p>取款成功："& CmdSP.Parameters("@moneyOut").Value & "
</p>"
Set adoRS = nothing
Set CmdSP.ActiveConnection = nothing
Set CmdSP = nothing
%>
```

13.3.13 系统测试与运行维护

(1) 按软件工程要求对整个系统做统一测试。

(2) 测试后系统即可运行。

(3) 此后即进入系统维护。维护一般分为：

- 平台维护。
- 应用程序维护。
- 数据库维护：由专门人员 DBA 负责。

习　题　13

问答题

13.1 请给出数据库应用系统开发的流程。

13.2 请给出数据库应用系统软件设计内容。
13.3 请给出数据库应用系统编码内容。
13.4 请给出数据库应用系统的系统更新内容。
13.5 请给出数据库应用系统的平台设计内容。
13.6 请给出数据库应用系统运行维护内容。
13.7 请给出数据库应用系统的系统平台流程。
13.8 请给出数据库应用系统的三类管理、维护人员。

思考题

13.9 数据库应用系统开发中为什么不同阶段须分别使用软件工程与数据工程的方法?
13.10 数据库应用编程与非数据库应用编程是两种不同编程方法,试说明不同之处。
13.11 在数据库应用系统运行维护中,应用程序运行维护与数据库程序运行维护两部分是独立进行的,试说明其原因。

【复习指导】

本章介绍数据库应用系统的开发。

1. 数据库应用系统开发方法:系统工程开发方法。

2. 数据库应用系统开发流程:

(1) 计划制订:统一制定

(2) 需求分析:统一分析

(3) 软件设计:分两部分设计

*(4) 系统平台设计

*(5) 系统更新:分三部分更新

(6) 编码:分三部分(还包括平台配置)

(7) 测试:统一测试

(8) 运行与维护:分三部分运行与维护并设置五类管理、使用人员

3. 数据库应用系统开发内容:

(1) 数据库开发

(2) 应用程序(包括界面)开发

(3) 系统平台设置

4. 数据库应用系统开发三个子流程:

(1) 数据库开发子流程

(2) 应用程序(包括界面)开发子流程

(3) 系统平台设置子流程

5. 数据库应用系统开发全流程实例

6. 本章内容重点

● 数据库开发

第四篇　应用篇

学习数据库技术的目的是为了应用。所谓的应用实际上就是计算机中的数据处理应用，它所构成的系统即是数据库应用系统。目前，数据库应用系统都是建立在互联网上的，因此称为联机系统或线上系统(online system)。

联机系统以数据库应用系统为单位，由互联网上 $1\sim n$ 个数据库应用系统组合而成。因此互联网是当前数据库应用的基础平台，它的内涵除了互联网自身以外还包括物联网、云计算、移动互联网等多种技术。下面首先对其做简单介绍：

1) 移动互联网

传统互联网由计算机组成，它们包括服务器、客户机等。由于体积与重量的原因，他们都具有固定位置的属性，不能随意移动(特别是客户机)。但是互联网的使用者都是人，他们都随时处于活动状态中，因此在互联网使用中会产生一定的不方便性，从而影响了互联网的应用发展。近年来，智能手机及平板计算机等移动产品的出现，改变了互联网状态，将这些移动产品取代互联网中的客户端，从而出现了移动互联网。在移动互联网中客户端多是移动终端，它们通过无线方式接入互联网中。

移动互联网的出现大大方便了互联网的使用，从而使互联网得到了更快的发展。目前在互联网应用中使用移动终端的已占绝对多数。

2) 物联网

传统互联网中的客户端都是计算机，称为客户机或浏览器。随着应用发展的需要，这种客户端不仅需要是“机”，更需要是“物”，这就有了物联网。物联网的出现大大拓展了互联网的应用范围与内容，使互联网既能管机又能管物，同时也将“机”与“物”通过物联网统一起来。

物联网(Internet of Tings, IOT)的概念最早由英国工程师 Kevin Ashton 于 1998 年提出。关于它的定义可以引用国际电信联盟在 2008 年所提出的描述：物联网是一种将各类信息传感设备(如 RFID、红外感应器、传感器、GPS、激光扫描仪等)与互联网结合并可以实现智能化识别与管埋的网络。

从这个描述中可以看出，物联网有下面几个特性：

① 物联网的核心是互联网，它是建立在互联网基础上的一种延伸的应用网络。

② 物联网也是一种移动互联网的延伸应用网络。因为物联网中各类信息传感设备大都是移动设备并且大都通过无线方式实现与互联网的连接。

③ 物联网中的客户端大都是传感设备。它将互联网中人与人(即客户机对客户机)间的通信扩展到了人与物、物与物间的通信。

物联网从下到上构成三个层次，分别称为感知层、网络层与应用层。

(1) 感知层：物联网中的“物”是通过感知设备与互联网建立接口的。这种接口是将物中参数(包括物的标识符及所须处理的属性数据)与互联网建立连接。

在感知设备中，条形码与射频识别标记 RFID 可用于物的标识，而传感器则可用于捕捉物中的各类属性，如压力、压强、温度、声音、光照、位移、磁场、电压、电流及核辐射等多种数据。此外，GPS用于获取对物的定位数据，摄像头用于获取对物的图像数据等。

感知层就是建立这种接口的层次。

(2) 网络层：网络层即是互联网（也可以是局域网），它是整个物联网中的数据处理中心，包括数据传递、存储、分类、计算等。

(3) 应用层：感知层与网络层建立了物联网的基本平台，在此平台上可以开发多种应用。应用的开发大多用计算机软件在互联网专用服务器中实现。

3）云计算

自计算机出现与发展后，各个单位为了应用需要都购买了计算机，包括硬件、软件及应用等，同时还要设置相应机构，如计算站、信息中心。此外还要配置人员与场地等。所有这些都构成了使用计算机的必要资源，缺一不可。但与此同时也会带来资源的浪费。特别是随着时间推移，计算机硬件、软件须不断升级、改版，应用须不断扩充，人员须不断培训，场地须不断调整，从而带来的是不断的资金投入与老资源的不断淘汰，同时也带来更多的浪费。更有甚者，单位是会变化的，单位的重组、合并与撤销是常有的事，这种改变更造成了计算机资源的严重浪费与损失。为此，人们就想到了计算机资源“租用”的问题，正如人们用水、用电一样，并不需要自挖水井与自购发电机，而只需通过自来水公司安装水管与供电局接入线路即能方便地用水、用电。这是一种新的模式，它可以极大地降低成本、使用方便。但在以前这仅是一个美好的梦想，并没有实现的可能。但是随着互联网的出现与发展，移动设备的兴起，这种“计算机租用”的梦想已有可能成为现实。这就是“云计算”出现的应用需求与技术基础。

实际上，有关云计算(Cloud Computing)的思想在20世纪60年代就已出现。1961年美国计算机科学家麦卡锡(John McCarthy)就提出了要像使用水和电资源那样使用计算机资源的思想。而真正出现云计算这种应用技术是始于2006年，由Google公司提出，并搭建了自己的“云”，随后一些IT巨头如亚马孙、IBM公司都构筑了各自的云，用户借助浏览器通过互联网都可以使用云中资源和服务。

(1) 云计算概念：关于云计算的概念，我们认为它是由下面几个部分所组成。

① 云：云是计算机网络的一种书面标志。一般在书面形式中都用云状符号表示计算机网络。在这里云表示一种计算机群以及由它组成能提供硬件、软件、数据、应用等资源的计算机网络。通过云管理的统筹调度，可以为众多用户服务。云一般都与互联网相连，它是互联网的子网，用户可以通过浏览器访问云。云是云计算的平台，它为云计算提供基础性支撑。

② 端：端又称云端，它是使用云的终端设备，包括固定（有线）设备，如PC机等，也可以是移动（无线）设备，如平板计算机、智能手机等。用户一般都通过云端访问云。云端是云与用户间的接口。

③ 云计算：这里的计算指的是以云为平台所做的应用处理，它是以云中的计算为用户提供服务。

④ 服务：云计算是以服务形式出现。用户需要服务时向云（计算）提出服务请求，云（计算）提供相应服务并按服务收费。

目前有很多的云（计算），它们如Google、微软、雅虎、百度、IBM等。我国于2016年建成了世界上最大的云计算机“紫云1000”，它对中国计算机应用发展起到重大作用。

图1给出了云计算结构示意图。

(2) 云计算服务：云计算以服务为其特色，它整合计算资源，以“即方式”（像水、电一样度

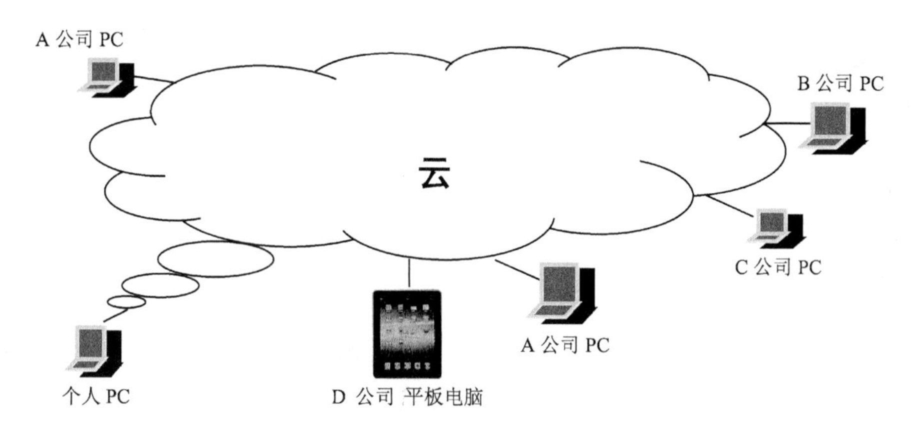

图 1　云计算结构示意图

量计费)提供服务。目前常用的有三种服务方式的“即服务”。

① 基础设施即服务(Infrastructure as a Service, IaaS):IaaS 是指将硬件资源,包括服务器、存储机构、网络和计算能力等打包服务。目前代表性的产品有:Amazom EC2、IBM BlueCloud 等。

② 平台即服务(Platform as a Service, PaaS):PaaS 即是将开发环境及计算环境等平台打包作为一种服务提供的应用模式。典型的代表产品是微软的 Windows Azure。

③ 软件即服务(Software as a Service, SaaS):SaaS 这是目前最为流行的一种服务方式,它将应用软件统一部署在提供商服务器上,通过互联网为用户提供应用软件服务。代表产品有阿里巴巴的阿里云,用于电商应用服务;苹果公司的 iCloud 用于私人专用服务。

上述三种云计算服务将用户使用观念从“购买产品”转变成“购买服务”。可以想象,在云计算时代用一个简单的终端通过浏览器即可获得每秒 10 万亿次计算能力的服务,这已经不是梦想而已经成为现实。

在数据库的应用中一般分为两个部分,它们是事务型应用与分析型应用(图 2)。

1) 事务型应用

事务型应用又称联机事务处理(Online Transaction Processing),简称 OLTP,它是建立在互联网上具有 B/S 结构的 $1\sim n$ 个数据库应用系统组合而成。其中仅由 1 个数据库应用系统组成的称为传统联机事务处理应用,而由 n 个数据库应用系统组成的称为现代联机事务处理应用。其主要操作特点是:

① 事务型应用具有批量数据多种处理方式的特性。包括数据的输入/输出、数据传输、数据加工与转换等特点。

② 数据结构简单。事务型应用中数据结构形式简单,数据间关系明确,这是事务型应用的又一个特点。

③ 短事务性。事务型应用中一般一次性操作的时间短。

④ 数据操作类型少。事务型应用中数据操作类型少,一般仅包括查询、增、删、改等几种简单操作。

“互联网+”是目前最为流行的联机事务处理应用,它是以互联网上多个数据库应用系统集成为特色并具有明显行业性、全流程的应用。其主要应用有以下 8 个(本书详细介绍前 3 个应用):

● 互联网＋商业
● 互联网＋金融业
● 互联网＋物流业
● 互联网＋教育事业
● 互联网＋制造业
● 互联网＋医疗事业
● 互联网＋政务
● 互联网＋区块链技术应用

近年来，以互联网上多个数据库应用系统集成的应用受到了挑战，一种建立在整个互联网上的、具有多种特色的分布式数据库系统——区块链技术将逐渐取代多数据库应用系统集成，成长为一种“互联网＋”中新的应用技术。

2）分析型应用

分析型应用又称联机分析处理(On-Line Analytical Processing，OLAP)，其主要特点是：

① 分析型应用具有大量分析处理特点，即由“数据”通过分析而形成“规则”的处理特点。

② 分析型应用的数据具有大量总结性的、与历史有关的、涉及面宽的多种要求。

③ 分析型应用具有长事务性、操作类型多等特性。

联机分析处理的应用——人工智能。

人工智能是目前最为流行的联机分析处理应用，其主要应用内容有：

① 数据分析

② 数据挖掘(DM)

③ 业务智能(BI)

④ 智能决策支持系统(DSS)

⑤ 大数据分析

在本章中主要介绍基于数据仓库的数据挖掘及基于 NoSQL 的大数据分析。

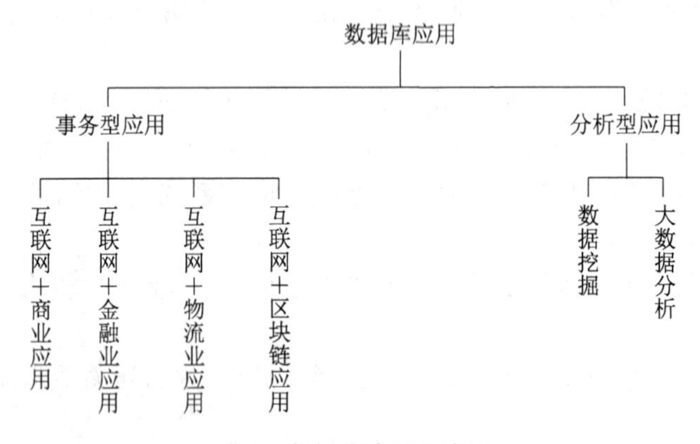

图 2　数据库应用示意图

本篇共 2 章，第 14 章及第 15 章。第 14 章介绍“互联网＋”中 3 个应用及区块链技术应用。第 15 章介绍人工智能中的基于数据仓库的数据挖掘及基于 NoSQL 的大数据分析。

14 数据库在事务领域中的应用

本章主要介绍数据库在最为流行的事务领域中的应用,即现代联机事务处理应用——“互联网+”。它是以互联网上多个数据库应用系统集成为其特色。其应用行业有很多。

“互联网+”是以互联网技术为支撑的一种应用。由于这种应用涉及面广、范围大,是一种行业性、全流程的应用,甚至是跨行业间的应用,因此称为“互联网+”。它对国民经济发展起到了重要的作用,并在改造传统经济与发展新型经济中起到重要战略作用。

从技术上看,“互联网+”是联机事务处理的一种新应用,它是互联网上多个数据库应用系统的集成并通过互联网做数据交换,从而组成一个新的数据处理系统,它是传统联机事务处理应用的一个新的发展。

1) 互联网性质

“互联网+”是将互联网应用于各领域、各行业的一种技术手段。

在“互联网+”中充分利用互联网的特性,因此为介绍“互联网+”首先得介绍互联网的特性。

(1) 数据驱动性:互联网是一个传递数据、存储数据、处理数据、收集数据及展示数据的场所。因此互联网是一个以数据为中心,通过数据驱动实现互联网应用为其特征。任何应用只有数据化后,再通过互联网上数据驱动才能发挥作用。

(2) 应用性:互联网是为应用服务的。世界上不存在任何无目标的网络,所有网络都是为特定应用服务的。

(3) 应用广泛性:世界上众多应用能数据化,故都能使用互联网,其范围之广泛、领域之宽广前所未有。

(4) 快捷性:由于互联网中数据收集快、传递快、处理快以及展示快,因此快捷性成为互联网又一明显的特性。

(5) 全球性:互联网跨越全球、连通全球,可以实现全球数据大流通、大融合与大集成。

2)“互联网+”

“互联网+”是互联网的一种应用技术。严格地说,是一种采用互联网技术方法的应用。它充分利用互联网的特性于应用中,对一些应用行业与领域作整体性、全流程改造,使它们具有更高效率、更多功能、更方便的使用。“互联网+”在改造应用过程中是以服务形式出现的,通过将应用的数据化以实现与网络的结合,从而将应用的处理转换成为网络上的数据操作。从这里可以看出,“互联网+”应用都是建立在数据及数据处理基础上的,而这些数据都是共享、超大规模、原始的及持久的,因此它的数据组织都是数据库管理系统,而所组成的应用则都是数据库应用系统。又由于它的行业性与全流程性,仅单个应用系统是无法满足要求的,因此它们都是在互联网上由多个数据库应用系统组成。图 14.1 给出了它的组成结构图。

3) 现代事务处理领域应用——“互联网+”的特性

(1) 建立在互联网上。

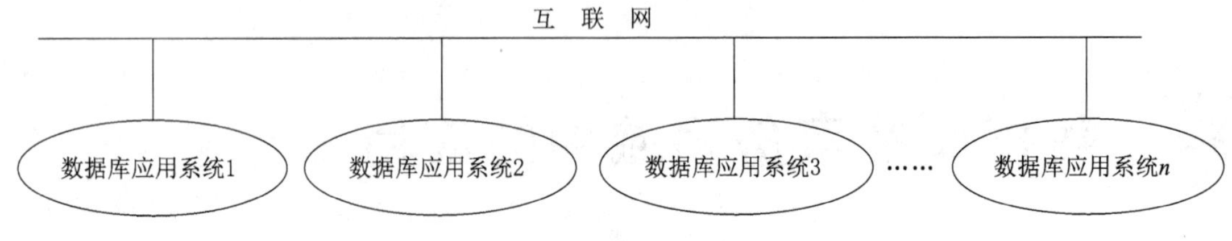

图 14.1　“互联网＋”的组成结构图

(2) 多个数据库应用系统的组合。

(3) 具有行业特性与整体流程性。

在本章中主要介绍互联网＋商业、互联网＋金融业、互联网＋物流业等三种应用，此外还介绍建立在互联网上的互联网＋区块链技术应用。下面分四节介绍之。

14.1　互联网＋金融业

1) 互联网＋金融业介绍

在金融业中互联网应用是发展得较早与较为成熟的一个领域。如网上银行、手机银行、网上结算、网络转账等金融业务无不都在网上实现的。虽然如此，由于该行业内的应用实在是太多与太复杂了，因此至今仍有很多业务有待开发。

从本质上讲，金融业的主要任务是实现资金的方便、迅速与合理的流通，为国民经济发展服务。其具体工作是资金的借与贷。首先，从储户中通过存款方式借到资金，其次是通过贷款方式将资金贷给贷方，这样就实现了资金的流动。在期限到达后则实行资金的反向流动。这种不断、反复的资金正、反向流动，实现了盘活资金，促进经济发展的目的。图 14.2 给出了资金流通的示意图。

从图中可以看出，金融业的核心工作是资金流通。资金可数字化为数据，资金流通可通过网络中数据传递实现。而在流通过程中可通过数据的计算而实现资金的处理。这样就实现了互联网＋金融业的目标。

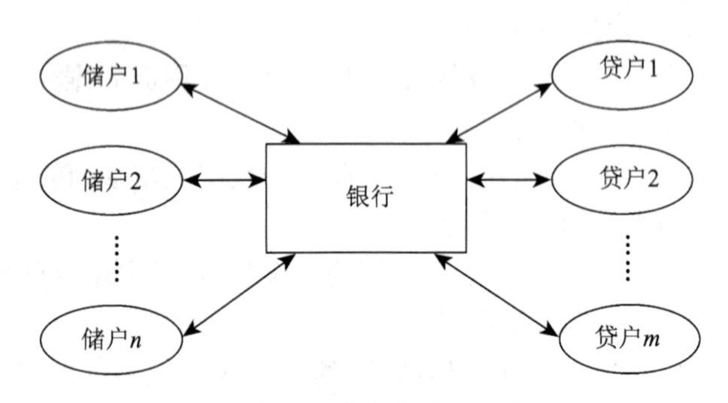

图 14.2　金融业中资金流通示意图

由于金融业务很多，除上面所述的主要资金流通方式外，还有其他多种流通形式，如：

(1) 行际资金流通：在我国行际资金流通不是采用点对点直接方式实现的，而是通过中国人民银行作为结算中心的间接方式实现的。图 14.3 给出了作间接资金流通的示意图。

(2) 电子商务中的资金流通：电子商务中的资金流通是金融行业中的新问题，第三方支付平台“支付宝”的出现彻底解决了电子商务中的资金流通中支付瓶颈。图 14.4 给出了它的示意图。

2) 互联网＋金融业是一种联机事务处理应用

从上面介绍可以看出，互联网＋金融业是有多种数据库应用系统，包括多个银行金融系

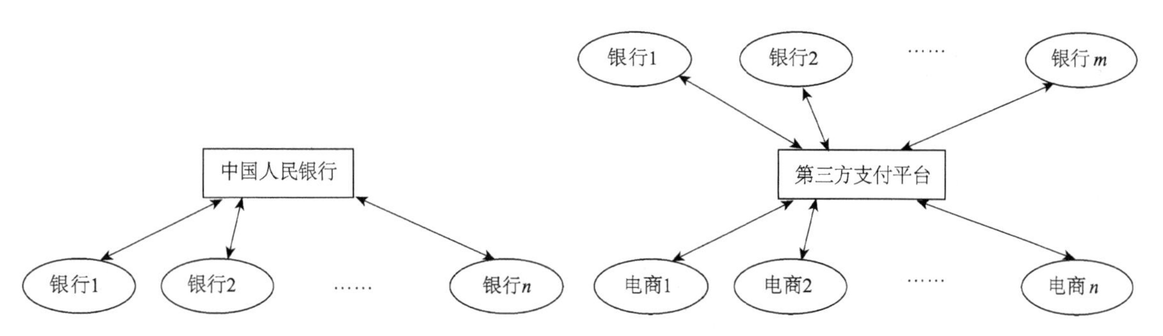

图 14.3 行际间接资金流通的示意图 **图 14.4 电子商务中的资金流通的示意图**

统、储户系统、贷户系统、第三方支付平台系统、电商系统等，在互联网统一支撑下以数据流动与处理的形式实现资金的流通，从而组成一个具有明显行业特色新的联机事务处理应用。

14.2 互联网+物流业

1) 互联网+物流业介绍

物流业是现代社会的重要实体经济，用互联网技术对它作改造与更新具有重大的价值。物流业是一个传统产业，经济的发展促进了物流业的发展，特别是以快递业为代表的物流。从2006年到2014年，我国快递业务以每年平均37%速度增长，近年来随着电商的发展带动了物流，出现了电商物流。电商物流使物流业呈井喷式发展。2011年年增长率为50%，2013年年增长率为62%。此后，电商物流高铁专列的开通标志着物流与现代交通运输业结合的开始，到2014年后年增长超过70%。2014年起我国快递业务量达140亿件，已超过美国成为快递业第一大国。到2019年底快递业务量已突破600亿件，并形成了菜鸟、京东及顺丰三强鼎立的局面。其发展趋势是电商与物流的紧密融合，典型的代表是京东。

互联网在物流中的应用是多方面的。从原则上讲，在物流中，每个流通的货物都可数字化为数据，在它的流通过程中，不断产生数据，从物流收货、发货、送货，到货、分拣，直至用户签收为止，都有详细的流程记录。因此，通过数据将物流全过程中的体力、脑力、运输、末端递送结合于一起，这些都可用互联网中数据流动与处理实现。

目前国内最著名的物流系统很多，如顺丰递运2005年所开发的SPS系统，目前已是5代HHT(手持移动终端)系统了，它除了能采集、上传物流数据外，还能支持机打发票及POS支付以及实时查询物流动态等功能。

互联网+物流的后续研发工作尚有很多，如：

(1) 继续开发智能手机中的有关物流App，打通企业物流管理与移动终端间的信息通路。

(2) 物流仓储与快递分拣的自动化管理。

(3) 物流流通路径优化的自动实现以及最终实现“只动数据不动物体”或“多动数据少动物体”的目标。

(4) 充分利用互联网技术实现跨境物流。

2) 互联网+物流业是一种联机事务处理应用

从上面的介绍可以看出，互联网+物流业是有多种数据库应用系统，包括多个物流系统、仓储系统、分拣系统、电商系统及金融支付系统等，在互联网统一支撑下以数据流动与处理的形式实现物资的流通，从而组成一个具有明显行业特色新的联机事务处理应用。

14.3 互联网＋商业

14.3.1 互联网＋商业介绍

互联网＋商业的典型代表是电子商务。而其典型的活动模式是O2O(Online to Online)方式，即通常所说的线上方式或在线方式。

传统的商业活动都是在线下(off line)进行的。对商家而言，它们须要租用费用昂贵的门面与布置豪华的店堂，聘用专业销售人员，还须要派出大量人员采购商品，这是一种既费大量脑力又有大量体力的劳动，同时还费大量钱财的工作。而另一方面对买家而言，他们须要花费大量时间与精力，四处奔波，选购合适、满意的商品，经常是"跑断腿，磨破嘴"，既费脑力又费体力，同时又费大量钱财，而最终所买到的往往也并不一定是十分满意的商品。

而在电子商务中，所有一切商务活动(包括买家与卖家)都在线上进行，即从进货、上架、销售、发货等全部活动数据化，并在互联网上以数据驱动方式通过商品的数据流实现全程不下线方式，将其中所有体力劳动与脑力劳动串联融合于一体，从而实现了互联网＋商业的目标。

在这种方式中商家的一切商务活动都在网上操作，它所需要的仅是一个简单的办公室，几台电脑与少量办公人员即可。同时通过"支付宝"实现网上支付并通过互联网＋物流实现商品直接从发货点到收货点的"点对点流通"。而同样对买家而言，他只要在移动终端上(如智能手机)通过网络就能买到价廉物美的物品。

近年来电子商务在我国飞跃发展。2019年仅"双11"一天，阿里巴巴麾下的天猫营业额就达2 684亿元人民币以上。而同年美国感恩节三天假期内，从线上到线下的全部总营业额折算成人民币也只有500亿元左右。

电子商务是以商品流通作为其主要的目标。在互联网中商品可以数字化为数据，而商品的流动可以通过互联网中的数据流动与处理而实现。

14.3.2 互联网＋商业是一种联机事务处理应用

从上面介绍可以看出，互联网＋商业是有多种数据库应用系统，包括交易系统、物流系统及金融支付系统等，在互联网统一支撑下以数据流动与处理的形式实现商品的流通，从而组成一个具有明显行业特色的新的联机事务处理应用。

14.3.3 传统电子商务

传统电子商务是建立在B/S结构上的由一个数据库应用系统组成的商品线上交易系统。而包括交易、支付、金融、物流在内的综合性的、完整流程的电子系统，这就是现代的电子商务。前面所介绍的即是这种现代的电子商务，而其系统则是建立在"互联网＋"上由多个数据库应用系统组织而成。而传统电子商务则是现代的电子商务之内核，传统电子商务系统则是现代电子商务系统众多数据库应用系统中的一种，它仅用一个数据库应用系统就可以完成，并建立在互联网上的一个数据服务器节点中。由于传统电子商务与传统电子商务系统的重要性，因此我们对其作专门介绍。在本节的下面所提的电子商务均指为传统电子商务。

1）电子商务简介

电子商务是指贸易中交易活动的电子化。电子商务(Electronic Commerce, EC)的内容实际上包括两个方面，一个是电子方式，另一个是商贸活动，下面对这两个方面作简单介绍。

(1) 电子方式：电子方式是电子商务所采用的手段，主要包括下面一些内容。

① 计算机网络技术：电子商务中广泛采用计算机网络技术，近年来特别是采用互联网技术及 Web 技术，通过计算机网络可以将买卖双方在网上建立联系。

② 数据库技术：电子商务中需要进行大量的数据处理，因此需使用数据库技术特别是基于互联网上的 Web 数据库技术以利于进行数据的集成与共享。

(2) 商贸活动：商贸活动是电子商务的目标，可以有两种含义，一种是狭义的商贸活动，它的内容仅限于商品的买卖活动，而另一种则是广义的商贸活动，它包括从广告宣传、资料搜索、业务洽谈到商品订购、买卖交易最后到商品调配、客户服务等一系列与商品交易有关活动。

在目前的电子商务中常用的有两种商贸活动模式。

① B2C 模式：这是一种直接面向客户的商贸活动，即所谓的零售商业模式，此模式建立的是零售商与多个客户间的直接商业活动关系(图 14.5)。

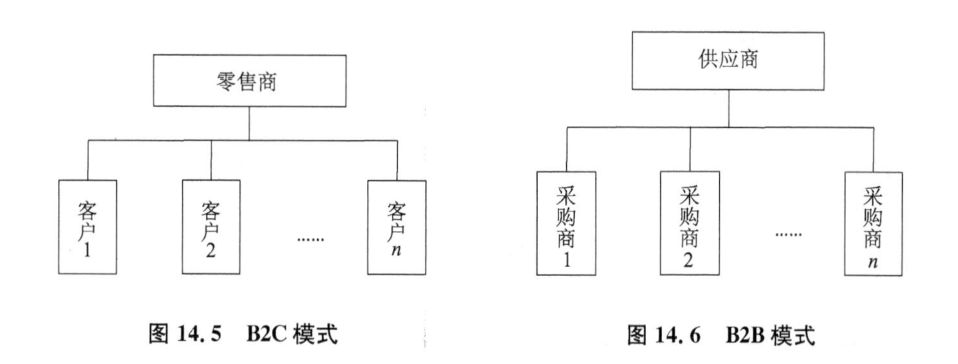

图 14.5　B2C 模式　　　　**图 14.6　B2B 模式**

② B2B 模式：这是一种企业间以批发为主的商贸活动，即所谓的批发或订单式商业模式，此模式建立的是供应商与采购商间的商业活动关系(图 14.6)。

③ 电子商务的再解释：经过上面的介绍，我们可以看出所谓电子商务即是以网络技术与数据库技术为代表的现代计算机技术应用于商贸领域实现以 B2C 与 B2B 为主要模式的商贸活动。

2）电子商务发展历程

电子商务发展经历了三个阶段。

(1) 初级阶段——萌芽阶段：在 20 世纪 60 年代至 70 年代西方一些公司开始利用当时先进的计算机与通信手段于商业活动中，但由于当时的技术水平与理论所限，其所从事的商务活动仅限于个别、零星的业务，如航空订票系统、银行间资金转账的业务等。它们尚未形成整体、统一的业务活动。因此此阶段称为电子商务的萌芽阶段。

(2) 中级阶段——EDI 阶段：自 20 世纪 70 年代至 80 年代电子商务进入了其发展的中级阶段，其标志性的成果是电子数据交换 EDI(Electronic Data Interchange)的出现与应用。EDI

使电子商务形成一种统一整体的商务活动，同时电子商务的真正理论也逐步形成。

EDI是一种标准的规范化的电子传输方式，使用这种方式可以使企业与供应商之间通过标准的格式交换商业单证(如订单、发票、合同、保单等)从而达到减少工作量提高自动化水平与简化业务流程的目的。

(3) 高级阶段——电子商务阶段：真正意义上的电子商务是出现于20世纪90年代，由于互联网的出现以及真正意义上的电子商务理论的形成，一个涉及全球的电子商务活动从20世纪90年代至今已有十余年历史并在商务活动中发挥了积极作用，并正在影响着现代商务的发展。

电子商务在我国发展已有20多年时间，已进入实际应用阶段，交易量也逐年上升，对我国商务活动的影响越来越大，已成为我国商务活动中的一支新的力量并改变着商务活动的发展。

3) 电子商务的特点与优势

电子商务的出现是商务领域的一大革命，它将现代技术应用于商务领域，在商务领域带来新的变革的同时也带来了很多意想不到的特点与优势：

(1) 高效性：电子商务通过电子方式为买卖双方的交易提供了高效的服务。特别是通过网络的高速传输与数据库中数据及时共享，可快速实现多种商务活动。

(2) 方便性：电子商务打破了传统商务的时空限制，可以在计算机网络上进行交易活动，为交易双方提供方便。

(3) 透明性：电子商务是在网上进行操作的，买卖双方的交易过程都是透明的，避免了传统商务中的不公平、不透明的缺点，减少了商务活动中的欺骗、伪造、伪冒等行为，达到了信息对称、公平竞争的目的。

(4) 提供有效服务：电子商务可以减少流通的中间环节，减少库存，降低成本以及提供有效的个性化服务与售后服务。

(5) 改变商业运作模式：电子商务彻底改变传统商业模式，它通过网络与数据库实现信息资源共享，实现扁平化管理，实现部门、区域间无障碍协作，同时也可以达到精简机构目的，此外还可以使企业改变过去的“大而全”模式，达到“小而精”“小而强”的结构体系。

4) 电子商务应用系统的构成

从计算机的角度看，电子商务是一种数据处理系统，它在数据库支撑下完成各种电子商务的相关业务，并构成一个数据库应用系统。一般而言，电子商务应用系统由如下几部分组成。

(1) 基础平台层

电子商务的基础平台包括计算机硬件、计算机网络、操作系统、数据库管理系统以及中间件等公共平台。

(2) 数据层

它是共享的，提供电子商务中集成、共享的数据并对其做统一的管理，一般由一个数据库管理系统管理。

在电子商务数据层中所用的数据库管理系统一般都建立在网络或互联网之上，采用C/S或B/S结构方式，数据交换方式大量使用调用层接口方式与Web方式，同时对数据安全的要求较高。

(3) 应用层

应用层即是电子商务的业务逻辑层,它包括电子商务的各种业务活动,由相关软件编制而成,其主要包括如下内容:

① 电子交易:电子交易是电子商务中的主要业务活动,它可以包括如网上的招标、投标、网上拍卖、电子报关以及电子采购、网上订货等内容。

② 订单管理:订单管理即是用电子方式对网上的多种订单做管理,它包括合同管理、发货、退货管理等。

③ 电子洽谈:电子洽谈主要通过网上的电子洽谈室实现异地间买卖双方的咨询、交谈与信息沟通,为建立正常的商务活动提供方便。

④ 电子支付:电子支付是为网上交易提供金融服务,电子支付的内容包括在网上使用的电子货币、电子支票以及信用卡等以及在网上建立电子账户与买卖双方间进行网上转账、网上资金清算等。

⑤ 电子服务:电子服务主要是为网上交易提供各种服务,如关税申报、税务处理、物流服务以及咨询等。

⑥ 网上广告:可以通过网站做商品宣传,也可以组织大型网上订货会、交易会以及展示活动等为企业产品做广告宣传。

⑦ 资料收集:可以对网上的各种商业活动资料(包括新产品介绍、价格动向、市场信息等)进行收集与整理,为相关领导层及时了解商业动态,以随时进行决策提供服务。

⑧ 综合查询:可以通过电子商务数据库所建立的数据平台,为商务活动提供多种公共数据与共享数据的查询服务。

⑨ 统计分析:可以通过数据库中的共享数据做多种商务、贸易的数据统计,并在此基础上做一定的分析,并为领导层决策提供数据支撑。

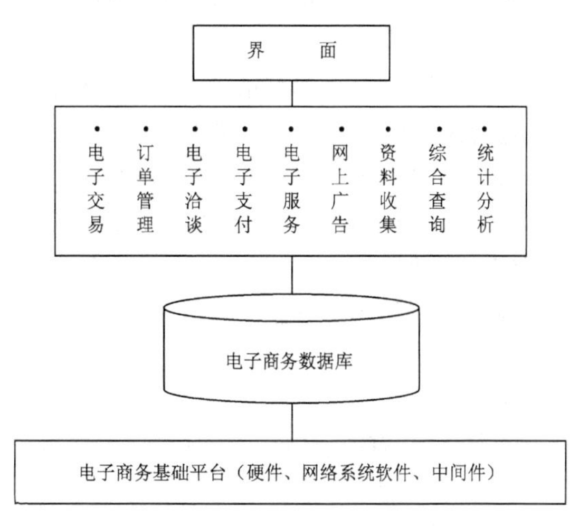

图 14.7　基于电子商务的数据库应用系统

(4) 界面层:电子商务的系统界面层也称为应用表现层,它是用户与系统间交互的桥梁,它可以通过网络/互联网做信息发布、展示,也可以通过内部数据交换方式实现,其所采用的技术是多媒体技术与可视化技术。

(5) 用户层:用户层是系统的最终层。用户层可以是操作员,也可以是另一个系统。

根据上面的介绍,一个电子商务应用系统可以用图 14.7 表示,它构成了一个基于电子商务的数据库应用系统。

14.3.4　电子商务系统"淘宝网"介绍

下面以目前最为著名的电子商务系统"淘宝网"为例做介绍。

"淘宝网"是典型的现代电子商务应用系统,它由多个数据库应用系统组成。并且由下面的五个层次构建而成。

1）基础平台

“淘宝网”是由一个基于 B/S 结构网络服务器集群，包括多个 IBM 小型机及 PC 服务器组成，并采用 SaaS 云计算方式以及 Hadoop 作为分布式计算平台。

“淘宝网”应用服务器采用 Linix 操作系统，并配置有 ORACLE 及 MySQL 等两种数据库管理系统。对大数据则采用 NoSQL，此外还大量使用分布式文件系统 ADFS。

“淘宝网”主要使用 JAVA 语言，采用 J2EE 中间件。

此外“淘宝网”还专门开发了一个网络内容分发系统 CDN，能自动分发数据至最接近用户的节点，方便用户访问。

2）数据资源层

“淘宝网”使用分布式文件系统 ADFS 中的半结构化、非结构化数据；ORACLE 及 MySQL 中的结构化数据；多种结构的 NoSQL 以及 Web 数据等大量与电子商务相关的多种不同需求的数据。

3）业务逻辑层

“淘宝网”有大量的应用及 API，其内容包括有：

（1）淘宝店铺：淘宝店铺是淘宝网的主营业务，由普通店铺与淘宝旺铺两种。普通店铺即是默认化店铺，而淘宝旺铺则是区别于普通默认店铺的个性化要求的店铺，它可为客户个体开设店铺提供帮助。

（2）淘宝指数：淘宝指数是一个基于淘宝的免费查询平台。用户可以通过关键词搜索方式，查看淘宝市场中的搜索热点。

（3）阿里旺旺：阿里旺旺是一种即时通信软件，供网上注册用户之间通讯。它支持用户网站聊天室的通讯形式，淘宝网交易认可阿里旺旺交易聊天内容保存下来的电子认证作为纠纷解决的证据。

此外，“淘宝网”还有大量的特种应用软件与工具，如淘宝基金等。近年来它还开发了很多新的应用为客户服务。

4）应用表现层

“淘宝网”有很多应用表现接口，主要有：

- 安全认证系统接口。
- 支付接口：支付宝接口。
- 卖方接口：企业、商家（B 方）。
- 买方接口：个人（C 方）。

5）用户层

“淘宝网”有两类用户：

第一类用户为系统用户，包括安全认证系统、支付宝及企业、商家（B 方）。

第二类用户为个人用户，主要是买方个人（C 方）。此类用户大多采用移动终端形式。

上面五层组成了如图 14.8 所示的网络结构图。

“淘宝网”系统是一个典型的“互联网＋”结构。它自身由若干个数据库应用系统组成。此外，他还有若干个相关的数据库应用系统，如安全认证系统、支付系统以及其他电子商务系统（即其他的商家 B 系统）等，因此整个系统是由多个数据库应用系统，通过互联网组成。

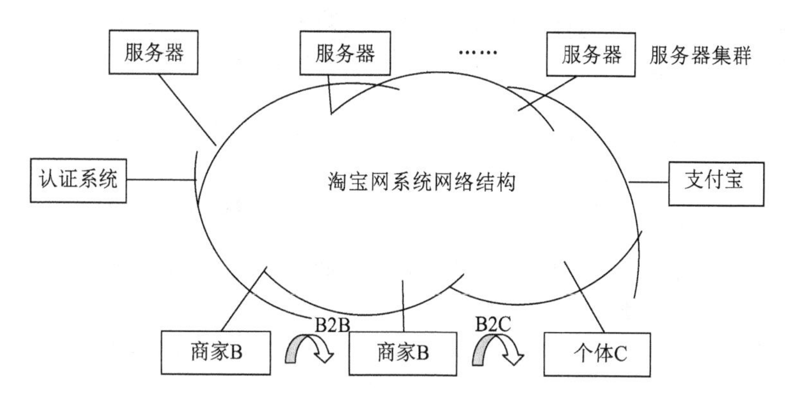

图 14.8　淘宝网数据库应用系统网络结构图

14.4　互联网＋区块链技术应用

14.4.1　区块链的基本概念

1）发展历史

区块链(Block Chain)由中本聪于 2008 年第一次提出，并作为数字货币比特币的核心技术部分，即是作为所有交易的公共账簿，通过点对点网络的分布式结构方式实现。为比特币而发明的区块链是一种数据管理工具，它成为第一个在互联网上具有实用价值，解决数字货币管理的主要技术支撑(图 14.9)。

2014 年，“区块链 2.0”出现，它成为专业的去中心化区块链数据库。这个第二代可编程区块链是一种编程语言，可以允许用户写出更精密和智能的协议。区块链 2.0 技术跳过了交易中第三方中介机构，可用于全球性应用，使隐私得到保护，使人们可将数字兑换成货币，并且有能力保证知识产权的所有者得到收益。第二代区块链技术使存储个人的“持久数字符号”成为可能。

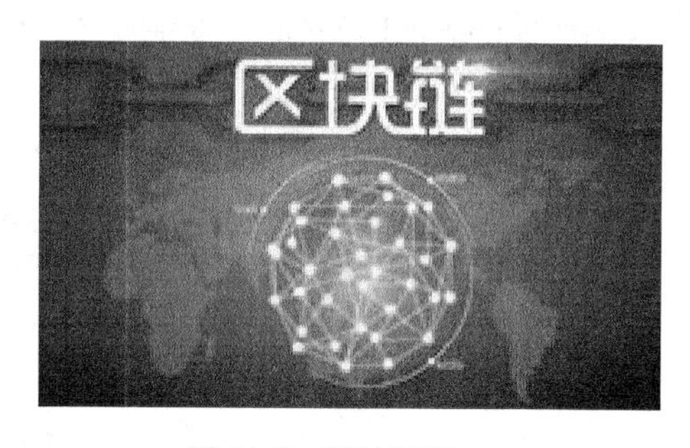

图 14.9　区块链标

近年来，比特币与数字货币仍是区块链应用的绝对主流，它呈现了百花齐放的状态，常见的有 bitcoin、litecoin、dogecoin、dashcoin。除了货币及金融领域的应用之外，还有各种应用，如电子商务及物流中应用、产品开发中的应用、保险理赔、食品安全追溯等诸多行业应用。

鉴于区块链应用的发展，特别是在互联网＋中的应用发展以及在数字货币中的应用前景，习近平总书记于 2019 年 10 月 24 日提出了在我国发展区块链技术及应用的号召，从此开始，我国区块链技术进入了发展的快车道。

2）基本概念

为理清区块链的概念，我们先从“互联网＋”的工作特色讲起。“互联网＋”是以互联网上多个数据库应用系统集成为特色，并具有明显行业性、全流程的应用。以现代电子商务应用系统为例，它是一种典型的商业行业，且具有完整的流程性，其典型的流程是从工厂产出的产品到最终用户手中经历了至少有如图 14.10 所示的若干个环节。

图 14.10　现代电子商务的完整的流程图

只有流程中每个环节的共同协作才能完成整个商业行为，将工厂产出的产品最终成为用户可使用的商品。而在计算机中可以通过“互联网+”完成整个流程，其方法是由每个环节中的数据库应用系统通力协作，组成一个数据库应用系统集成，从而完成整个流程。它们可以是：

(1) 对应工厂产品的数据库应用系统。

(2) 对应支付的金融数据库应用系统。

(3) 对应线上交易的传统电子商务数据库应用系统。

(4) 对应的物流数据库应用系统。

(5) 对应的取件数据库应用系统。

因此，现代电子商务是由多个数据库应用系统联合协作完成，而其中每个数据库应用系统是一个独立单位，它在互联网上占有固定服务器节点，有一个管理数据的软件 DBMS，对数据进行管理，组成了一个独立系统，并在互联网中形成了一个管理中心。因而现代电子商务是由在互联网上多个中心联合协作完成的。

这种多中心的现代电子商务在实际应用中是由多个中心协作完成的。但在实际操作中存在着很多的困难。

(1) 每个数据库应用系统有各自的用户操作使用权限(即数据安全性约束)，同时还有各自的数据检验的限制(即数据完整性约束)，并通过各自的 DBA 制约到不同用户权力。整个互联网上分布着数不清的数据中心，它们以各自的权力限制了用户在网络上操作使用的权限，造成了新的技术管理壁垒。使互联网中用户在实际操作中极为困难。由此可以看出，互联网上的用户操作权力是不平等的，它造成了不同用户的不同权限，这就是网络中的“多中心化”现象，它对互联网上的数据流通起到了阻碍与负面的影响。

(2) 数据库中的数据流通一般是通过指针(pointer)或联系(relationship)等语义关联方式由一个数据关联到另一个数据，从而实现了数据关联性流通，避免了“信息孤岛”的出现。但是这种语义关联仅只能保留在一个数据库内。不同的数据库之间是没有任何数据关联的，因而在多中心的互联网上会出现多个大型“信息孤岛”，使数据流通变得非常困难。

(3) 在互联网中的应用数据是分散于各数据库应用系统中的，这些数据的完整性检验都是局部性的，无法做到全局性检验，从而无法保证数据的造假与错误。同时在互联网上全局数据的并发控制也存在一定的困难。

为解决这三个在互联网上所出现的数据管理上的困难，在 20 世纪末期也出现过多种技术方案，其中最著名的就是分布式数据库方案。这个方案的特色是在网络上建立一个统一的数据库系统，以集中管理网络上各节点中的数据。这方案使数据分布而管理(软件)集中、统一。它虽然解决上面所出现的三大困难中的一部分问题，但出现了由多中心到单个新的集权中心，它可以通过设置多种安全性约束条件以限制网络应用用户的访问权限，通过设置完整性约束条件为数据的造假人为地开放大门。同时集中的管理软件，捆绑于网络中固定的一个服务器上，它对分布于网络各节点的数据实行长臂管辖，在技术上也难以实现。因此这种方案并没有解决互联网上数据库管理问题。但是它离问题的解决前进了一大步。数据库界正期待着真正的互联网上数据库管理的技术方案的出现。

区块链技术的出现真正地解决了互联网上数据库管理的技术难点，它是一种建立在整个互联网上的、分布式的、去中心化的新颖数据库管理系统。区块链区别于传统数据库管理技术与传统的分布式数据库管理技术，它的特点是：

(1) 分布式：区块链是建立在整个互联网节点上的，它的数据和管理可以同时物理地分布于互联网各节点中，并呈点对点(P2P)方式，从而实现了真正的分布方式(即既数据分布又物理分布)。

(2) 去中心化：建立在整个互联网上的区块链是没有多个管理与操作中心的，也没有单个新的集权性中心，每个用户具有等同的操作权限、统一的全局数据的完整性检验方法。这就是去中心化技术。

接下来我们介绍，区块链是采用哪些技术方法以达到分布式、去中心化的目标用以管理数据。在介绍中我们用数据库管理中的数据模型理论的方法讨论，即按数据模式、建立在模式上的数据操纵以及数据约束等三个内容讨论。

(1) 数据模式：区块链的数据模式是按：块(block)—链(chain)结构形式组织。其中"块"是数据实体而"链"则是块间的关联。块中数据结构可以是结构化、非结构化或半结构化的，链具有类似指针(pointer)形式的结构，在每个块中均附有链，它指明了该块的关联块块地址。块可以物理存储于互联网的任一节点中，而链则指向关联块的地址。由于块一般都存储在网络的固定的区域中，故也称区块，因此这种结构模式就称区块链结构模式，这是一种物理结构模式，如图 14.11 所示。

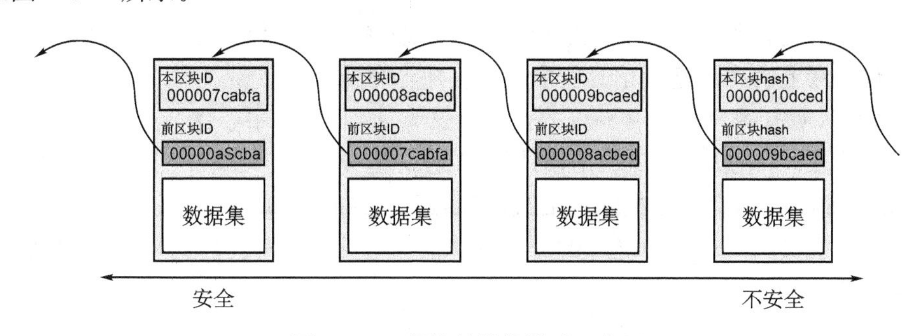

图 14.11　区块链结构模式示意图

(2) 数据操纵：建立在区块链上的数据操纵仅有两个操作："读操作"与"写操作"。

(3) 数据约束：建立在区块链上的数据约束有三种，它们即是数据安全性约束、数据完整性约束以及数据并发控制等。

① 数据安全性约束：用户有在网络任意节点上平等使用读、写操作的权限，同时为保障所写入数据的安全，在一旦写入后，系统立刻对数据设置密码保护并加盖时间戳。

② 数据完整性约束：为保障数据的正确与一致，须设置数据完整性约束。由于在网络中作完整性检验比较困难，故而在这里采用简单的："少数服从多数"的共识机制，原则上至少要掌握 51%的数据才能造假一个数据，因此这种检验手段是绝对可靠的。

③ 数据并发控制：数据操作中没有删改以及采用写加密等因素，数据并发不需控制。

这个就是区块链的数据模型，该模型有如下的优点：

(1) 组织简单：区块链模型仅须块与链两个基本单元就可以构造出完整的数据结构模式；仅需读、写两个基本操作就可以组成数据操纵；而安全性约束、完整性约束则统一、简便对所有用户一致，最后，并发控制可以取消。这种模型是数据库发展60年历史中最为简单的模型。

(2) 对所有约束不作任何人为设置的去中心化的数据模型：安全性约束、完整性约束对所有用户一致，并不设置任何的操作等级与层次的权限，因此所有用户都有统一、平等的操作权限并采用统一的数据检验方式，因此任何用户都享有平等的权力，不存在某个或某些用户享有特殊权力。这就是去中心化的数据模型。

(3) 功能强大：区块链模型虽然组织简单，但它的功能强大。

首先，它的数据模式通过块与链可以建立起覆盖整个互联网上的数据及其语义关联，并实现数据间的语义流通，避免了"信息孤岛"。

其次，它的数据操纵虽然仅有读及加盖时间戳写的两个基本操作，但是可以通过它们实现删除、修改及其他多种操作。

最后，它的数据约束虽然简单，但是它有强大的数据加密功能；统一、一致的完整性约束检验方法以及对并发控制的自动免疫性，因此数据约束功能极为强大。

(4) 适合互联网的需要：区块链模型建立在整个互联网上，具有覆盖于整个互联网上的统一结构模式，使网上所有数据实现语义上的真正自由流通，网上所有用户具有统一、一致的操作权限及完整性约束检验方法且对网络上大量出现的并发操作有自动免疫性，同时它的管理组织简单，适合在互联网上实现数据分布与管理分布，达到了真正意义上的完全分布。

到目前为止，仍未出现有适应互联网应用环境的数据库管理，而区块链的出现正好弥补了这方面的缺陷，从而使它成为真正的互联网数据库管理系统。

接下来我们将用区块链解决前面提到的多个数据库应用系统所出现的三个困难。

(1) 在互联网上由多个管理中心所形成的多中心数据管理变成为一个按统一操作标准与规范的数据管理，所有用户都享有平等的权力。这就达到了"去中心化"的目标。

(2) 通过块、链所组成的统一数据模式可以建立起覆盖整个互联网上的数据及其语义关联，从而实现了整个网络上的数据间的语义流通，避免了"信息孤岛"。

(3) 采用共识机制实现了在统一的分布式数据库上的全局检验，此外还有效地解决了并发故障现象的出现。

14.4.2 区块链应用

1) 区块链应用技术

区块链是一种数据库管理系统，属系统软件范围，而区块链应用则是一种以区块链数据库管理系统为核心所开发出来的一种应用系统。也称区块链应用系统，属应用软件范围。

(1) 区块链应用系统组成内容

- 系统网络平台。
- 区块链管理系统(区块链 V2.0 带有编程语言)。
- 应用程序与应用界面。

(2) 区块链应用系统开发

- 建立初始模式。

● 设置系统的运行的基本参数。

● 编制应用程序及界面。

经过开发后所生成的系统即是区块链应用系统。

(3) 区块链应用系统结构：区块链应用系统由数据层、网络层、共识层和应用层组成。其中，数据层封装了底层数据区块以及相关的数据加密和时间戳等基础数据和基本算法；网络层则包括分布式组网机制和数据传播机制等；共识层主要封装网络节点的各类共识算法；应用层则封装了区块链的各种应用程序。图 14.12 给出了这种结构的示意图。

(4) 区块链应用系统特性

① 去中心化：区块链技术不依赖额外的第三方管理机构或硬件设施，没有中心管制，除了自成一体的区块链本身，通过分布式核算和存储，各个节点实现了信息自我验证、传递和管理。去中心化是区块链应用系统最突出最本质的特征。

应用层
共识层
网络层
数据层

图 14.12 区块链应用系统结构的示意图

② 开放性：区块链技术基础是开源的，除了交易各方的私有信息被加密外，区块链的数据对所有人开放，任何人都可以通过公开的接口去查询区块链数据和开发相关应用，因此整个系统信息高度透明。

③ 独立性：基于协商一致的规范和协议，整个区块链系统不依赖其他第三方，所有节点能够在系统内自动安全地验证、交换数据，不需要任何人为的干预。

④ 安全性与完整性：只要不能掌控全部数据节点的 51%，就无法肆意操控修改网络数据，这使区块链应用系统本身完整性强。再通过对数据的写保护的加密手段，增强了安全性，避免了主观人为的数据篡改和造假。

⑤ 匿名性：除非有法律规范要求，单从技术上来讲，各区块节点的身份信息不需要公开或验证，信息传递可以匿名进行。

(5) 区块链应用适用领域：区块链适合于建立在整个互联网上的应用，特别适用于：

● 具有较长流程链的、全局性的应用。

● 具有反向追溯需求的应用。

● 适应确保信息数据的安全、有效、无法篡改的那些应用。

2) 区块链应用示例

(1) 金融领域应用：当前，金融领域已经完全数字化了，这是区块链应用最为有效的领域。目前，在国际汇兑、信用证、股权登记和证券交易所等领域已有人尝试，且有着巨大的应用价值。人们的探索是：将区块链技术应用在金融领域是否可以“省去中介环节”，实现点对点对接，在降低交易成本的同时，更加快速地完成交易。例如，利用区块链分布式架构和信任机制，可以简化金融机构电汇流程，尤其是涉及多个金融机构间的复杂交易。

(2) 供应链和物流领域应用：区块链在物流单据管理领域也有得天独厚的优势，企业通过区块链可以降低物流单据管理成本，可以监控和追溯物品的生产、仓储、运送、到达等全过程，提高物流链管理的效率。另外，区块链在供应链管理领域也被认为具有丰富的应用场景，比如上下游之间的直接交易可以加大透明度，提高信任和效率，如果区块链中包含供应链金融，那将大大提高金融的效率，同时降低金融机构和企业的信用成本。

(3) 认证和公证领域应用：区块链具有不可篡改的特性，可以为经济社会发展中的“存证”难题提供解决方案，为实现社会征信提供全新思路，具有很大的市场空间。如腾讯推出的“区块链电子发票”，成为区块链技术应用的有效方式。

(4) 公益领域应用：区块链上分布存储的数据不可篡改性，天然适合用于社会公益场景。公益流程中的相关信息，如捐赠项目、募集明细、资金流向、受助人反馈等信息，均可以存放在一个特定的区块链上，透明、公开，并通过公示达成社会监督的目的。

(5) 保险领域应用：保险公司负责资金归集、投资、理赔等过程，但管理和运营成本较高，而区块链可提高效率、降低成本；尤其在理赔方面，通过区块链实现“智能合约”，无需投保人申请与保险公司批准，只要投保人行为触发符合规定的理赔条件，则可实现当即自动赔付。

14.4.3 典型的区块链应用——比特币

1) 比特币简介

比特币(Bitcoin)是区块链技术最为典型也是最为成功的应用(图 14.13)。比特币与区块链是一对孪生兄弟，其中一个是应用另一个是技术，比特币应用带动了区块链技术的发展，而区块链技术又促进了比特币应用推广。

图 14.13 比特币示意图

比特币的概念最初也由中本聪(Satoshi Nakamoto)于 2008 年提出，他在 P2P foundation 网站上发布了比特币白皮书《比特币：一种点对点的电子现金系统》，陈述了他对电子货币——比特币的新设想。接着，他根据比特币的技术需求提出了区块链技术，用于比特币的数据支撑，并于 2009 年 1 月 3 日正式开发出了用区块链技术建立在互联网上的可使用的比特币。这是一种建构在点对点(P2P)网络上的开源软件，且是一种加密数字货币，具有去中心化的一种支付系统。

比特币使用整个 P2P 网络中众多节点构成的分布式数据库来确认并记录所有的交易行为，并使用密码的设计来确保货币流通各个环节的安全性且可以使比特币只能被真实的拥有者转移或支付。这同样确保了货币所有权与流通交易的匿名性。比特币与其他虚拟货币的不同是其总数量是有限的，即它总共只发行 2 100 万个，因此具有极强的稀缺性。

2) 比特币发行

比特币发行是通过“挖矿”来生成新的比特币。所谓“挖矿”就是用计算机解决复杂的破解密码问题，从而在网络中获得比特币。在用户“开采”比特币时，需要用电脑搜寻 64 位的数字，如果用户用电脑成功地破解出一组数字，那么就将会获得一定数额的比特币。

比特币没有一个集中的发行方，而是由网络节点的计算生成，谁都有可能参与制造比特币，比特币系统会自动调整破解密码的难度，让整个网络约每 10 分钟得到一个破解密码的方案。随后比特币系统会给出一定量的比特币作为奖励。

2009 年比特币诞生的时候，区块奖励是 50 个比特币。诞生 10 分钟后，第一批 50 个比特币生成了。随后比特币就以约每 10 分钟 50 个的速度增长。当总量达到 1 050 万时(2 100 万的 50%)，区块奖励减半为 25 个。当总量达到 1 575 万(新产出 525 万，即 1 050 的 50%)时，区块奖励再减半为 12.5 个。之后的总数量将被永久限制在约 2 100 万个。

3）比特币交易

比特币是一种虚拟货币，数量有限，但是可以用来套现。可以兑换成大多数国家的货币。可以使用比特币购买一些虚拟的物品，比如网络游戏当中的衣服、帽子、装备等。只要有人接受，你也可以使用比特币购买现实生活当中的物品。许多面向科技的网站，都接受比特币交易，如比如火币、币安之类的网站以及淘宝某些商店等。有的网站甚至能接受比特币兑换美元、欧元等服务。毫无疑问，比特币已成为真正的流通货币。国外已经有专门的比特币第三方支付公司，类似国内的支付宝，可以提供 API 接口服务。

4）比特币流通

比特币可以全球流通，可以在任意一台接入互联网的电脑上买卖，不管处于何方，任何人都可以挖掘、购买、出售或收取比特币，并在交易过程中外人无法辨认用户身份信息。

比特币是类似电子邮件的电子现金，交易双方需要类似电子邮箱的"比特币钱包"和类似电邮地址的"比特币地址"。和收发电子邮件一样，汇款方通过电脑或智能手机，按收款方地址将比特币直接付给对方。

比特币用户只需一部智能手机，就可以使用比特币，与网络购物形式相似，因此使用比特币极为方便。

5）比特币与区块链技术

比特币是一种数字货币，因此是一种数据，它的发行、交易与流通都属数据处理。因此比特币系统是一个数据库应用系统。它须要有一个数据库管理系统支撑，此外还要一组相关的应用程序。

比特币是全球点对点流通的，所以必须使用建立在互联网上的分布式数据库管理系统；比特币的持有者必须具有相同使用权限，因此是去中心的；比特币是货币，因此必须有防篡改、防做假的能力，因此必须用区块链中的安全性与完整性技术。这是一种区块链分布式数据库管理系统支撑。

而比特币发行中的"挖矿"以及交易、流通中的具体操作行为则均有相关的应用程序完成。

由此可知，比特币系统是在互联网平台上由区块链这种分布式数据库管理系统与相关的应用程序共同完成，它是一种区块链应用系统(或简称区块链应用)。

6）比特币的优越性

比特币在区块链技术支持下，具有如下的优点：

● 去中心化：比特币是一种分布式的虚拟货币，整个网络由用户构成，没有中央银行。去中心化是比特币安全与自由的保证。

● 全球流通：比特币可以在任意一台接入互联网的电脑上管理。不管身处何方，任何人都可以挖掘、购买、出售或收取比特币。

● 专属所有权：获取比特币需要私钥，它可以被隔离保存在互联网上任何存储介质中。除了用户自己之外无人可以获取。

● 无隐藏成本：作为由 A 到 B 的支付手段，比特币没有烦琐的额度与手续限制。知道对方比特币地址就可以进行支付。

● 跨平台挖掘：用户可以在众多平台上挖掘，使用众多硬件的计算能力。

● 匿名、免税、免监管。

● 健壮性：比特币完全依赖 P2P 网络，无发行中心，所以外部无法关闭它。比特币价格可能波动、崩盘，多国政府可以宣布它非法，但比特币和比特币庞大的系统不会消失。

● 无国界：目前普通货币的跨国汇款须经过层层外汇管制机构，而且交易记录会被多方记录在案。而用比特币交易则仅须直接输入数字地址，经比特币系统确认交易后，大量资金就过去了。不经过任何管控机构，也不会留下任何跨境交易记录。

7）比特币评价

在经历了10年的使用后，比特币带动了整个金融业的发展及数字货币的应用，目前在全球已出现了研究与探索数字货币使用的高潮，同时比特币的使用驱动了区块链技术的发展与完善，并推动了区块链技术应用的不断扩大。

但是在使用中也发现比特币尚未在任何国家和地区受到有效监管。因此，缺乏监管是比特币的最致命的缺陷。比特币是一种货币，理应将其纳入金融法规的监管范围之内，并受相关法律管辖。因此在我国，为防止扰乱与破坏金融秩序，比特币的使用受到严格限制。2017年9月4日，《中国人民银行 中央网信办 工业和信息化部 工商总局 银监会 证监会 保监会关于防范代币发行融资风险的公告》：禁止从事代币发行融资活动；交易平台不得从事法定货币与代币、“虚拟货币”相互间的兑换业务；不得买卖代币或“虚拟货币”；不得为代币或“虚拟货币”提供定价、中介等服务。

为改变这种状态，近年出现了能受监督的数字货币，如Facebook所推出的数字货币Libra。另外，受金融法规监管的中国人民银行数字货币DCEP（Digital Currency Electronic Payment）也将在不久诞生。

习　题　14

问答题

14.1　什么叫联机系统？试说明之。

14.2　数据库的应用分为哪几种？试说明之。

14.3　联机事务处理应用分为哪几种？试说明之。

14.4　联机事务处理应用操作特点是什么？请说明之。

14.5　试说明联机事务处理的应用。

14.6　联机分析处理应用操作特点是什么？请说明之。

14.7　试说明联机分析处理的应用。

14.8　试说明现代事务处理领域应用——“互联网＋”的特性。

14.9　试说明现代电子商务与传统电子商务的关系。

14.10　试说明“互联网＋”的特性。

14.11　什么叫互联网＋金融业？请说明之。

14.12　什么叫互联网＋物流业？请说明之。

14.13　什么叫互联网＋商业？请说明之。

14.14　什么叫传统电子商务？试说明之。

14.15　试解释传统电子商务中的两种活动模式。

14.16　请给出传统电子商务的结构体系。

14.17　试说明区块链的特点。

14.18　请给出区块链数据模型。

14.19　试说明区块链的应用。

14.20　什么叫比特币？

【复习指导】

本章主要介绍数据库的联机事务处理应用——“互联网＋”

1. 联机系统：以数据库应用系统为单位，由互联网上若干个数据库应用系统组合而成的系统。

2. 联机系统是建立在互联网基础上的，互联网内容除了自身以外还包括物联网、云计算、移动互联网等多种技术。

3. 在数据库的应用中一般都是建立在联机系统上的，它分为：联机事务处理应用与联机分析处理应用。

4. 联机事务处理应用特点

联机事务处理应用(Online Transaction Processing, OLTP)，操作特点是：

- 具有批量数据多种处理方式的特性。
- 数据结构简单。
- 短事务性。
- 数据操作类型少。

5. 联机事务处理应用

“互联网＋”是目前最为流行的联机事务处理应用，其主要应用行业有：

- 互联网＋商业
- 互联网＋金融业
- 互联网＋物流业

近期来，一种建立在整个互联网上的、具有多种特色的分布式数据库系统——区块链技术将逐渐取代多数据库应用系统集成，成长为一种“互联网＋”中新的应用技术：

- 互联网＋区块链技术应用

6. 联机分析处理应用特点

联机分析处理OLAP(On-Line Analytical Processing)具有分析处理特点是：

- 分析型应用具有由“数据”通过分析而形成“规则”的特点。
- 分析型应用的数据具有海量的、加工性的、与历史有关的、涉及面宽的特点。
- 联机分析处理应用具有长事务性、操作类型多等特性。

7. 联机分析处理应用——人工智能。

人工智能是目前最为流行的联机分析处理应用，其主要应用内容有：

- 数据挖掘(DM)
- 大数据分析

8. 现代事务处理领域应用——“互联网＋”的特性

- 建立在互联网上。
- 多个数据库应用系统的组合。
- 具有行业特性与整体流程性。

9. 互联网＋金融业是有多种数据库应用系统，包括多个银行金融系统、储户系统、贷户系统、第三方支付平台系统、电商系统等，在互联网统一支撑下以数据流动与处理的形式实现资金的流通，从而组成一个具有明显行业特色新的联机事务处理应用。

10. 互联网＋物流业是有多种数据库应用系统，包括多个物流系统、仓储系统、分拣系统、电商系统及金融支付系统等，在互联网统一支撑下以数据流动与处理的形式实现物资的流通，从而组成一个具有明显行业特色新的联机事务处理应用。

11. 互联网＋商业即现代电子商务是有多种数据库应用系统，包括交易系统、物流系统及金融支付系统等，在互联网统一支撑下以数据流动与处理的形式实现商品的流通，从而组成一个具有明显行业特色新的联机事务处理应用。

12. 现代电子商务由传统电子商务发展而成。传统电子商务由商务活动与电子方式两部分组成，其主要含义是以网络技术与数据库技术为代表的现代电子技术用于商务活动中以B2B与B2C为主要模式的应用。

13. 传统电子商务的结构体系层次

(1) 基础平台层——硬件、网络、操作系统、数据库管理系统与中间件等。

(2) 数据层——数据、存储过程与数据字典。

(3) 应用层——电子交易、订单管理、电子洽谈、电子支付、电子服务、网上广告、资料收集、综合查询、统计分析等。

(4) 界面层——直接用户界面与间接用户接口。

(5) 用户层——最终使用者。

14. 互联网＋区块链技术应用

(1) 区块链是一种去中心化的、分布式的新颖数据库管理系统。而每个区块链的应用则是一个建立在区块链上的新颖数据库应用系统。

(2) 依照数据库中的数据模型理论讨论区块链。

① 数据模式：区块链的数据模式是按：块(block)-链(chain)结构形式组织。“块”是数据实体而“链”则是块间的关联。块可以物理存储于互联网的任一节点中，而链则指向关联块的网络地址。由于块存储在网络的固定的区域中，故也称区块，这种结构模式就称区块链结构模式，这是一种物理结构模式。用图论方式，以块为节点，以链为弧可以组成一个图结构形式组织。这是区块链数据模式的逻辑结构。这种图结构可以覆盖分布于整个互联网之上。

② 数据操纵：建立在区块链上的数据操纵仅有“读操作”与“写操作”。

③ 数据约束：建立在区块链上的数据约束有三种

- 数据安全性约束：用户有在网络任意节点上平等使用读、写操作的权限，同时为保障所写入数据的安全，在一旦写入后，系统立刻对数据设置密码保护并加盖时间戳。
- 数据完整性约束：采用简单的“少数服从多数”的共识机制，原则上至少要掌握51%的数据才能造假一个数据。
- 数据并发控制：在数据操作中没有删改及采用写加密等因素，数据并发不需控制。

(3) 区块链是一种数据库管理系统，而区块链应用则是一种以区块链数据库管理系统为核心所开发出来的一种系统。它也称区块链应用系统，属应用软件范围。

(4) 区块链应用领域

- 金融领域应用
- 供应链和物流领域应用
- 公共服务领域应用
- 认证和公证领域应用
- 公益领域应用

- 数字版权开发领域应用
- 保险领域应用
- 信息和数据共享领域应用

(5) 区块链典型应用——比特币

15. 本章内容重点

- 现代电子商务
- 区块链

15 数据库在分析领域中的应用

本章主要介绍数据库在分析领域中的应用，也称联机分析处理的应用，它是以人工智能应用为主，是 20 世纪 80 年代发展起来的一种计算机应用，它利用计算机网络中的海量数据资源进行分析以获得隐藏在内的规律性知识(称规则)。

数据库在分析领域中的应用主要包括基于数据仓库的数据挖掘及基于 NoSQL 的大数据分析这两种应用。前者称为联机分析处理的应用，一般也称为数据挖掘，后者则称为联机分析处理的新发展应用或简称大数据分析。

15.1 联机分析处理的应用——数据挖掘

联机分析处理的应用是建立在计算机网络中结构化数据组织上的一种数据分析应用，所采用的分析算法称为数据挖掘算法，它实际上是人工智能机器学习中的一个部分。

15.1.1 联机分析处理的应用组成

联机分析处理的应用由三部分组成，如图 15.1 所示。

1) 数据仓库

数据是分析的基础。海量、正确的数据是数据分析的重要组成部分。数据分析中的数据一般来源于计算机网络相应的数据组织中(如文件、数据库等)，它们经过加工后被组织在一个统一的结构化数据平台上称为数据仓库 DW(Data Warehouse)。

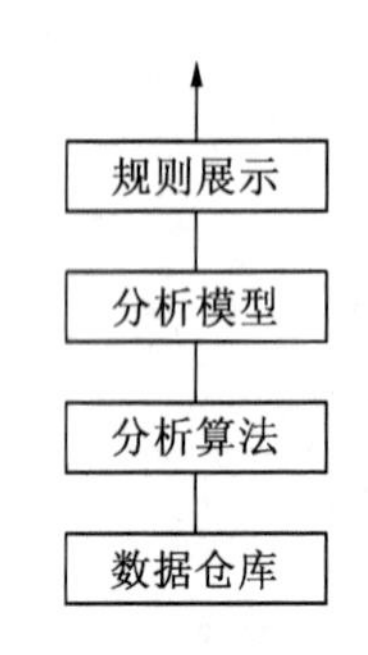

图 15.1 数据分析组成图

2) 分析方法——分析算法与分析模型

分析方法采用数据的归纳方法，是人工智能机器学习中的一个部分，称为数据分析算法(Analytical Algorithm)，常称为数据挖掘算法。由分析算法可以组成分析模型(Analytical Model)，用它可以实现整个分析过程。

3) 规则(rule)

由数据通过模型计算所得到的结果最终以规则表示。规则是由数据归纳而成，具有一般性的价值意义，也可称知识。

15.1.2 联机分析处理结构

联机分析处理是一种新的数据库应用，它以数据库的扩充——数据仓库为核心，以数据处理中的分析型处理为特点的数据库应用系统，它的结构组成有下面五层：

1）基础平台层

基础平台包括计算机硬件(数据库服务器、文件服务器以及浏览器)、计算机网络、操作系统以及中间件等公共平台。

2）资源管理层——数据层

这是一种共享的数据层，它提供数据分析中的集成、共享数据并对其作统一的管理。该层一般由一个数据仓库管理系统对数据库数据、文件数据作统一的集成与管理。

数据仓库管理系统建立在互联网上，采用B/S结构方式，数据交换使用调用层接口方式。

3）业务逻辑层——应用层

联机分析处理的业务逻辑层是由算法与模型所组成的。其中算法包括数据挖掘算法以及由算法组合而成的模型等。

4）应用表现层——界面层

应用表现层即规则展示，采用多种展示工具，也可以是一种接口。

5）用户层

联机分析处理的用户一般即是该系统的分析人员与操作人员或另一个系统。

这样，联机分析处理系统可用图15.2表示，它构成了一个扩充的数据库应用系统。

下面将先介绍联机分析处理的主要的几个部分：数据仓库、数据挖掘及其建模。最后，对联机分析处理作总体结构性介绍。

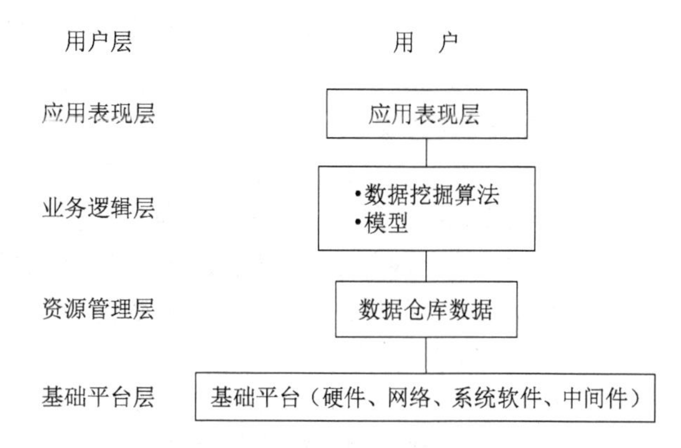

图15.2　数据分析系统结构示意图

15.1.3　数据仓库的基本原理

1）概论

数据库应用系统作为数据管理手段主要用于事务处理，它拥有大量数据资源，这些资源可为数据分析提供基础支持。但是，传统数据库中的数据与分析的数据也有明显的不同，这主要表现在如下几个方面。

(1) 分析所需数据大量的是总结性数据，而数据库中所运行的数据则是操作性数据，它们详细、烦琐，对分析缺乏使用价值。正如目前一般人所言，数据库中“数据丰富、信息贫困”。

(2) 分析数据不仅需要当前数据，还需要大量历史数据以便于分析趋势、预测未来。

(3) 分析需要多方面的数据，如一个企业在做决策时，不仅需要本单位数据，还需要大量协作单位，如供货商、客户、运输部门以及金融、税收、保险、工商等方面数据。因而获取数据的范围可来自多种数据库或文件系统等非数据库数据源，也可来自Internet的网上数据源。因此，在数据分析、决策中数据源的异构性及分布性是不可避免的。

(4) 分析数据的操作以“读操作”为主，而很少存在增、删、改之类的操作，这与一般数据库的多种操作方式不同。

从以上分析可以看出，分析数据有其特殊性，它与数据库中的数据以及数据库的处理方式均有所不同。因此，需要有一种适应数据分析环境的工具，这就是数据仓库(Data

Warehouse)。

数据仓库起源于决策支持系统的需求，在 20 世纪 80 年代末演变成数据仓库。在 20 世纪 90 年代初，数据仓库早期创始人 W. H. Inmon 在其经典性著作 *Building the Data Warehouse* 中为数据仓库的基本研究内容与目标奠定了基础。此后，随着对数据分析的需求日益高涨，对数据仓库研究也日趋成熟，数据仓库已成为数据分析的基本数据组织。

2) 数据仓库特点

数据仓库是一种为数据分析提供数据支持的工具。它与传统数据库要求是不同的。它要求数据集成性高、处理时间长。因此，数据仓库是有别于数据库的一种数据组织。当然数据库与数据仓库间也存在密切关系，如数据仓库的数据模式一般也采用关系型的，同时数据仓库也提供相应的查询语言为应用访问数据仓库提供服务。Inmon 对数据仓库的特点有一句名言，他说："数据仓库是一个面向主题的、集成的、不可更新的、随时间不断变化的数据集合。"在这句话中，他给出了数据仓库的四大特点，下面对其作具体的解释。

(1) 面向主题：数据仓库的数据是面向主题的，所谓主题(subject)即是特定数据分析的领域与目标，即是为特定分析领域与目标提供数据支持。

(2) 数据集成：数据仓库中的数据是为分析服务的，而分析需要多种广泛的不同数据源以便进行比较和鉴别。因此数据仓库中的数据必须从多个数据源中获取，这些数据源包括多种类型数据库、文件系统以及 Web 数据等，它们通过数据集成而形成数据仓库的数据。因此，数据仓库的数据一般是由多个数据源经过集成而成。

(3) 数据不可更新：数据仓库中的数据一般是由数据库中原始数据抽取加工而得，因此它本身不具有原始性，故一般不可更新。同时为了分析的需求，需要有一个稳定的数据环境以利于分析和决策。因此，数据仓库中的数据一般在一段时间内是不允许改变的。

(4) 数据随时间不断变化：数据仓库数据的不可更新性与随着时间不断变化性是矛盾的两个方面。首先，为便于分析需要使数据有一定稳定期，但是随着原始数据的不断更新，到一定时间后，原有稳定的数据已不能成为分析的基础，即原有稳定数据的客观正确性已受到破坏，此时需要及时更新，以形成新的反映客观的稳定数据。将数据仓库的第(3)、第(4)两个特性合并起来看，即可以得到：数据仓库中的数据以一定时间段为单位进行统一更新，即称为"刷新"。

由上面的分析可以看出在目前应用系统中存在着两种不同类型的数据，它们是由数据库所管理的事务型数据与数据仓库所管理的分析型数据。它们间存在着明显的不同，这可从表 15.1 看出。

表 15.1　两种不同数据的比较

序号	数据库数据	数据仓库数据
1	原始性数据	加工型数据
2	分散性数据	集成性数据
3	当前数据	当前/历史数据
4	即时数据	快照数据
5	读、增、删、改操作	读、加载、刷新操作

3) 数据仓库的基本结构

一个完整的数据仓库的体系结构一般由四个层次组成。

(1) 第一层：数据源层。

(2) 第二层：数据抽取层。

(3) 第三层：数据仓库管理层。

(4) 第四层：数据集市(data mart)层。

它们构成了一个数据仓库系统，其示意图如图 15.3 所示。

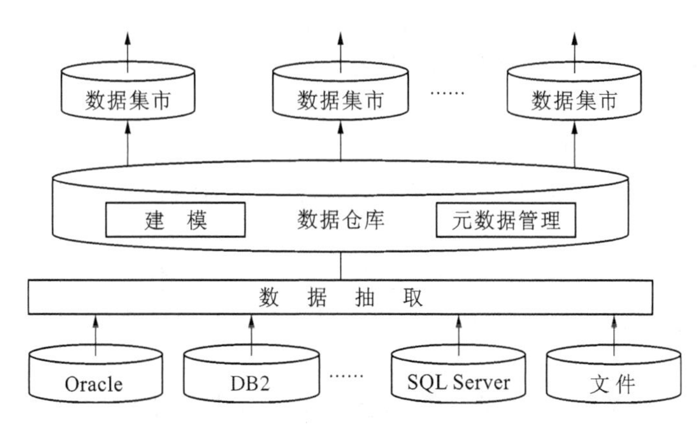

图 15.3　数据仓库系统示意图

(1) 数据源：数据仓库的数据来源于多种数据源，从形式上讲它们可以是下述来源：

① 关系数据库：如 Oracle，SQL Server 等。

② 文件系统及其他：如 Excel，Word 等。

③ 互联网数据：如网页中结构性数据等。

从地域上讲它可以分布于各个不同地区，从数据结构与数据模式上讲它可有不同的构造形式，从数据内涵上讲可有不同的语义理解，它们构成了数据仓库的原始信息来源。

(2) 数据抽取：数据抽取层是数据源与数据仓库间的数据接口层，它的任务是将散布于网络结点中不同平台、不同结构、不同语法/语义的数据源经这一层的处理后构建一个统一平台、统一结构、统一语法/语义的数据统一体——数据仓库。因此，这一层的功能是极为重要的。它的主要任务是为数据仓库提供统一的结构化数据并及时刷新这些数据。

一个完整的数据抽取功能包括下面三个方面，它们是：

① 数据提取：根据数据仓库要求收集并提取数据源中的数据。

② 数据转换与清洗：数据转换即是将数据源中的数据根据一定规则转换成数据仓库中的数据，数据清洗即是将进入数据仓库中的数据对不符合语法、语义要求的脏数据做清除，以保证数据仓库中数据的正确性。

③ 数据加载与刷新：数据加载即是将数据源中的数据经清洗与转换后装入主数据仓库内，从而形成数据仓库中的初始数据，而在此后不同的时间段内尚需不断更新数据，此时的数据装入称为数据刷新。

以上的三个部分构成了数据抽取过程的四个连续阶段，如图 15.4 所示。由于数据的抽取是由动态的提取、转换(清洗)及加载(刷新)等三部分组成，因此一般也称为 ETL(Extraction Transformation Loading)。

图 15.4　ETL 的数据流程

(3) 数据仓库管理层：数据仓库管理层一般由如下几部分组成。

① 数据仓库管理系统：数据仓库管理系统管理统计决策型数据，其管理方法与传统关系数据库管理系统类似，因此，一般用传统数据库管理系统作适当改变后用作数据仓库管理，如可用 Oracle、Sybase、SQL Server 等作适当改进即作为数据仓库管理系统，有时也可用专用的系统管理。

② 数据仓库建模：此处所指的建模是指建立数据仓库的模式，数据仓库的模式结构在形式上与关系模式一样，但其构作方式则有别于关系模式，因此需要有独立的数据仓库建模作为数据仓库管理的一部分。

(4) 数据集市层：数据仓库是一种反映主题的全局性数据组织，但是全局性数据组织往往太大，在实际应用中将它们按部门或个人建立反映子主题的局部性数据组织，它们即数据集市(data mart)。

数据集市层构成了数据仓库管理中第四层，数据集市层往往是直接面向应用的一层。

15.1.4　数据挖掘

在数据库及数据仓库中存储有大量的数据，它们具有规范的结构形式与可靠的来源，它们的数量大、保存期间长，是一种极为宝贵的数据资源，充分开发、利用这些资源是目前计算机界的一项重要工作。

一般而言，数据资源的利用以数据的归纳为主。

归纳是由已知的数据资源出发去获取新的规律，这种归纳过程称为数据挖掘。从人工智能观点看，数据挖掘是它的一个分支。在本节中介绍数据挖掘的基本原理。

数据挖掘的最著名的例子是关于啤酒与尿布的例子。美国加州某超市从记录顾客购买商品的数据库中通过数据挖掘发现多数男性顾客在购买婴儿尿布时也往往同时购买啤酒，这是一种规律性的发现，在发现此种规律后，该超市立即调整商品布局，将啤酒与尿布柜台放在相邻区域，这样使超市销售量大为增长，这个例子告诉人们：

(1) 数据挖掘是以大量数据资源为基础的。

(2) 数据挖掘所获取的是一种规律性的规则。

(3) 这种规律的获得是需要有一定算法的。

(4) 通过数据挖掘所取得的规则可以在更大程度上具有广泛的指导性。

1) 数据挖掘的方法

目前常用的数据挖掘方法很多，在这里，简单介绍下面三类常用算法：

(1) 关联分析(association)：世界上各事物之间存在着必然的内在关联，通过大量观察，寻找它们之间的这种关系是一种较为普遍的归纳方法，在数据挖掘中则是利用数据库中的大量数据通过关联算法寻找属性间的相关性。对相关性可以设置可信度，可信度以百分数表示，表示相关性的概率，如在前面的尿布、啤酒例子即是关联分析的一个例子，它表示顾客购买商品的某种规律，即属性尿布与啤酒间存在着购买上的关联性。

(2) 分类分析(classifier)

对一组数据以及一组标记可以对数据作分类，分类的办法是对每个数据打印一个标记，然后按标记对数据分类，并指出其特征。如信用卡公司对持卡人的信誉度标记按：优、良、一般及差 4 档分类，这样，持卡人就分成为 4 种类型。而分类分析则是对每类数据找出固有的特征与规律，如可以对信誉度为优的持卡人寻出其固有规律如下：

信誉度为优的持卡人一般为年收入在 20 万元以上，年龄在 45～55 岁之间并居住在莲花小区与翠微山庄的人。

分类分析法是一种特征归纳的方法，它将数据所共有的特性抽取以获得规律性的规则，目前有很多分析类型，它们大都基于线性回归分析、人工神经网络、决策树以及规则模型等。

(3) 聚类分析(clustering)

聚类分析方法与分类分析方法正好相反，聚类分析是将一组未打印标记的数据，按一定规则合理划分数据，将数据划分成几类，并以明确的形式表示出来，如可以将某学校学生按学生成绩、学生表现以及文体活动情况分成为优等生、中等生及差等生三类。聚类分析可依规则不同的数据分类划分。

上述三种方法在具体使用时往往可以反复交叉联合使用，这样可以取得良好的效果。

2) 数据挖掘的步骤

数据挖掘一般可由下面五个步骤组成。

(1) 数据集成：数据挖掘的基础是数据，因此在挖掘前必须进行数据集成，这包括首先从各类数据系统中提取挖掘所需的统一数据模型，建立一致的数据视图，其次是作数据加载，从而形成挖掘的数据基础，目前，一般都用数据仓库以实现数据集成。

(2) 数据归约：在数据集成后对数据作进一步加工，这包括淘汰一些噪音与脏数据，对有效数据作适当调整，以保证基础数据的可靠与一致。这两个步骤是数据挖掘的数据准备，它保证了数据挖掘的有效性。

(3) 挖掘：在数据准备工作完成后即进入挖掘阶段，在此阶段可以根据挖掘要求选择相应的方法与相应挖掘参数，如可信度参数等，在挖掘结束后即可得到相应的规则。

(4) 评价：经过挖掘后所得结果可有多种，此时可以对挖掘的结果按一定标准作出评价，并选取评价较高者作为结果。

(5) 表示：数据挖掘结果的规则可在计算机中用一定形式表示出来，它可以包括文字、图形、表格、图表等可视化形式，也可同时用内部结构形式存储于知识库中供日后进一步分析之用。

15.1.5 数据联机分析在 SQL Server 2008 中的实现

在目前的数据库管理系统中一般不仅有事务型处理功能，还有数据仓库及数据挖掘等功能，从而也有了数据联机分析处理功能，这就是现代数据库管理系统。目前所有大、中型数据库管理系统产品，如 Oracle、DB2 及 SQL Server 等中都有。

由于数据仓库及数据挖掘等至今都没有出现在 SQL 标准中，因此，它们均以数据服务的形式出现。

在 SQL Server 系列数据库管理系统中，自 SQL Server 2008 以后即有完整的数据联机分析应用功能，其具体的工具即为 SSAS(SQL Server Analysis Services)：数据分析服务工具以及工具包 BIDS(Business Intelligence Development Studio)：SQL Server 业务智能开发平台。在这些工具(或工具包)中包含有数据仓库及数据挖掘的功能，因此具有数据联机分析应用能力。我们可以用它们开发数据联机分析应用。

15.2 联机分析处理新发展——大数据分析

自 2012 年以来大数据技术在全球迅猛发展，整个世界掀起了大数据的高潮。大数据技术是联机分析处理的新发展，它与数据库关系紧密。在本节中主要介绍大数据技术的基本概念、大数据计算模式、大数据管理以及大数据分析等内容。

15.2.1 大数据技术的基本概念

1) 大数据的概念

大数据实际上是一种“巨量数据”。“巨量”量值的具体概念可以从这几年数据量的增长看出。如近年百度总数据量已超过 1 000 PB，中国移动一个省的通话记录数每月可达 1 PB。而全球网络上数据已由 2009 年的 0.8 ZB 在 2015 年达到 12 ZB。预计今后将以每年 45%的速度增长。由此可以说，从量的角度看，大数据一般是 PB 级至 EB 级的数据量(1 EB=1 000 ZB，1 ZB=1 000 PB，1 PB= 1 000 TB)。

大数据的真正含义不仅是量值的概念，它包含着由量到质的多种变化的不同丰富内含。一般讲有五种，称 5 V：

(1) Volume(大体量)，即是 PB 级至 EB 级的巨量数据。

(2) Variety(多样性)，即包含多种结构化、半结构化数据及无结构化数据等形式。

(3) Velocity(时效性)，即需要在限定时间内及时处理。

(4) Veracity(准确性)，即处理结果保证有一定的正确性。

(5) Value(大价值)，即大数据包含有深度的价值。

2) 大数据技术的内容

接着讨论大数据技术的内容，它包括大数据管理、大数据计算及大数据开发。

(1) 大数据管理：大数据是需要管理的，由于它的数据特性，这种管理对象必须包括结构化数据、非结构化数据及半结构化数据等多种形式。此外，这种管理必须是分布式的及并行计算的。因此传统的基于关系型结构的 SQL 操作是无法管理的，它需要有一种新的、非关系型的操作管理，称 NoSQL。

(2) 大数据计算：大数据计算亦称大数据分析，它是建立在大数据管理上的大数据计算处理。

(3) 大数据开发：以大数据管理与大数据计算为核心，与计算机技术相结合可以完成大数据开发，从而实现大数据分析应用。

下面对大数据技术这三部分内容做介绍。

15.2.2 大数据管理系统 NoSQL

在计算机科学中，有多种数据组织用于数据管理，如文件组织、数据库组织、数据仓库组织及 Web 组织等，一般而言，不同的数据特性有不同的数据管理组织，而对大数据而言，也应有它自己的数据管理组织。这种数据管理组织是根据它的特性而确定的：

(1) 由于数据的大体量性，大数据是绝对无法存储于一台计算机中的，因此它必定是分布存储于网络中的数据，这就是大数据管理组织结构上的分布性。

(2) 由于数据的多样性，大数据必须具有多种的数据形式，这就是大数据管理组织结构上的复杂性。

(3) 由于数据的大体量性、准确性与时效性，在大数据处理时必须具有高计算能力，为达到此目的，必须采用并行式处理，这就是大数据管理组织并行性。

(4) 由于数据的大价值性，大数据的价值体现在一般数据所无法达到的水平。目前来说，它可应用于多个领域并发挥多种作用。

符合上述四种功能特性的大数据管理组织是非 SQL 型或扩充 SQL 型的，因此它一般采用 NoSQL 数据库。

NoSQL 是一种非关系式的、分布式结构的、有并行功能的大数据管理系统，它的特点是：

- 支持四种非关系结构的数据形式；
- 具有简单的数据操纵能力；
- 有一定的数据控制能力。

1) 支持四种非关系结构的数据形式

(1) 键值结构：这是一种很简单的数据结构，它由两个数据项组成，其中一个项是键，而另一个则是值，当给出键后即能取得唯一的值。而值是非结构型的，具有高度的随意性。

(2) 大表格结构：大表格结构又称面向列的结构。大表格结构是一种结构化数据，每个数据中各数据项都按列存储组成列簇，而其中每个列中都包含有时间戳属性，从而可组成版本。

(3) 文档结构：文档结构可以支持复杂结构定义并可转换成统一的 JSON 结构化文档。对它还可按字段建立索引。

(4) 图结构：这种结构中的“图”指的是数学图论中的图。图结构可用 $G(V,E)$ 表示。其中 V 表示节点集，而 E 则表示边集。节点与边都可有若干属性，它们组成了一个抽象的图 G。这种结构适合于以图作为基本模型的算法中。

2) 具有简单的数据操纵能力

在 NoSQL 中，数据操纵能力简单，这是数据分析的特有要求。数据分析一般并不需要更改原始数据，而仅须作简单查询。因此在 NoSQL 中数据操纵仅为查询操作。

3) 有一定的数据控制能力

在大数据管理系统 NoSQL 中的数据控制能力可表现为：

(1) 并发控制：由于 NoSQL 的并行性中无增、删、改操作，因此一般不需并发控制。

(2) 故障恢复能力：NoSQL 故障恢复能力强。

(3) 安全性与完整性控制：NoSQL 具有一定的安全性与完整性控制能力。

NoSQL 是一种数据库语言的标准，它有很多的系统实现，常见的有 Sqoop、Hbase 等。其中 Sqoop 是 SQL 到 Hadoop 的工具；Hbase 则是一种明显具有分布式功能的大数据管理系统。

15.2.3 大数据分析

大数据中蕴藏着深度的财富，即可通过对它的分析得到多种规则与新的知识，这是一种信息财富。在当今社会中的财富即由物质财富与信息财富组成。如 2013 年 Google 通过它的大数据发现了全球的流行病及其流行区域，而世卫组织在接到通报的五天后，通过人员调查才获得此消息。这种通过大数据获得的规则与知识的过程称大数据分析。

大数据分析是大数据技术的研究目的，它通过大数据处理实现，主要内容有：

1) 大数据处理

大数据处理有如下特点：

(1) 分布式数据：大数据来源于互联网数据节点，呈现出多节点、分布式存储的特色。

(2) 并行计算：大数据量值的巨量性使得任何串行计算成为不可能。因此，大数据处理中必须使用并行计算。并行计算包括数据处理的并行性、程序计算并行性以及大数据分析并行性。

(3) 多样性数据处理：大数据中包含有多种结构化数据、半结构化数据及无结构化数据等形式，它必须有处理这些数据的能力。此外，它还包括以分析算法为主的多种处理方式。

2) 大数据处理模式

为处理具有上述三个特色的大数据，必须有一个抽象框架称计算模式。典型的计算模式是目前最为流行的 Map Reduce。而处理 Map Reduce 的工具是 Hadoop Map Reduce。

大数据处理计算模式的典型是 Google 公司 2003 年所提出的 Map Reduce。它最初用于大规模数据处理的并行计算模型与方法，具体应用于搜索引擎中 Web 文档处理。此后发现，这种模式可以作为大数据处理的并行计算模型，并为多个大数据工具系统所采用（如 Hadoop），目前它已成为大数据处理中的基本计算模型。

(1) 大数据的并行处理思想：可以将大数据分解成具有同样计算过程的数据块。每个数据块间是没有语义关联的，然后将这些数据块分片交给不同节点处理，最后将其汇总处理。这为并行计算提供了实现方案。

(2) 大数据的并行处理方法：在处理方法上，Map Reduce 采用如下的手段。

① 借鉴 LISP 的设计思想：LISP 是一种人工智能语言，它是函数式语言，采用函数方式组织程序，同时 LISP 是一种列表式语言，采用列表作为其基本数据结构。因此在 Map Reduce 中使用函数与列表作为其组织程序的特色。

② Map Reduce 中的两个函数：Map Reduce 中采用两个函数——Map 与 Reduce。

- Map 的功能是对网络数据节点中的顺序列表数据作处理，处理的主要工作是数据抽取与分类。抽取是选择分析所需的数据，而分类则是按类分成为若干个数据块。数据块间无语义关联。经过 Map 处理后的数据，完成了大数据分析与并行的基本需求。在处理中每个数据节点都同时有一个 Map 做函数操作，因此 Map 的函数操作是并行的。

- 在完成 Map 函数操作后，即可做 Reduce 函数操作。Reduce 的功能是对网络数据节点中经 Map 所处理的数据作进一步整理、排序与归类，最终组成统一的以数据块为单位的数据集合，为后续的并行分析算法的实现提供数据支持。Reduce 操作是在若干个新的数据节点中同时完成的，因此 Reduce 的函数操作是并行的。在完成 Reduce 后，每个新数据节点中都有一个独立的数据块，这些新数据节点集群为大数据分析处理提供了基础平台。

③ Map Reduce 是 Google 的一个软件工具，但它的处理方式与思想已成为大数据处理的有效模型，因此在这里仅采用其内在的思想作为计算模型，它的示意图可见图 15.5。

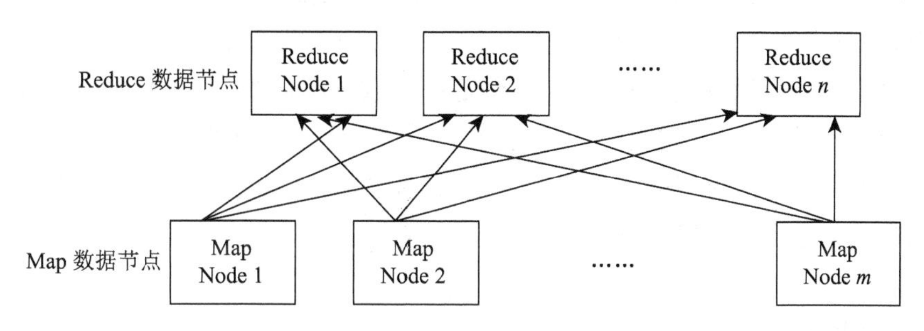

图 15.5　Map Reduce 原理示意图

3）大数据计算及应用

大数据计算是大数据的主要目标。在计算中是建立在 Map Reduce 计算模式上的，在网络平台上启动运行，这种运行是在网络多个节点上并行执行的，最后得到计算结果，通过人机接口传递给用户。

在大数据计算中传统的机器学习算法都将失效，而取代它们的将是各种高效的并行算法。因此大数据计算并行算法是目前重要的研究方向。

大数据计算的具体构筑由网络上的多个节点组成。其中每个节点有数据与程序两部分。数据是并行数据中的数据块，每个节点一块，而程序则是大数据分析并行算法程序。在运行时每个节点同时执行相同的并行算法程序，分别对不同数据块作处理，并协同其他节点，最终完成计算处理。

目前的大数据计算中主要有三个方面应用，它即是统计分析应用、智能分析应用与知识库应用。

(1) 统计分析应用：统计分析在大数据出现以前已有大量的应用，因此它并非是大数据的专用，但是统计分析一般是通过抽样（即抽取少量样本）方法所实现的，其统计结果严重受制于所选取样本数据量的限制，而造成结果失真。而这种情况往往是数据量多少与结果正确度有紧密关联。因此在传统数据时代统计分析只能作为实际使用中的参考，而并不能作为实际使用中的真实依据，故其重要性及所受关注程度均不高。而在大数据时代，由于所选样本数据量可高速增加，有时可达到全选（而不是抽选）的程度，在此情况中的统计分析正确度与实际使用达到高度一致，从而可以正确反应客观世界的真实情况，同时也可预测未来的结果。

因此，传统数据时代统计分析与大数据时代统计分析有着本质上的不同，同时也有着本质上的不同效果。

(2) 智能分析应用：智能分析应用主要应用于人工智能中的机器学习中与归纳有关的应用。由于与归纳有关的应用中需要大量的数据，而数据的多少直接影响到归纳结果的正确性与可用性。如在 2016 年的围棋人机大战中正是由于 Alpha Go 搜集了超过千万以上的棋谱与棋局作为基础数据从而使得学习算法获得了足够的知识而取得了胜利。此外，在人脸识别及语音识别中都只有在获得了足够多的数据后才得以提高识别效果获得理想的结果。

大数据的主要应用也正转向人工智能中的应用，即智能分析应用已成为大数据的主要应用方向。

(3) 知识库应用：在当今的网络世界中存在着巨量的数据，它们为用户提供了各种不同方面的知识，涵盖了古今中外多个领域，是历史上从未有过的巨大知识体系。有人说，目前所需的所有各种知识都可以在此中找到，但问题是这些数据在网络上的存在是混乱、无序的，在查找时如“大海捞针”，而要找到它是“难于上青天”，这两个词语充分地反映了人们在网络上查找知识的困难程度，因此如何科学、有序地重组数据，方便、有效地查找数据是在大数据中又一个应用。这就是大数据中的第三种应用。

15.2.4 大数据开发

以大数据管理与大数据计算为核心与计算机技术相结合可以实现大数据开发，大数据开发分五个层次，它们是：

(1) 有一个建立在互联网上的大数据基础平台。

(2) 有一个建立在基础平台上的大数据软件平台。

(3) 建立在上面两个平台上的大数据计算，它即是大数据的应用。

(4) 大数据应用的用户接口。

(5) 大数据应用的使用者用户。

大数据的上述五个内容可以组成一个大数据层次结构示意图，如图 15.6 所示。

大数据结构分五个层次，它们是：

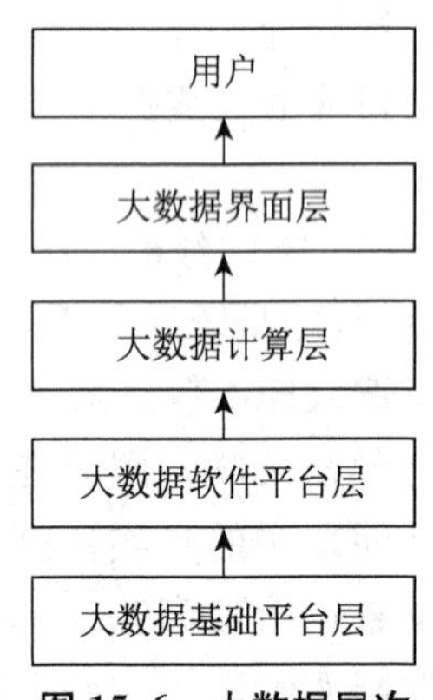

图 15.6 大数据层次结构示意图

(1) 大数据基础平台层：这是一种网络平台，主要提供数据分布式存储及数据并行计算的硬件设施及结构。其中硬件设施主要是互联网络中商用服务器集群，也可以是云计算中的 IaaS 或 PaaS 结构方式。

(2) 大数据软件平台层：大数据软件平台层主要提供大数据计算的基础性软件。目前最为流行的是 Hadoop 平台以及包含其中的分布式数据库 HBase(NoSQL)等，分布式文件组织 HDFS、数据并行计算模式 Map Reduce 以及基础数据处理工具库 Common 等。

(3) 大数据计算层：大数据计算层分为三类计算应用：

① 通过网络搜索、数据抽取、数据整合形成规范化、体系化的知识，提供高质量的知识系统为客户提供规范的服务，如维基百科、百度百科等。

② 通过大数据的统计计算为大型统计应用(而非传统数据统计)提供服务，如人口普查、固定资产普查等。

③ 作为样本数据，为人工智能中的机器学习计算提供服务。

(4) 大数据界面层：大数据界面层给出了应用大数据各类不同用户的应用接口。

(5) 大数据用户层：大数据应用的各类不同的使用者，称用户。

15.3 数据库在分析领域中的应用总结

最后,我们对本章做一个总结。

(1) 数据库在分析领域中的应用包括联机分析处理的应用及联机分析处理应用的新发展两部分内容。

(2) 数据库在分析领域中的应用虽有两部分不同内容,但是它们有下面几个共同点,可用四个关键词表示。

① 应用:本章两部分不同内容都是以“应用”作为其共同的目标。

② 分析处理:分析处理是本章应用处理的共同特色。即采用分析的方法进行处理。具体说来,即是使用人工智能中的归纳方法以获取知识为结果的方法。

③ 数据:数据给出了本章分析处理应用的基本数据及组织要求。由于分析处理对数据的量及组织构造有其特殊需求,传统数据库已无法适应,因而必须改造成数据仓库或 NoSQL 以适应之。

④ 联机:联机是本章的分析处理应用的基本平台。由于分析处理及数据的要求,这种平台比事务处理应用的平台要求更为先进。

在上面四个关键词的基础上还要说明的一点是,联机分析处理(包括新发展)虽然使用人工智能方法做分析,但它与人工智能是两门不同学科,它的重点是关注于适应分析(人工智能)的数据组织的研究以及将数据与分析相结合而形成完整应用的研究。而人工智能则主要关注于分析方法的研究。

(3) 本章两个部分内容确有其不同之处,其主要表现为:

① 数据:数据的量与结构是区别本章两个部分内容最核心的不同之处。前者的数据仓库以适应分析的结构化数据为其特征;后者的 NoSQL 则以适应分析的结构化、半结构化及非结构化数据等多种类型且数据量巨大为其特征。

② 分析方法:由于不同的数据组织决定了不同的分析方法。数据仓库所对应的是数据挖掘分析方法;NoSQL 所对应的是人工智能中归纳方法中的一个部分分析方法。

③ 由于不同的数据与分析方法又引起了不同联机平台要求。后者的联机平台要求比前者要求更为先进。

从这里可以看出,本章的两个部分内容实际上是有明显不同的,它反映了分析中两个不同档次的应用。

习 题 15

问答题

15.1 什么叫数据库分析领域中的应用? 试说明之。

15.2 数据库分析领域中的应用主要包括哪几个部分内容? 试说明之。

15.3 联机分析处理的应用由哪几部分组成? 试说明之。

15.4 联机分析处理的结构由哪几部分组成? 试说明之。

15.5 试述数据仓库的特点。

15.6 试介绍数据仓库结构的层次。

15.7　试介绍数据挖掘的内容。

15.8　试给出数据分析系统的整体结构。

15.9　什么叫大数据？试说明之。

15.10　试给出大数据技术的内容。

15.11　什么叫大数据分析？试说明之。

15.12　请给出大数据处理特点。

15.13　试介绍大数据计算中的应用。

15.14　请给出大数据处理结构层次。

15.15　请介绍大数据处理计算模式的典型 Map Reduce。

15.16　请介绍大数据管理系统 NoSQL。

15.17　请给出数据库在分析领域中的应用的两部分内容的异同。

思考题

15.18　数据库应用系统的发展前途如何？请回答。

15.19　计算机网络上的应用属数据库应用系统的应用吗？请回答。

【复习指导】

本章介绍数据库联机分析领域应用。

1. 数据库联机分析领域应用是以人工智能应用为主，是 20 世纪 80 年代发展起来的一种计算机应用，它利用计算机网络中的海量数据资源进行分析以获得隐藏在内的规律性知识（称规则）。

2. 数据库在分析领域中的应用主要内容包括基于数据仓库的数据挖掘及基于 NoSQL 的大数据分析这两种应用。前者也称为联机分析处理应用，一般也称数据挖掘，后者则称为联机分析处理新发展的应用或简称大数据分析。

3. 联机分析处理的应用由三部分组成。

（1）数据仓库

（2）分析方法——分析算法与分析模型

（3）规则（rule）

4. 联机分析处理是一种新的数据库应用，它以数据库的扩充——数据仓库为核心，以数据处理中的分析型处理为特点的数据库应用系统，它的结构组成有下面五层。

（1）基础平台层

（2）资源管理层——数据层

（3）业务逻辑层——应用层

（4）应用表现层——界面层

（5）用户层

5. 数据仓库

● 数据仓库的四大特点：面向主题、数据集成、数据不可更新、数据随时间不断变化。

● 数据仓库结构的四个层次：数据源层、数据抽取层、数据仓库管理层及数据集市层。

6. 数据挖掘

● 数据挖掘的基本概念。

● 数据挖掘的三个方法：关联分析法、分类分析法以及聚类分析法。

● 数据挖掘开发的五个步骤。

7. 大数据的概念

大数据是一种"巨量数据",它包含着由量到质的多种变化的不同丰富内含。一般讲有五种,简称 5 V。

(1) Volume(大体量),即是 PB—EB 的巨量数据。

(2) Variety(多样性),即包含多种结构化、半结构化数据及无结构化数据等形式。

(3) Velocity(时效性),即需要在限定时间内及时处理。

(4) Veracity(准确性),即处理结果保证有一定的正确性。

(5) Value(大价值),即大数据包含有深度的价值。

8. 大数据技术的内容

接着讨论大数据技术的内容,它包括大数据管理、大数据计算及大数据开发。

(1) 大数据管理

(2) 大数据计算

(3) 大数据开发

9. 大数据管理系统 NoSQL

(1) 由于数据的大体量性,大数据是绝对无法存储于一台计算机中的,因此它必定是分布存储于网络中的数据,这就是大数据管理组织结构上的分布性。

(2) 由于数据的多样性,大数据必须具有多种的数据形式,这就是大数据管理组织结构上的复杂性。

(3) 由于数据的大体量性、准确性与时效性,在大数据处理时必须具有高计算能力,为达到此目的,必须采用并行式处理,这就是大数据管理组织并行性。

(4) 由于数据的大价值性,大数据的价值体现在一般数据所无法达到的水平。目前来说,它可应用于多个领域并发挥多种作用。

符合上述四种功能特性的大数据管理组织是非 SQL 型或扩充 SQL 型的,因此它一般采用 NoSQL 数据库。

10. NoSQL 是一种非关系式的、分布式结构的、有并行功能的大数据管理系统,它的特点是:

● 支持四种非关系结构的数据形式;

● 具有简单的数据操纵能力;

● 有一定的数据控制能力。

11. 大数据分析

(1) 大数据处理:

● 分布式数据

● 并行计算

● 多样性数据处理

(2) 大数据处理模式

有一个抽象框架称计算模式。典型的计算模式是目前最为流行的 Map Reduce。

(3) 大数据计算及应用

● 统计分析应用

● 智能分析应用

● 知识库应用

12. 大数据开发

以大数据管理与大数据计算为核心与计算机技术相结合可以实现大数据开发,大数据开发分五个层次,它们是:

(1) 有一个建立在互联网上的大数据基础平台;

(2) 有一个建立在基础平台上的大数据软件平台;

(3) 建立在上面两个平台上的大数据计算,它即是大数据的应用;

(4) 是大数据应用的用户接口;

(5) 最后,是大数据应用的用户。

13. 本章应用包括联机分析处理的应用及联机分析处理应用的新发展两部分内容。

(1) 它们有四个共同点:

● 都是以"应用"作为其共同的目标。

● 分析处理是本章应用处理的共同特色。

● 适应分析处理需求的数据组织。

● 适应分析处理应用的基本联机平台。

(2) 它们有三个不同点:

● 数据:数据的量与结构是区别本章两个部分内容最核心的不同之处。前者以适应分析的结构化数据为其特征;后者则以适应分析的结构化、半结构化及非结构化数据等多种类型且数据量巨大为其特征。

● 分析方法:不同的数据组织决定了不同的分析方法。数据仓库所对应的是数据挖掘分析方法;NoSQL 所对应的是人工智能中归纳方法中的一个部分分析方法。

● 不同的数据与分析方法又引起了不同联机平台要求。后者的联机平台要求比前者要求更为先进。

14. 本章内容重点

● 联机分析领域应用——数据仓库

● 联机分析领域应用新发展——NoSQL

附录 “数据库课程”实验指导

实验计划与要求

1. 实验目的

本实验指导书是为本教材的数据库课程的配套材料，其目的是：

(1) 加深对数据库课程的理解。

(2) 通过实验掌握数据库管理系统 SQL Server 2008 的主要功能的使用方法。

(3) 培养学生基本技能，包括实际操作能力与提高分析问题与解决问题的能力。

2. 实验要求

本实验是对数据库的基本操作技能的培养，其具体要求是：

(1) 数据库应用环境的建立。

(2) 数据模式定义、数据操纵(包括数据查询及增、删、改操作)以及数据控制的基本操作。

(3) 数据库设计的基本流程。

(4) 简单的数据库应用编程能力。

3. 实验方法

数据库实验是数据库课程内容之一，在课程学时范围内进行：

(1) 整个实验分 8 次，每个实验 2 学时，共计 16 学时。

(2) 在所有实验结束后学生须提交实验总结报告。

(3) 所有实验在计算机房进行。

(4) 所有实验须在教师指导下进行。

(5) 所有实验应由学生个人独立完成(不推荐学生以组为单位完成)。

实验 1 系统安装

1. 实验目的与要求

(1) 了解与掌握数据库开发平台。

(2) 学会数据库管理系统 SQL Server 2008 的安装，熟悉其基本的工具。

2. 实验内容

(1) 数据库开发平台的选择与设置。

(2) 数据库产品的安装。

3. 实验方法

(1) 数据库开发平台

① 硬件平台

•计算机——常用为 PC 服务器。

•网络——常用为局域网或接入互联网。

② 结构

可采用 C/S 结构、B/S 结构方式。

③ 操作系统

采用 Windows 系列操作系统的服务器版本。

(2) 数据库管理系统 SQL Server 2008(企业版)的安装

① 按照产品说明书要求作安装。

② 学生在教师指导下独立安装。

③ 学生在教师指导下熟悉 SQL Server 2008 的数据服务。

(3)数据库接口工具 ADO 的安装。

① 按照产品说明书要求作安装。

② 学生在教师指导下熟悉 ADO 操作。

(4)数据库开发工具 VC6.0 中文版的安装。

① 按照产品说明书要求作安装。

② 学生在教师指导下熟悉 VC6.0 中文版的界面,能够利用其通过数据库接口连接到数据库服务器上。

该步骤主要是为实验 7 做准备。

(5)ASP 环境的配置及网页制作工具的安装

① 按照产品说明书要求作安装。

② 学生在教师指导下为 Windows 添加 IIS。

该步骤主要是为实验 8 做准备。

4. 说明

在做此实验时需用大量实验室资源,因此如条件不成熟的实验室可取消此实验,改由教师演示学生观摩方式完成。

实验 2　数据库生成

1. 实验目的与要求

(1) 了解数据库生成内容。

(2) 掌握数据库生成的基本操作。

(3) 学会 SQL 语句及数据服务的使用方法。

(4) 熟悉 SQL Server 2008 的图形化界面操作。

2. 实验环境

C/S 结构环境

3. 实验内容

(1) C/S 结构环境服务器配置。

(2) 定义学生数据库,建立学生数据库 STUDENT 及索引并连接到服务器。

(3) 定义 STUDENT 下的三个基表:S,C 及 SC(见表 1,2,3)。

(4) 在表 S 中增添新的列:sd CHAR(2)。

(5) 在表 S,C 及 SC 中的 sno, cno 及(sno, cno)上分别定义主键。

表 1　基表 S 的列描述

列名	数据类型	长度	是否允许空值	说明
sno	CHAR	6	不允许空值	主键
sn	CHAR	20	允许空值	
sa	SMALLINT		允许空值	

表 2　基表 C 的列描述

列名	数据类型	长度	是否允许空值	说明
列名	数据类型	长度	是否允许空值	说明
cno	CHAR	4	不允许空值	主键
cn	CHAR	30	允许空值	
pcno	CHAR	4	允许空值	

表 3　基表 SC 的列描述

列名	数据类型	长度	是否允许空值	说明
列名	数据类型	长度	是否允许空值	说明
sno	CHAR	6	不允许空值	主键
cno	CHAR	4	不允许空值	主键
g	SMALLINT		允许空值	

(6) 添加约束

① 在表 S 上建立 check 约束:使 sa 满足:12≤sa≤50。

② 在表 SC 上建立 check 约束:g 取值只能是:0≤g≤100。

③ 在表 SC 建立外键约束:sno,cno 为外键。

(7) 建立用户角色

•DBA: 能做所有操作;

•Leader: 能查看所有表;

•Operater: 能对所有表作查询及增、删、改操作。

(8) 加载数据

根据表 4、5 及 6 加载数据。

4. 实验准备

•首先应明确创建模式、表的用户必须具备相应的权限。

•其次根据相关产品说明书了解创建模式、表、索引、添加列、添加约束、建立用户角色以及加载数据的操作方式。

•参阅教材中第二篇的有关内容。

5. 实验方法

(1) 用创建数据库语句以建立 STUDENT,并用数据服务连接服务器。

(2) 用创建表语句以建立表 S,C 及 SC,并用完整性约束语句建立约束条件,它包括主键、外键及相应的列约束。

(3) 用增加列语句添加表中列。

(4) 用创建索引语句建立表 S,C 及 SC 中索引。

(5) 创建三个用户角色:DBA、Leader 及 Operater。

(6) 用增加语句将数据装入表中。

表 4　表 S

Sno	Sn	sd	sa
990104	SHANWANG	CS	20
990123	PINGXU	CS	21
990137	RONGQIANGSHA	MA	19
990912	NINGSHEN	CS	20
990910	MINGWU	PH	18
990911	XILINSHAN	CS	22
010133	WENMINGBAI	CS	21
010131	XIAOPINGMAO	MA	23
010903	HUA DONG	MA	17
010904	WULEE HUANG	CS	21

表 5　表 C

Cno	cn	pcno
C123	DATABSE	C135
C134	OS	C132
C125	JAVA	C135
C133	PASCAL	C135
C135	MATH	
C132	DATASTRACTURE	C135

表 6　表 SC

Sno	cno	g
990104	C135	84
990104	C132	75
990104	C123	64
990104	C125	94
990123	C135	65
990123	C132	84
990123	C123	66
990137	C135	78
990137	C133	64
990912	C135	62
990912	C132	93
990912	C133	53
990912	C134	95
990912	C123	64
990910	C135	83
990910	C132	45
990911	C123	83
990911	C134	63
990911	C125	54
990911	C133	93
990911	C135	84
990911	C132	55
010133	C135	75
010133	C123	94
010131	C135	64
010903	C135	68
010903	C132	71
010903	C133	80
010904	C135	73
010904	C133	74
010904	C134	50
010904	C125	64

实验 3　数据查询

1. 实验目的与要求

(1) 了解数据查询的内容与方法。

(2) 掌握数据查询的基本操作。

(3) 学会使用 SQL 中的 SELECT 语句。

2. 实验环境

C/S 结构环境

3. 实验内容

用 SSMS 作 SQL 查询并得到查询结果,同时用 T-SQL 作同样的查询:

(1) 查询 S 的所有情况。

(2) 查询全体学生姓名和学号。
(3) 查询学号为“990137”的学生情况。
(4) 查询所有年龄大于 20 岁的学生姓名与学号。
(5) 查询年龄在 18 到 21 岁的学生姓名与年龄。
(6) 查询计算机系年龄小于 20 岁的学生姓名。
(7) 查询非计算机系年龄不为 18 岁的学生姓名。
(8) 查询其他系中比计算机系某一学生年龄小的学生姓名和年龄。
(9) 查询修读课程名为“MATH”的所有学生姓名。
(10) 查询有学生成绩大于课程号为:“C123”中所有学生成绩的学生学号。
(11) 查询没有修读课程“C125”的所有学生姓名。
(12) 查询每个学生的平均成绩及每个学生修读课程的门数。
(13) 查询所有超过 5 个学生所修读课程的学生数。
(14) 查询每个学生超过其选修课程平均成绩的课程号。

4. 实验准备

(1) 本实验是在前个实验(实验 2)基础上进行的。
(2) 本实验要求学生能够使用 SSMS。
(3) 实验前必须熟悉 SQL 查询语句的使用方法,并参考本教材第二篇有关内容。

5. 实验方法

本实验所使用的 SQL 查询语句包括下面一些形式:
(1) 基本形式:

```
SELECT
FROM
WHERE
```

(2) 谓词。
(3) 分类。
(4) 统计。

实验 4　数据增、删、改操作及视图

1. 实验目的与要求

(1) 了解数据增、删、改操作及视图的基本内容。
(2) 掌握数据增、删、改操作及视图的基本操作。
(3) 学会使用 SQL 中的增、删、改操作及视图的语句。

2. 实验环境

C/S 结构环境

3. 实验内容

作 SQL 增、删、改操作:
(1) 删除学生 L. M. WANG 的记录。
(2) 删除计算机系全体学生选课的记录。
(3) 插入一个选课记录:(010903,C134,4)。

(4) 将数学系的学生年龄均加 1 岁。
(5) 将数学系的学生年龄全置为 20。
作 SQL 视图定义并作视图操作将结果显示打印：
(6) 定义一个计算机系学生姓名、修读课程名及其成绩的视图 S-SC-C。
(7) 在视图 S-SC-C 上做查询：
•修读课程名为："DATABSE"的学生姓名及其成绩。
•学生"MINGWU"所修读的课程名及其成绩。
(8) 定义一个年龄大于 18 岁的学生学号、姓名、系别及年龄的视图 S'。
(9) 在视图 S' 中将年龄大于 20 岁的学生都加 1 岁。

4. 实验准备

(1) 本实验是在实验 2 基础上进行的。
(2) 本实验可参考教材第二篇相关内容，其增、删、改语句都可在该篇中找到。
(3) 实验前必熟悉 SQL 增、删、改及有关视图的使用方法。

5. 实验方法

(1) 用 SQL 删除语句作删除。
(2) 用 SQL 插入语句作插入。
(3) 用 SQL 修改语句作修改。
(4) 用创建视图语句定义视图。
(5) 用 SQL 查询语句对视图作查询。
(6) 用 SQL 修改语句对视图作修改。

实验 5　数据库安全保护与备份、恢复

1. 实验目的与要求

(1) 了解数据库安全保护及备份、恢复的基本内容。
(2) 掌握数据库安全保护及备份、恢复的基本操作。
(3) 学会使用 SQL 中的备份、恢复的基本语句。

2. 实验环境

C/S 结构环境

3. 实验内容

(1) 将表 S 上的查询与修改权授予用户："PINXU"。
(2) 将表 C 上的查询权授予用户："SHANWANG"。
(3) 将表 S 上的用户："PINXU"的修改权收回。
(4) 为 STUDENT 数据库设置一个备份计划，要求每月 1 日做一次数据备份。
(5) 修改 STUDENT 数据库备份计划，要求每季度第一天做一次数据备份。
(6) 对 STUDENT 数据库中 S,C 及 SC 作恢复。

4. 实验准备

(1) 本实验可参考教材第二篇相关内容。
(2) 本实验前必须登录相关用户，同时做实验的用户必须有最高级别权限。

5. 实验方法

(1) 用 SQL 中的授权语句。

(2) 用 SQL 中的回收语句。

(3) 利用数据服务创建数据库备份任务。

(4) 利用数据服务还原数据库任务。

实验 6 数据库设计

1. 实验目的与要求

(1) 了解数据库设计的基本内容。

(2) 掌握数据库设计的全过程。

(3) 学会书写需求分析说明书、概念设计说明书、逻辑设计说明书及物理设计说明书。

2. 实验内容提供

设计一个学校的教学管理系统。其需求描述为:

学校教学管理系统是为学校教学管理,包括课程设置、教师上课、学生听课、教室安排及学生成绩记录与统计进行管理。

该教学管理系统具有如下的功能:

- 课程、教师、学生、教室等有关数据查询,以及它们间相互数据查询。
- 学生成绩统计。
- 教室使用统计。
- 教师工作量计算。
- 课程、教师、学生、教室等有关数据的更新维护。

3. 实验准备

(1) 本实验可参考教材第三篇的相关内容。

(2) 实验前必须熟悉数据库设计的内容。

4. 实验步骤

(1) 根据上述要求写出需求分析。

(2) 绘制 ER 图,注意局部 ER 图转换成全局 ER 图的方法。

(3) 设计表结构。

(4) 给出相应的物理设计。

实验 7 C/S 结构方式的数据应用系统开发

1. 实验目的与要求

(1) 了解 C/S 结构方式的基本内容与所用工具。

(2) 能构作 C/S 结构方式的应用开发平台。

(3) 学会用 C/S 结构方式开发数据库应用系统。

2. 实验内容

(1) 以实验 6 中数据库设计所得的结果为基础构作 C/S 结构方式的应用开发平台。

(2) 以实验 6 中数据库设计所得的结果为基础在服务器中构作数据库、表及存储过程。

(3) 以实验 6 中数据库设计所得的结果为基础在客户机中编制应用程序与界面。
(4) 操作所构成的应用系统并最终给出结果。

3. 实验准备

(1) 本实验以实验 6 为基础。
(2) 本实验可参考的教材内容为第三篇相关内容。

4. 实验方法

(1) 用 SQL 语句与数据服务构作服务器上的数据生成。
(2) 编制加载程序并实现数据加载。
(3) 用开发工具编制应用及界面。

实验 8　B/S 结构方式的数据库应用系统开发

1. 实验目的与要求

(1) 了解 B/S 结构方式的基本内容与所用工具。
(2) 能构作 B/S 结构方式的应用开发平台。
(3) 学会用 B/S 结构方式开发数据库应用系统。

2. 实验内容

(1) 以实验 6 中数据库设计所得的结果为基础构作 B/S 结构方式的应用开发平台。
(2) 以实验 6 中数据库设计所得的结果为基础在服务器中构作数据库、表及存储过程。
(3) 以实验 6 中数据库设计所得的结果为基础在 Web 服务器中编制网页及动态页面。
(4) 操作所构成的应用系统并最终给出结果。

3. 实验准备

(1) 本实验以实验 6 为基础。
(2) 本实验可参考的教材内容为第三篇相关内容。
(3) 本实验采用 Web 方式中的 Web 数据库。
(4) 本实验应用及界面的开发工具是:ASP、VBScript 及 ADO。

4. 实验方法

(1) 构作服务器上的数据库生成。
(2) 数据加载。
(3) 在 Web 服务器中编制网页及动态页面。

实验总结

在完成八个实验后须做一个实验总结,实验总结包括如下内容:
1. 你的所有实验是独立完成的吗?
2. 你在完成实验时遇到什么困难?是如何克服的?
3. 你在完成实验后有什么收获与体会,请说明。
4. 你对数据库生成的操作是否已掌握?请说明。
5. 你对 SQL 中数据库接口编程是否已掌握?请说明。
6. 你对数据库设计的基本流程是否已掌握?请说明。

7. 你对 SQL 控制语句的操作是否已掌握？请说明。
8. 你对 C/S 结构方式下的数据库应用系统开发是否已掌握？请说明。
9. 你对 B/S 结构方式下的数据库应用系统开发是否已掌握？请说明。
10. 你对实验所用的数据库产品的使用(包括安装、使用)是否已掌握？请说明。
11. 通过实验你是否确信已经可以创建与操纵数据库？请回答。
12. 通过实验你是否确信已经可以设计一个数据库？请回答。
13. 通过实验你对教材内容是否有新的认识与了解？请说明。

参考文献

[1] 徐洁磐. 人工智能导论[M]. 北京:中国铁道出版社,2019.

[2] 徐洁磐. 数据库系统教程[M]. 2版. 北京:高等教育出版社,2018.

[3] 徐洁磐. 数据库技术原理与应用教程[M]. 2版. 北京:机械工业出版社,2016.

[4] 徐洁磐,操凤萍. 数据库技术实用教程[M]. 北京:中国铁道出版社,2016.

[5] 郑阿奇. SQL Server 教程:数据库从基础到应用[M]. 北京:机械工业出版社,2015.

[6] 黄宜华. 深入理解大数据:大数据处理与编程实践[M]. 北京:机械工业出版社,2015.

[7] 阿里研究院. 互联网+从 IT 到 DT[M]. 北京:机械工业出版社,2015.

[8] 徐家福. 计算机科学技术百科全书[M]. 3版. 北京:清华大学出版社,2018.

[9] 王珊. 数据库系统概论[M]. 5版. 北京:高等教育出版社,2014.

[10] 虞益诚,等. SQL Server 2008 数据库应用技术[M]. 3版. 北京:中国铁道出版社,2013.

[11] 刘甫迎,饶斌,刘焱. 数据库原理及技术应用教程:Oracle[M]. 北京:中国铁道出版社,2009.

[12]《数据库百科全书》编委会. 数据库百科全书[M]. 上海:上海交通大学出版社,2009.

[13] 李昭原. 数据库技术新进展[M]. 2版. 北京:清华大学出版社,2007.

[14] 徐洁磐,张剡,封玲. 现代数据库系统实用教程[M]. 北京:人民邮电出版社,2006.

[15] 许龙飞,马国和,马玉书. Web 数据库技术与应用[M]. 北京:科学出版社,2005.

[16] 徐洁磐. 数据仓库与决策支持系统[M]. 北京:科学出版社,2005.

[17] 冯建华,周立柱. 数据库系统设计与原理[M]. 北京:清华大学出版社,2004.

[18] 王贺朝. 电子商务与数据库应用[M]. 南京:东南大学出版社,2002.

[19] 王能斌. 数据库系统教程(下册)[M]. 北京:电子工业出版社,2002.

[20] 施伯乐,丁宝康. 数据库技术[M]. 北京:科学出版社,2002.

[21] Date C J. An Introduction to Database System[M]. 7th ed. New York: Addison-Wesley, 2000.

[22] Date C J. Database Primer[M]. New York: Computer Science Press, 1997.